焼塩壺と近世の考古学

小川 望 著

同成社

目　　次

序　章……………………………………………………………………………………………9
　第1節　焼塩壺とは何か　9
　第2節　研究の対象と方法　11
　第3節　研究の目的と意義　12

第一部　総　　論 ―――――――――――――――――――――――――15

第1章　焼塩壺研究略史……………………………………………………………………17
　第1節　研究前史（19世紀初頭～1927）　17
　第2節　第1期（1928～1976）　17
　第3節　第2期（1977～1985）　20
　第4節　第3期（1986～1990）　21
　第5節　第4期（1991～2007）　22

第2章　史料上の焼塩壺………………………………………………………………………24
　第1節　「壺焼塩」　24
　第2節　「花焼塩」　26
　第3節　『拾遺泉州志』　29
　第4節　その他の焼塩壺関連史料　33

第3章　焼塩壺の分類…………………………………………………………………………36
　第1節　焼塩壺の分類をめぐる議論　36
　第2節　成形技法とこれにもとづく分類案　43

第4章　焼塩壺の刻印…………………………………………………………………………49
　第1節　「ミなと」類の刻印をもつもの　49
　第2節　「湊」類の刻印をもつもの　50
　第3節　「泉州麻生」類の刻印をもつもの　54
　第4節　「泉州磨生」類の刻印をもつもの　54
　第5節　その他の刻印をもつもの　57

第5章　焼塩壺の生産者とその相互関係……………………………………………………61
　第1節　「壺屋」と「壺塩屋」　61
　第2節　壺塩屋の系統　62
　第3節　焼塩壺における「模倣」　64

第二部　各論 — 69

第1章　「ミなと」類の刻印をもつ焼塩壺 — 71
　第1節　「ミなと/藤左衛門」「天下一堺ミなと/藤左衛門」　71
　第2節　「三名戸/久兵衛」「三なと/久左衛門」「三なと/作左衛門」「三なと/平左衛門」　77

第2章　「御壺塩師/堺湊伊織」の刻印をもつ焼塩壺 — 80
　第1節　問題の所在　80
　第2節　資料の提示と分類　84
　第3節　段階設定と実年代比定の試み　87
　第4節　壺塩屋と壺屋の動向　92
　第5節　小　結　97

第3章　「泉州麻生」の刻印をもつ焼塩壺 — 99
　第1節　研究のあゆみ　99
　第2節　分　類　101
　第3節　壺の分類と壺屋の系統　105
　第4節　刻印と壺の分類の対応関係と段階設定　106
　第5節　他系統との共伴関係から見た時期設定　108
　第6節　小　結　112

第4章　「泉州磨生」「サカイ/泉州磨生/御塩所」の刻印をもつ焼塩壺 — 116
　第1節　分　類　116
　第2節　研究のあゆみ　118
　第3節　年代的位置づけ　119
　第4節　壺塩屋と壺屋の系統と模倣関係　122
　第5節　小　結　123

第5章　「泉湊伊織」の刻印をもつ焼塩壺 — 125
　第1節　研究のあゆみ　125
　第2節　集成と分類　127
　第3節　法量分布と共伴から見た年代的位置づけ　132
　第4節　壺塩屋と壺屋の系統　138
　第5節　小　結　142

第6章　「堺本湊焼/吉右衛門」の刻印をもつ焼塩壺 — 145
　第1節　問題の所在　145
　第2節　集　成　145
　第3節　年代的および系統的位置づけ　149
　第4節　湊焼との関係―予察―　151
　第5節　小　結　152

第7章　「○泉」の刻印をもつ焼塩壺……………………………………………………………153
　第1節　類　　例　153
　第2節　生産者の系統と年代　155
　第3節　出土地点　156
　第4節　小　　結　156

第8章　「大極上上吉改」「大上々」の刻印をもつ焼塩壺……………………………………159
　第1節　印文と類例　159
　第2節　成形技法・胎土・器形　160
　第3節　共伴資料から見た年代　161
　第4節　「大上々」との関係について　161
　第5節　小　　結　162

第9章　Ⅲ-2類の焼塩壺………………………………………………………………………164
　第1節　法量分布　164
　第2節　遺構におけるⅢ-2類の組成　168
　第3節　Ⅲ-2類の器形の変遷と系統　170
　第4節　Ⅲ-2類と江戸在地系土器の動向　173
　第5節　小　　結　177

第10章　「い津ミ　つた/花塩屋」の刻印をもつ焼塩壺………………………………………178
　第1節　器形と成形技法　178
　第2節　共伴する資料とその年代　178
　第3節　壺塩屋の系統とその位置づけ　179
　第4節　小　　結　179

第11章　鉢形焼塩壺……………………………………………………………………………181
　第1節　研究のあゆみ　181
　第2節　分類と成形技法　182
　第3節　器形変化と年代的位置づけ　184
　第4節　小　　結　186

第12章　特殊な焼塩壺…………………………………………………………………………187

第13章　焼塩壺の蓋……………………………………………………………………………190
　第1節　蓋の分類　190
　第2節　焼塩壺の蓋に見られる刻印　193
　第3節　身との対応関係　203
　第4節　小　　結　207

第14章　「イツミ/花焼塩/ツタ」の刻印をもつ焼塩壺蓋……………………………………210
　第1節　研究のあゆみ　210
　第2節　分　　類　210

第15章 「なん者ん/七度焼塩/権兵衛」の刻印をもつ焼塩壺蓋 …………………………214
　　第1節　印文に「なん者ん」の文字を含む焼塩壺蓋　214
　　第2節　明石町遺跡での報告例　214
　　第3節　関連資料　216
　　第4節　小結　216

第三部　特論 ——219

第1章　壺塩屋の系統 …………………………………………………………………221
　　第1節　藤左衛門系の壺塩屋　221
　　第2節　泉州麻生系の壺塩屋　225
　　第3節　その他の系統　229

第2章　時期別の様相 ……………………………………………………………………232

第3章　焼塩壺の空間分布①――江戸市中における分布 …………………………238
　　第1節　焼塩壺の存否　238
　　第2節　成形技法別のあり方　242
　　第3節　壺塩屋の系統別の様相　243
　　第4節　小　結　248

第4章　焼塩壺の空間分布②――汎列島的分布 ……………………………………251
　　第1節　研究史と資料　251
　　第2節　コップ形の身の地域的・時期的様相　254
　　第3節　小　結　260

第5章　墨書を有する焼塩壺 ……………………………………………………………262
　　第1節　集成と整理　262
　　第2節　考　察　276
　　第3節　小　結　278

第6章　焼塩壺の使用形態 ………………………………………………………………280
　　第1節　「火だすき」のある焼塩壺　280
　　第2節　焼塩に関連する絵画資料について　280
　　第3節　小　結　283

まとめ―結論に代えて― ……………………………………………………………285

成　稿　一　覧　289
焼塩壺関連史料　293
引用参考文献　303
　　① 論文・資料紹介　303
　　② 発掘調査報告書1　江戸地域　309

③ 発掘調査報告書2　江戸以外の地域　325
あとがき　329
索　　引　331

焼塩壺と近世の考古学

序　章

第1節　焼塩壺とは何か

　周知のように、1980年代後半以降の東京都心部における再開発の波の中で、近世都市江戸を対象とした発掘調査が盛んに行われるようになってきた。焼塩壺はそうした調査現場で多く目にされる遺物の一つである。これは比較的小形の土師質土器であり、特殊な精製塩の生産および流通用の容器として生産されたものと考えられている。

　この焼塩壺の"説明"としては、『図説江戸考古学研究事典』（江戸遺跡研究会編 2001）の「蓋を伴う小形の土器で、焼塩の製造と流通とを兼ねた容器である。この焼塩の多くはあらかじめ焼成した土器に粉砕した粗塩を詰め、蓋をして壺ごと焼いて塩を精製したもの」というのが一般的なものであろうが（小川 2001a）、少なくとも現在のところ、この遺物を器形や成形技法、胎土、呈色などから一義的に定義することはできない。これは、焼塩壺と呼ばれる遺物がきわめて多様であることにもよるが、そもそもある遺物が焼塩壺であるのか否かの基準が明確でないためである。

　つまり、現在われわれが焼塩壺と呼んでいるものとは、"焼塩壺として生産・使用されたと考えられている遺物"であって、これを他の遺物と峻別しうる基準は遺物そのものには内在していないのである。むしろ、それらがすべて焼塩壺として使用されていたのかどうか、逆に現在焼塩壺とされていない遺物に、焼塩壺として使用されていたものが含まれることはないのか、また焼塩壺の使用形態とはどのようなものであったのかを明らかにすること自体が、焼塩壺研究の目標の一つであるといっても過言ではない。

　ところで、この焼塩壺の"定義"を考えるうえで参考となるのが、西日本で8世紀以降検出される古代の「焼塩壺」をめぐる議論である。これらに対して最初に「焼塩壺」の語を用いた森田勉氏は、九州における製塩土器とは別に「塩壺」が検出される事例について述べ、「塩壺や玄界灘式製塩土器が……多数発見された。また、塩壺が単なる運搬容器ではなく、焼塩壺であることも判明した」（森田勉 1983）とするとともに、今日伊勢神宮で行われている「堅塩」作りにも言及しつつ「この種の土器が運搬用をも具備した固形塩『焼塩壺』として誤りあるまい」としている。

　この森田氏の論考では海水を煎熬して塩を得る「製塩土器」と「焼塩壺」を峻別しているのに対し、この後、類同の土器について論じた山中章氏は"製塩"土器"のように表記し、堅塩＝固形塩生産用と認識してはいるものの、「焼塩壺」を広く製塩土器の一種と位置づけているようである（山中章 1993・1998）。

　これに関連して、後に研究史でも触れる渡辺誠氏は「これ（焼塩壺：引用者註）に近いものとして、平城京跡などでも出土しているいわゆる内陸の製塩土器がある」とし、それらが内面に近世の焼塩壺に似た布目があることから「しばしば焼塩壺として誤解されている」が、「海岸部の製塩土

器との類似点のほうがはるかに多い」としたうえで、森田氏も触れた伊勢神宮の「堅塩」について、中身の塩をなめたところ苦味のある粗塩であったことから、「粗塩を型にいれて焼き固めただけなのであって、2度焼かれてもしょせん粗塩の範疇にはいるものなのである。そのために堅塩と呼ばれているのであって、けっして焼塩とは呼ばれていない」と述べている（渡辺 1987）。

渡辺氏はさらに「『あらじお』・『かたしお』・『やきしお』という言葉は、それぞれ確実な根拠をもつ伝統的な日本語なのであって、学術用語としてもこれらを正しく踏襲すべきであると考える」と続けている。

もっとも、史料上の「焼塩」の語は製塩と同義にも用いられる場合もあったようで、渡辺氏のいうように必ずしも一義的には用いられていない。また中に入れられていたであろう塩を舐めることのできない遺物の分析には、塩の苦味などを援用することができないのはもちろんである。

これらの議論とは別に焼塩壺の定義を正面から採り上げたものとして、大塚氏の論考がある。副題に「焼塩壺の定義Ⅰ」と謳った「焼塩壺考(3)」であるが、そこでは劈頭「焼塩壺のemicな議論の前に（傍点：引用者）〈塩壺〉の議論でなく〈焼塩壺〉の議論をする所以を数回説明する」と述べられている（大塚 1992）。ここだけ見るとemicな議論を行うのではなくeticな議論を行うように見えるが、その少し後では焼塩壺における「焼」字の省略に関する渡辺氏の主張を支持しつつも、「二次焼成されたもの＝焼塩壺」、「二次焼成されなかったもの＝塩壺」という考え方を展開しているように読み取れる。「焼塩壺」と「塩壺」については、両者の別が「二次焼成が認められるもの」「二次焼成が認められないもの」ではないところに注意すべきであって、これはむしろemicな議論というべきではなかろうか。

大塚氏はこれに引き続き焼塩壺を定義するための基準を前田長三郎氏が〈焼塩壺〉として「筒状ノモノ」と「蓋掛リノアルモノ」をあげたことに求めている。そして「考古学的に〈焼塩壺〉を定義する」基準を「焼塩壺の用途・機能に鑑み……いわば機能形態学的定義に赴く」として、〈特殊有蓋式小形土師質土器〉と定義できるとし、「安定的・固定的に身・蓋が組み合うような小型土器が焼塩壺といえよう」と述べている。その一方で、文末では「焼塩壺ではない蓋付き塩壺があるのも認める」としている。

その後、数回に及ぶとされる続論の提示が途絶しているため、この議論がどこに赴こうとしているのかは不明であるが、ここまでの部分を見る限りでは一部の焼塩壺の説明ではあっても、けっして焼塩壺の考古学的な定義とはいえない。

渡辺氏、大塚氏の議論を見ると、焼塩壺の定義に関しては、それが作られ使われていた当時における焼塩壺像というものによって、考古資料をも定義しようとしていると考えられる。つまりはemicな定義である。このため二次焼成の痕跡をとどめないものについて、それが焼塩壺であるのかどうかといった議論が行われることになったとも考えられるのである。

筆者は、中に塩を入れて二次焼成をしたことに伴うとされる赤化の呈色は、いわば遺物における使用痕であり、二次的な属性であって、これをもって遺物を定義するのは誤りであると考えている。また明治期の史料では、真鍮の型に塩を入れて焼き固めたものを、別に作った壺に納めるという事例が紹介されているが、塩を焼くとき、同じ窯に壺も入れるとされている（星 1996）。この場合、

中に塩を入れて焼き返してはいないが、壷は赤化すると思われる。さらには愛知県の高浜焼では塩を窯内に投入して瓦などを赤く焼く技術が伝承されており、焼塩とは無関係の壷の類で焼成時の塩による赤化の過程を経たものが存在する可能性もある。

したがって、本論では焼塩壷を呈色はもちろん、器形や蓋の有無などによって定義すること自体をいったん捨象し、「焼塩壷として生産、使用されたと考えられている遺物」の一群を焼塩壷として、議論の対象としたいと考えているわけである。

一方、この定義にも関わる問題であるが、渡辺氏は呼称の問題として「焼塩壷」と「塩壷」の違いについて、"「焼」の一字は簡単に省略できるものではない"とし、壷に入れ二次焼成を行うことによって苦汁を抜いた精製塩（＝壷焼塩）の容器のみを焼塩壷と呼ぶべきとしている。しかし、史料の中には特定の刻印の印文に関する記載や、その図から明らかに渡辺氏のいう「焼塩壷」と思われるものを「塩壷」と呼んでいる例が認められ、氏が依拠するemicな立場からの「焼塩壷」という語の正当性には疑問が残る。

また大塚氏は、先に見たようにこの主張に賛同しつつも、二次焼成の痕跡のない焼塩壷が存在することから、「二次焼成されたもの＝焼塩壷」、「二次焼成されなかったもの＝塩壷」として焼塩壷の概念を渡辺氏よりも広く取ろうとしているようである。

筆者も、かつて鉢形焼塩壷に関する議論を行う際には、それらに二次焼成の痕跡がないことなどから、渡辺氏の主張に沿って「鉢形焼塩壷類」という表現を用いたこともあったが、本論ではこうした二次焼成の痕跡を認めないものも焼塩壷と呼んでいる。

つまり、上で述べた定義の問題にも関わることであるが、この遺物が作られ使われていた当時の人々をインフォーマントとして聞取り調査を行うことができない以上、史料を用いたとしても、それはけっして純粋にemicな分析とは呼べないと考えるからである。わずかに残された民俗誌的な記録（宮本1977）も、すべて明治期以降のものである。

このように考えるとき、焼塩壷に関する考古学的な研究はeticな立場から行うべきであり、したがってこれを一義的に定義することもほとんど無意味であって、列挙的に遺物の中から抽出していくことになろう。またその呼称もあくまで分析のためのコードにほかならず、そういう意味では「焼塩壷」であろうと「塩壷」であろうと、あるいは別の呼称であろうと何ら問題はない。ただし民具資料の中に「シオツボ」と呼ばれる塩を小出しにしておく陶器製の小壷が存在することから、「塩壷」の語を避け、本論では焼塩壷に統一して議論を進めていくことにする。

なお「壷」字には「壺」という異体字があり、書籍によっては後者に統一しているところもあるが、刻印の印文中に用いられているものは、ほとんどが前者であるため、本論では基本的に前者の「壷」字に統一しておく。

第2節　研究の対象と方法

本論における検討の対象範囲は「近世江戸遺跡」であるが、これは筆者が調査報告を行った経験のある地域に対象を求めたものであるだけでなく、この地域での該期を対象とする発掘調査・報告事例が多く、その結果として焼塩壷の出土の報告数・種類が他の地域に比べて圧倒的に多いと思わ

れることにもよる。

　ここでいう「江戸遺跡」は、「近世都市としての江戸の遺跡」という意味で用いている。もちろん「都市」「遺跡」という語義と概念については、単純に規定することはできず、とくに「遺跡」については五十嵐彰氏をはじめ多くの議論がなされているところではあるが（五十嵐 2007など）、ここでは「遺跡」の語に関してそうした議論があることを指摘したうえで、その代案がない現状を踏まえ、調査・報告のなされた単位を基準とする一般的な用語として「遺跡」の語を用いることにする。

　また対象となる時間軸上の範囲としての「近世」についても、歴史的に厳密な時代区分や規定に関する議論を行うゆとりはないが、ここでの「近世」は17世紀初頭から19世紀第3四半期までの、政治史的区分による徳川家康の入府から幕府瓦解まで「江戸時代」にほぼ相当するものである。さらに空間的な広がりとしての「江戸」は、いわゆる江戸町奉行所の支配範囲である「墨引」内を想定している、と述べるにとどめたい。

　さて、本論ではこの特異な遺物である焼塩壺について、その生産地や生産された年代、生産者の異同や系統性、相互関係について可能な限り詳細に追求し、明らかにすることを試みる。しかし研究の最終的な目的は、次節で述べるように単に特定の遺物の産地や年代などの全貌を明らかにすることにあるのではなく、この特殊な遺物のあり方を通じて、これらが作られ使われた近世を含む中世末から近代初頭という時代の一側面を考古学的に解明し、理解することにある。

　したがって、遺物としての焼塩壺だけでなく、史料上の（壺）焼塩生産者についても多くの紙幅を割くことになるが、それはあくまでも考古資料としての焼塩壺に対する歴史的叙述のための補助資料として用いるものである。近世のように史料の豊富な時期の考古資料を扱うとき、往々にして史料で描かれた枠組みを使って考古資料を解釈する傾向が見られるが、本論では考古学的に知られる事項と、史料から知られる事項とを峻別して扱い、それらを相互に参照していくという手法をとりたい。

　また本論における数値的な分析では、基本的に江戸遺跡出土の焼塩壺についての集成にもとづいて行う。この集成は基本的に「墨引」を含む都心13区（千代田・中央・港・新宿・文京・台東・墨田・江東・品川・目黒・渋谷・豊島・荒川：自治体コード順）内で刊行された、近世を対象とする報告を含む発掘調査報告書のうち、平成17年（2005）3月末日までに筆者が確認することのできた全376編に実測図が記載された遺物を対象としており、以下では【集成】と表記する。ただし、それ以後に刊行された報告書や雑誌などで紹介された資料も適宜参照して、議論を進めていくことにする。また、遺跡名は報告書の表記に準拠し、上記都心13区については参考文献に付した一覧の報告書コードを［　］に入れて付記する。したがって、別の遺跡調査地点であっても同一の報告書に所載のものは同一のコードが付される場合がある。

第3節　研究の目的と意義

　本論における研究の最大の目的は、この特異な遺物である焼塩壺の多様な様相を整理し、分析を加えることによって、これを生産し流通せしめた者や、これを受け入れ消費・廃棄した者のあり方

を明らかにし、これを通じて近世におけるモノの生産・流通・使用・消費のプロセスの一端を明らかにし、近世都市江戸、さらには近世という時代の考古学的・歴史的復元を試みることにある。

焼塩壺は、数多の遺物の中でもとりわけてこうした検討を行っていくのに適した素材の一つであると考えている。それは焼塩壺を特徴づける属性の一つである刻印の存在にあるが、これは土器に限らず近世の遺物全体の中でもきわめて重要かつ特異な属性である。なぜなら、この刻印の印文によって特定の焼塩壺の生産地や生産者などについての具体的な名称を知る手がかりとすることができるだけでなく、刻印同士もしくは刻印以外の史料との対比によってさらに多くの情報を得ることができるからである。

また、この刻印は墨書や刻書のような他の土器面上の文字とは異なり、土器が成形された後、乾燥や焼成という工程を経る前に押捺されなければならないという性格を有する。このため押捺は土器生産者によって行われたと考えられ、流通の過程や、あるいは消費者の手に渡ってから、もしくは二次使用や廃棄された後にも可能な墨書や刻書とはおのずから性格が異なる。いわば生産にかかる史料が遺物と一体となっているのである。

さらに刻印は、印体によって押捺されるものであるから、同一の印体で複数の刻印が作られることになる。したがって、刻印の観察によって同一の印体によるものとそうでないものとの識別が可能であり、その異同を分析することによって土器の生産に関わる各種のシステムやその規模、系統性をうかがうことも可能になろう。

さらにこの焼塩壺の刻印は、生産者等を示すものであるとはいえ、陶器碗などに押捺されたものとは大きくその性格を異にしている。陶器碗の刻印は、その碗そのものの生産者を識別するために押捺されたものであり、たいてい高台脇などに小さく目立たないように捺されているのに対し、焼塩壺の刻印は高さのあるコップ形の製品（第3章で言及）では身の胴部に、低平な鉢形の製品（同左）では蓋の上面中央に大きく捺されているのが普通である。つまり、焼塩壺の刻印は、壺そのものの生産者を示すものではなくて、その内容物を識別させるための商標としての性格を具えたものといえるのである。であるからこそ、焼塩壺の刻印には「天下一」「大上々」などの品質の高さを謳った印文も見られるのであり、そもそも刻印が捺され始めたのも、生産者や生産地を名乗り製品の正当性をアピールし、差異化を図るのが目的であったと考えられる。そして刻印の印文や字体の異同の分析から、中には紛い物と思われるような模倣品も存在することが明らかになっている。このように焼塩壺の刻印は、単なる生産者や生産地を識別するだけでなく、生産者の何らかの"意図"をもうかがわせる史料であるともいえるのである。

もちろん、この史料としての側面をも有する刻印を正当に評価するために、刻印以外の史料に対する安易な迎合は戒めるべきであろう。むしろ刻印の印文をも対象とした史料批判などの手続きを経ることをも視野に入れた研究が必要である。

このような点に留意して分析を行うならば、焼塩壺は考古資料としての分析、つまり遺構の切合い関係や層準、共伴資料などの出土に関する属性や、胎土や整形などを含めた成形に関する属性などを対象とした分析と、史料としての分析をおのおの行うことのできる稀有な遺物であることになる（図1）。詳細は個別資料の検討で述べるが、刻印とは独立した属性である壺や蓋の成形技法や

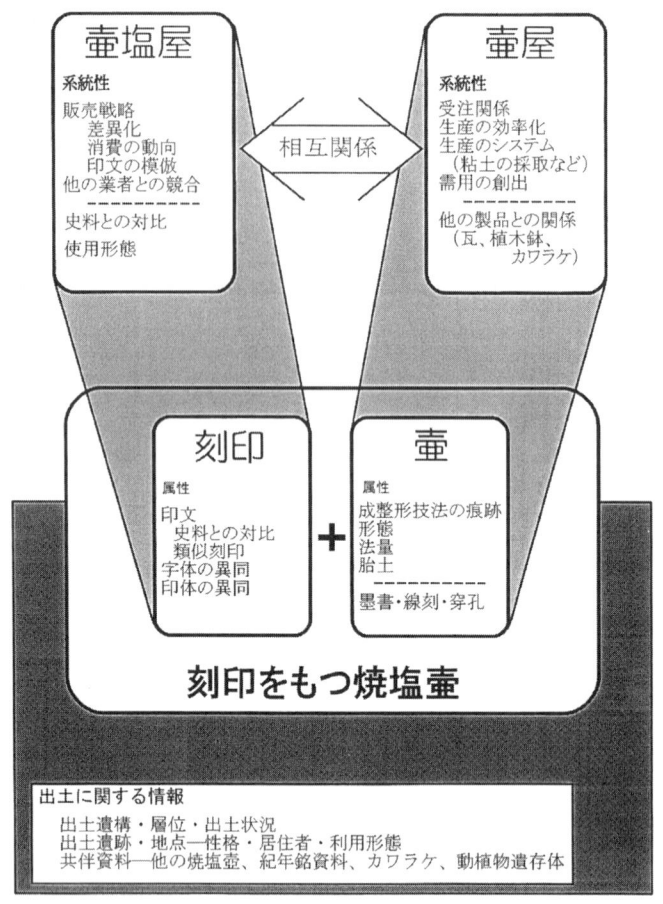

```
┌─────────────────┐     ┌─────────────────┐
│  壺塩屋         │     │  壺屋           │
│  系統性         │◁相互▷│  系統性         │
│   販売戦略      │  関係 │   受注関係      │
│    差異化       │     │   生産の効率化  │
│    消費の動向   │     │   生産のシステム│
│    印文の模倣   │     │    （粘土の採取など）│
│    他の業者との競合│  │   需用の創出    │
│  ─────────      │     │  ─────────      │
│  史料との対比   │     │  他の製品との関係│
│  使用形態       │     │   （瓦、植木鉢、 │
│                 │     │    カワラケ）   │
└─────────────────┘     └─────────────────┘
```

図1 刻印をもつ焼塩壺の諸属性

```
┌─────────────┐ ┌─────────────┐
│  刻印       │ │  壺         │
│  属性       │ │  属性       │
│   印文      │+│   成整形技法の痕跡│
│    史料との対比│ │   形態      │
│    類似刻印 │ │   法量      │
│   字体の異同│ │   胎土      │
│   印体の異同│ │ ─────────   │
│             │ │   墨書・線刻・穿孔│
└─────────────┘ └─────────────┘
    刻印をもつ焼塩壺

┌──────────────────────────────────┐
│ 出土に関する情報                 │
│  出土遺構・層位・出土状況        │
│  出土遺跡・地点─性格・居住者・利用形態│
│  共伴資料─他の焼塩壺、紀年銘資料、カワラケ、動植物遺存体│
└──────────────────────────────────┘
```

形態と刻印との対応関係をもとに組列を組むことによって、より細かな段階設定が可能になり、またそのことから逆にそれらを一連の系譜に連なるものであることを確認する、という手法を導入している点は、これまでの焼塩壺に関する分類や分析の中では特筆すべきものと考えている。またそうして設定された個々の資料群を時間軸上に配して、共伴資料を中心に同時期性を確認し、より詳細な焼塩壺の動態の描出を試みている。

　そういう意味では、今回の研究においては、刻印をもつ焼塩壺が、これをもたない焼塩壺に比べ比重が高くなるのはやむをえないが、刻印をもたない焼塩壺も、焼塩壺が刻印をもつようになったり、あるいは刻印をもたないようになったりするプロセスを検討するうえでも、あるいはその法量や地域性、土器生産体制内での位置づけを検討するうえでも貴重な資料を提示するものとなることが期待される。

　いずれにしても、焼塩壺を考古学的に研究することの意義は、他のほとんどの遺物では行いえない分析方法が可能になるこの特異な遺物を通じて、焼塩壺という遺物のみならず、近世という時代における商品の生産や流通に関わるさまざまな側面が、より具体的に明らかにできるということであり、さらには近世という時代を対象とした考古学的研究そのものの可能性をも大きく拡大するものになると考えられるところにあるのである。

第一部　総　　論

第1章　焼塩壺研究略史

　本章では焼塩壺に関する研究史を概観する。分類や個々の遺物に関する研究史は、そのつど改めて論ずることとし、ここでは研究に関する大きな流れと、その当時の研究の状況を中心に見ておくことにする。

第1節　研究前史（19世紀初頭〜1927）

　近世が考古学の研究対象として一般に認知されたのは比較的近年のことであり、しかも美術史的関心の対象となることのあった陶磁器に比して、一般に土器が研究の対象となるのは遅かった。しかしながら、その中で焼塩壺に関する研究史は古くにまでさかのぼる。

　詳細は第2章第3節に譲るが、江戸時代後期文政2年（1819）頃には既に中盛彬(なかもりしげ)の『拾遺泉州志』〔史料22〕中の一文によって、焼塩壺の出土が報じられているのである（和泉文化研究会編 1967）。したがって、この時期から本格的な研究が登場するまでの時期を焼塩壺に関する研究史に先立つ前史として位置づけたい。この時期は、木内石亭の『雲根志』全3巻（1773〜1801）などに見られるような、当時の奇物愛好趣味の風潮の中に位置づけられようが、『拾遺泉州志』での記載は、すでに単なる出土品の報告・観察の域を超えた論考が行われていたことを示している。

　とはいえ、これ以後焼塩壺に関する論及は、天保14年（1843）頃成立とされる『天野正徳随筆』〔史料24〕でわずかに触れられているのを除けば、明治30年（1897）の『考古学会雑誌』第9号掲載の「宝丹主人の薬園より掘出せし古物」という中川近礼氏の報文までの約80年間影をひそめる（中川1897）[1]。そこでは「東京府本郷駒込北動阪町」から出土したことが記された後、「寛永焼塩壺の類であらう」との記述が見られ、遺物としての一定の認識が存在したことをうかがわせるが、「寛永」とした根拠などは示されておらず、詳細は明らかでない。

　その後、焼塩壺に関する言及は再び途絶え、次にこれが見られるのはさらに30年後の昭和元年（1926）である。この年の『歴史と地理』第18巻3号掲載の島田貞彦氏「考古片録（三）（十五）泉州麻生在銘小壺」として京都市河原町通四條辺からの出土を報じているが、ここでは上の『考古学会雑誌』に論及しているものの、「何物の容器としたものであるか推定するのは困難であるが、恐らく薬種容器として使用されたものであらう」と記されており、その性格についての認識が継承されていないことが知られる（島田1926）。

第2節　第1期（1928〜1976）

　しかし、そのわずか後の昭和3年（1928）に、初めて焼塩壺は独立した論考の対象となる。この年の『中央史壇』第14巻3号は高橋艸葉氏の「堺の焼塩壺」という論文を掲載している（高橋1928）。この論文で高橋氏は『堺鑑』〔史料7〕、『倭漢三才圖會』〔史料11〕といった文献上で焼塩壺につい

て探索し、また堺市湊の船待神社所蔵の菅公像掛軸裏面に見られる元文3年（1738）の紀年をもつ、壺塩屋藤左衛門の系図という重要な史料〔史料13〕を紹介している。高橋氏はこれらの検討から、『堺鑑』などに見える「藤太郎」が「藤太夫」の誤りであることを論じるとともに、「藤左衛門の家系が元文三年まで引き続いて営業していた」と、壺焼塩生産者の系統を認識している。さらに史料に見える天下一の号の許可と禁止の年代から「天下一堺ミなと/藤左衛門」の刻印をもつものの時期が推定しうるなどの重要な指摘も行っている[2]。

そのうえで「泉州麻生」の刻印をもつものを「……前の（「泉湊伊織」の銘を持つもの：引用者註）より格好が好く、仕上げも丁寧に出来ている。恐らく堺の伊織の壺焼塩の売れ行きの宜いのを見て、後から夫れを見習ったのだらう……」として、この刻印をもつ製品は、藤左衛門の系統による製品を模倣して始められたものであろうとし、異なった生産者の系統の存在をも指摘している。このように刻印の相違と器形の相違とを対応させ、これを生産者の系統の差に求めている点は、前述の中盛彬の報文にも見られるところではある。

このように、一世紀近くの空白期の後、焼塩壺を取り上げた功績はもとより、高橋の論文はその後の議論に大きく寄与するものではあったが、「天下一堺ミなと/藤左衛門」以外の「泉湊伊織」などを時期差として扱いえなかった点、また器形や出土状況に関する視点をほとんど欠く点など、考古遺物としての扱いは不十分であったといわねばならず、その点でも先の中の考察の域を脱しているとはいいがたい。

その後、高橋氏の依頼によって焼塩壺に関わりをもつようになったとも思われる前田長三郎氏は[3]高橋氏の論考の3年後の昭和6年（1931）に、苔瓦園前田文林の名で『堺焼塩壺考（未定稿）』（本文中の表題は『堺湊の焼塩壺考（未定稿）』となっている）という謄写版印刷の小冊子を著し（前田 1931）、さらに昭和9年（1934）にはその稿を改めた「堺焼塩壺考」を『武蔵野』21巻3号に掲載している（前田 1934）。

前田氏の論考は、中・高橋の両氏によって設定された研究の方向をさらに継承発展させ、一定の水準における完成に導いたといえるものである。また「中には無印のものもある」と無刻印の製品に関する初めての言及を行っている。しかし、これが後述する筆者の成形技法による分類でのⅠ類（輪積み成形）とⅡ類（板作り成形）のどちらの、あるいは両方についていっているのかははっきりしない。

一方、前田氏の後者の論考が掲載された『武蔵野』には、焼塩壺の口絵写真およびその解説文である「口絵ほどき」、追記（一）「芝公園の焼塩壺」、追記（二）「御殿山の塩壺」など小文ながら多くの言及が見られ、この当時前田氏の住んでいた関西だけでなく、関東でも焼塩壺に関心をもつ人々が複数存在したことが推定される。

とくに前田氏の論考の後に添えられた山沢散水庵氏の小文には、焼塩壺の成形技法と系譜に関する重要な言及が見られる。すなわち「……泉州湊村のいわゆる行基焼（祝甕と称すべきものにして、その轆轤作りである事は言を俟たない）の事と、倭名抄に云ふ、大鳥郡塩穴郷は泉州湊村に当る事と想ふと、泉州湊村の焼塩壺が手作りの土師器流であることは一寸奇妙感を覚えさせられる。然し、此の焼塩の創始者だと云はれる藤太郎の出生地京都洛北上鴨畠村が幡枝村の事であるならば、此の

奇妙感は直ちに霧散する。なぜならば京上鴨の幡枝村は往古より連綿として土師器を作る部落であるからである。乃ち此村に生まれた藤太郎は土師器の製作法を心得て居たるが故に、土師器流の壺を利用して焼塩の創始者となった、と解し得る」（山沢1934）とあり、藤左衛門につらなる壺塩屋の焼塩壺が、その故地の土師器生産の技法を継承して作られたものとの興味ある見解を示している。

　また「東京市内出土塩壺（東京市技師竹内二三氏寄）」のキャプションがつけられた口絵写真には、七つの身と三つの蓋が、前後2列に並んで写っている。このうち、身にはいずれも刻印が認められる。印文は前列右から「泉川麻玉」、「播磨大極上」、「天下一堺ミなと/藤左衛門」（一重枠？）、〔不明〕であり、後列は〔不明〕、「泉州麻生」、「泉湊伊織」である。また蓋は、前列「天下一堺ミなと/藤左衛門」に「イツミ/花焼塩/ツタ」の刻印をもつものが立てかけてあり、後列の左右の身にも刻印はわからないが、それぞれ1点ずつ蓋が立てかけてある。

　これを見て最初に気づくことは、きわめてヴァリエーションに富む製品が並べられていることであり、身や蓋が形態や刻印などからそれぞれ異なった製品が選ばれていると思われることである。中でも前列右から2番目の焼塩壺は筆者の成形技法による分類でのⅢ-2類（ロクロ成形）の製品であり、すでにこの時期にⅢ-2類の製品が焼塩壺の一つとして位置づけられていたことが知られる。また前列左端の製品は、器形や刻印の大きさや位置などから見ておそらくは「泉州磨生」であると思われ、これまで昭和62年（1987）に刊行された真砂遺跡の報告［文-4］と考えられていた、この種の製品の初出もこの時期になることが知られる。さらに、後列右端の刻印の不明な製品について見ると、壺は後述する筆者の成形技法による分類でⅠ-3類とした一群に属するものと見られるが、口縁直下の指頭による押さえがほとんどなく、体部から口縁までがほぼ直線状のものである。刻印は比較的幅広く、長さが短いことから、「御壺塩師/堺湊伊織」のように思われる。だとすれば、後に詳論するように、「天下一御壺塩師/堺見なと伊織」から「天下一」が外されたものの、成形技法はⅡ類に移行する以前の、ごく限られた時期に位置づけられる製品が、すでにこの時期に紹介されていたことになる。「天下一御壺塩師/堺見なと伊織」であれば刻印がもっと縦長であろうこと、刻印や器形のヴァリエーションが注意深く選択されていたことを考えると「天下一堺ミなと/藤左衛門」が二つも並べられていたとは考えられないこと、右列の第2字が「壺」のように見えることからも、その可能性は高いと思われる。

　この写真に関しては、巻末に「口絵ほどき」と題する解説が付されているが、これは主として写真の提供者である竹内二三氏についての解説であり、写真に写っている個々の遺物に関して述べたところはほとんどない。またこの解説の筆者については渡辺誠氏が「井上清」氏の筆になるものとして参考文献にとりあげられているが（渡辺1985b）、文末の（靖）の署名をした解説者の名が、井上清なる人物であると知りえた経緯はもちろん、この人物の詳細も不明である。なお、焼塩壺に対する用語として、この解説では「焼塩壺」と「塩壺」が混用されており、写真のキャプションは「塩壺」である。前述の付記でも両者は混用されていることは注意すべきである。

　さらに写真提供者であり資料所蔵者である竹内二三氏については、今のところ「口絵ほどき」で知られる以上のことは知りえない。この竹内氏がその後『武蔵野』誌やその他の場で、焼塩壺を始めとする近世の製品について何らかの発言をしているかどうかは明らかでなく、今後の検討課題で

はあるが、少なくとも現時点では確認できていない。これだけヴァリエーションに富んだコレクションを手にすることができたのであるから、おそらくその架蔵品の数は、「口絵ほどき」にある20個をはるかに超えたものであると思われる。そうした知見に基づいて、竹内氏がもしこの写真に掲げられたような製品に関して、刻印の拓本などともに発言されていれば、同じ堺出身ではあっても、前田長三郎氏とはまた異なった角度から焼塩壺についての研究を深められていたと思われ、その後の焼塩壺研究の歩みも大きく異なっていたであろうと思われる[4]。

　これらの後、戦前では焼塩壺に関する言及は『新耽奇会図録』に昭和15年出品の「泉州麻生」の刻印をもつ焼塩壺が掲載されているのみであり（小出〔監修〕1998）、戦後もしばらくはわずかに散見されるにとどまるが（北村 1964、北野 1966）、中でも星野獻二氏の報文「京都市内出土の小壺形土師器」では古代の土器と誤認されるなど（星野 1956）、再び焼塩壺は忘れ去られた形となる。

　高橋・前田氏の研究の後、焼塩壺についてのまとまった研究が発表されたのはその約40年後の昭和49年（1974）、南川孝司氏による「泉州湊麻生の壺焼塩考」であった。南川氏の論文はその題名にも見られるように、前田の研究をほとんどなぞるような形で継承しており、いくつかの新たな資料の紹介や指摘が見られるものの、前田以降まったくといってよいほど進展しなかった研究の状況がうかがわれる（南川 1974）。

　ここまでの焼塩壺に関する検討は、ほとんど刻印をもつものに限られ、史料との対比が中心に論じられている。その意味では、むしろ前史における中による報文の域を出ない、好事家のものとして位置づけられるかもしれない。

　その後、近世の遺跡の発掘が数多く行われるようになり、発掘報告の形での焼塩壺に関する検討が見られるようになってくる（川口ほか 1977など）。しかし、考古学的な検討といえるものがなされるようになるのは次の佐々木達夫氏からであり、ここにおいて初めてロクロ成形の製品や刻印をもたない製品をも検討の対象とされてくるのである。

第3節　第2期（1977～1985）

　昭和52年（1977）年に佐々木達夫氏は、東京都日枝神社境内遺跡の発掘調査の結果得られた幕末・明治初頭に位置づけられる出土資料中の焼塩壺に関して論じ、検討を加えた（佐々木 1977）。これは焼塩壺に対して真に考古学的な立場からなされた初めての論考であり、器形・成形技法に関しても初めて詳細な検討が加えられた。また無刻印製品やロクロ成形の製品をも議論の対象とした初めての論考でもあった。

　ここでは11点の焼塩壺がA類・B類・C類の3類に分類されている。このうちA・B類の10点の焼塩壺は明治3、4年から14年までの約10年間に、境内の掛茶屋で使用されていたものとされるが（佐々木・佐々木 1975）、これらが「同地域で、同時に使用されていたもの」であること、また「A類とB類の土の違いは、両者の作業工程の違い、ひいては製作者の違いに由来している」としているのは、異なった成形技法の製品を、同時に存在した異なった系統の業者によるものとしている点で注目される。しかもそればかりでなく、A・B類それぞれの中にも異なった系統のものが同時に存在していたと見なしているという点で重要な指摘である。また、製品の焼成に関し「単室の地上

窯の中にぎっしりと積み重ねられて焼成されるという作業工程」を経るという言及がある。なお施釉された製品であるC類は1点のみ得られた表採品であるが、これを焼塩壺と認定した根拠は示されていない。このほか、これまではほとんど取り上げられることのなかった蓋についても、その成形方法や身との対応関係が考察されている。

　幕末から明治初頭にかけての製品から出発したためであろうか、焼塩壺を「一般庶民層まで使用していた」ものとしている点などはやや特異ではあるが、器形、成形技法、出土地点、年代から流通経済にまで及ぶ幅広い観点からの分析は、資料の乏しかった当時の研究の状況を考えるときわめて高く評価されるものであり、また「出土例の増加を待ち、正確な編年作業を経たのちに時代ごとの生産地別の流通状態を調べることが、塩壺研究の重要なテーマの一つとなるであろう」との指摘は、今日でもなお有効である。

　その後1980年代に入ると、近世の遺跡の発掘事例がわずかずつではあるが集積され始め、焼塩壺に対する関心も強まり、昭和60年（1985）の五島美術館主催の「シンポジウム江戸のやきもの」においても焼塩壺は一つの位置を与えられている。このときのパネリストであった渡辺誠氏は、用語や焼塩の業者に関する知見を整理し、後述するように主に器形による分類も試みているほか、刻印と史料の対応はもとより生産者の系統、出土遺跡の収集、身と蓋との対応など幅広い視点で総合している（渡辺1982・1985a・1985b）。

　渡辺氏は焼塩壺の生産地に関して、「江戸には地元のメーカーが見られない」（渡辺1985b）としているが、これは「江戸のような大消費地にも拡大されている」と推定する佐々木氏の論ずるところと対照的である。

第4節　第3期（1986〜1990）

　1980年代後半になると、都心部の再開発が進み、その結果として近世の一大消費地であった江戸の考古学的な調査が活発に行われるようになり、新たな資料の紹介が数多く見られるようになる。しかし、それらの多くは先の渡辺氏の集成・分類に依拠して出土例を提示するものが大部分であった。

　こうした中で菅沼圭介氏らは、麻布台一丁目遺跡の報告［港-2］で焼塩壺を瓦質土師質土器全体の中に位置づけて鉢形B属Ⅰ類として分類したうえで細分を試みている。なお、その後ここでの分析に名を連ねている両角まり氏は、近世の土器の成形技法についての考察を行う中で焼塩壺に注目し、板作り成形の製品の底部の粘土塊の挿入方法などを体系的に分析している（両角1989）。

　一方筆者は、東京大学本郷構内遺跡医学部附属病院地点（以下、東大病院地点と略称する）出土の焼塩壺についての考察を行うにあたって、これを成形技法と刻印とからそれぞれ分類し、個々の製品を両者の組合わせとしてとらえ、その対応関係という形で分析を試みることによって、成形技法と生産業者の系統性、さらには模倣関係にまで論を及ぼした（小川1988・1990）。なおここでいう成形技法とは、器体の成整形によって規定される器形および胎土をも含めたものである。

　これに対し大塚氏は、東京大学本郷構内遺跡法学部4号館、文学部3号館地点（以下、東大法文地点と略称する）の資料を分析する過程で、輪積み成形から板作り成形への変化は別系統の業者に

よるものとして、渡辺氏による成形技法の系統の単系的な理解を覆す指摘を行った（大塚1988）。

以上のようにこの第3期は期間的には短いながらも、焼塩壺に関する考古学的研究の大きな転換の時期であったと評価することができる。

第5節　第4期（1991～2007）

1991年以降現在までの第4期は、第3期までにほぼ完成した焼塩壺の生産者の系統や年代観に関する認識を前提として、成形技法や刻印別に焼塩壺が個々に論じられた時期であると同時に、そうした蓄積の上にさまざまな角度からの総合化が模索されつつある時期であったともいえる。

1990年代は、筆者により個々の焼塩壺に関する一連の論考が提示されていった時期である。主なものでは1991年のⅢ-2類（ロクロ成形）の焼塩壺、1993年の鉢形焼塩壺類、1994年の「御壷塩師/堺湊伊織」の焼塩壺、「泉州麻生」の焼塩壺、1995年の「泉湊伊織」の焼塩壺、1996年の「泉州磨生」の焼塩壺、1998年の近世初頭の焼塩壺、2000年の「堺本湊焼/吉右衛門」の焼塩壺に関するものがある。

また、田中一廣氏は「泉州名産」としての焼塩壺に関する独自の整理を行っているほか、伝世資料の紹介など、いわば焼塩壺の故地をフィールドとしていればこその独自のデータや視点にもとづく発言をしている（田中1991・1994・1995など）。

こうした個別的な研究とは別に、1992年には小林謙一・両角まりの両氏が、それまでの研究成果を総合した成果を集大成し、江戸出土資料を編年表の形で発表した。また同じ1992年に上述田中氏も、関西を中心とする資料に江戸出土資料を加えた形での編年表を提示した。さらに1995年には積山洋氏が、大阪出土の土師質土器の編年を集大成する中で焼塩壺についても編年表を提示するなど、1990年代前半には編年表の形での集大成が各地でなされた。

また全国レベルでの焼塩壺の様相を探ろうとした試みとして、2000年には大阪府堺市の小谷城郷土館で、同館主催のシンポジウム『焼塩壺の旅—ものの始まり堺—』が開催され、口頭・誌上あわせて11本の発表があったが、結果的には個別の地域の焼塩壺の出土様相を紹介するにとどまるものであった。その中で、江戸地域における様相について発表した池田悦夫氏も「焼塩壺の変遷」と題する表を提示しているが（池田2000）、縦軸に成形技法と刻印の組み合わせたもの、横軸に独自に設定した「類型」を置き、その中に焼塩壺を配したものであった。これは、これまでの筆者を始めとしてなされてきた系統性・地域性に関するさまざまな検討をまったくといってよいほど無視し、渡辺誠氏の時代に逆戻りしたような、単系的な変遷観にもとづくものであった。

このほか小川貴司氏の一連の論考（小川貴1995・1996a・1996b・1998）は、焼塩壺の成形技法について、自らのもつ土器製作技法の研究蓄積にもとづいて論究したものであった。

さらに、菅原道氏や松田訓氏による統計処理にもとづく考察（菅原1994, 1996, 松田2000）、長佐古真也氏・矢作健二氏ら・両角まり氏による胎土分析にもとづく考察（長佐古1994, 矢作・植木ほか1994, 両角1996）など、考古資料を新たな手法で分析する試みも現れるようになってきているが、いずれもこれまでの研究蓄積に対する傍証として評価されるべきものであった。

21世紀に入り、類例の少ない焼塩壺の資料紹介（秋岡2002, 小川・毎田2006, 小川・五十嵐2006,

小川 2004b・2005・2006cなど）は散見されるものの、かつてに比べ焼塩壺に関する論考は多くなされているとはいいがたいのが現状であるが、これまでの蓄積の上に新たな視点で分析を加えるような論考が見られるようになってきている。

　たとえば山中敏彦氏の論考（山中 2001・2002・2004）は、史料の緻密な検討から焼塩壺の宴席における使用形態や焼塩生産者に新たな光を当てたものであり、筆者も江戸市中および日本列島における焼塩壺のあり方や墨書を有する製品や蓋を整理し分析している（小川 2006d・2007a・2006a・2006b）。

　こうした中で最近では柳谷博氏が、「サカイ/泉州磨生/御塩所」の刻印をもつものや比較的新しい時期の焼塩壺の蓋について、豊島区の報告書の考察として掲載している（柳谷 2006a・2006b）。今後こうした議論が活発に交わされるようになることを期待したい。

註
1) 田中一廣氏によれば、この5年前の明治25年（1892）に、すでに稲波惇太郎氏の「焼塩壺記」なるものによって焼塩壺についての言及が最初に活字になったとのことであるが（田中 2000）、出典等の書誌的情報についての記載がないために、詳細は明らかでない。
2) 焼塩壺の刻印については、他に「銘」「極印」「印」「押印」などの表現が見られる。語義からすれば、「極印」もしくは「銘」がふさわしいように思われるが、焼塩壺について最初の論稿を発表した高橋艸葉氏は、「銘」と「極印」とを2回、「刻印」を3回と、表現上の差をあまり意識していたとは思われない。そこで、本稿では近年の論稿において通例となっており、しかも高橋氏が最も多く用いた表現に従って「刻印」を用いることとする。なお、刻印は大部分が陰刻で表出されているため、陽刻の場合のみ陽刻と記述し、陰刻についてはあえて述べない。また印文の表記は複数行にわたるときは右から順に読み、改行部分は「/」の記号で表示する。
3) 高橋氏と前田氏の論考には多くの共通点があり、そのプライオリティーには問題なしとはしないものの、ここではあくまで、現時点で確認しうる文献の初出年代に従っておくことにしたい。
4) 本論での『武蔵野』21巻3号は原書房1972年刊行の復刻合冊を参照している。

第2章　史料上の焼塩壺

　本章では、焼塩壺について理解するうえで欠かせない「焼塩」やその生産者について触れたと思われる江戸時代の史料について概観する。最初に全体を見渡すと、それらの史料のほとんどで「壺焼塩」と「花焼塩」のいずれか一方もしくは両者が併記されていることから、この二者を主要な柱として整理することにする。

　なお、ここでいう「焼塩」は製塩の工程を意味するものではなく、基本的に製塩された塩を精製する狭義の焼塩であることはいうまでもない。また、原典では旧字体（正字）や変体仮名が用いられている場合もあるが、ここでは通常の表記に置き換えておくことにする。

第1節　「壺焼塩」

（1）　地誌・公文書類

　寛永5年（1628）成立の『毛吹草』〔史料1〕は、管見では焼塩について述べた最初の史料である。ここでは巻三と巻四の2ヵ所で「湊壺塩」に触れており、和泉国湊村での壺塩がこの当時すでに名産として認識されていたこと、「土物」つまり土器の一器種として塩壺が、蛸壺等とともに生産されていたことをうかがわせる。この史料では創業その他の年代に関する記載は見られない。

　次いで延宝9年（1681）の『和泉國村々名所旧跡付』〔史料4〕の「壺焼塩」の項では、「大鳥郡湊村」という所在地と「嵯峨辺にて土器いたし候者」という創始者、「二十五年以前」に「天下一」が許され、「その二年後」には「禁中」すなわち宮中に献上し、そのとき「伊織」と改名したことが述べられている。これらの年代をそのまま史料の成立年に当てはめると、それぞれ明暦2年（1656）、明暦4年・万治元年（1658）に相当する。また元禄元年（1688）頃の写本とされる『和泉史料叢書　農事調査書』〔史料8〕にも〔史料4〕とほぼ同様の内容が見られ、天下一を許された年を「三拾二三ヶ年以前」、伊織への改名の年を「二年目」としている。原典は正保・慶安期（1644～1652）の成立であるといわれるが、以下で見る他の史料などから推して、その年代算定の起点を原典の成立した正保・慶安期に当てはめるのには無理があることから、その記載内容は〔史料4〕を参照して、書写の時点で挿入されたものと推定される。このように考えて起点を書写された年代に当てはめると、天下一を許された年が明暦元・2年（1655・1656）、伊織への改名の年がその2年後の明暦3年・万治元年（1657・1658）に相当することになる。

　一方、〔史料4〕の3年後の貞享元年（1684）に成立したとされる『堺鑑』〔史料7〕にも「湊壺塩」についての言及が見られるが、ここでは「花洛上鴨畠枝村」出身の「藤太郎」という者が「天文年中」（1532～1555）に創始したこと、「承応三年」（1654）に「女院御所」から「天下一ノ美号」を許されたこと、「延宝七年」（1679）頃に「鷹司殿」から「折紙状」を賜ったことと、呼名が「伊織」であることが述べられている。また明和元年（1764）成立の『近代世事談』〔史料14〕は〔史

料7〕と内容や表現が類似しており、「女院御所」から「天下一ノ美号」を許されたこと、「鷹司殿」から「折紙状」を賜ったことをそれぞれ「承応三年」「延宝七年」と記している。おそらくは〔史料7〕を参照し、ほとんど引用したものと考えられるが、折紙状拝領の年次については、原典にあたると思われる〔史料7〕では「延宝七年比」と延宝7年頃とされているのに対し、〔史料14〕では「比」が脱落していることは注意を要する。

ちなみに、筆者は〔史料7〕の「鷹司殿ヨリ折紙状アリ、呼名伊織ト号ス」の部分を続けて読み、鷹司殿からの折紙状によって伊織と号するようになったと解釈していたが、根岸茂夫氏よりいわば鑑定書である折紙状の拝受によって、何らかの称号を拝領することはない、との指摘をいただいた。したがって〔史料7〕だけによる限り、この「伊織」への改名が、延宝7年頃の折紙状拝領によるものとの見方は根拠を失うことになる。もっとも〔史料4〕の「その時伊織と改名すなり。」という記載から、やはり伊織への改名は折紙状拝領に際してなされたと解される。

ところで、ここまで見てきたように「壷焼塩」をめぐる年代に関する記述は大きく〔史料4〕にもとづくものと〔史料7〕にもとづくものとに二分されていることになるが、この両者の異同はどのように見るべきであろうか。天下一の号が許された年は、〔史料4〕の明暦2年（1656）と、〔史料7〕の承応3年（1654）とでは2年のずれがある。また「伊織」への改名の年は、〔史料4〕の明暦4年・万治元年（1658）と〔史料7〕の延宝7年（1679）頃とでは20年以上の開きがあるのである。

もっとも、〔史料7〕では「承応三年」「延宝七年」と具体的に述べているのに対し、〔史料4〕ではそれぞれ「二十五年以前」「その二年後」とされており、年代の推定に際しては起点を史料の成立年に当てはめているという違いがある。したがって、より具体的な〔史料7〕の記述を採り、〔史料4〕の起点を延宝9年の2年前の延宝7年とすれば少なくとも天下一の号の許可された年に関するずれはなくなる。しかし、「伊織」への改名の年はいぜん明暦2年（1656）となって、〔史料5〕の延宝7年とでは、やはり23年の開きが生じてしまう。

これについて、鈴木裕子氏は東京大学本郷構内遺跡御殿下記念館地点（以下、東大御殿下地点と略称する）の報告［文-9］における記述の中で〔史料7〕を信頼し、〔史料4〕の「その二年後」を「その二拾年後」、〔史料8〕の「二年目」を「二拾年目」の誤りとみなす考え方を提示している（鈴木裕 1990）。

本論でも、〔史料7〕が具体的な年号に触れていることや類例の多寡などから、鈴木氏の考え方を支持し、女院御所より天下一の号を許された年を承応3年、壷焼塩を宮中に献上して鷹司殿から折紙状を拝領したのを機に伊織を名乗るようになったのを延宝7年と見ておくこととしたい。

これ以外の「壷焼塩」について述べる多くの地誌類〔史料10, 11, 12, 19〕では、〔史料1〕と同様、ほとんどが湊村の壷焼塩の存在に触れるにとどまっており、具体的な年号や創始者名には言及していない。また、元禄8年（1695）刊の『本朝食鑑』〔史料9〕の塩の項には、「壷焼塩」ではなく「焼塩」の説明として「白塩を瓦器に入れ口を覆って炭火で再び焼く」との記載が見られるが、産地や創始者の名などには言及がない。

これらのほか時代は下るが、『改正増補 難波丸綱目』〔史料16〕、『難波丸綱目』〔史料17〕では

難波「高津坂ノ下」の「御膳焼塩師」に言及しており、その名を前者では「難波伊織」、後者では「難波治兵衛」としている。また幕末の『花の下影』〔史料28〕には「高津下　焼塩」として掲げた図中の看板に「御膳焼塩所　窯元伊織」が見える。この高津の地名はやはり幕末の『摂陽奇観』〔史料21〕・『摂津名所図絵大成』〔史料25〕にも見えるが、ここでは次節に述べる「花焼塩」に関連するもののように思われる。

　いずれにしてもこれらの多くに見られるのは出自や系譜であれ、あるいは称号の受領であれ、それが記された時点において現存する焼塩壷ないし壷焼塩製造業者に関する言及である。これに対し、中盛彬によって文化13・14年（1816・1817）以降に書かれたとされる『拾遺泉州志』〔史料22〕はその性格をまったく異にしているだけでなく、次節の内容とも重複する部分が多いため、第3節でとりわけて詳論することにする。

（2）　書簡・日記類

　書簡・日記類では、明暦2年（1656）の堺妙國寺の僧日建の記録〔史料3〕が「藤左衛門」の名の初出、次いで寛保2年（1742）の日潮の記録〔史料15〕などが断片的に存在するようであるが、ともに現時点で筆者は原典に触れておらず、平野氏の記載の孫引きであるため（平野 1966）、ここでは詳論できない。

　一方『船待神社菅公像掛軸裏面願文』〔史料13〕は「元文第戊午」すなわち元文3年（1738）に「泉州堺湊村神宮寺」へと奉納されたものであり、これに見られる「伊織」の名や「壷鹽師」などの名乗りから、これが〔史料7〕に見られる「今ノ壷鹽屋」に連なるものと考えられること、そして「藤太郎」が「藤太夫」の誤りであることが高橋艸葉氏によって指摘され、その後の研究の進展に貢献するものであったことは第1章第2節ですでに述べたとおりである。この史料には「元祖藤太夫」から「八世休心」に至る歴代の名が記された下に、「壷塩師」として「伊織」と「藤左衛門」が併記され、さらに「御壷塩師/泉湊伊織」の印が捺されている。この史料によって、少なくとも元文3年まではこの壷塩師の系譜が連綿と存続していたことを知ることができる[1]。

　また、この〔史料13〕を所蔵する同じ船待神社所蔵の『壷鹽屋伊織が女院御所から賜った奉書』〔史料29〕なる文書も高橋氏の紹介が初見であるが、〔史料7〕で「天下一ノ美号不苦」とされた「女院御所」の名が見えること、〔史料4〕の「堺町奉行石河土佐守殿」、〔史料7〕の「時ノ奉行石河氏」と思われる「とさの守との」を宛名としていることから、年次は不明であるが、〔史料7〕などの一連の史料を補強するものと考えられ、またその年代も〔史料7〕にいう「承応三年」に限りなく近い時期のものと考えることができる。

　同じく船待神社所蔵の『奉行石河氏から伊織家への書状』〔史料30〕はその石河土佐守が伊織へ宛てた書状であるとされるもので、やはり高橋氏の紹介が初見であるが、宛名の「伊織様」の前に「浪花」の2字が見られることは、壷塩屋伊織の所在地を考えるうえで問題となるべき点である。

　一方、先に触れた日建・日潮の記録を伝える平野氏の小文には「享保廿二年宝鐘寺の宮よりの難波屋伊織宛の礼状があり……」と見えるが（平野 1966）、これが上記の〔史料30〕に相当するものであるか否かなどの詳細は現時点では不明である。

第2節 「花焼塩」

(1) 地誌・公文書類

「花焼塩」の初見は慶安元年（1648）の『了珍法師日記』〔史料2〕であるが、ここではすでに「津田之花焼塩」と、「津田」の地名とともに現れている。また、「五ツ入壱折」が後述する「卜半様」より贈られたとの記述も見られ、短いながらきわめて注目すべき史料である。次いで見られるのは、前節でも触れた延宝9年（1681）の『和泉國村々名所旧跡付』〔史料4〕であるが、そこでは「麻生之郷内 津田村」の所在地と、「正庵」という創始者、「三拾七年以前」という創始の時期が述べられている。また「八年以前より壺焼鹽も焼出し」とあり、花焼塩を創始した後、壺焼塩も始めたことが記されている。これらの年代をそのまま史料の成立年に当てはめると、花焼塩の創始時期は寛永21年・正保元（1644）、壺焼塩の開始時期は延宝元年（1673）ということになるが、前節で見たようにこの年代は〔史料7〕との関係から、2年分前に補正するほうが妥当と考えられ、これを採ると花焼塩の創始時期は寛永19年（1642）、壺焼塩の開始時期は寛文11年（1671）ということになる。

なお、この2つの史料で「津田」の地名とともに見られるのは「花焼塩」であるが、〔史料8、10、11、12、22、23〕ではいずれも「花塩」が「津田」の地名とともに用いられている。したがって少なくとも「津田」で生産された「花焼塩」は、〔史料8〕を例外として18世紀以降「花塩」と呼ばれるようになったものと思われる。本論では混乱を避けるため、刻印の印文や史料を引用したり言及したりする場合を除き、基本的に初出の表現である「花焼塩」の語を用いることにする。

一方、やはり前節で見た正保・慶安期（1644～1652）の成立で、元禄元年（1688）頃の写本とされる『和泉史料叢書 農事調査書』〔史料8〕では「津田」の「花塩」について「近年焼始め夥しく売出す。今は貝塚にあり」とあり、「近年」の「焼始め」を成立期とされる正保・慶安期とすると上述の〔史料4〕から得られる年代とさほど矛盾しないが、それでは「壺焼塩」での検討とは矛盾をきたすことになる。また「今は貝塚にあり」という言及での「今」が、どの時点をさしているのかが不分明である。

その後、元禄13年（1700）刊行の『泉州志』〔史料10〕、正徳2年（1712）刊行の『倭漢三才圖會』〔史料11〕、享保21年（1736）刊行の『和泉志』〔史料12〕はいずれも和泉国津田村の花塩に言及するが、創始者やその年代、所在地については述べられていない。また先に見た元禄8年（1695）刊行の『本朝食鑑』〔史料9〕の塩の項には、「花塩」にも言及があり、製法などについて述べているが、これは粉砕した白塩を水中に投じ、日影で水分を徐々に蒸発させて花の形の結晶を得るというものであり、塩を焼成して作る花焼塩とは異なるものである[2]。これに対して次節で詳論する文政2年（1819）刊行の『拾遺泉州志』〔史料22〕には「壺焼塩」と同様「花塩」の生産者に関しても重要な指摘が見られる。

いずれにせよこれらの史料から、当初津田村にあった花塩の生産者（正庵）が途中から壺焼塩の生産も開始したこと、所在地も途中から貝塚に移転し、江戸時代末期には塩屋源兵衛として営業していたことが知られる。

この「塩屋源兵衛」の名との関わりの中でとくに注目されるのは〔史料23〕である。この史料は表紙には『卜半家來之記　并系圖雜話』とあり、天保11年（1840）の年号が記されている。成立そのものは比較的新しいものの、領主である卜半家がその家来に家系や系図の類を提出させたものであり、信憑性は高いといえよう。またこれには系図が付されており、その記載の克明なこともこれを裏づけるものである。

まず、この史料に関する事項を整理するために、貝塚寺内町と卜半家について述べておく。

地理的歴史的な環境を見ると、舞台となるのは堺の南西の和泉国（泉州）岸和田領である。この岸和田は大坂と紀州を結ぶ街道の中間を占める要衝であり、南北朝時代から城が築かれている。ここには細川氏、松井氏らを経て寛永17年（1640）に岡部宣勝が入り、岡部氏は以後維新まで紀伊徳川家を抑制する役割を果たしている。

貝塚寺内は岸和田領内にあり、貝塚御坊と呼ばれる願泉寺の寺内町で、天文19年（1550）に卜半斎了珍が道場を再興、天正8年（1580）の織田信長による石山本願寺攻めの際に焼かれるが、和議の後復興し、天正11年（1583）から3年間本願寺門跡顕如・教如らがここを本願寺としていた。慶長15年（1610）には二代目了閑が徳川家康から寺内諸役免許の黒印を授けられ、政庁としての卜半役所がおかれて歴代願泉寺住職が貝塚寺内町を支配していたという。

以下、逐語的にその主要部分を見ていくことにする。

① 「丹羽源兵衛正庵先祖ハ丹羽勘介ト云壱万石取也。正庵尾張大納言殿ニて知行三百石ニて奉公後、浪人して岸和田へ来り、夫より津田村乃塩屋乃名跡相続也」

この部分を見ると、〔史料4, 10〕にもその名の見える正庵（〔史料10〕では正菴）という者が、丹羽源兵衛という者の号であったことが知られる。この源兵衛という名については、次節で述べる『拾遺泉州志』で「今は貝塚にあり」としている塩屋の名であり、この名前の合致もこの史料の信憑性を裏づけるものである。

また、この丹羽源兵衛がいったん浪人したのち岸和田へ来て、塩屋の名跡を相続したということもわかり、この時点で既に津田村には「塩屋」が存在したことが知られる。したがって、正庵が花塩を考案創始したとしても、塩屋としての事業は正庵によって始められたのではないのである。

② 「正庵事岸和田城主岡部美濃守宣勝殿へ茶湯之事ニて御出入申候願事有之候者、可聞届由被仰候時、正庵事地子御免許御願申候所、即津田村正庵家屋敷五百坪御免許被成候」

正庵が岸和田城主岡部宣勝の許に茶の湯のことで出入りを許されたとあることから、これは宣勝の岸和田入城から死去までの間、つまり寛永17年（1640）から寛文8年（1668）である。したがって正庵が津田村へ来たのも少なくとも寛文8年以前であることが推定される。これは〔史料4〕にもとづき花焼塩の創始時期を寛永19年（1642）とした先の推定と矛盾しない。

③ 「其後第二女を中与左衛門、六才之時ゟ受取置、後中与左衛門女、卜半了匂へ婚礼之節、彼女を附ケて罷越候、其以後彼女了匂妾と成、夫故正庵を貝塚へ呼寄せ屋敷五百坪之地子免許志て被遣、源兵衛も了匂家来ニ成る」

正庵は次女を六才のときから中与左衛門[3]に預けていたが、この中与左衛門の娘が卜半家5代目の了匂に嫁いだ際、この次女はともに卜半家へ行き、後に了匂の妾となる。そして、その縁で正庵

は津田村から貝塚へ呼寄せられ、津田村にいたときと同様500坪の屋敷の地子免許を卜半家から許され、了匂の家来になったとあり、この部分によって、先に述べた"移転"が花焼塩を始めた正庵の代のできごとであったこと、さらにその移転の行われた経緯を知ることができる。ただしその移転の具体的な時期は、この史料から知ることはできない。

④「但花塩乃銘ハ津田と可致由、岸和田ゟ被仰候故、今ニ津田と銘を書き申し候」

すなわち、この移転にあたって、それを認めた岸和田城主が花塩の銘すなわち刻印を「津田」のままにしておくようにという条件を付したのであり、今に至るまで津田としているのだと述べてあることから、この文書が書かれた時点においても「津田」の銘をもつ製品が存在するということがわかる。これは、焼塩壺の刻印の印文そのものに言及した貴重な文献でもある。

⑤「泉州志ニ津田乃花塩ハ正庵より初而と云ハ誤里也」

ここまでの記載を見ると、正庵が花塩を始めたことはむしろ明らかであり、これを誤りとするのは、いささか納得できないが、刻印に関する記載に続いて述べてあるところから見て、おそらくは（現在の）産地は「津田」ではなく「貝塚」であるということを述べようとしたものと解される。

⑥「正庵妻妙玄、祖母乃曾伯父ハ明智日向守光秀也ト云」

正庵の妻の祖母の曾伯父が明智光秀であるとしているが、正庵は正保元年（1644）頃から活躍しているのであるから、光秀の死去の天正10年（1582）から見て、そこから5世代下ったところに正庵の妻を置くのは、年代的にやや無理がありそうである。おそらくは祖母の系譜に連なる曾伯父（すなわち3代前）と解すべきであろう。

以下の部分については省略するが、ここまで見た部分だけでもこの史料が津田の花塩の創始者である正庵の動向についてきわめて詳細な情報を与えるものであり、これによって上に述べたような多くのことが明らかとなる貴重な史料であることがわかると思う。

この史料に関連するものとして北村五一郎氏の収集になる『要眼寺横井氏文書』〔史料32〕が存在する（北村 1964）。成立年次は不明であるが、その中に上で述べた丹羽源兵衛に関わる記載が見えるのである。

ここでは丹羽源兵衛の先祖は奥州二本松から来たこと、その9代目の子の3兄弟の次男が源兵衛であるということが述べられている。さらにその源兵衛の娘が「当寺」つまり要眼寺に嫁いだとあり、この文書の筆者はその娘の子であると述べている。そして源兵衛方の孫にあたる常照が要眼寺で住職をしながら舟商売をし、さらに水精塩という一子相伝の焼塩をしていたが、文政2年（1819）にいなくなってしまったとある。

この文書は、丹羽源兵衛が卜半家と縁組をして貝塚に移転したこと、その際500坪の土地を賜ったこと、そしてここには掲出しなかったが丹羽家の祖先の名が丹羽勘介であるとも記されていることなどの多くの点で、『卜半家來之記』〔史料32〕の記述と一致する部分が見られ、重要な史料と思われる。そしてさらに注目すべきは、「水精塩」という焼塩を商売としていたという記述である。

この水精塩が焼塩であるとすれば、ここまで論じてきた花塩や壺焼塩との関係が問題となるが、この文書の記載からでは、丹羽源兵衛の裔につらなると思われる塩屋源兵衛と、この常照との関係が明らかでない。一方、北村氏によれば、この文書は要眼寺10代の常照が記したとされるものであ

るが、この筆者が文政2年に行方知れずになったという文中の常照と同一人物であるはずがないにも関わらず、ともに源兵衛の孫にあたるとされていること、文政2年のことを記している筆者が丹羽源兵衛正庵の娘を母とすることができるはずがないことなど、矛盾点も多々あることは事実である。ただし、筆者は原典に触れていないため、これ以上の詳論は控え、後考を期したい。

このほか、前節で触れた『難波丸綱目』〔史料17〕の「御膳焼塩師　高津坂ノ下　難波治兵衛」の項に「大花形代八文」と記され、その製品の少なくとも一部には花形のものがあったことが窺われるほか、幕末の『摂津名所図絵大成』〔史料25〕ではこの高津の地名とともに「名産として種々の花の形をやきしおとす」とあり、『摂陽奇観』〔史料21〕にある歌や句にも高津の花形の塩に言及したと思われるものが見られる。

またこの『難波丸綱目』〔史料17〕には「花塩師」として「九けん丁　奥田利兵衛」の名も見えるが、この名は『弓削氏の記録』〔史料31〕にも「堺九間町當時在住奥田利兵衛」として現れ、同一人物ないし同系譜の人物をさすものと考えられる。

（2）　書簡・日記類

地誌、公文書類での「花焼塩」の初見が〔史料4〕の延宝9年（1681）と「壺焼塩」に比して遅いのに対し、書簡・日記類では『了珍法師日記』〔史料2〕の慶安元年（1648）9月23日の条が初見である。ここでは「津田之花焼鹽五ツ入壱折」が「卜半様より清滝寺様へ」贈られたことを記したものとされ、前項で推定した花焼塩の創始時期の寛永19年（1642）と矛盾しない。

ただし、この日記を記した了珍法師は卜半家3代目の了忍のことであるとされるが、文中に見られる「卜半様」がこの卜半家を指したものであるとすると、自らに「様」をつけていることになり、その呼称がなされた経緯は検討を要する。

第3節　『拾遺泉州志』

文政2年（1819）刊行の『拾遺泉州志』〔史料22〕では"「泉州麻生」および「泉湊伊織」と銘のある（焼）塩壷が地中より掘り出された"といった出土事例が報じられているだけでなく、刻印の印文に見られる地名からその産地や生産者についての考察が示されており、研究史的にもきわめて重要な史料である。そこでここに詳しく論じておきたい。

この史料の著者である中盛彬は岸和田藩熊取谷の人で、郷士の流れを引くきわめて高い家格の庄屋の家柄である中（左太夫）家に生まれている。有能な庄屋として長年勤めるかたわら、天文学、有職故実、和学、国学の研究をするとともに、和歌・漢詩、絵画もよくしたといわれ、天体観測を行って『太陽明界六曜運旋正儀』を、また自らの家の歴史を中心とした『先代考拠略』を著したほか、泉州の地誌であるこの『拾遺泉州志』（＝『かりそめのひとりごと』）を著しているという（熊取町教育委員会 1986）。このように、自然科学から人文科学、芸術にいたるまで幅広い業績を残しており、単なる好事家ではなくてむしろルネサンス的万能とでもいうべき研究者であったことが知られる。そしてこのことは、この『拾遺泉州志』における焼塩壷に関する記事を改めて見直すことによって強く感じられる。

『拾遺泉州志』の刊行本（和泉文化研究会編 1967）においてもっとも興味を惹かれることは、焼

第 2 章 史料上の焼塩壺　31

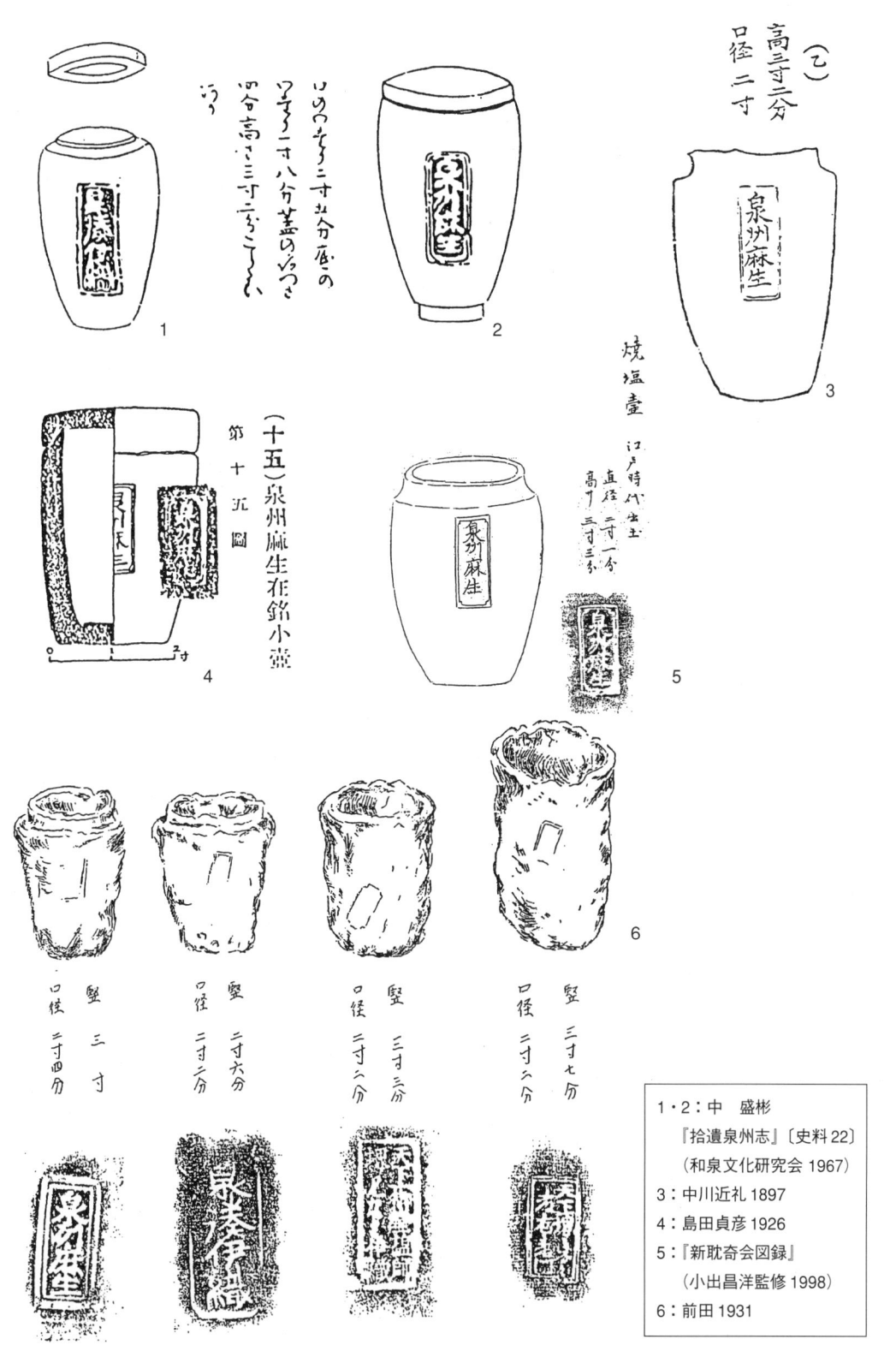

図 2　研究史上の焼塩壺の図

1・2：中　盛彬
　　　『拾遺泉州志』〔史料22〕
　　　（和泉文化研究会 1967）
3：中川近礼 1897
4：島田貞彦 1926
5：『新耽奇会図録』
　　（小出昌洋監修 1998）
6：前田 1931

塩壺のスケッチが添えられていることである。スケッチは図2-1と図2-2に示すように2点あり、それぞれ簡単な説明が付されている。原典で先に掲げてあったのが「泉湊伊織」の刻印をもつものであり（図2-1）、図のように蓋の図も伴っている。説明には「口の渡り二寸五分　底のわたり二寸　高さ二寸　全体に金星あり」と箇条書きされている。その後には「泉州麻生」の刻印をもつものが示してあり（図2-2）、こちらは蓋をした状態の図となっている。説明には「口のわたり二寸五分　底のわたり一寸八分　蓋のあつさ四分　高さ三寸八分　こうだいあり」と書かれている。これはもちろん実測図ではなく、かなりデフォルメされているようではあるが、今のところ焼塩壺に関する史料中最古の図であるとともに、江戸時代の史料としては唯一の図である。これは第1章第2節で触れた、昭和元年（1926）の島田貞彦氏の実測図（図2-4）には及ばないものの、明治30年（1897）の中川氏による小報の図（図2-3）や昭和6年（1931）の前田氏の図（図2-6）や、昭和15年（1940）の『新耽奇会図録』の図（図2-5）と比較しても遜色のない図といえる。しかも、前者に付された説明中の「全体に金星あり」の部分は、おそらく「泉湊伊織」の刻印をもつものの胎土に含まれている金雲母を指したものと見られ、胎土の違いまでも認識されていたことがうかがわれるのであって、こうした点では中川氏らのものよりもむしろ優れた観察がなされた出土資料の紹介であるともいえる。

　なお後者の説明中の「こうだいあり」の部分については、実際に高台のつけられた製品があった可能性は否定できないものの、おそらくは「泉州麻生」の刻印をもつものの底部に見られる粘土塊挿入後の中央部の窪みないしは底部縁辺の突出部を高台と見做したものと考えられる。またこれらの図によって、この形態の焼塩壺の身にこの形態の蓋が対応していることがすでに認識されていたと考えられることも注意すべきである。

　さらに興味深いことは、刻印の文字が白抜きで表現されていることである。中川氏の図（図2-3）などでは陰刻の部分は白抜きではなく実線で表されているのに対して、これがわざわざ白抜きで表されているのは、元来これが拓本であったことを示していると思われるのである。つまり、この中盛彬の掲げた図の刻印部分は拓本そのものではないが、刻印の部分を写しとる際には拓本という方法が用いられたと見做されるのである。

　本文を見ると、まずこれが書かれた時期は少なくとも「文政寅のとし元年」、すなわち西暦1818年以後であることが知られる。そして焼塩壺の出土地は2ヵ所あり、第一が「荏戸奥平大膳大夫侯」の「汐留のかみやしき」すなわち港区汐留であり、第二は「松平宮内少輔侯」の「かみやしき」である。後者についてはその位置は不明であるが、この両地点から「泉州麻生」および「泉湊伊織」の刻印をもつ焼塩壺が複数出土したことがわかる。

　その次の部分で、中盛彬は岸和田楽斎なる人物のもとで焼塩壺そのものを見たのではなくて、「そのうつし」を見たことがわかる。したがって、江戸の大名の屋敷から出土した焼塩壺を観察し、図にとり、刻印の拓本をとったのは、ここには名の現れていない、おそらくは江戸の人物であろう。そして刻印に「泉州」「泉湊」とあるところから、この人物による観察の結果やその図の写しが和泉国にいる岸和田楽斎の手元に届けられ、それが中盛彬の見た「うつし」であったと考えられるのである。このように考えれば、図の焼塩壺の形がかなりデフォルメされていることや、刻印部分の

図があたかも拓本を写しとったように表現されていることも説明がつくのである。したがって、中盛彬や岸和田楽斎より以前にこの出土遺物に興味を抱き、詳細な観察と採拓を行った人物が、すなわち焼塩壺研究史の嚆矢となった人物が江戸の地にいたことが知られるが、残念ながらその名は不明である。

　次に、岸和田楽斎によるこの刻印の印文の解釈が示されている。楽斎はまず泉州内の「湊」という村を二つあげ、一方の「大鳥郡みなと村」は「湊紙・湊陶又塩壺の名産なれど、昔より郷名もしれず」とし、一方は「古からず」とする。ついで麻生郷内に湊という地名を求め、これを津田村の古称であろうと考えている。つまり、楽斎は解釈の前提として「泉州麻生」と「泉湊伊織」の刻印をもつものが同じ壺塩屋による製品と考えていたようであり、このため「麻生」と「湊」とを同じ場所をさすものと解釈しようとしているのである。

　その点では楽斎は「泉湊伊織」の刻印については誤った結論に至っているわけではあるが、「麻生郷……おもふに、津田村の古称にや、……むかしこの里（＝麻生郷津田村）にて塩を焼しものゝ末は、塩屋源兵衛にて、今も貝塚に住て花塩を製す」という言及は、〔史料8〕との類似点もあるが、生産者として塩屋源兵衛の名が現われていることは注目される。

　この楽斎の解釈に対し中盛彬は自ら解釈を加え、津田村について『泉州志』記載の「津田の花塩」に関してははっきりしないとしながらも、「むかし湊村といへりし証もえず」と、あえてこれを湊村と結びつける必要はないとし、湊村と麻生とを分けて考えている。

　そして湊村については楽斎の指摘通り大鳥郡の湊村のことであると見做し、さらに『（近代）世事談』〔史料14〕の記載をもとに、藤太郎に発する壺塩屋が天下一の号や伊織の名を名乗ったという記載にも注目して、「泉湊伊織と銘せるものは、この手にいでし壺なるべし」と結論づけている。また一方の「泉州麻生」の刻印をもつものは「麻生郷津田村」の「塩屋源兵衛が手になれるなるべし」と、藤太郎とは異なる業者、塩屋源兵衛によるものとしているのである[4]。

　さらにこの両者を分ける考え方の根拠として、単に刻印の印文と地名や史料とを照合するだけでなく、「壺のかたちも大同小異あるをや」と器形上の差異にも注目している。

　津田村の花焼塩と塩屋源兵衛との関係や、「今も貝塚に住て……」という楽斎の言を積極的に評価しえなかったとはいえ、実物を直接見ることなく伝聞と図の写しを見て、これだけの結論を導き出した中盛彬の考察はきわめて高く評価すべきであろう。

　以上のように短文ながら中盛彬の論考は、年代差という視点、出土地点や出土状況に関する考察を欠くとはいえ、ある意味においては、焼塩壺の研究はその当初からすでにその後の研究の方向を指向しており、単なる出土の記録にとどまらない内容をもつものと評価できる。しかし、これを紹介した南川氏を除けば、その後の研究の動向の中でほとんど顧みられることがなく、ましてやそれ以前にその遺物に関心を抱いた無名の人物が存在したことは、これまでまったく論じられないままになっていた。かつての高橋岬葉氏、前田長三郎氏と同様、こうした人物の存在にも光があてられてしかるべきであろう。

　また、この史料では焼塩壺を単に「塩壺」と呼んでいることは、「焼塩壺の焼の一字は簡単に略せるものではない」（渡辺1985a）とする渡辺誠氏の指摘に対する反例としても注目される。

第4節　その他の焼塩壺関連史料

　前節の中盛彬の考察を除くと、「壷焼塩」と「花焼塩」の両者を通じて焼塩壺の刻印に触れた史料は、『卜半家來之記　并系圖雜話』〔史料23〕のみであったが、「壷焼塩」と「花焼塩」以外では焼塩壺の刻印に言及したと思われる史料を見出すことができる。それは、前田長三郎氏が紹介する『弓削氏の記録』〔史料31〕である。この史料は成立年次等が不明であり、また現在では原典の所在も明らかでないためその前田氏の引用に従うのみであるが、ここまで見てきた壺塩屋の家系につらなる弓削氏のもとに遺されていた記録であるという（前田 1934）。そこでは二つの壺印すなわち刻印の由来を記しており、まず「壺印磨生なるもの」は「正徳三辰年」（1713）[5]に堺九間町の奥田利兵衛が伊織の下女と馴れ合って、伊織の秘法を盗んだと記されている。次いで「壺印麻生なるもの」は「延宝年間から享保年間にかけて」（1673～1735）、泉州貝塚の塩屋治兵衛が視察と偽って、伊織方の竈の寸法を盗み取ろうとした、と記されている。ともに、否定的な内容であり、史料の由来を考えてもそのまま受け入れることはできないにしても、所在地や人名、時期などが具体的であり、まったく否定することはできない。

　また安政4年（1857）成立の『本朝陶器攷證』〔史料27〕では「焼塩」の文字が「焼塩屋権兵衛」の項に見える。渡辺誠氏によれば、この焼塩屋権兵衛は伏見騒動に連座して天明7年（1787）に獄死したとのことであるが（渡辺 1985a）、この史料にはこの焼塩屋権兵衛の家に、獄死より40年近く以前の寛延2年（1749）に書かれた「就御尋口上書」を所持していると記されている[6]。

　この口上書を見ると、先祖はもと奥田氏ないし平田氏といったが、文禄2年（1593）に伏見御城御用のために播州から来住し、「慶長年中」に「深草山之内、則今之瓦町之地」に居を構え、「焼鹽并花形鹽、同土細工商売渡世」を営んだとあり、渡辺氏の指摘するように花形塩と並んで焼塩とあることから、ここでの焼塩は壺焼塩を意味する可能性がある。

　なお、口上書以外の部分には「土ハ深草村領之内、字筆ケ坂岡倉ケ谷、此二ケ所之土ヲ取造リ、窯ハ自宅ニ所持仕リ」とあるが、土器の用土の採取地や窯の所在地が記されている点、またこの史料の成立した幕末の時点では焼塩はすでに生業としていないと思われる点などでも興味深い史料である。

　ちなみに、この史料については後に山中敏彦氏も異なった角度から考察を加えている（山中 2004）ことを付記しておく。この史料の別の部分には「焼塩」に直接言及する記載はないものの、「土器師　火鉢屋吉右衛門」の項で湊焼の創始について「根元焼始は、慶安年中之頃、京洛北御室村辺より引移り、湊焼を相始め候」とあり、先に見た湊村の壺焼塩の創始に関わる記載との関連という点から見ても、注目に値するものである。

　近世の史料として、最後に「焼塩」に関連する公文書を見ておきたい。〔史料18〕の寛政31年（1791）の条は江戸の町に出されたいわゆる御触を集成した『江戸町触集成』第9巻に収められた、生活雑貨の価格を規制する触である[7]。ここには、塩に関して「赤穂塩　壱升ニ付引下ケ拾四文」「地廻り塩　壱升ニ付引下拾弐文」「焼塩　但百文ニ付六百目　一盃ニ付引下ケ七文」が見られ、「赤穂塩」が1升あたり14文で、同じく12文の「地廻り塩」よりわずかではあるが高い値段が設定

されたこと、焼塩は1杯7文と、前二者に比べるとはるか高価で、かつ計量の単位が異なっていたことなどを知ることができる。また「焼塩」が前二者とは離れて「歯磨」の後に置かれていることは、その日常生活における用法に関して示唆的である。さらに、「焼塩」が江戸の街中で振り売りされていたことは落語『泣き塩』などからも推察されるところではあるが、この触には「焼塩」はあっても「壺焼塩」、「花焼塩」の類に関する言及は見えず、こうした加工塩は塩としては特異な存在で、一般のものではなかったことを傍証するものであったといえよう。

ここであげたもののほか、史料そのものの具体的な提示は行わないが、星梓氏の紹介になる「焼塩」に関する一群の明治期の史料がある（星1996）。

その第一は内国勧業博覧会事務局の『明治十年内国勧業博覧会出品目録』および『明治十年内国勧業博覧会出品解説』、第二は専売局『大日本塩業全書』、第三は柴田是真の『写生帖・縮図帖』、第四は大久保葩雪の『商牌雑集』である。

第一の史料は、表題からもうかがわれるように明治10年（1877）に開催された第1回の内国勧業博覧会に出品された国内のさまざまな製品を分類別に並べたものであり、塩は第2区・製品の第1類・化学製品に含まれている。これによって明治10年の段階で、宮城県から熊本県に至るまでの13府県に及ぶ全国各地で焼塩が生産されていたことがうかがわれる。ただし、ここまで見てきた和泉国（泉州）に相当する大阪府の名は見えない。『解説』ではいずれも「炒塩」の名で、上記の一部がその製造方法を示している。興味深いのは、東京府の下谷坂本村での製法で、赤穂産の塩を臼で搗いた後「塩壺ニ応ジタル黄銅ノ型筒ニ充填シテ凝定」したものを抜き取って日に晒して乾かし、窯の中に塩壺とその蓋とともに重ねて入れて焼き、取り出してから壺に入れ、蓋をするとある。この塩壺については「本村ノ黒粘土ヲ捏作シ輪盤ニ載セ翻転シテ成ル」などとある。

第二の史料は焼塩の製造方法とその包装について記したものであるが、塩専売化後の明治40年（1907）と年代が下るためか、上記の塩壺に関する記載はなく、ガラス瓶に入れる方法などが記されている。

第三の史料は、もともと星氏以前に筆者らが火だすきのある焼塩壺に関連して資料紹介したものであるが（伊藤・小川1994）、第四の史料とともに商品のレッテルを集めたもので、その中に焼塩に関するものが含まれている。播州赤穂の製品が多いが、壺に収められていないさまざまな形状の焼塩の存在がうかがわれる。この史料については第三部第6章で詳論する。

いずれも明治期のことで、直接近世の焼塩壺に関して論ぜられるものではないが、Ⅲ-2類や鉢形焼塩壺などに納められたと考えられる焼塩の製法や形状など、特異な加工塩としての焼塩の多様なあり方の一端をうかがわせるものとして注目すべきである。

註

1) 高橋氏の論考には五世の名から八世の名までが欠落して掲載されている。
2) こうした焼塩以外の「花塩」については、5世紀初めに中国後魏で成立した現存最古の農業技術の百科全書とされる『斉民要術』八「常満塩花塩」の項に同様の製法が掲げられている。
3) 南川孝司氏のご教示によれば、この中 与左衛門は岸和田藩岡部公5万3千石の家来で、家老職をつとめた家柄の出身であるとのことである。またその墓所は貝塚寺内近木町の日蓮宗妙泉寺に現存するとのことであり、

以前の論考（小川1993b）で「願泉寺に墓所を持つ」とした記述は誤りであった。ここに訂正しておきたい。

4) この『（近代）世事談』という史料は、菊岡沾凉著、享保18年（1733）成立、同19年（1734）刊の随筆で本邦近世の事物の起源について蒐集したもの。『本朝世事談綺』が内題で、表題は『近代世事談』。昭和3年（1928）に『日本随筆大成』第二期第六巻として日本随筆大成刊行会より活字化された。「焼塩」は巻之一飲食門に収められる。「藤太夫」ではなくて「藤太郎」と表現しているところなどから、『堺鑑』〔史料5〕を参照した言及であることが推定できる。

5) 正徳3年は西暦1713年であるが、辰でなく巳年である。

6) この史料に見られる「口上書」に関して最初に言及したのは渡辺誠氏であるが、そこにはこの史料名は記されていない（渡辺1985）。またその記年は「一七五〇（寛延三）年のもので」とあるが、史料には「寛延二己巳年」とあり、1年のずれが認められる。

7) 根岸茂夫氏のご教示による。

第3章 焼塩壺の分類

　本章では、出土遺物としての焼塩壺にはどのようなものがあるのかについて、その分類案を研究史的に回顧したうえで、成形技法にもとづいた筆者の分類案を提示する。なお、ここでは主にコップ形焼塩壺の身を対象とし、鉢形焼塩壺および蓋の分類については第二部で別に論じる。

第1節　焼塩壺の分類をめぐる議論

　焼塩壺のほとんどが蓋を伴うものであることについては、これまでの共伴を示す出土資料や口縁部の形状、法量などからほぼ疑いえないところではある。したがって、広義の焼塩壺が蓋と身とで構成される一つの器種であるとすれば、狭義の焼塩壺には身という「器種」と蓋という「器種」が存在することになる。

　また身は、全体の形から大きく二分される。すなわち、最大径より器高の方が大きいコップ形と、その逆で器高より最大径の方が大きい鉢形とである[1]。この区分を本論では「形式」上の区分と呼ぶことにする。

　以下ではこうした大分類を前提にして概観するが、遺物としての焼塩壺の分類に関しては、コップ形の身を中心に、研究史の当初からさまざまな案が提示されてきた。

　まず前田長三郎氏は、先に見た氏の二つの論考のうちの最初のものにおいて、印象によってはいるが器形の差を時期差および生産者の系統の差に求め、「筒状の物」と「蓋掛かりのある物」の2種の存在を指摘している。さらに、後の論考においては「この壺の形状は写真に示す如きもので、大同小異である大体二種類位である」としたあとに写真を掲げ、「第一類　筒状ノモノ、第二類　蓋掛リノアルモノ」というキャプションを加えるにとどまっているものの、第一類、第二類というように、はっきりとした分類として提示している。ここでの分類は、あくまでも器形によるもので、成形技法からの分類ではない点は注意される必要がある。

　次いで分類案を提示したのは佐々木達夫氏である。佐々木氏は東京都日枝神社境内遺跡出土の幕末・明治初頭の焼塩壺を対象に分類を試みている。そこでは、「A類―素焼土器。板状粘土を円筒形におりまげて、その一方に粘土塊をつめて底としているもの。円柱状の内型を用いるが、その時の型に敷いたものから、むしろ（＝ムシロ・筵：引用者註）目圧痕のあるものをⅠ型、布目圧痕の残るものをⅡ型とする。B類―素焼土器。左まわりの轆轤上で水びき成形したもの。大形品をⅠ型、小形品をⅡ型とする。C類―轆轤成形され、底部以外の全面に施釉された製品」と、無釉・施釉の別と成形技法によってA類～C類の3類に分類している。さらにこうした分類から、これらの焼塩壺の系譜をさかのぼって、成形技法にもとづき焼塩壺を6期に分けて論じている（佐々木1977）。

　　Ⅰ期（16世紀後半から17世紀初）―手づくね成形。粗質な土。口縁部はすぼまり、胴部はいくぶん丸みを帯びた筒形。押印はない。生産地は大阪府堺市の湊であろう。

Ⅱ期（17世紀前半）─型づくりの成形。Ⅰ期の口造りの特徴を残し、口縁部には蓋受けの段が作られてはいない。胴部のはりのない筒形で、内面には布目痕を残している。押印はなく、生産地は堺の湊であろう。

Ⅲ期（17世紀後半）─型づくり。胴部のはりのない筒型をしているが、まだ口造りの形は蓋受けの段を作っていないものもある。押印の銘が胴部の側面に見られる。銘文は「天下一御壷塩師・堺見なと伊織」や「御壷塩師・堺湊伊織」などと2行に分けて記されている文字は一重か二重の長方形のわくに囲まれている。生産地はやはり堺の湊であろう。

Ⅳ期（17世紀末から18世紀後半）─型づくり。口縁部に蓋受けの段を有し、端正なきれいな作り。二重わくのなかに「泉州麻生」と押印された製品が多い。生産地は堺の湊の他に同じ大阪府の貝塚市の麻生が興り、大阪でも作られるようになったらしい。

Ⅴ期（18世紀末から19世紀前半）─Ⅳ期とほぼ同じ造りの型づくり。押印のわくは簡単な一重が多い。堺の湊、貝塚の麻生の地の他に、大阪や兵庫(播磨)などの地で広く焼造されていたのであろう。一重わくのなかに「泉湊伊織」と押印がある。一重わくのなかに「播磨……」とあり、これは型づくりではなく、ろくろ作りのように見える。一重わくの「大極上壷……」の破片も出土している。この時期には押印のない製品も見られる。

Ⅵ期（9世紀中葉）─型づくりと轆轤づくりの双方の製品があり、押印はもう見られない。生産地は大阪湾沿岸や播磨灘沿岸の他、江戸のような大消費地にも拡大されているような気がしてならない。

ここでは成形技法は手づくね成形、型作り、轆轤作りの3者に分類されているが、とくに注目すべきことは、後に述べる筆者の分類ではⅠ類（輪積み成形）とⅡ類（板作り成形）にあたるものを、型作りとして一つにまとめ、その中を口縁部に蓋受けの段のあるものとないものとに区分している点である。

一方、渡辺誠氏は、始めは「布をまいた芯に巾2～3㌢の粘土紐を輪積みして、外面をへらでなでて整形した」ものを第1類、「第1類と同様に布をまいた芯に粘土板をまきつけた形盤であるが、粘土板は1枚のみであること、芯が截頭円錐形のためらしく内面の凹凸が見られない」ものを第2類、「轆轤引きで作られた」ものを第3類と、成形技法から大きく三分していたが（渡辺1982）、その後形態を加味して以下のA類～L類に分類し直している（図3：渡辺1985a）。分類では器高・直径・容量といった法量も示しているが、ここでは省略する。

A類 筒形で、口縁部はややすぼまるが、このすぼまりが少し強いものもある。布をまきつけた芯に、輪積みで粘土板を巻きつけ、胴部をたてにへらでなで、口縁部を指頭と布でなでて調整している。最大径は胴部にあり、……諸形態中もっとも大きい。……刻印には、「ミなと藤左衛門」、「天下一堺ミなと　藤左衛門」と、「天下一御塩壷師　堺見なと伊織」の三種がみられる。

B類 寸づまりのコップ形を呈す。布をまいた截頭円錐形の芯に、幅広い粘土板を一枚でまきつけて作る、板作り法で作られている。このため製作時には底が上になり、ここに粘土紐を渦状にいれて、へらで整形している。底部内面には小円盤をいれて、平坦にしている。断面逆

第3章　焼塩壺の分類　39

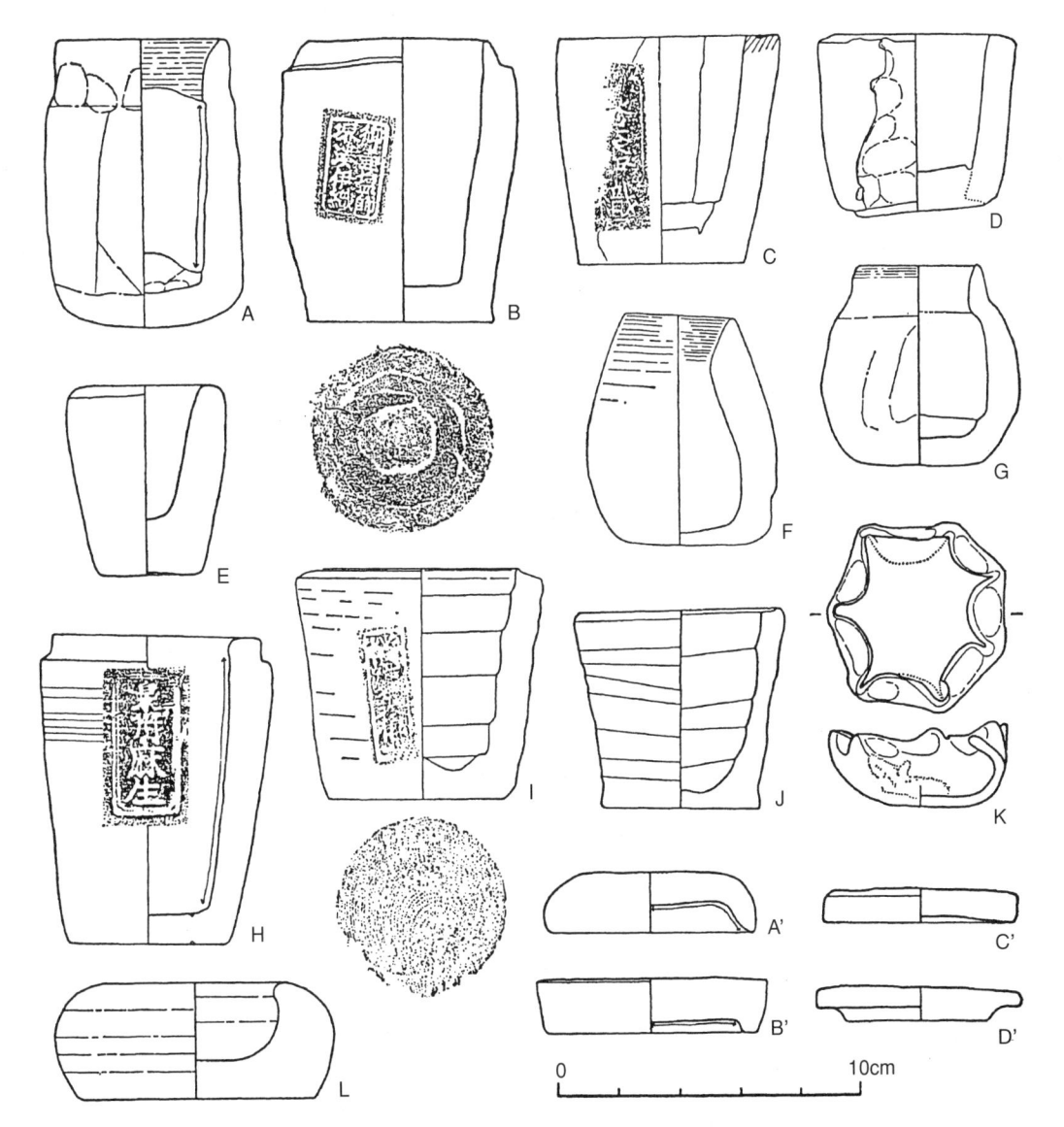

焼塩壺実測図（A〜Lは身の各類、ダッシュつきは蓋の各類、矢印の範囲は布目圧痕の範囲を示す）
A, G, A´, B´：京都・水戸藩邸跡　B, L, D´：京都・伏見奉行前遺跡　C〜F, J：京都・曇華院跡
H：東京・茗荷谷　I：東京・外務省内　K：京都・同志社中学敷地内　C´：東京・動坂遺跡出土

図3　渡辺誠氏による分類案（渡辺1985）

凹字状の蓋を受ける口縁部外側は、へらで段状に削り出されている。……刻印には、「御塩塩師　堺湊伊織」、「御塩壺師　難波浄因」、「泉湊伊織」、「難波浄因」、「泉州麻生」、「泉州磨生　サカイ　御塩所」、「大上々」、「播磨大極上」等がある。

　C類　B類と同形態・同製法であるが、口縁部の蓋受け部分が退化し、痕跡的になった形態である。口縁部の退化とともにサイズもやや小型化し、……。刻印には、「泉湊伊織」のみがみられる。

　D類　C類のさらに退化した形態で、印籠形の蓋受けの痕跡もなくなり、口唇が平坦になっ

ている。サイズもさらに小型化し、……刻印はみられない。

　E類　形態上D類に類似するが、D類のような板作り法では作られておらず、底部と胴部に型に当てて、同時に作られている。内面に布目圧痕が残ることもあり、A類に共通する要素もある。小型の割に器壁も厚く、二センチ近いものがある点もA類に類似する。……刻印はみられない。

　F類　E類と同様に作られ、サイズも小型で類似するが、口縁部が内傾してすぼまる点が異なる。口縁部内外に布によるなで調整がみられることや、その断面形態はA類に類似する。……刻印はみられない。

　G類　小型の短頸壺である。輪積み法で作られていることや、口縁部のなで調整等に、A類との共通要素がみられる。……刻印はみられない。

　H類　B類と形態・製法ともまったく同じであるが、仕上げに轆轤を用いている点に特徴がある。このため内面には布目圧痕がみられ、……バラつきがない。……印龍形の蓋受けの段も鋭く作り出されている。刻印は「泉州麻生」のみがみられる。

　I類　B類と同じ形態であるが、B類およびH類と異なりすべて轆轤引きで作られている。したがって内外面に轆轤目が顕著、底部には回転糸切痕がみられる。……刻印は、「播磨大極上」のみがみられる。

　J類　I類と同じ轆轤製であるが、蓋受け部分がまったく退化消失した形態である。サイズもやや小型化し、……刻印はみられない。

　K類　径一〇センチ前後の皿の縁を、指先で折り曲げて作られた扁平な壺。たて長のA～J類とは大きな違いがある。……刻印はない。

　L類　轆轤引きで作られた扁平な壺。安定した大きな底部をもち、器壁がきわめて厚い。これにともなう蓋の刻印から、焼塩を入れたものであることは明らかであるが、二次焼成はみられず、A～K類とは明らかに特徴を異にしている。焼塩容器として区別すべきかもしれない。

　身の出土例は一例のみ……

　この改訂された分類案は、後に大塚達朗氏が批判するように、「各焼塩壺に網羅的・等価的に分類し、『A・B・C……』と分類記号付け」（大塚 1990）したものであるが、これは焼塩壺を基本的には単系的な変化の中に位置づける考え方に根ざしたものと思われる。

　渡辺氏の論考では、とくに次の点が注目される。すなわち①渡辺氏のいうB類は、板作り成形によるものであり、先の分類では第2類に相当するものであるが、これには3種類の刻印が見られ、「第三の刻印は『播磨大極上』である。そしてこれはI類にも見られる。そしてこの上限は決して一六八二年を遡らない。『大上々』という刻印も、これと同類であろう」（渡辺 1985a）、②「（播磨産には）板作りによるB・CタイプとB・Cタイプと、底部に糸切り痕の明瞭なロクロ製品のI・Jタイプとがあり、……」（渡辺 1985b）、③「Iタイプ自体がHタイプ（板作り成形で、仕上げに身の上半部にのみロクロ整形の跡が見られるもの：引用者註）の退化形態であるから、……」（渡辺 1985b）である。

　①のうち、板作り成形の製品に「播磨大極上」の刻印が見られるという認識が誤りであったことは、その後の論考で「『播磨大極上』の刻印があるのはこのIタイプのみであり、……」（渡辺

1985b）とあることから推察されるが、この刻印の上限が「天下一」の号の禁令の出された年である天和2年（1682）をさかのぼらないという指摘の根拠は示されていない。

また②の播磨産にも板作り成形の製品があるという指摘も、その根拠が明らかにされていないが、③のようにロクロ成形を板作り成形の一つから派生したとする見方も、輪積み成形と板作り成形との関係においても示されているような単系的な発想にもとづいたものであろう。

この後、菅沼圭介氏らは麻布台一丁目遺跡［港-2］の出土資料をもとに、「イ種：六角形の棒に布をまき粘土紐を数段輪積みしたもの、ロ種：円形の棒に布をまき幅広の粘土板一枚で体部を作り縁に蓋受を作り出すもの、ハ種：口縁に明瞭な段を有するもの、ニ種：ロクロ成形したもの」の4種に分け、このうちニ種のロクロ製品はさらにニ1種「口縁に明瞭な段を有するもの」とニ2種「平坦なもの」とに細分している（小林・菅沼・両角1986）。この分類では、ロ種とハ種はともに同一の成形技法によるものであり、純粋に成形技法によって大別された分類ではない点が注意される。

一方、筆者は東大病院地点［文-8］における発掘調査の結果出土したコップ形の焼塩壺を中心に分類を試みた。そこでは渡辺が当初示したような、成形技法から全体を三つに分類する考え方を採用した（図4：小川1988・1992）。その詳細は以下のとおりである。

 Ⅰ類—「輪積み成形」によるもの
  （①肩の張ったもの、②なで肩のもの、③ずん胴のもの）
 Ⅱ類—「板作り成形」
  （①a：底部に粘土塊と粘土紐が入り、二重圏線が認められるもの、b：底部に粘土塊のみが入り、一重の圏線が認められるもの（（1—内面に縫い目のみが見られるもの；2—内面に粗い布目が見られるもの））、c：底部に粘土塊のみが入り、底面がまるみをもって側面に移行し、圏線が認められないもの、②胎土に雲母を含むもの／a：蓋受けの大きいもの、b：蓋受けの小さいもの（（1—内面の上3分の2に布目、その下は平滑のもの；2—内面がヘラ等で削ったように調整されているもの））、c：蓋受けのないもの）
 Ⅲ類—ロクロ成形によるもの
  （a：口縁内側が立ち上がるもの、b：口縁内側と外側が立ち上がるもの、c：口縁上面がハの字状で鍔が巡るもの、d：口縁上面が平坦で鍔が巡るもの、e：口縁上面が平坦で鍔が巡らないもの）

その後、資料の増加に対応してⅢ類をⅢ-1類：比較的大形で厚手のもの、Ⅲ-2類：比較的小形で薄手のものとに二分したが（小川1997c・d）、上の分類案でのⅢ類はこのうちⅢ-2類に相当する。

また、当初碗形と呼んだ鉢形の焼塩壺については「鉢形①類：断面外形が弧を描くもの、鉢形②類：断面外形が直線状のもの、鉢形③類：断面外形が屈曲するもの」に三分した（図4：小川1992など）。

これに対し大塚達朗氏は東大法文地点［文-7］における報告書の考察等において、前田氏の器形による分類（「筒状ノモノ」と「蓋掛リノアルモノ」）を学史的に尊重することを主張し、「実質的に前田氏が勘案したカテゴリーを踏襲していながら、命名法として採用していない小川氏の分類案（小川1988）にはいささか疑問を感じてならない」（大塚1990）とした。筆者の分類案に対する

42 第一部 総　論

Ⅰ①　　　　Ⅰ②　　　　　　Ⅰ③

Ⅱ①a　　　Ⅱ①b1　　　Ⅱ①b2　　　Ⅱ①c

Ⅱ②a　　　Ⅱ②b1　　　Ⅱ②b2　　　Ⅱ②c

Ⅲa　　Ⅲb　　Ⅲc　　Ⅲd　　Ⅲe

鉢形①　　鉢形②　　鉢形③

10cm

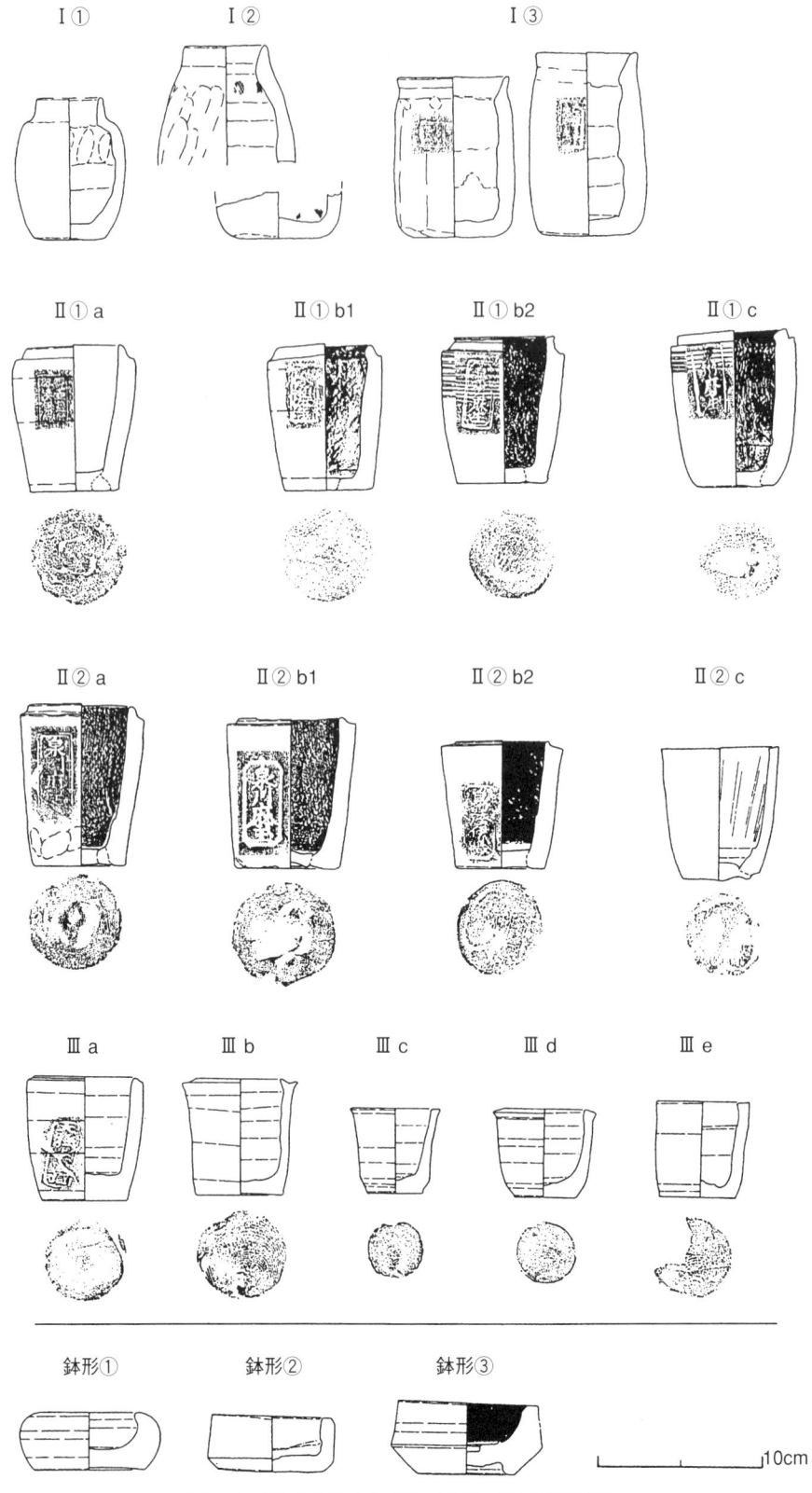

図4　小川による身の分類案（小川 1992に加除筆）

直接の批判であるので、ここで少し詳しく反論しておくことにする。

　大塚氏は①「前田氏の研究が既に分類学として有効であったことを再評価できる」、②「この分類・命名法は意外と採用されていない。しかし形態・製作技法の違いと見事に対応した分類であることは佐々木達夫、鈴木重治、渡辺誠の各氏の研究が結果的に明らかにしていると筆者には受け取れる」、③-1「『筒状ノモノ』は粘土紐の輪積みによって作られるものに対応し、『蓋掛リノアルモノ』は粘土板を型に当てて作られるものに対応する」、③-2「前田氏は『筒状ノモノ』がもつ銘として『ミなと　藤左衛門』、『天下一堺ミなと　藤左衛門』、『天下一御壷塩師　堺見なと伊織』をあげ、『蓋掛リノアルモノ』がもつ銘として、『天下一御壷塩師　堺見なと伊織』、『泉州麻生』、『泉湊伊織』、『泉州磨生サカイ　御塩所』を示している」、④「『筒状ノモノ』、『蓋掛リノアルモノ』、ロクロで成形されるものをそれぞれを製作技術・形態で独立した範疇と考える所以である」、⑤「容器の三大別を前提にその中で〈形式〉次元の分類を検討・工夫していく必要があると考える次第である。故に、前田長三郎氏の〈『筒状ノモノ』・『蓋掛リノアルモノ』〉（前田 1934：16頁）という焼塩壷の容器としての区分は学史的のみならず、容器の種類を通時的、包括的に分ける時の分類単位としても今日的に有効であることが検証されたと考えるのである」、⑥「形態・製作技法の違いと対応する前田長三郎氏の『筒状ノモノ』、『蓋掛リノアルモノ』という容器の種類に係わる命名法は、学史を尊重せよという渡辺氏の提言に適うのみでなく、型式学的にも、今尚有効であるとあらためていわざるを得ないのである。筆者は今後もこの分類を採用していく次第である」と述べている。

　これらの議論において第一に問題となるのは、前田の「筒状ノモノ」と「蓋掛リノアルモノ」という分類・命名法が形態・製作技法の違いと見事に対応しているとする②および③-1の見解である。すでに述べたように、前田の示した分類はあくまでも器形によるものであって、成形技法によるものではない。成形技法という観点は山沢氏が最初に示したものであり（山沢 1934）、また成形技法による分類は佐々木氏によるものが最初である（佐々木 1977）。しかも「見事に対応」しているとのことであるが、これは明らかに誤りであって、検討の対象となる資料が限られていた当時はともかく、現在ではすでに受け入れがたいものとなっている。蓋掛りをもちながらロクロ成形という、板作り成形とは異なった成形技法による製品が存在することをあげるまでもなく、板作り成形の中には蓋掛り（＝蓋受け）をもたない製品が存在し、これは（少なくともロクロ製品を除いた）全体が「筒状ノモノ」と「蓋掛リノアルモノ」とからなるとすることの反例となっている。さらにあげるなら、器形の模倣という問題がある。そのもっとも顕著な例は、東大御殿下地点［文-9］出土の「い津ミ つた/花塩屋」の刻印をもつⅡ類の製品である。これについては第二部で論じるのでここでは詳しく述べないが、これは当初無刻印で、後に「ミなと/藤左衛門」から「天下一御壷塩師/堺見なと伊織」にいたる刻印をもつようになるⅠ-3類の製品の器形を模倣したものであると考えられることが、すでに報告書でも指摘されている（鈴木裕 1990）。

　第二の問題として、大塚氏は前田氏の認識していない事象を、すでに認識されていたかのように論じている。すなわち、前田氏が器形にもとづいて行った分類に、後から自らの見解によって導き出された異なった定義を与えているのである。また、各々の分類項目と刻印との対応について述べた③-2も同様であって、前田は自分の架蔵する6個の遺物の図とそれに見られる刻印を示しただけ

であって、刻印と各分類項目の対応を示したわけではない。このことはさらに④、⑤のロクロ製品を何の前提もなく分類の中に加えているところにも見られる。学史的に見るならば、ロクロ成形の製品を焼塩壺の中に加えたのは佐々木氏からであり、三大別をいうならこれを正当に評価すべきであろう。したがって、④のようにあたかも前田氏の分類であるかのように、あるいは前田氏の分類を前提として成立するものであるかのようにいうことは明らかに誤りであろう。

これを要するに、大塚氏はかつて成形技法という観点をもつことなく設定された分類を学史尊重の名のもとに踏襲し、これにその後佐々木氏によって提出された新たな観点にもとづいて提示されたロクロ成形の焼塩壺を、意図的であるにせよないにせよ、その正当な評価をしないまま分類項目として採用しているのである。

その後、大塚氏はこうした分類案とは別に、成形技法の復元にもとづき「土器のどの部位から形作られるか」により、「底部成形先行土器/胴部成形先行土器/口縁部・胴部・底部成形同時土器」という大分類の設定を主張している（大塚 1991c）。この論はより具体的に論ぜられるとの予告のみで現在に至っているので詳細は明らかでないが、筆者には、単に輪積み成形、板作り成形、ロクロ成形をいい換えたものにすぎないように思われる。

大塚氏の後、焼塩壺に対する包括的な分類案を提示したものとして、松田訓氏と田中一廣氏の分類案があるが、いずれも渡辺氏の設定した分類案を基準としている。

松田訓氏は、名古屋城三の丸遺跡を中心に報告・分析する過程で、渡辺誠氏の分類案をほとんど忠実に踏襲し、これに渡辺氏の分類案には含まれなかった資料の追加を行っている（松田 1900）。また田中一廣氏も、基本的には渡辺誠氏の分類にもとづき、京都を中心とした出土資料の紹介を行っている（田中 1900）。

以上の主要な分類案を見ると、前田、大塚、佐々木の3氏は鉢形焼塩壺を分類の対象から除外している。いい換えればコップ形の身のみを分類の対象としているのに対し、渡辺、松田、田中の3氏は分類全体の中に、形式上の差異（コップ形と鉢形の別）も含めているという相違があるが、筆者はコップ形と鉢形とをより上位の分類基準として位置づけ、それぞれを分類しているのである。

第2節　成形技法とこれにもとづく分類案

(1)　成形技法の復元

焼塩壺は、採取された粘土から成形され焼成を経て壺の形を成すまでの過程を経るが、その過程でなされる操作のうち、焼塩壺そのものの観察から復元される技法を筆者は「成形技法」と総称している[2]。

江戸遺跡出土のコップ形焼塩壺は、ごくわずかの例外を除きほとんどが「輪積み成形」、「板作り成形」、「ロクロ成形」のいずれかで成形されている。

① 輪積み成形

あらかじめ作った底部の上に円筒状の粘土を積み上げ、口縁を作り出すもので、形態は袋状を呈し、法量・形態に偏差が大きい。この成形技法に関しては、両角まり氏（両角 1993・1994）、小川貴司氏（小川貴 1995・1996a・b）を始め、その技法の詳細がさまざまに推定されているが、いま

だに確定的ではないのが現状である。

　なお、この「輪積み成形」という用語については、江戸在地系土器研究会の例会として2度にわたり行われた焼塩壺の成形技法に関する討論会（小川 1997c・d）を通じて、小川貴司氏より不適切であるとの指摘をいただいているが、煩雑を避けるため、ここではそうした指摘があったことを記すにとどめ、一般に用いられる用語としての「輪積み成形」を用いておく。

　② 板作り成形

　初めに粘土板を用意し、これを内型の回りに巻きつけて筒状の粘土を作り、その一端に別の粘土（＝粘土塊）を詰めて底部とし、その反対側を口縁とするものである。内型を使うため、これに規制されて輪積み成形に比べて規格性が高くなる。

　この成形技法にはきわめて多くのヴァリエーションが存在する。

　その一つは内面に見られる離型材の痕跡である。これは内型の周りに粘土板を巻きつけて体部を形作るという板作り成形特有の成形過程で生じるものであるが、後で内型を抜き取る操作が容易になるように、内型と粘土板の間に布などの素材を入れた場合があったものと思われ、その痕跡が内面に観察されることが多いのである。一方でこれがまったく見られないものも存在するが、これは内型そのものが粘土と離れやすい石膏のような素材を利用しているか、粉末や液体の離型材を使用しているためと思われる。また、離型材に用いたと思われる布にも、編布状の布目をもつもの、ガーゼ状の布目をもつもの、刺子のような刺し縫いを伴うものなどいくつもの種類が見られ、中には革のような素材を用いたものか、布目がなく縫い目のみが認められるものもある。この離型材の内型への被せ方にも、内型の末端まで離型材が覆うものと途中まで覆うものとがある。

　さらには、底部閉塞方法をうかがわせる痕跡も多様である。その一つは底部への粘土塊の挿入方向である。この成形技法では上で述べたように内型の周りに粘土板を巻きつけて体部を形作った後、内型から外し、できあがった粘土の円筒（＝粘土筒）の一端に粘土塊を詰めて底部とするが、その粘土塊が粘土筒の外から、つまり底部側から挿入される場合と、内側から、つまり口縁の側から挿入される場合との別が存在することが、底部粘土塊の形状などから認められるのである。

　また底部粘土塊を充填する前に、粘土板の内側に粘土紐をめぐらせたものもあり、その粘土紐の痕跡が底面や体部の内外面に観察されることもある。さらにこの粘土紐の痕跡が観察されるものでも、粘土紐が細くて底面にその痕跡が二重圏線として認められる場合と、粘土紐が太くて底面には二重圏線が見られず、体部の下端や内部に粘土の継ぎ目として認められる場合とがある。筆者は粘土紐の用いられたものを粘土板と粘土塊のほかに粘土紐という三つのパーツからなるという意味で「3ピース」とし、粘土紐の観察されないものを「2ピース」として呼び分けている。また、この3ピースのうちの粘土紐の細いものと太いものとをそれぞれ「細紐」「太紐」と呼び分けている。

　以上のように、板作り成形における成形痕跡の差異はきわめて多様であり、これらにもとづいて体系的な分類名称を与えることはかえって煩雑になる恐れがあるため、個々の単位での分析にそのつど用いることにする。

　③ ロクロ成形

　粘土をロクロ上で回転させて挽き上げるものである。多くは底面に製品を切り離す際に生じた回

46　第一部　総　　論

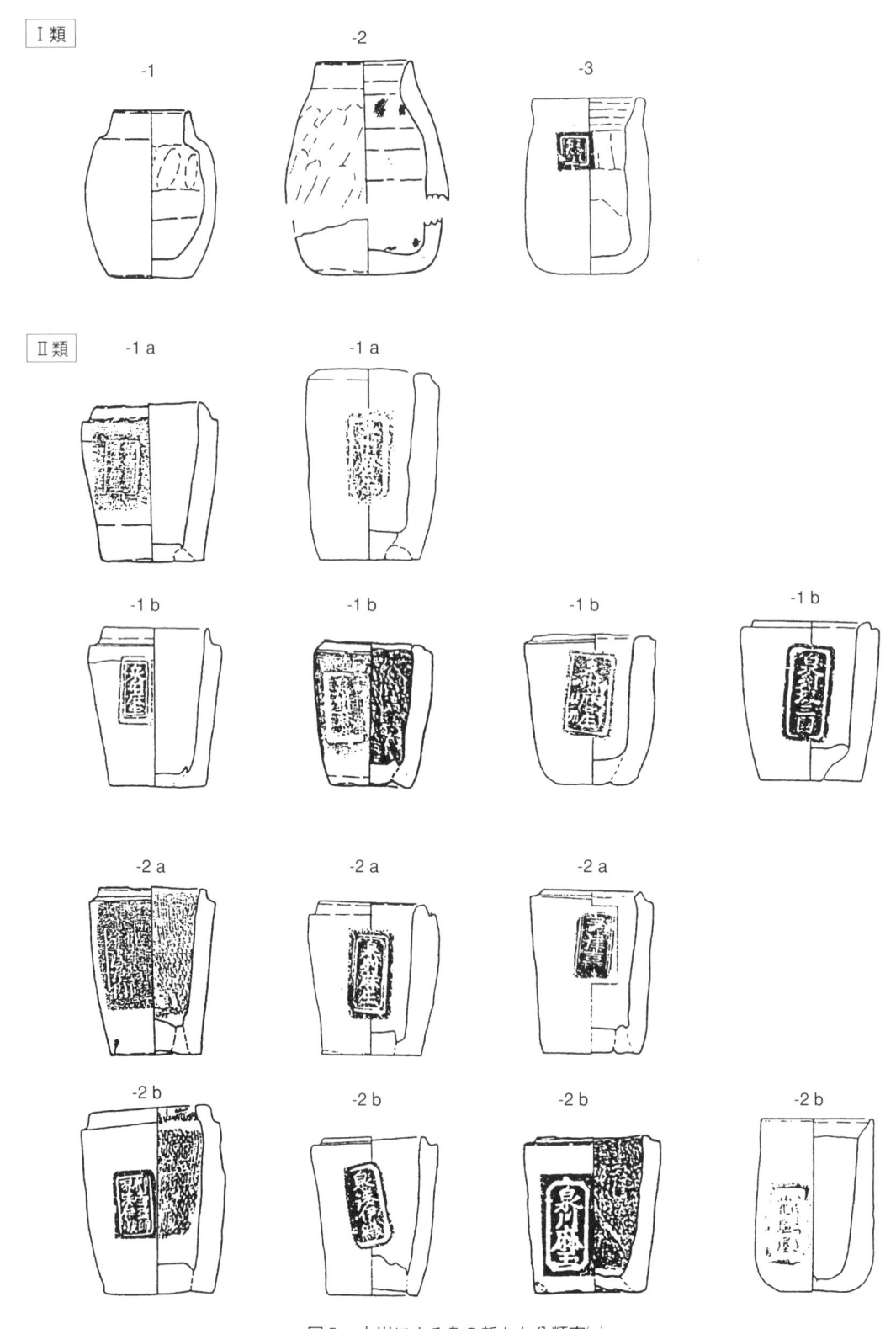

Ⅰ類
-1　-2　-3

Ⅱ類
-1a　-1a

-1b　-1b　-1b　-1b

-2a　-2a　-2a

-2b　-2b　-2b　-2b

図5　小川による身の新たな分類案(1)

第 3 章 焼塩壺の分類 47

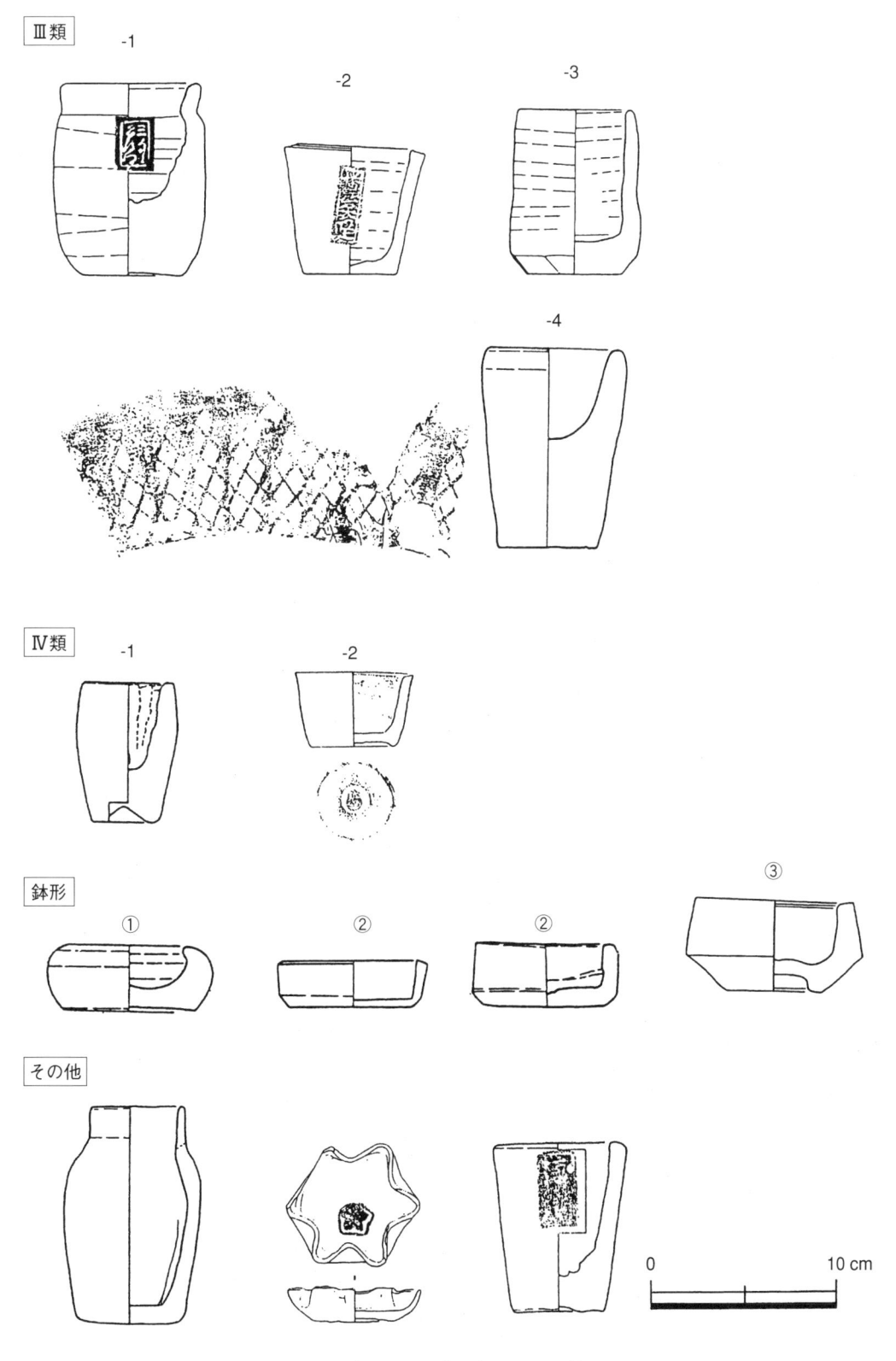

Ⅲ類

-1　　　　-2　　　　　-3

-4

Ⅳ類

-1　　　-2

鉢形

①　　②　　②　　③

その他

0　　　　　10 cm

図 6　小川による身の新たな分類案(2)

転糸切り痕が認められ、体部内外面には横位に走る水挽き痕が認められる。かわらけと呼ばれる小形の土師質皿では、底部の糸切痕から復元されるロクロの回転方向に右回転と左回転の別があるが、焼塩壺ではほとんどすべてが左回転と考えられる。

輪積み、板作り成形に比して、単純な技法のためもあってか、成形痕跡の差異に乏しいことも事実である。

（2）　成形技法にもとづく分類案

先に述べたように、筆者はこうした成形技法（の推定）にもとづき、コップ形焼塩壺の身を分類している。一方、個々の刻印別資料の分析にあたっては、布目の種類、縫い継ぎ方を含めた内面の離型材の痕跡、底部粘土紐の太さ、口縁部や底部の器形、胎土の様相などによって、より詳細な分類を提示しているが、煩雑を避けるため、ここでは以下のように変更・簡略化した概略を提示し（図5，図6）、個々の資料の部分で詳論することにしたい。

なお、この分類案はあくまでも、現時点におけるものであり、今後の資料の増加等により変更していくことになろう。

　　Ⅰ類—「輪積み成形」によるもの
　　　Ⅰ-1：肩の張ったもの
　　　Ⅰ-2：なで肩のもの
　　　Ⅰ-3：ずん胴のもの
　　Ⅱ類—「板作り成形」によるもの
　　　Ⅱ-1：粘土塊を外側から挿入するもの
　　　　a：底部に粘土塊と粘土紐が入るもの〔3ピース〕
　　　　b：底部に粘土塊のみが入るもの〔2ピース〕
　　　Ⅱ-2：粘土塊を内側から挿入するもの
　　　　a：底部に粘土塊と粘土紐が入るもの〔3ピース〕
　　　　b：底部に粘土塊のみが入るもの〔2ピース〕
　　Ⅲ類—「ロクロ成形」によるもの
　　　Ⅲ-1：比較的大形で厚手のもの
　　　Ⅲ-2：比較的小形で薄手のもの
　　　Ⅲ-3：比較的大形で薄手、口縁が直立するもの
　　　Ⅲ-4：比較的大形で薄手、口縁が肥厚するもの
　　Ⅳ類—その他の成形技法によるもの
　　　Ⅳ-1：円筒形の粘土塊の内側を抉り取るようにして成形するもの（抉り成形）
　　　Ⅳ-2：外型と内型によって押圧して成形するもの（型押し成形）

このほか、「その他」としてこれらのいずれにも含み得ない一群がある。図示したのはその一部であるが、先に述べたように、これらが焼塩壺であるか否かも含め、その位置づけは今後の課題である。

註

1) かつて筆者は「焼塩壺はその全体の形から背の高いコップ型のものと背の低い碗型のものとに大きく二分される」（小川 1992）と述べたように、鉢形については「碗形」の語を用いたこともあるが、本論では鉢形の語を用いていく。
2) かつてこの「成形技法」に対して「製作技術」の語を用いたこともあるが（小川 1992）、本論では「成形技法」の語を用いていく。

第4章　焼塩壺の刻印

　本章では、焼塩壺の刻印について概観する。

　焼塩壺の身や蓋に見られる刻印の印文を見ると、「泉州」「麻生」「イツミ/ツタ」「ミなと」「堺湊」「泉湊」「摂州」「大坂」「難波」「サカイ」「深草/砂川」「播磨」といった産地を示すもの、「御壺塩師」「瓦師」といった業種を示すもの、「藤左衛門」「伊織」「浄因」「権兵衛」「四郎左右衛門」「弥兵衛」といった業者の名を示すもの、「天下一」のような受領した称号を示すもの、「大極上」「大上々」といったグレードを示すと思われるものなど、多様な内容を表すものがある。しかも、それらが商標として一定の地位を得た後、それを模倣したと思われる、類似の印文を有するものも存在する。もちろん類似しているということが直接模倣の意図を示すものと即断はできないし、逆に中には印文をまったく同一にした模倣品も存在すると考えられる。この「模倣」をめぐる問題については後に再び論ずることとする。

　一方、分析の対象としての刻印には、いくつかの分析上のレベルがある。すなわち第一に刻印そのものの大きさ、陽刻陰刻の別、4文字1行書きといった表記方法や文字を縁取る枠線の形状など文字そのものを離れた刻印の表現形式、第二に印文そのものの異同、第三に印文を構成する個々の文字の、一見して区別しうる字体上の差、第四に同一の字体に見えるものの、詳細に観察すると異なった印体によると認識しうる、微妙な差である。このうち、これまではとくに第二のレベルである印文に関心が集まっていた。なぜなら文献上の記載内容と刻印の印文との対比から、それぞれの刻印の捺された年代や壺塩屋の異同が明らかになるからである。しかし、第一、第三、第四のそれぞれのレベルにおける分析も、今のところ史料上には現れていない壺塩屋の異同、印体の材質や個数など刻印の押捺に関する情報源となる。基本的に同じ印文の中で第一のレベルでの差異を(1)、(2)……で表し、第三のレベルでの差異をa、b…で表し、第四のレベルでの差異をa、b……の後につける1、2……で表すことにする。ただし、枠線と字体がともに異なっているものはa、b……で表す。

　以下では焼塩壺の身に見られる刻印を、その印文にもとづいて分類し、個々の刻印をもつ資料の点数、各レベルごとの差異の有無やその点数などを概観する。

　なお、鉢形焼塩壺の身には刻印をもつ例は今のところ知られていないため、ここではいずれもコップ形焼塩壺の身が対象となる。

第1節　「ミなと」類の刻印をもつもの

　印文に「ミなと」「見なと」など、仮名3文字で「みなと」に相当する文字列をもつものである。全部で8種443例ある。

(1)「ミなと/藤左衛門」(図7-1)《第二部第1章第1節》

　Ⅰ-3類の身にのみ見られる。刻印はいずれも正方形の二重枠で縁取られ、【集成】の中での類例は

第4章　焼塩壺の刻印　51

(1) ミなと/藤左衛門

(2) 天下一堺ミなと/藤左衛門

(3) 天下一御壺塩師/堺見なと伊織

(4) ミなと/宗兵衛

(5) 三名戸/久兵衛

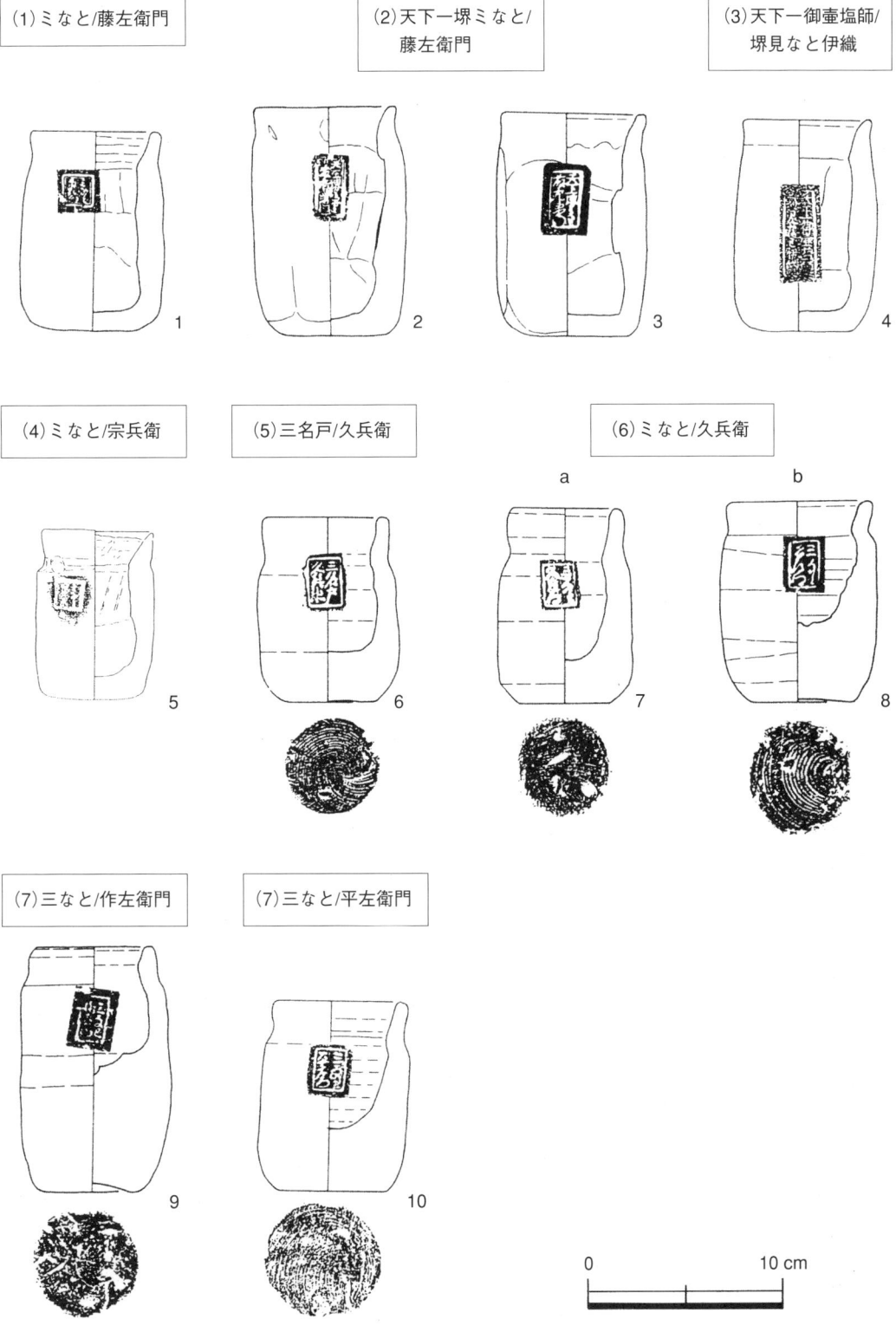

(6) ミなと/久兵衛

(7) 三なと/作左衛門

(7) 三なと/平左衛門

図7　「ミなと」類の刻印をもつ焼塩壺

119例で、コップ形の焼塩壺（Ⅰ類〜Ⅲ類）全体の2.68％、Ⅰ類全体の17.00％、刻印をもつⅠ類全体の28.47％を占める。

(2)　「天下一堺ミなと/藤左衛門」（図7-2, 3）《第二部第1章第1節》

Ⅰ-3類の身にのみ見られる。刻印は長方形二重枠で縁取られるものと、長方形の一重枠で縁取られるものとがある。前者を(1)、後者を(2)とする。【集成】の中での類例は両者合計では249例あり、コップ形の焼塩壺（Ⅰ類〜Ⅲ類）全体の5.60％、Ⅰ類全体の35.57％、刻印をもつⅠ類全体の59.57％を占める。内訳を見ると、(1)は140例、(2)は109例である。

(3)　「天下一御壺塩師/堺見なと伊織」（図7-4）《第二部第1章第1節》

Ⅰ-3類の身にのみ見られる。刻印はいずれも長方形の一重枠で縁取られ、【集成】の中での類例は46例で、コップ形の焼塩壺（Ⅰ類〜Ⅲ類）全体の1.03％、Ⅰ類全体の6.57％、刻印をもつⅠ類全体の11.00％を占める。

(4)　「ミなと/宗兵衛」（図7-5）《第二部第1章第1節》

Ⅰ-3類の身に見られ、正方形の二重枠で縁取られている。「ミなと/藤左衛門」に酷似する。江戸遺跡では未報告で、資料紹介されたものが1例あるのみである（小川・五十嵐2006）。したがって【集成】の中には含まれない。江戸遺跡以外では広島県広島城からの報告例が1例存在する（福原2006）。

(5)　「三名戸/久兵衛」（図7-6）《第二部第1章第2節》

Ⅲ-1類の身にのみ見られる。刻印はいずれも長方形の一重枠で縁取られ、【集成】の中での類例は6例で、コップ形の焼塩壺（Ⅰ類〜Ⅲ類）全体の0.13％、Ⅲ-1類全体の11.76％、刻印をもつⅢ-1類全体の21.43％を占める。管見の限りでは、江戸遺跡以外での報告例はない。

(6)　「三なと/久左衛門」（図7-7, 8）《第二部第1章第2節》

Ⅲ-1類の身にのみ見られる。刻印はいずれも長方形の一重枠で縁取られるが、大小2種あり、字体にも差異がある。小をa、大をbとする。【集成】の中での類例は両者合計では13例あり、コップ形の焼塩壺（Ⅰ類〜Ⅲ類）全体の0.29％、Ⅲ-1類全体の25.49％、刻印をもつⅢ-1類全体の46.43％を占める。細分別の内訳を見ると、aは6例、bは7例である。管見の限りでは、江戸遺跡以外での報告例はない。

(7)　「三なと/作左衛門」（図7-9）《第二部第1章第2節》

Ⅲ-1類の身にのみ見られる。刻印はいずれも長方形の一重枠で縁取られ、【集成】の中での類例は2例で、コップ形の焼塩壺（Ⅰ類〜Ⅲ類）全体の0.04％、Ⅲ-1類全体の3.92％、刻印をもつⅢ-1類全体の7.14％を占める。管見の限りでは、江戸遺跡以外での報告例はない。

(8)　「三なと/平左衛門」（図7-10）《第二部第1章第2節》

Ⅲ-1類の身にのみ見られる。刻印はいずれも長方形の一重枠で縁取られ、【集成】の中での類例は7例で、コップ形の焼塩壺（Ⅰ類〜Ⅲ類）全体の0.16％、Ⅲ-1類全体の13.73％、刻印をもつⅢ-1類全体の25.00％を占める。管見の限りでは、江戸遺跡以外での報告例はない。

第2節　「湊」類の刻印をもつもの

(1) 御壺塩師/堺湊伊織

a1　　　　　　　a2　　　　　　　b

1　　　2　　　3　　　4

(2) 泉湊伊織

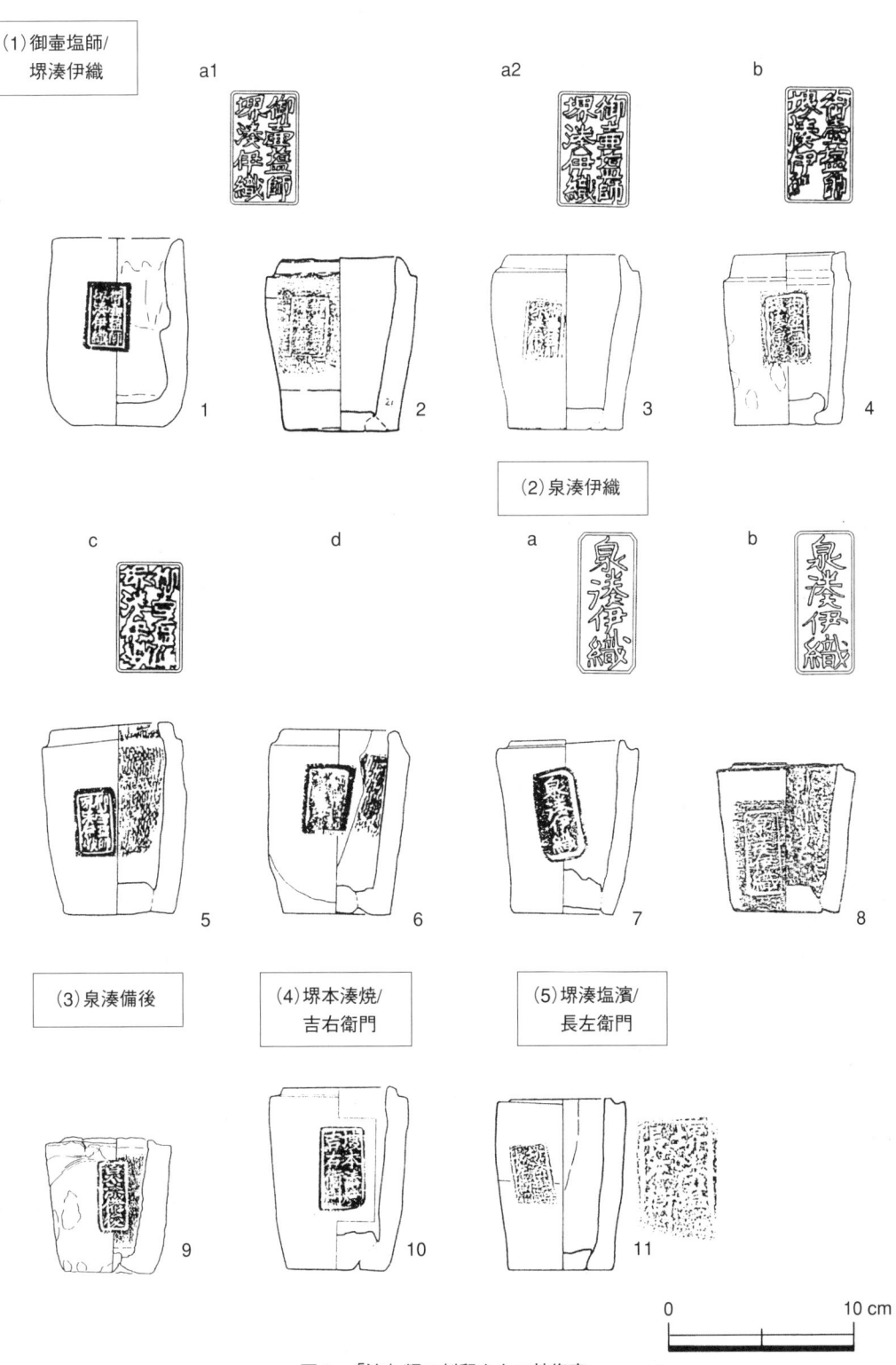

c　　　　　　　d　　　　　　　a　　　　　　　b

5　　　6　　　7　　　8

(3) 泉湊備後　　(4) 堺本湊焼/吉右衛門　　(5) 堺湊塩濱/長左衛門

9　　　10　　　11

0　　　10 cm

図8　「湊」類の刻印をもつ焼塩壺

印文に「湊」の文字を含むものである。全部で5種765例ある。

(1)「御壷塩師/堺湊伊織」(図8-1～6)《第二部第2章》

Ⅰ-3類とⅡ類の身に見られ、同一印文で複数の大分類（成形技法）にまたがって存在する唯一の例である。【集成】の中での類例はⅠ-3類が3例、Ⅱ類が108例と圧倒的にⅡ類が卓越する。刻印はいずれも長方形の一重枠で縁取られるが、字体の差異からa、b、cの3種があり、さらにaは微細な差異からa1、a2に細分される。これらのほか、刻印の枠内がほぼ平坦に押捺され、印文がかろうじて判読できる一群がある。字体などについては現状では詳細な確認ができないため、仮にこれをdとする。その結果この印文をもつ刻印は全部で5種が認められることになる。【集成】の中での類例は110例あり、コップ形の焼塩壷（Ⅰ類～Ⅲ類）全体の2.47％（Ⅰ類0.07％、Ⅱ類2.40％）、それぞれⅠ類全体の0.43％とⅡ類全体の4.42％、刻印をもつⅠ類全体の0.72％とⅡ類全体の5.63％を占める。細分別の内訳を見ると、Ⅰ-3類ではa1が1例、a2が2例、Ⅱ類ではa1が30例、a2が7例、bが3例、cが46例、dが20例、細分不明が2例ある。

(2)「泉湊伊織」(図8-7, 8)《第二部第5章》

Ⅱ類の身にのみ見られる。刻印は隅切長方形の一重枠で縁取られるものと、隅丸長方形の一重枠で縁取られるものとの2種があり、字体も異なっている。隅切長方形の枠をもつものをa、隅丸長方形の枠をもつものをbとする。【集成】の中での類例は合計で643例あり、コップ形の焼塩壷（Ⅰ類～Ⅲ類）全体の14.48％、Ⅱ類全体の26.60％、刻印をもつⅡ類全体の33.86％を占める。細分別の内訳を見ると、aが384例、bが242例、細分不明が17例ある。

(3)「泉湊備後」(図8-9)

Ⅱ類の身に見られ、長方形の一重枠で縁取られている。新宿区三栄町遺跡より出土しているが、未報告資料であり、資料紹介されたものが1例あるのみである（秋岡2002）。したがって【集成】の中には含まれない。管見の限りでは江戸遺跡以外での報告例はない。

(4)「堺本湊焼/吉右衛門」(図8-10)《第二部第6章》

Ⅱ類の身にのみ見られる。刻印は長方形の一重枠で縁取られている。【集成】の中での類例は4例ときわめて稀少で、コップ形の焼塩壷（Ⅰ類～Ⅲ類）全体の0.09％、Ⅱ類全体の0.17％、刻印をもつⅡ類全体の0.21％を占める。【集成】には含まれないが、東京大学医学部附属病院外来診療棟地点［文-71］で1例あるほか（江戸陶磁土器研究グループ1996）、江戸遺跡以外では山口県萩城外堀地区Ⅰ（山口県埋蔵文化財センター2002）から6点、山口県萩城外堀地区Ⅲ（山口県埋蔵文化財センター2006）から1点の報告例がある。

(5)「堺湊塩濱/長左衛門」(図8-11)

Ⅱ類の身にのみ見られる。刻印は長方形の一重枠で縁取られている。【集成】の中での類例は2例ときわめて稀少であり、いずれも汐留遺跡（Ⅰ）［港-29］脇坂家部分からの出土である。コップ形の焼塩壷（Ⅰ類～Ⅲ類）全体の0.04％、Ⅱ類全体の0.08％、刻印をもつⅡ類全体の0.11％を占める。このほか【集成】には含まれないが、東京大学工学部14号館地点［文-73］での出土例が1例ある。管見の限りでは江戸遺跡以外での報告例はない。

第 4 章 焼塩壺の刻印　55

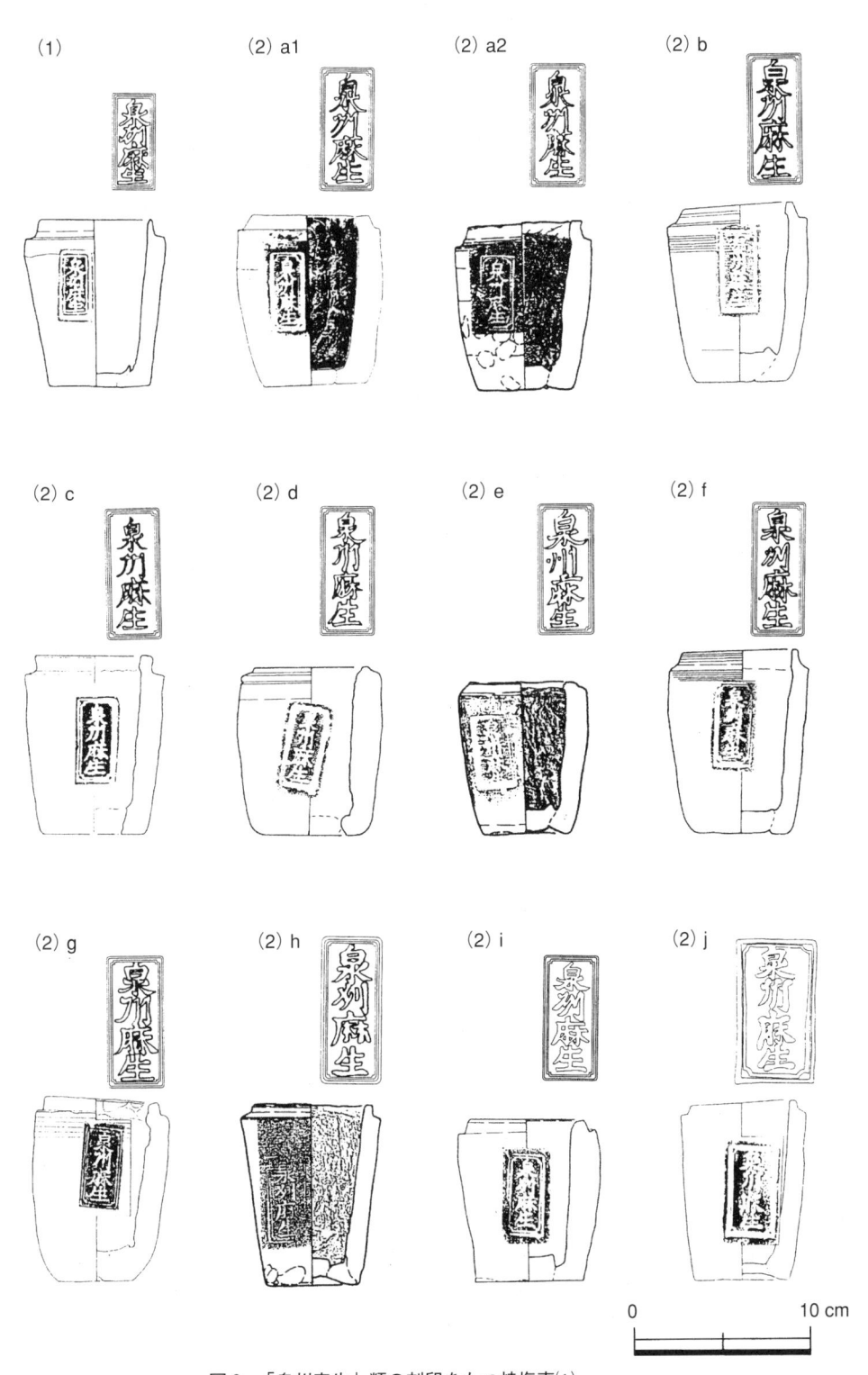

(1)　　　(2) a1　　　(2) a2　　　(2) b

(2) c　　　(2) d　　　(2) e　　　(2) f

(2) g　　　(2) h　　　(2) i　　　(2) j

0　　10 cm

図 9　「泉州麻生」類の刻印をもつ焼塩壺(1)

56　第一部　総　論

(2) 泉州麻王　　(3) 泉州麻玉

図10　「泉州麻生」類の刻印をもつ焼塩壺(2)

(4) 泉州堺磨生　　(5) 泉州堺三國

(1) 泉州磨生　　(2) サカイ/泉州磨生/御塩所

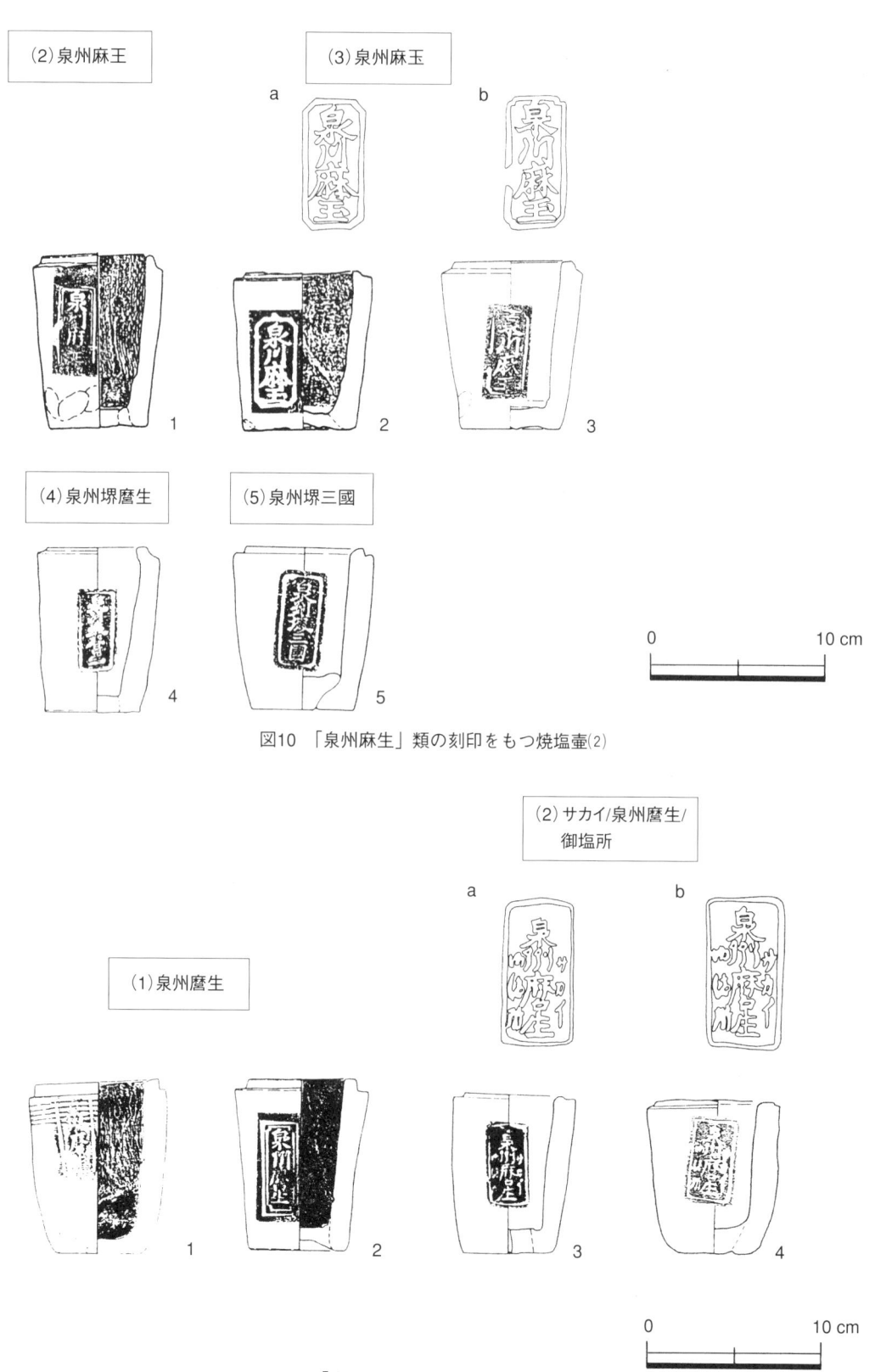

図11　「泉州磨生」類の刻印をもつ焼塩壺

第3節 「泉州麻生」類の刻印をもつもの

印文に「泉州麻生」もしくはこれに類する文字列を含むものである。全部で5種893例ある。

(1) 「**泉州麻生**」(図9-1～12)《第二部第3章》

Ⅱ類の身にのみ見られる。刻印は長方形二重枠で縁取られるものと、外側長方形、内側二段角の二重枠で縁取られるものとの2種があり、前者を(1)、後者を(2)とする。さらに(2)には10種もの字体の差異が認められ、a～jとする。さらに(2)aは微細な差異から2種が認められ、(2)a1、(2)a2とする。したがって全部で12種の異同が認められることになる。【集成】の中での類例は合計で729例あり、コップ形の焼塩壺（Ⅰ類～Ⅲ類）全体の16.37％、Ⅱ類全体の30.07％、刻印をもつⅡ類全体の38.28％を占める。細分別の内訳を見ると、(1)が51例、(2)が678例あり、(2)のうちa1が106例、a2が105例、bが24例、cが93例、dが131例、eが100例、fが71例、gが6例、hが11例、iが8例、jが1例、細分不明が22例ある。類例、細分数とももっとも多い刻印である。

(2) 「**泉州麻王**」(図10-1)

Ⅱ類の身にのみ見られる。刻印は外側長方形、内側二段角の二重枠で縁取られ、刻印全体の大きさや字体は上記「泉州麻生」(2)hに酷似するが、「州」字が「川」字のようにも見えるため、「泉川麻王」と報告された例もある。【集成】の中での類例は38例あり、コップ形の焼塩壺（Ⅰ類～Ⅲ類）全体の0.81％、Ⅱ類全体の1.49％、刻印をもつⅡ類全体の1.89％を占める。

(3) 「**泉川麻玉**」(図10-2, 3)

Ⅱ類の身にのみ見られる。刻印は隅切長方形の一重枠で縁取られるものと、隅丸長方形の一重枠で縁取られるものとの2種があり、字体も異なっている。隅切長方形の枠をもつものをa、隅丸長方形の枠をもつものをbとする。なお、aの「麻」字中の右側の「木」は一画多く「本」となっている。【集成】の中での類例は合計で117例あり、コップ形の焼塩壺（Ⅰ類～Ⅲ類）全体の2.67％、Ⅱ類全体の4.92％、刻印をもつⅡ類全体の6.26％を占める。細分別の内訳を見ると、aが100例、bが13例、細分不明が3例ある。

(4) 「**泉州堺麿生**」(図10-4)

Ⅱ類の身にのみ見られる。刻印は長方形の一重枠で縁取られている。【集成】の中での類例は6例ときわめて稀少で、コップ形の焼塩壺（Ⅰ類～Ⅲ類）全体の0.11％、Ⅱ類全体の0.21％、刻印をもつⅡ類全体の0.26％を占める。管見の限りでは江戸遺跡以外での報告例はない。

(5) 「**泉州堺三國**」(図10-5)

Ⅱ類の身にのみ見られる。刻印は長方形の一重枠で縁取られている。【集成】の中での類例は3例ときわめて稀少で、コップ形の焼塩壺（Ⅰ類～Ⅲ類）全体の0.07％、Ⅱ類全体の0.12％、刻印をもつⅡ類全体の0.16％を占める。管見の限りでは、江戸遺跡以外での報告例はない。

第4節 「泉州磨生」類の刻印をもつもの

印文に「泉州磨生」、もしくはこれに類する文字列を含むものである。全部で2種173例ある。

(1) 「**泉州磨生**」(図11-1, 2)《第二部第4章》

58　第一部　総　論

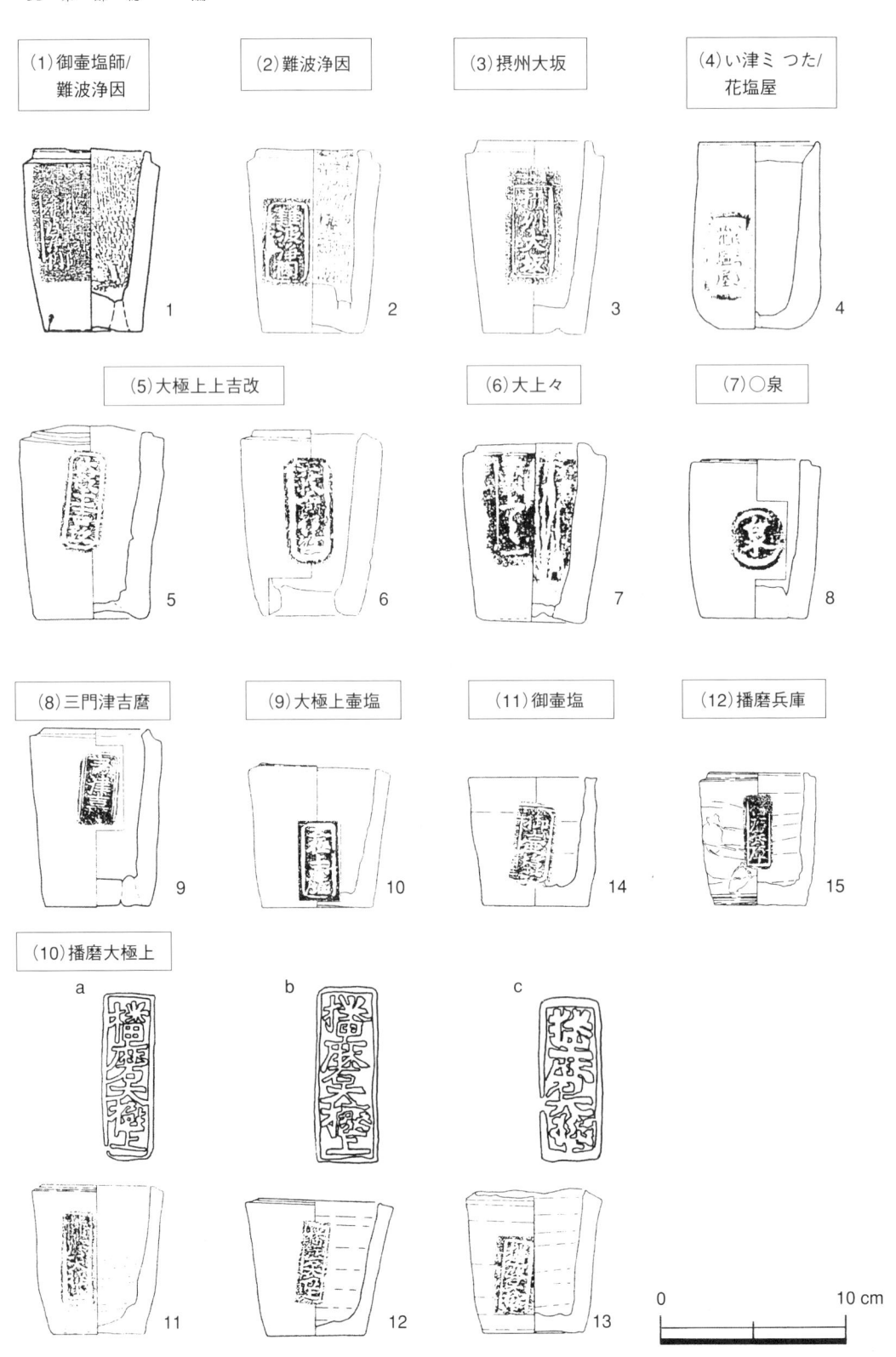

図12　その他の刻印をもつ焼塩壺

Ⅱ類の身にのみ見られる。刻印は外側長方形、内側二段角の二重枠で縁取られ、刻印全体の大きさや字体が上記「泉州麻生」(2)gに類似するものと、(2)jに類似するものとがあり、前者をa、後者をbとする。このうちbは「磨生」がつながって見え、「磨」の下端の「口」が「日」にも見えるため、「泉州麻星」と報告された例もある。【集成】の中での類例は合計で54例あり、コップ形の焼塩壺（Ⅰ類〜Ⅲ類）全体の1.21％、Ⅱ類全体の2.23％、刻印をもつⅡ類全体の2.84％を占める。細分別の内訳を見ると、aが43例、bが11例ある。

(2) 「サカイ/泉州磨生/御塩所」（図11-3、4）《第二部第4章》

Ⅱ類の身にのみ見られる。刻印は長方形の一重枠で縁取られる。上の辺が弧を描いているものと直線状のものとである。前者をa、後者をbとする。3行書きで、中央の「泉州磨生」が大きく、左右の「サカイ」「御塩所」は小さく、その始点も中央に比べて低い位置にある。また「泉州磨生」の「磨」字は、厳密にいうと下半の「石」の横棒がなく、その下の払いも短く、このため「泉州麿生」と報告された例もあるが、ここでは便宜的に「泉州磨生」としておく。【集成】の中での類例は119例あり、コップ形の焼塩壺（Ⅰ類〜Ⅲ類）全体の2.67％、Ⅱ類全体の4.92％、刻印をもつⅡ類全体の6.26％を占める。細分別の内訳を見ると、aが72例、bが32例、細分不明が13例ある。

第5節　その他の刻印をもつもの

(1) 「御壺塩師/難波浄因」（図12-1）

Ⅱ類の身にのみ見られる。刻印は長方形の一重枠で縁取られている。「難」字の左半は「ソ」字と「天」字を上下に重ねた字体が用いられているほか、「因」字の下端の横棒は点になっている。【集成】の中での類例は6例と稀少で、コップ形の焼塩壺（Ⅰ類〜Ⅲ類）全体の0.13％、Ⅱ類全体の0.25％、刻印をもつⅡ類全体の0.32％を占める。

(2) 「難波浄因」（図12-2）

Ⅱ類の身にのみ見られる。刻印は長方形の一重枠で縁取られている。上の「御壺塩師/難波浄因」とは異なり、「難」字や「因」字は現代のと同じ字体が用いられている。【集成】の中での類例は22例で、コップ形の焼塩壺（Ⅰ類〜Ⅲ類）全体の0.49％、Ⅱ類全体の0.91％、刻印をもつⅡ類全体の1.16％を占める。

(3) 「摂州大坂」（図12-3）

Ⅱ類の身にのみ見られる。刻印は長方形の一重枠で縁取られている。「摂」字は本字「攝」が用いられている。【集成】の中での類例は19例で、コップ形の焼塩壺（Ⅰ類〜Ⅲ類）全体の0.43％、Ⅱ類全体の0.78％、刻印をもつⅡ類全体の1.00％を占める。

(4) 「い津ミつた/花塩屋」（図12-4）《第二部第10章》

Ⅱ類の身にのみ見られる。刻印は陽刻で表出され、長方形の一重枠で縁取られている。「た」字は「多」による変体仮名が用いられている。【集成】の中での類例は4例ときわめて稀少で、しかも東大御殿下地点の2遺構から2点ずつの出土である。コップ形の焼塩壺（Ⅰ類〜Ⅲ類）全体の0.09％、Ⅱ類全体の0.17％、刻印をもつⅡ類全体の0.21％を占める。管見では、江戸遺跡以外での報告例は大坂府天満本願寺跡からの報告例（大阪市文化財協会1997）が1例ある。

(5)「大極上上吉改」（図12-5, 6）《第二部第8章》

Ⅱ類の身にのみ見られる。刻印は隅切長方形の一重枠で縁取られている。刻印はいずれも不明瞭なため、「大極上上吉改」も暫定的な読みであり、「大極上吉改」、「大極上吉次」、「大坂上上吉政」などと報告された例もある。字体の差異から少なくとも2種存在すると思われるが、現在のところ詳細は明らかではない。【集成】の中での類例は9例と稀少で、コップ形の焼塩壺（Ⅰ類～Ⅲ類）全体の0.20％、Ⅱ類全体の0.37％、刻印をもつⅡ類全体の0.47％を占める。江戸遺跡以外では広島城跡太田川河川事務所地点での報告例が1点ある（福原2006）。

(6)「大上々」（図12-7）《第二部第8章》

Ⅱ類の身にのみ見られる。刻印は長方形の一重枠で縁取られている。【集成】の中での類例は4例ときわめて稀少で、コップ形の焼塩壺（Ⅰ類～Ⅲ類）全体の0.09％、Ⅱ類全体の0.17％、刻印をもつⅡ類全体の0.21％を占める。管見の限りでは、江戸遺跡以外では上の「大極上上吉改」と同じく広島城跡太田川河川事務所地点での報告例が1点ある（福原2006）。

(7)「○泉」（図12-8）《第二部第7章》

Ⅱ類の身にのみ見られる。刻印は圏線の中に「泉」字が一字入れられたものである。【集成】の中での類例は宇和島藩伊達家屋敷跡［港-37］からの1例のみときわめて稀少で、コップ形の焼塩壺（Ⅰ類～Ⅲ類）全体の0.02％、Ⅱ類全体の0.04％、刻印をもつⅡ類全体の0.05％を占める。このほか【集成】以後の報告例が萩藩毛利家屋敷跡［港-47］から1例、同じく港区内で未報告ながら資料紹介された例が1例あり（小川・毎田2006）、江戸遺跡では都合3例である。管見の限りでは、江戸遺跡以外では大阪府大坂城跡での報告例（大阪市文化財協会1984）がある。

(8)「三門津吉麿」（図12-9）

Ⅱ類の身にのみ見られる。刻印は隅丸長方形の二重枠で縁取られている。印文のうち「三」「津吉麿」はほぼ間違いないが、2文字目が「門」であるのかどうかははっきりしていない。「川」をくずした「つ」と読めば「三つ津吉麿」となるが、ここでは「三門津吉麿」としておく。【集成】の中での類例は永田町二丁目遺跡［千-28］からの1例ときわめて稀少で、コップ形の焼塩壺（Ⅰ類～Ⅲ類）全体の0.02％、Ⅱ類全体の0.04％、刻印をもつⅡ類全体の0.05％を占める。実測図などの呈示がないため【集成】には含まれていないが、管見の限りでは、都内では讃岐高松藩・陸奥守山藩下屋敷跡からの出土があり［文-79］、また江戸遺跡以外では山口県萩城外堀地区Ⅰ（山口県埋蔵文化財センター2002）から1点の報告例があるほか、大阪府難波宮での出土例の紹介がある（積山1995）。

(9)「大極上壷塩」（図12-10）

Ⅲ-2類の身にのみ見られる。刻印は長方形の一重枠で縁取られている。枠線が完全に一周するものと、「極」字の右下の切れるものなど、枠線の切れ方に違いが見られるが、印体の欠損の可能性もあるため、ここでは刻印の差異としては分類しない。【集成】の中での類例は合計で41例あり、コップ形の焼塩壺（Ⅰ類～Ⅲ類）全体の0.92％、Ⅲ-2類全体の3.22％、刻印をもつⅢ-2類全体の17.37％を占める。

（10）「播磨大極上」（図12-11～13）

　Ⅲ-2類の身にのみ見られる。刻印は長方形の一重枠で縁取られている。刻印の大きさや字体に大小や太さの差異があり、大きく3種に分けられる。全体が細長いものをa、全体が大きいものをb、全体が小さく文字がきわめて太いものをcとする。aは手偏に撥ねがなく、bは撥ねが見られ、cでは播磨の「播」の旁の上部が「ツ」字のように見えるという共通点を有するが、それぞれにおいて字体上の差異が大きい。本来a群、b群、c群とでも呼ぶべきものであるが、他の刻印と同様ここではa、b、cと呼称することにする。【集成】の中での類例は合計で166例あり、コップ形の焼塩壺（Ⅰ類～Ⅲ類）全体の3.73％、Ⅲ-2類全体の13.02％、刻印をもつⅢ-2類全体の70.34％を占める。細分別の内訳を見ると、aが72例、bが15例、cが75例、細分不明が4例ある。

（11）「御壷塩」（図12-14）

　Ⅲ-2類の身にのみ見られる。刻印は小判形の一重枠で縁取られている。【集成】の中での類例は合計で28例あり、コップ形の焼塩壺（Ⅰ類～Ⅲ類）全体の0.63％、Ⅲ-2類全体の2.20％、刻印をもつⅢ-2類全体の11.86％を占める。

（12）「播磨兵庫」（図12-15）

　Ⅲ-2類の身に見られ、長方形の一重枠で縁取られている。新宿区三栄町遺跡より出土しているが、未報告資料であり、資料紹介されたものが1例あるのみである（秋岡 2002）。したがって【集成】の中には含まれない。管見の限りでは江戸遺跡以外での報告例はない。

第5章　焼塩壺の生産者とその相互関係

第1節　「壺屋」と「壺塩屋」

　ここまでの研究史上の業績や史料上の記載にもとづけば、焼塩壺の多くはあらかじめ焼成された壺に加工した粗塩を詰めた後、再焼成して精製塩とし、これが壺ごと流通された、いわゆる壺焼塩の容器である。このほか二次焼成を加えて作った焼塩を、あらかじめ別に焼成した土器に入れたものも含まれると考えられる。いずれにせよ、焼塩壺は焼塩という商品の容器にほかならない。したがって「焼塩壺の生産者」というとき、そこには壺を焼成する過程と、焼塩を生産する過程、そしてこれを流通させる過程とがあることになる。

　このうち壺を粘土から成形し、焼成する壺そのものの生産に携わった業者を壺屋と呼び、壺屋の作った壺を用いて焼塩の生産・流通に携わった業者を壺塩屋と呼んで区別することにする。前者は工人集団ないし壺の製作者などと呼称され、後者は壺焼塩メーカーないし焼塩屋などと呼称されてきた存在である。もとより壺屋および壺塩屋の語は、いずれも歴史的な語彙としてではなくて、本論において議論を進めていくうえでの便宜的なコードとして措定したものである。

　この壺屋と壺塩屋との関係は、これまでの研究の多くでは一般には不可分もしくは、強固な支配─被支配の関係にあるものと漠然と考えられていたようであり、個々の焼塩壺は「難波屋」のような形で呼ばれる壺塩屋の製品とされるのみで、その壺自体を生産した主体を区別されることはなかった。しかし、焼塩壺を分類するにあたって成形技法を中心とする分類を刻印とは別に設定し、両者の対応関係という形で考えたのと同様、この両者の関係もいったん別個のものとして扱い、改めてそれらの対応関係について検討していくことにしたい。つまり、壺屋と壺塩屋とのそれぞれにおいてその系統関係を明らかにし、それらの対応関係の分析から、両者がどのような位置を占めていたのかが明らかにしうると考えているのである。

　それでは、この両者はどのように認識できるであろうか。壺塩屋は、壺焼塩の生産者としてその名を焼塩壺の器体に捺された刻印の印文に見ることができ、また史料にも現われることのある存在である。したがって遺物レベルで見るとき、壺に捺された刻印の印文が壺塩屋を表象するものである。焼塩壺の刻印は、壺の製作の過程における焼成前の段階で押捺されたものであり、その作業は壺屋の手によってなされたものと考えられる。しかし刻印を押捺するか否か、あるいはどのような刻印を押捺するかは、この壺を用いて壺焼塩という商品を生産し、販売する壺塩屋の意図に沿ったものであることは言を俟たない。焼塩壺の刻印が壺塩屋を表象するとするゆえんである。

　他方、壺屋の存在は壺の形で実在はするが、これに関する史料なども遺されておらず、現在のところこれについては多くを知ることができないのが現状である。そのほとんど唯一ともいえる手がかりは壺そのものであり、したがって壺屋は壺の器形や成整形技法や胎土など、壺に関する各種の

技法が壺屋を表象するものである。

　この両者の関係を直接うかがわせる資料はきわめて乏しいが、焼塩壺に関する研究史の初期の業績を残されている前田長三郎氏が、藤左衛門に連なる壺塩屋の子孫である弓削氏の家を調査し、ここに「凡ての印形印板の類が完全に保存され」ていたと報告していること（前田 1934）、また渡辺誠氏が同じ壺塩屋の子孫である弓削弥七氏から壺焼塩の製法を聞き取った中で、「別注で焼かせた」（渡辺 1982）、「下受けに焼かせた」（渡辺 1985a）といった記述が見られることから、少なくともある時期の藤左衛門に連なる壺塩屋にあっては、壺屋との関係が発注元と受注者の関係であったことがわかる。

　一方、〔史料4〕では「嵯峨辺にて土器いたし」と土器の製作を行っていた者が焼塩を始めたとされていること、〔史料27〕に見える焼塩屋権兵衛の口上書にも、焼塩、花塩とともに土細工を行っていたとの記載のあることは、壺塩屋自身が土器生産を行っていた可能性もある。

　壺焼塩の製作方法について、壺に入れて「焼き返し」とあることは、おそらくは素焼きの容器を焼く簡便な窯を使って、同じ窯で塩も焼いたことを表すとも思われる。また渡辺氏の聞き取りによって、この壺塩が瓦屋からもらうものであったとされていること、そして蓋の刻印の中に「瓦師」と名乗るものがあったことも、このことを裏づけているように思われる。

　したがって、この両者を区別して扱うということは、両者が互いに独立した存在であるということを一義的に意味してはおらず、検討の結果によって、両者がまったく独立した関係にある場合から、支配―従属関係にある場合、あるいは同一の業者である場合までのさまざまなレベルが考えられよう。

第2節　壺塩屋の系統

　筆者は、上で見たように壺屋と壺塩屋とを区別し、それぞれについての系譜上の連続性を「系統」としてとらえ、それらが一つの焼塩壺という遺物の上に実在していることから、その対応関係を整理することによって、個々の焼塩壺を時期差、壺屋および壺塩屋の系統差の枠組みの中に弁別していくことができるものと考えた。この考え方は、これまでに行ってきたいくつもの論考の中で用いてきた概念操作である。

　これに対し、大塚氏は壺屋を（容器の）製作者集団、壺塩屋を焼塩屋（メーカー）と呼び、「社会的コンテクストとしては難波屋は以前とは別の技術的系譜の製作者集団に容器の製作を任せた……」、「……焼塩屋の競合関係……とは別に容器の製作者集団の競合関係も容器の変遷の中により具体的に見出していかなければならない」（大塚 1990）、「（「泉州麻生」と「泉州磨生」の刻印をもつ焼塩壺は：引用者補）刻印の研究を参照すれば……、壺塩屋として系譜関係にはないとのことであり、時期を違え、壺塩屋を違えて外側栓として同一の技法が存続するのは、それを伝え保持した焼塩壺の作り手集団が独自に存在したことを示すまた別の例である」（大塚 1991a）とするように、壺屋の独自性を強調している。壺の成形技法が壺屋の系統を論ずるうえで重要な要素であることは論を俟たないが、板作り成形における底部粘土塊の挿入の方向やその手法のみをもって壺屋の同一性が保証されると見なすのは短絡にすぎよう。

また小林謙一・両角まり氏は「考古学における系統とは、特定のメーカーを同定することではなく、時空間的に他から分離されるような、製作技術における特徴の共有を保存するシステムを持つ製作集団を同定することと考える」とし、「総じて小川氏の言う系統性……は、壺塩屋における屋号・商標の世代間の継承を示す、即ち『壺塩屋の系譜（系統性）』……という意味が与えられている」との指摘を行っている（小林・両角1992）。これを受けて筆者は、筆者における「系統性」が、壺塩屋および壺屋のそれぞれについて、時間軸上に単系的に配列しうるものと見なしえた一群のものを指示するものであることを明記している（小川1993a）。

　より具体的にいうと、史料からは、このうち壺塩屋の系統として〈1〉藤太夫を祖とし、藤左衛門や伊織を名乗る系統、〈2〉正庵を祖とし、丹羽源兵衛を名乗る系統、〈3〉奥田利兵衛を名乗る系統、〈4〉焼塩屋権兵衛を名乗る系統の存在が確認される。それらの系統と製品としての焼塩壺の対比については第二部で詳論するので、ここでは個別の議論を行うに先立つ概観のみを行っておく。

　〈1〉は『堺鑑』〔史料7〕、『船待神社菅公像掛軸裏面願文』〔史料13〕など多くの史料に現れ、これによって和泉国湊村に所在した系統で「天下一」の号や「伊織」の名を拝領したことが知られる。したがって、焼塩壺としては刻印の印文に「ミなと」「湊」「天下一」「伊織」「藤左衛門」の文字をもつものが、少なくともこの系統の製品である可能性が考えられる。以下、「藤左衛門系」と呼称する。

　〈2〉は『和泉國村々名所旧跡付』〔史料4〕、『卜半家來之記　并系圖雜話』〔史料23〕、『弓削氏の記録』〔史料31〕などに現れ、これによって和泉国津田村に所在し、後に貝塚に移転した系統で、はじめ花焼塩を作っていたが、後に壺焼塩もはじめたことが知られる。したがって、焼塩壺としては刻印の印文に「つた」「ツタ」「花焼塩」「泉州麻生」の文字をもつものが、少なくともこの系統の製品である可能性が考えられる。以下、「泉州麻生系」と呼称する。

　〈3〉は『弓削氏の記録』〔史料31〕に現れ、これによって堺九軒町に所在し、刻印に「磨生」と名乗ったとされる系統であることが知られる。したがって、焼塩壺としては刻印の印文に「泉州磨生」の文字をもつものが、少なくともこの系統の製品である可能性が考えられる。以下、「泉州磨生系」と呼称する。

　〈4〉は『本朝陶器攷證』〔史料27〕に現れ、これによって伏見深草砂川直違橋九町目に所在し、「権兵衛」と名乗ったとされる系統であることが知られる。したがって、焼塩壺としては刻印の印文に「深草」「砂川」「権兵衛」の文字をもつものが、少なくともこの系統の製品である可能性が考えられる。以下、「権兵衛系」と呼称する。

　もちろん、ここに例示した以外の刻印であっても、このいずれかの系統に属する壺塩屋の製品である可能性を否定するものではなく、逆にまた、ここにあげた以外にも複数の系統の壺塩屋が存在したであろうことは、出土遺物としての焼塩壺の刻印の印文等からも明らかである。

　一方、壺塩屋は「藤左衛門系」のようにその刻印や史料上の名称を用いることができるが、こうした呼び名をもちえない壺屋にあっては、「藤左衛門系の壺塩屋に壺を供給した壺屋」とか、「泉州麻生の刻印の捺された焼塩壺を生産した壺屋」といった言及の方法しかとりえない。本論ではそれを略称した形で「藤左衛門系の壺屋」「泉州麻生系の壺屋」と称することにする。もちろん刻印の

違いが、必ずしも異なった壺塩屋を表象するものでないのと同様、壺の成形技法や形態、細かな調整方法などにおける差異がすべて異なった壺屋を表象するものとは限らないし、逆に刻印にしても、同一の印文であることが同一の壺塩屋を表象するものとは見なさないが、壺屋と壺塩屋のそれぞれについて独立に系統性をとらえようとするのである。

第3節　焼塩壺における「模倣」

(1)　「模倣」に関する議論

　第4章で見たように、焼塩壺に見られる刻印には「泉州麻生」・「泉州磨生」・「泉川麻玉」のように、きわめて類似した印文をもつ製品が存在する。それらは、一方が他方を模倣した結果であると考えられるが、このことを証明するのは意外と困難である。そこで、以下ではこの「模倣」について検討する。

　焼塩壺における「模倣」という概念は前田氏の論考で初めて登場する（前田 1934）。ただしこれには2通りの用法があった。第一は、他の業者の秘法を盗んで壺焼塩を作るという、いわば技術の盗用であり、「泉州麻生」と「サカイ/泉州磨生/御塩所」の刻印をもつ製品は、そのおのおのが藤左衛門系の壺塩屋の技術を盗用して成立した異なった壺塩屋であるとする際に用いられている。しかし、この形で「模倣」を使う例はこれ以後現れてはいない。

　第二が刻印の印文を似せる紛い物といった形のものである。この形の模倣に関しては、「ミなと/藤左衛門」の刻印の拓影を示して「『みなと彦衛門』の刻印であるから一種の模倣品であろうが……」とはしているものの、「泉州麻生」に対し「泉州磨生」をその模倣であるとする考え方は示されていない。

　しかし一方で、類似した刻印を「模倣」でなく誤記とする見方も存在する。これは京都府少将井遺跡の報告で述べられたものが初現であると思われるが、『江戸―都立一橋高校地点』［千-1］では「泉川麻玉」の刻印についてこれを継承しつつも「何か意味があるのかもしれない」としている。一方、渡辺氏は模倣とは明言しないが「商標上の誤記は考えにくいので、不明とせざるを得ない」としている（渡辺 1985）。

　筆者は、「泉州麻生」とこれに類似した印文をもつ刻印について検討し、「泉州麻生」の印文が和泉国麻生郷を意味しているのに対し、「サカイ/泉州磨生/御塩所」、「泉州磨生」、「泉州麻玉」、「泉州麻王」などの、いわば「類似刻印」はこうした具体的な対象を指示していないことなどから、これを他の系統の壺塩屋による模倣であるとの考え方を示し、「摂州大坂」や「泉州堺三國」などもこうした一連のものの中に位置づけられると考えている。

　また「三名戸/久兵衛」「三なと/久左衛門」「三なと/作左衛門」「三なと/平左衛門」も、その系譜が連綿とたどりうる「ミなと/藤左衛門」の模倣の意図のもとに成立した類似刻印であると考えられる。

　このほか印文の類似ではないが、たとえば「泉州麻生」以外の刻印で、周囲の枠線が内側二段角の二重枠であったり、印文が4文字の1行書きで表されたりする例が存在することも、刻印の表現を模倣したものということができよう。同様の例として「泉州麻生」の印文をもつもっとも古い段

階の刻印の枠線が長方形二重枠であることは、藤左衛門系の壺塩屋の製品である「ミなと/藤左衛門」や「天下一堺ミなと/藤左衛門」の枠線に倣ったものと見ることができる。

また壺の形態として、東大御殿下地点［文-9］で報告されている「い津ミつた/花塩屋」の刻印をもつ製品が、板作り成形でありながら内削ぎ状の口縁など輪積み成形に類似した形態などを有しており、当時主流であったⅠ-3類の形態を器形として模したものと見ることができる。また「泉州磨生」の刻印をもつ壺の中には、口縁部直下に四条の微隆起線が見られるが、これは口縁部直下にロクロによる調整を施した「泉州麻生」の刻印をもつ製品の特徴を模したものと見ることができる。

(2)「同文異系刻印」に関する議論

このように、他の壺塩屋が模倣の意図をもって特定の刻印の印文やその他の表現を似せたものを採用し、あるいは壺屋に特定の器形や調整を似せたものを作らせるということの背景には、すでに商標としての価値の確立した製品に倣おうとする意図があることは疑いえない。

であるならば、刻印の印文がまったく同一のものも用いられることもあったのではないか、と考えられる。これは異なった系統の壺塩屋の意図のもとに生産された同一の印文の製品の存在であり、上の「類似刻印」に対して「同文異系刻印」と呼びうるものである。当時の商習慣や商道徳にも関わる問題であり、資料の現状では結論を得ることはできないが、印文がまったく同一の模倣品のみが作られなかったと考えることはむしろ困難であり、また同文異系刻印の製品が量的にきわめてわずかであること、壺屋が遠隔地に存在することによる輸送の問題や、明瞭な外見上の差異など流通の上から見ても、一つの壺塩屋が複数の壺屋に壺を発注したとは考えにくい。

個々の事例については、第二部で個別に論じるが、同文異系刻印を本家、すなわちオリジナルの製品から弁別する際の手がかりとなるのが、刻印の微細な観察による分類と壺との対応関係である。つまり同文異系刻印は、必ずオリジナルとは異なった壺に捺されており、その壺と同形の壺には多くの場合、別の刻印が捺されていると考えられるからである。

しかし、これを否定的に見る見方も存在する。大塚氏は「……別々の作り手集団によると考えるべきものを、あたかも一方が『本物』で他方が『偽物』であるかのような議論をするのは感心しない。……そのような詮索をするのではなく、課題は焼塩壺の製作に関わった集団がどれくらいあったか、その弁別であろう」（大塚 1991）とし、小林・両角氏も「器形は異なるが印文が同一のものに対して『刻印の印文が完全に模倣された』と捉えられるのであろうか。壺塩屋が銘を管理し、注文した幾つかの容器メーカーに印文を使わせれば同様の状態になるのではなかろうか」（小林・両角 1992）とし、その後両角氏も同様の論点からさらに進んで「塩メーカーと壺メーカーが一対一の対応関係を持たず、むしろ多対多の受注関係を結んでいたことを示している」との見解を示している（両角 1992）。

たしかに3氏の指摘するようなケースも考えられる。これらでは壺屋は独自の生産活動を行い、同時に複数の壺塩屋から注文を受けて壺を生産していたものと見なしているわけであり、「泉州麻生」の刻印をもつものはすべて同一の壺塩屋の商品として生産されたものであって、壺の生産者のみが異なっていることになる。もしそうであれば、類似刻印もすべて異なった壺塩屋に対応するのであろうか。また時期的な変化や品種の差などに由来するものを除けば、異なった刻印がすべて異

なった壺塩屋の存在を意味することにもなり、これまでに史料の形で知られている以外に、きわめて数多くの壺塩屋が存在したことになる。

　しかし、むしろ筆者が強調したいのは、印文の同一性をもって即座に同一の壺塩屋と断ずることの是非を問うているのであり、また逆に刻印の微細な観察によって明らかにしうる印体レベルでの同定が、こうした壺塩屋と壺屋との相互の関係を明らかにしうると考えているのである。この点を考えるとき問題となるのは壺塩屋と壺屋の関係であり、印体の管理を壺屋と壺塩屋のいずれが行っていたのか、という点である。刻印を捺す作業は当然壺屋の領域ではあろうが、その際用いられる印体は壺塩屋が用意してそれを壺屋に貸与するのか、壺屋が独自に作るのかといった点が整理されて初めて議論が可能になる。

　煩雑になるが、ここで同一の印文の刻印が異なる種類の壺に捺された例をあげて、こうした問題について筆者なりの分析の経過とそれに対する解釈を示したい。

　第一は「泉州麻生」の刻印をもつ製品に関するものである。この刻印は、図版から推してその印体に少なくとも2種類のものが存在することは以前から意識されてきたようであるが（前田1931）、麻布台一丁目遺跡の報告［港-2］で菅沼圭介氏は大小2種類の刻印という形で差異を認め、両者を時期差によるものと考えている（菅沼1986）。その後、大塚氏はこれを「外側長方形・内側二段角」（筆者の分類（（小川1988・1992a））で3類①b）と「長方形二重枠」（同じく3類①a）と呼んで、藤左衛門系の製品との共伴関係などをもとに検討を加え、板作り成形が藤左衛門系の使用する壺において最初に採用されたのではないことを論証している（大塚1988・1990）。この場合、刻印の印文が同一であるが、枠線の表現の異なる2種類の刻印が存在しているわけであるから、上述したような筆者の立場に立てば、この両者に時期差があるとしても、同一系統の壺塩屋の製品であるのか、あるいは後者が前者を模して成立した他系統の壺塩屋の製品であるのかは論証されていないことになる。

　そこで、各々の刻印の捺された壺に注目してみると、前者の刻印は内面に布目がなく、スウェード状の離型材を縫い合わせたと思われる縫い目が見られる壺（筆者の分類《小川1988・1992a》でⅡ類①b1）に捺されており、後者の刻印は内面に布目の見られる壺（同じくⅡ類①b2）に捺されていることがわかる。しかし、現在わずか数例であるが、後者の刻印が前者の壺に捺された例を見出すことができ、刻印と壺という独立した属性の対応関係による時系列上の組列を措定することができた。したがってこの場合、「泉州麻生」という印文を商標とする壺塩屋に壺を供給する壺屋が変更されたのではなく、成形に関する技法のうち、離型材の材質が変更されたものであること、また刻印の印体は時間の経過に伴って変更されたことが示されたことになる。

　第二は藤左衛門系の壺塩屋に関する議論である。この壺塩屋が当初採用していた壺は、筆者の分類でⅠ-3類とされる輪積み成形によるものであり、刻印は「ミなと/藤左衛門」、「天下一堺ミなと/藤左衛門」（二重枠・一重枠）、「天下一御壺塩師/堺見なと伊織」が主であるが、少例の「御壺塩師/堺湊伊織」が見られる。これらの刻印は「天下一」「伊織」の号や名を時の権威から拝領し、あるいはその後「天下一」の号の禁令によってこれを外すといった変遷を経たものであることが史料から知られている。したがって、刻印の相違は時間的な変化に対応したものであって、これらの刻印

をもつⅠ-3類の焼塩壺は、すべて藤左衛門系の壺塩屋によって生み出された一連のものであると見なすことができる。ところが、これらの最後に位置する「御壺塩師/堺湊伊織」の刻印は、Ⅰ-3類以外にも筆者がⅡ類とした板作り成形による壺にむしろ数多く見られるのである。これについて大塚氏は藤左衛門系の壺塩屋が「焼塩壺を技術的に別系譜の作り手に委ねたという筆者の判断を補強」するものと評価しているが（大塚 1991）、こうした結論を導くためには、少なくとも藤左衛門系の壺塩屋に壺を供給していた壺屋の内的な技術革新によって壺の製法が変更せられた可能性や、あるいはまったく異なった壺塩屋が同じ「御壺塩師/堺湊伊織」の刻印を捺した製品を作るようになった可能性が捨象せられなくてはならない。

詳細は第二部第 2 章に譲るが、筆者はこうした点を含め検討するために、「御壺塩師/堺湊伊織」の刻印の分析を行い、Ⅰ-3類とⅡ類との両方の壺に同一の字体の刻印が用いられていることを確認した。また、名古屋城三の丸遺跡の一括資料の中に、やや小振りではあるが同じⅠ-3類の成形技法で、「天下一御壺塩師/堺見なと伊織」などと同様の胎土を用いた無刻印の壺 4 点と、「御壺塩師/堺湊伊織」の捺されたⅡ類の壺12点とが共伴する例を見出し、上記の二つの可能性が捨象され、藤左衛門系の壺塩屋によって、Ⅰ-3類の壺を作る壺屋からⅡ類の壺屋への壺屋の変更があったとの結論を得たのである。そして、Ⅰ-3類とⅡ類との両方の壺に同一の字体の刻印が用いられていることは、またこの変更に伴って印体が壺屋の間を移動したことを意味すると考えられることから、印体は壺塩屋がその権利を保有していたとの結論を得ている（小川 1994）。

先に見た前田の後者の論考で紹介された藤左衛門系の壺塩屋の末裔からの聞き取りにも、「凡ての印形印板の類が完全に保存され……」とあり（前田 1934）、壺塩屋が印体を保有していたとの推測を裏づけている。

したがって、少なくとも藤左衛門系の壺塩屋にあっては、通時代的に同一の壺屋と一対一の関係にあったわけではないことが確認されたわけである。しかし、一方で現在の資料で見る限り、同時に複数の壺屋から壺を供給されることはなかったともいえる。また印体が壺塩屋に帰属するということは、刻印の観察によって壺塩屋が同定されうることを意味していることになる。

したがって、刻印や器形、壺の成形方法が時間の経過に伴い何らかの理由で変更されることはあっても、少なくとも同一の印文は特定の系統に属すものと見なすことができ、同文異系刻印は類例がきわめてわずかであることからも、何らかの形での抵抗ないし掣肘が加えられて、すぐに製造が中止されたものと考えられるのである。

一方、紛らわしくとも一字でも異なった刻印であれば一つの商標として認められたようであり、その一例である「泉州磨生」に至っては、自らが他の系統によって模倣されるという事態まで生じたようである。すなわち先に見た「御壺塩師/難波浄因」などと共通する壺に、異なった印体で「泉州磨生」が捺された例も存在するのであり、模倣の商標自体が一つの位置を得ていたことを如実に示すものと見ることができる。

第二部 各 論

第1章 「ミなと」類の刻印をもつ焼塩壺

第1節 「ミなと/藤左衛門」「天下一堺ミなと/藤左衛門」「ミなと/宗兵衛」

　第一部第4章で見たように、印文に「ミなと」「見なと」など、仮名3文字で「みなと」に相当する文字列をもつものは8種あるが、このうちこれに続く印文が「藤左衛門」である刻印は2種のみであり、逆に「藤左衛門」を印文にもつ刻印もその2種のみである。このように「藤左衛門」の名は「ミなと」と強く結びついていることがわかる。そこで「ミなと」類の刻印をもつ焼塩壺のうち最初にこの2種に注目し、併せて近年その存在が確認されるようになった「ミなと/宗兵衛」にも論を及ぼしてみたい。

(1) 刻印の印文

　すでに述べたように、『堺鑑』〔史料7〕や『倭漢三才圖會』〔史料11〕を始めとする多くの史料によって、「壺焼塩」の代名詞でもあった「湊壺塩」を創始した壺塩屋の系統が、後に「藤左衛門」や「伊織」を名乗るようになったことはまず疑いえないところである。

　一方、この『堺鑑』にある天文年間の創始を裏づける考古資料は得られていないものの、天下一の拝領を記した史料から「ミなと/藤左衛門」の刻印をもつ焼塩壺が承応3年（1654）以前、「天下一堺ミなと/藤左衛門」の刻印をもつ焼塩壺（図7-1）がこれ以後の製品であるとの推定が、すでに南川孝司氏によってなされている（南川1976）。これらの壺はいずれも筆者の分類でⅠ-3類とした、輪積み成形でずん胴の器形をもつものである[1]。

　さらに、この「ミなと/藤左衛門」の刻印をもつ焼塩壺に関して筆者は、その始期およびこれに先行する刻印をもたないものの存在についての推定を行っている。すなわち、東大病院地点〔文-8〕の「池」遺構においては、「ミなと/藤左衛門」の刻印をもつ製品とともに「寛永六年……三月十九日……」などの紀年銘のある木簡が出土している。また大坂城三の丸跡の元和元年（1615）から元和6年（1620）の間に廃絶された溝からは、同一の器形（Ⅰ-3類）で刻印をもたないものが出土している（大坂城三の丸跡調査研究会1982）。このことから、両者がともに藤左衛門系の壺塩屋の製品であり、少なくとも元和元年（1615）から寛永6年（1629）の間に「ミなと/藤左衛門」の刻印が捺されるようになったことと、それ以前には同一の器形で刻印をもたないものが作られていたとの推定を行ったのである。またこの刻印の押捺開始の理由としては、この時期に複数の系統の壺塩屋が競合するようになった結果、商品の差異化を目的として商標としての刻印が付されるようになったものとの見解を示している（小川1990）。

(2) 出土例

　出土例を見ると、Ⅰ-3類の身で刻印をもたない例は、江戸においては紀尾井町遺跡〔千-3〕、港区No.19遺跡〔港-9〕、丸の内三丁目遺跡〔千-7〕、丸の内一丁目遺跡〔千-18〕などで検出されている。

これらのうち比較的まとまりよく出土していると思われるものについて概観する。

紀尾井町遺跡ではD−5グリッドのローム層を主体とした盛土層内に有機質土壌の黒色土が30cmほどの厚さで堆積した中から4個体が、17世紀前葉に位置づけられる瀬戸美濃産陶器鉢（いわゆる「織部」）とともに検出されている。報告では「布を巻いた芯に粘土紐を巻き付けて成形するもので、刻印はない。型式的には最も古いものである。この型式の焼き塩壷の記年銘資料の上限は慶長年間まで遡り、次の型式の文献から得られる上限・17世紀後葉より下がることはない」と述べられている。

港区№19遺跡例では38号遺構と名づけられた溝状遺構から7個体が、主に17世紀前葉から中葉に位置づけられる比較的多量の瀬戸美濃産の陶器やかわらけ、木製品、3点の蓋とともに検出されている。報告では「……いずれも型作りで、細身の袋状を成し、頸部には指頭による整形痕がある。胎土・焼成とも蓋に非常に近似している」と述べられている。

千代田区丸の内三丁目遺跡では全部で121点出土しているが、このうち遺構出土資料は22基の遺構からの73点である。中でも52号土坑からは37点とまとまった量が出土しており、報告ではそのうちの26点が図示されている。

これらを見ると、刻印をもたないものは法量上の偏差が大きいものの、これに後続すると考えられる「ミなと/藤左衛門」の刻印をもつものとの比較から、器高・口径の小さなものから大きなものへと移行していることが想定される。このように考えると、上記千代田区丸の内三丁目遺跡52号土坑における刻印をもたないⅠ-3類は、紀尾井町例、港区№19遺跡例に比べると、1点を除いて器高・口径とも大きく、相対的に新しい時期に位置づけることができよう。

一方、「ミなと/藤左衛門」の刻印をもつものは、上述東大病院地点［文-8］の「池」遺構例を始め、同じく東大病院地点のK22-1、東大御殿下地点［文-9］532号遺構、丸の内三丁目遺跡［千-7］18号埋桶、26号溝Aほか、汐留遺跡（Ⅰ）［港-29］6I-223、5I落ち込み1、6J落ち込み1、7J落ち込み1など、多くの遺構での出土例が報告されている。

これを見ると、東大病院地点出土の2点はこれ以外のものに比べて口径は若干大き目であるが、器高が低く、むしろこれに先行する刻印をもたない製品のうち、丸の内三丁目遺跡52号土坑例に近いプロポーションを有する。したがって、同じ「ミなと/藤左衛門」の刻印をもつ資料のうちでも、この2例は相対的に古く位置づけられると考えることができる。

このように考えると、近世初頭の藤左衛門系の製品は、初め小形であったものが無刻印の段階で次第に器高・口径とも大形化すること、この傾向は「ミなと/藤左衛門」の刻印をもつ段階に至って、器高はさらに大きくなるものの口径は逆にやや小さくなり、細長い器形を呈するようになる、という変遷を見出すことができる（図13）。

なお第三部第1章で詳論するが、刻印の印文と史料の対比から、藤左衛門系の製品のうち「天下一堺ミなと/藤左衛門」（図7-2, 3）と「天下一御壷塩師/堺見なと伊織」（図7-4）の刻印をもつ焼塩壷は、これらに後続しそれぞれ承応3年（1654）〜延宝7年（1679）頃、延宝7年頃〜天和2年（1682）に位置づけられる。それぞれきわめて近接した年代のため、遺構における共伴などからこれを検証することはできないが、器形を見ると「ミなと/藤左衛門」の刻印をもつ焼塩壷に比べ、

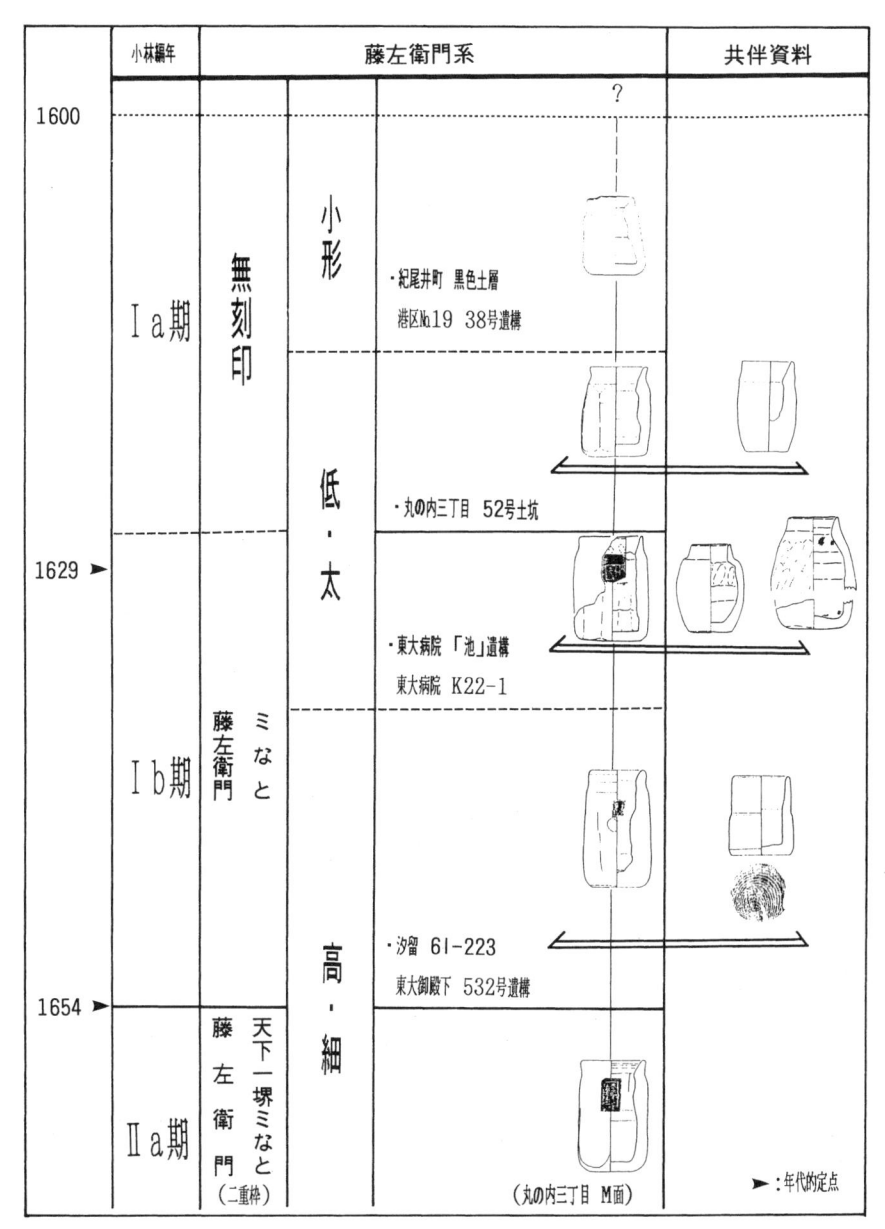

図13 近世初期の焼塩壷の変遷と共伴

　「天下一御壷塩師/堺見なと伊織」の刻印をもつ焼塩壷は口縁直下の指頭痕や横ナデがほとんど見られず、またこれに関連する括れもほとんど認められないのに対し、「天下一堺ミなと/藤左衛門」の刻印をもつ焼塩壷は、弱いながらも指頭痕や横ナデと括れが認められ、両者の中間に位置づけることができる。

　さらに大塚氏の指摘するように「天下一堺ミなと/藤左衛門」の刻印に見られる(1)長方形二重枠（図7-2)、(2)長方形一重枠（図7-3）の別は、これらに先行する「ミなと/藤左衛門」の刻印が二重枠であるのに対し、後続する「天下一御壷塩師/堺見なと伊織」の刻印が一重枠であることから、(1)が(2)に先んずるものであるとの形式学的な推定が可能である。

以上のことから、その他の刻印の存在を排除するものではないが、この四者が同一の系譜に属するものであることも確認できる。

一方「ミなと/宗兵衛」の刻印をもつ資料は、「ミなと/藤左衛門」の刻印をもつものとほとんど同じ形態の壺に、ほとんど同じ字体の刻印が捺されたものであり、刻印の文字をよく観察しないと「ミなと/藤左衛門」の刻印をもつものと混同されるおそれがある。すでに述べたように都内では港区No.149遺跡での未報告資料が1点のみ紹介されており、初めての出土であると思われるが（図7-5：小川・五十嵐 2006）、江戸遺跡以外でもわずかに広島城の出土例が1例あるのみである（図14-1：福原 2006）。

港区No.149遺跡の資料は、口縁の一部が欠損するほかはほぼ完形で、器高90㎜、口径60㎜、底径56㎜、最大径は肩部にあり64㎜である。口縁部は外反し、内外面とも横にナデられている。口縁外部の付け根には比較的強い指頭痕が疎らに見られる。体部は一部でわずかに膨らむものの、ほぼ直線的に肩部から底部に移行する。桃色を帯びた明橙色を呈し、胎土には黒色および白色の小砂粒を多く含む。成形は輪積み成形によるものであり、内面には輪積みの接合痕と思われる段が1段認められる。体部外面、肩部には正方形二重枠内に「ミなと/宗兵衛」と2行に縦書きされた刻印が見られるが、このうち「衛」字は崩されている（図14-2）。

このように、「ミなと/宗兵衛」の刻印をもつ焼塩壺は、「ミなと/藤左衛門」のそれと比べると正方形二重枠という共通点だけでなく、「ミなと」の字体が酷似しているほか、壺そのものも成形技法、器形とも類似しており、「少なくとも刻印や壺を製作したのは同一の工人ないしその集団と考えることができる」のである（小川・五十嵐 2006）。これまで知られている模倣のような影響関係が推定される資料は、いずれも壺の成形技法や器形に明瞭な差異が見られ、刻印も印文だけでなく枠線や字体にも差異が認められるものであった。したがって、このように印文は異なるものの、刻印の表現方法や字体ばかりでなく、壺の成形技法や器形が酷似する資料は知られていない。わずか2例のみではあるが、この「ミなと/宗兵衛」の刻印をもつ資料が藤左衛門系の壺塩屋の製品である可能性はきわめて高いと思われる。

刻印をもつ藤左衛門系の焼塩壺で、最初期の製品と考えられてきた「ミなと/藤左衛門」の刻印をもつ焼塩壺には、後続すると考えられる長方形二重枠の「天下一堺ミなと/藤左衛門」が存在し、以下印文を見る限り、少なくとも17世紀代では一連の製品としての連続性を追うことができるのに対し、この「ミなと/宗兵衛」には後続すると考えられる印文をもつ刻印の例は存在しない。したがって、もし仮にこの「ミなと/宗兵衛」の刻印をもつものが藤左衛門系の壺塩屋の所産であったとすると、これは「ミなと/藤左衛門」の刻印に先行するか、あるいは並行して存在したものであることが考えられる。「ミなと/藤左衛門」の刻印をもつものは、その後長方形二重枠の「天下一堺ミなと/藤左衛門」に移行する以前に、器高が大きく口径の小さな壺に捺された例が数多く見られることから、仮に並行していたとしても、「ミなと/宗兵衛」の刻印をもつものが存在したのは「ミなと/藤左衛門」のごく初期の一時期ということになろう。

第一部第2章の史料の部分で見た『船待神社菅公像掛軸裏面願文』〔史料13〕中央の、いわゆる髭題目の下には「元祖藤太夫慶本、二世慶圓、三世宗慶、四世宗仁、五世宗仙、六世円了、七世了

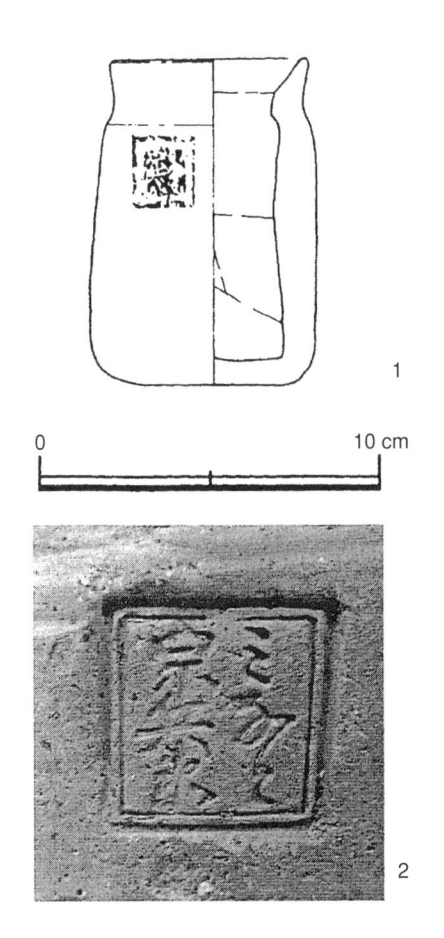

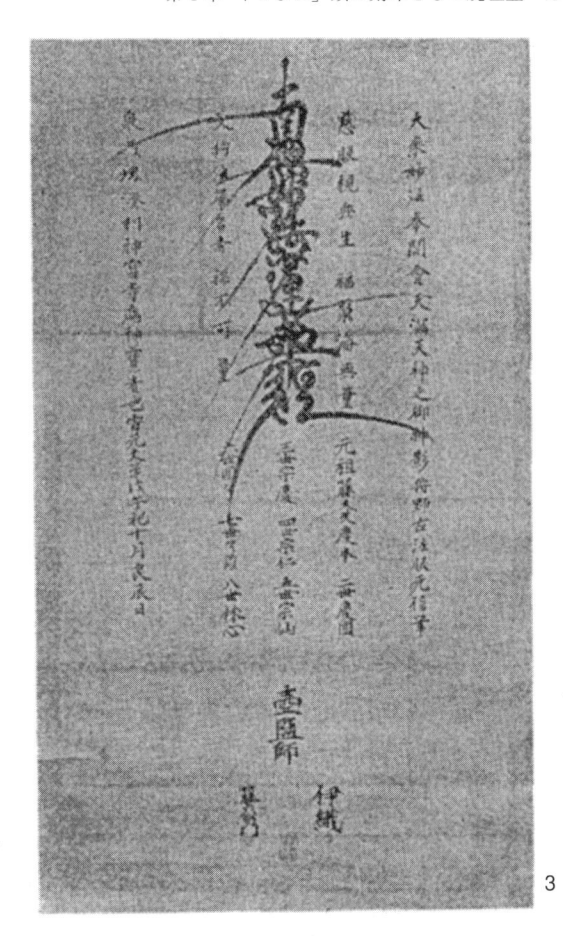

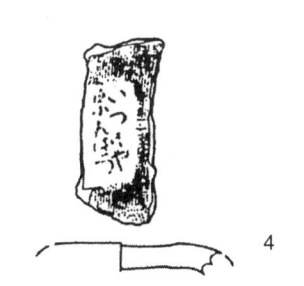

第1章 「ミなと」類の刻印をもつ焼塩壺　75

1：福原 2006　2：小川・五十嵐 2006　3：渡辺 1985a　4：文-9
図14　「ミなと/宗兵衛」の刻印をもつ焼塩壺と関連資料

讃、八世休心」と元祖から八代までの名が記され、その下に「壺塩師」「伊織」「藤左衛門」と記されている（図14-3）。
　すでに述べたように、『堺鑑』〔史料7〕の記載などによると、藤左衛門系の壺塩屋は天文年中（1532〜1555）の創始とされるが、堺環濠都市遺跡では天文22年（1553）の大火面から焼塩壺が出土しており、これが今のところ最古とされている（森村 2000）。したがって「天文年中」の記載が正しいとして、もっとも長く見ると、天文元年の1532年から〔史料13〕の1738年までは206年であり、これを8代で割ると1代あたり25.8年である。1532年から広島城例で推定される廃棄年代の

1619年までは87年であるから、87年を25.8年で割ると約3.4となる。逆にもっとも短く見ると、1553年から1738年までは185年、これを8代で割ると1代あたり23.1年である。87年を23.1年で割ると約3.8となり、いずれも1619年の時点で4代目であった可能性が高い。もちろん、これは単純に1代あたりの長さが同じで、〔史料13〕の作られた年が9代目になって間のない頃と仮定しているため、前後1代ほどのずれは考えられる。そこで4代を挟む前後を見ると、「三世宗慶、四世宗仁、五世宗仙」と、いずれも「宗」の字をその名の頭に含んでおり、「宗」字の1文字のみではあるが、「宗兵衛」との共通点が見られる。

そもそも、この〔史料13〕によって『堺鑑』にある「藤太郎」が「藤太夫」の誤りであることが推定されるのであるが、焼塩壺の刻印に「藤太夫」の印文をもつものはない。また藤太夫が藤左衛門であることをうかがわせるのは、この掛軸の寄進者が伊織藤左衛門であり、そこに「元祖藤太夫」の文字が見られることにほかならない。渡辺誠氏は「藤大夫（藤太夫の誤記：引用者註）を藤左衛門とするのは、木野部落の素焼土器作り師が、禁裏御用のため大夫名を拝領していることと関係があるのではないか」と推定している（渡辺 1985）。

こうした土器職人の名乗りについては不案内なので、「藤左衛門」であるから「藤太夫」の太夫名となったのか、逆に「藤太夫」であったから藤左衛門を名乗るようになったのかはわからないが、3代目から5代目までの誰かの時期に焼塩壺に刻印を捺すことになり、何らかの理由で藤左衛門とは別に「宗兵衛」の刻印を用いたのではなかろうか。焼塩壺の刻印は藤左衛門から伊織に代わっているにも関わらず、〔史料13〕では伊織と藤左衛門が併記されていることから見ても、こうした名乗りが平行して存在することがあった可能性もあろう。

いずれにせよ、前田長三郎氏が「『みなと彦衛門』の極印であるから一種の模倣品であろうが未だ精細には分からぬ」（前田 1934）と記したように、「ミなと/藤左衛門」の刻印が当初「みなと彦衛門」と考えられていたように、「藤左衛門」の部分は以後の刻印に比べ読みにくいことも事実である。

印文に「宗」字をもつ刻印としては、他に1例のみではあるが東大御殿下地点［文-9］から「いつミや/宗左衛門」の刻印が陽刻された蓋が報告されている（図14-4）。これは今のところ他に類例がなく、その位置づけは不明である。

「宗」字だけを根拠に〔史料13〕所載の人名と結びつけるのは乱暴かもしれないが、この「ミなと/宗兵衛」の刻印をもつ資料の出現は、比較的安定的に考えられてきた17世紀代に属する藤左衛門系の製品の変遷に再考を促す資料として、ある意味で衝撃的であったともいえる。これまでの報告例の拓本を確認した限りでは、かつて報告された「ミなと/藤左衛門」の刻印をもつものの中に「ミなと/宗兵衛」の刻印をもつものが混交していたという例はないが、刻印が不明瞭なものもあり、報告書で拓本が示されていないものの中に、この「ミなと/宗兵衛」の刻印をもつものが含まれていないとは断定できない。また、同じような遺物が複数出土していた場合に、いずれも「ミなと/藤左衛門」であると誤認して報告から除外されたという場合も考えられる。

江戸以外の地域では、すでに触れたように広島城での報告例が存在するが、これまではとくに注目する者もなく見落とされてきた、というのが現状である。焼塩壺やその刻印に限ることではない

が、新たな資料の存在が認知されてはじめて、実はここにもあったというような気づかれ方をする場合もある。

しかし、次節で見る類似の印文「三名戸/久兵衛」「三なと/久左衛門」「三なと/平左衛門」「三なと/作左衛門」の刻印は長方形一重枠であり、成形技法もロクロ成形によるⅢ-1類で、器形も底が厚いものが多いなど異なっているのに対し、この「ミなと/宗兵衛」の刻印をもつ資料は、刻印が正方形二重枠と共通であるほか、「ミなと」の字体を始め、壺の成形技法も器形も非常に類似しており、少なくとも刻印や壺を製作したのは同一の工人ないしその集団と考えることができる。

そういう意味で、単にこれまで江戸では知られていなかった刻印をもつ珍しい例としてだけではなく、壺塩屋と壺屋との関係を考えるうえでもきわめて興味深い資料であることは間違いない。

第2節 「三名戸/久兵衛」「三なと/久左衛門」「三なと/作左衛門」「三なと/平左衛門」

印文の前半が「三名戸」「三なと」と、前節の「ミなと」に似るが第一字が「三」字となっている一群である。いずれもⅢ-1類に捺されている。Ⅲ-1類そのものの出土例が全部で51例ときわめて限られていることもあり、刻印をもたないものも含めて、ここで論じる。

(1) 類 例
① 文京区東大病院地点［文-8］「池」遺構例

先の東大病院地点「池」遺構に関する論考（小川1990）で、筆者が「ミなと/藤左衛門」の刻印出現の背景として複数の系統の壺塩屋による競合状態を想定したのは、この遺構において「ミなと/藤左衛門」の刻印をもつⅠ-3類の壺のほかに、いくつもの異なった種類の焼塩壺と思われる製品が存在したためである。その中でも、頸部に括れを有する大形厚手のロクロ成形の製品（Ⅲ-1類）は、小片ながらきわめて多くの問題を内包する資料であった。

さて、この「池」遺構のⅢ-1類について、筆者は報告において「59はロクロ成形の焼塩壺に類する製品の破片である。明るい橙色を呈する。増上寺子院群遺跡に類似の製品が見られる」［文-8］と述べた。その後、近世後半に見られるロクロ成形の製品（Ⅲ-2類）について考察する際には、この東大病院地点「池」遺構例および増上寺子院群［港-7］例については、「これが焼塩壺であるのかどうかという問題も含め、今後の資料の増加を待って論じる」（小川1991）としながら、これに註を付して「ただし増上寺子院群出土例のうちの刻印をもつもの……の刻印は、二行書きで、『ミ』で始まるなど字面が類似しているところは『ミなと藤左衛門』に似ており、全体の器形が類似していることとあわせ、『ミなと藤左衛門』の刻印をもつ焼塩壺の模倣を意図して作られた何らかの製品である可能性もある」（小川1991c）と述べている。

一方大塚氏も、Ⅲ-1類についてはⅠ-3類との器形的類似を認め、「形態的特徴を念頭に置くならば、1（筆者の分類でⅠ-3類に対応する製品：引用者註）のような『筒状ノモノ』の形態を模した結果が5・6（「池」遺構例および増上寺子院群例：同）と考えるべきであろう」としている（大塚1991）。

② 港区増上寺子院群遺跡［港-7］例

東大病院「池」遺構の報告で類例として引かれた増上寺子院群遺跡では、Ⅲ-1類の製品は2点出

土している。報告では鉢形③の身2点とともに「形態、胎土、製作技法上の特徴などから、焼塩壺に類似する資料」として「身Ⅴ類」に一括されている。出土遺構等に関する記載はないが、遺物そのものについてはやや詳しく観察・記載されているので、その全文を引用する。すなわち「28は、形態的に身Ⅱa類（板作り成形で、蓋受けの部分が明瞭にしっかりと作られるもの：引用者註）に似るが底部が異様に厚く（4.6cm）作られている。成形には轆轤が使用されていると思われるが、底部の糸切痕は認められず、成形後なで調整を行ったものと考えられる。胎土は比較的緻密であるが、いささか砂っぽく一般的な焼塩壺とは異なる。本例の最も大きな特徴は口縁部を除く器外面全面に墨書（判読不可能）がみられる点である。二次焼成を示す特徴も無いことなどを合せて考えると、焼塩壺とは全く質の異なる容器である可能性が高い。29は、やはり素焼きの壺というべき製品である。轆轤成形で胴下半部は欠損しており形状は不明である。胴部は直立し、緩やかにくの字に屈曲させたのち、やや脹らみをもつ口縁部に至る。口縁部には相対する2個の小孔があけられており、吊り下げて使用したことを示す痕跡も認められる。器外面には刻印とともに、意図的に付されたと思われる傷が認められるが判読不可能である。胎土は砂質であるが、小石などの夾雑物がきわめて少なく精選されているようである。二次的な加熱を受けた痕跡はみられず、用途不明ながら、本例も焼塩壺とは異質な製品であろう」とある［港-7］。この報告は29に見られる刻印については、その判読が困難であったためか詳しい言及はなされていない。また口縁部に見られる小孔については、その穿孔が焼成前になされたものであるか否かについては述べられていない。

一方、ここで判読不可能とされた墨書を有する製品（28）については、その後両角氏によって再び観察・実測がなされ、さらに赤外線を利用した判読が試みられている。これによると、「……胎土は白色を帯びた橙褐色の軟質土師質で、やや砂っぽい。口縁部遺存度・底部遺存度は共に約1/2で……底部外面には左方向の回転糸切痕が観察され」るという。墨書については「体部外面の全体にわたって約7行……底部にも1字が認められる……。……数種類の字体が認められ、複数の筆者が想定される。……このうち意味をもった単語として理解できる部分は……「増上寺」のみである」とされる（両角1992a）。

　③　千代田区丸の内三丁目遺跡［千-7］例

本遺跡からは、Ⅲ-1類が38点と多量に検出され、Ⅲ-1類全体（51例）の74.51％を占め、刻印をもつものに限っても全28例中17例が本遺跡からの出土と60.71％を占めている。これまで類例が少ないために、焼塩壺の範疇から除外されることもあった本類が焼塩壺の一種として認知されるようになったのも、本遺跡からの出土資料に負う部分が大きい。また類例が増えた結果として、本類において刻印・器形・その他での変異が大きいことも明らかになっている。

報告ではⅢ-1類の製品は「轆轤成形（大）」と分類され、「この焼塩壺は轆轤で成形されており、口縁部がすぼまり、底部厚が厚く、底部に回転糸切りが認められる（両角分類B-g-チ）」と述べられている。

　④　港区汐留遺跡［港-29］例

本遺跡からはⅢ-1類の製品は2点出土しているが、同一遺構（6K-0665）から出土した口縁部および胴部以下の破片であり、同一個体と見なされている。

これらのほかいくつかの類例があるが、ここでは割愛する。

(2) 成形技法・器形・法量

以上の類例から、Ⅲ-1類の成形技法や器形、法量上の特徴は、以下のようにまとめられる。すなわち、体部はロクロ水挽によって成形され、底部には左回転ないし静止の糸切り痕が認められるものが多い。器形や法量には一定の範囲内での変異があるものの、緩やかな規格性が認められる。すなわち口唇部がやや内湾し、頸部は縮約されて括れ、口縁内側が突出するという、Ⅰ-3類の器形に酷似するものである。ただし、断面で見ると底部は器壁に比して厚いものが多く、器高の半分以上に及ぶものもある。なお、増上寺子院群例に見られたような口縁部に小孔を有する例は、他には報告されていない。

(3) 刻　　印

丸の内三丁目遺跡［千-7］からの豊富な資料によって、このⅢ-1類に捺されている刻印についても多くが明らかになってきており、これ以外の遺跡から出土した例で刻印をもつ例もそのいずれかに分類される。

印文は「三名戸/久兵衛」、「三なと/久左衛門」、「三なと/作左衛門」、「三なと/平左衛門」の4種が存在する。ただし丸の内三丁目遺跡での報告では「三なと/久左衛門」を「三なと/久兵衛」と見なしている。この「三なと/久左衛門」には印体の違いからa、bの2種が認められていることから、刻印はこの細分も含めると5種類存在することになる（図7-6～10）。

刻印はいずれも陰刻で表現され、印文は「三なと」または「三名戸」で始まる2行書きである。その点で藤左衛門系の壺塩屋の製品でⅠ-3類の焼塩壺に見られる「ミなと/藤左衛門」に類似しているが、まったく同一のものはない。また増上寺子院群例は二重枠とも見えるが（小川 1997a）、押捺の際のずれもしくは何らかの傷とも思われ、枠線は「ミなと/藤左衛門」とは異なり、いずれも長方形一重枠であるとするべきであろう。

註
1) 以下に述べるように、丸の内三丁目遺跡ではその成形技法が輪積み成形とされているのに対し、紀尾井町遺跡では粘土紐の巻き上げ、港区№19遺跡では型作りと表現されているが、いずれも同一の成形技法になるもので、筆者の分類ではⅠ-3類に相当するものである。

第2章 「御壺塩師/堺湊伊織」の刻印をもつ焼塩壺

第1節 問題の所在

(1) 研究のあゆみ

　「御壺塩師/堺湊伊織」の刻印をもつ焼塩壺について最初に述べたのは前田長三郎氏である。そこでは壺の器形等には触れられていないが、刻印の拓影が示され（図15-1）、既にこの刻印が藤太夫を祖とし、代々藤左衛門を名乗った、前述藤左衛門系の壺塩屋の製品で堺産のものであること、「泉湊伊織」の刻印とともに天和2年（1682）の天下一の号の禁令以後のものであることの指摘がなされている（前田1934）。

　次いで南川孝司氏は、印文の分析から「御壺塩師/堺湊伊織」の刻印が「泉湊伊織」の刻印に年代的に先行するものであることを推定している（南川1974）。

　その後、渡辺誠氏は藤左衛門系の壺塩屋の製品に捺された刻印の変遷を、その傍系の難波の支店の製品とされるものとともに示した（図15-2）。そこではこの「御壺塩師/堺湊伊織」の刻印は、「天下一御壺塩師/堺見なと伊織」の後、船待神社の菅公掛軸裏面の系図に見られる「御壺塩師/泉湊伊織」の印以前に位置づけられている。

　しかし「御壺塩師/堺湊伊織」の刻印をもつ焼塩壺は、藤左衛門系という壺塩屋の製品の、こうした刻印の変遷の一階梯であるに止まらず、きわめて重要な位置を占めるものであることが明らかにされている。それは、この刻印が捺される以前の焼塩壺は、氏の分類においてA類とされる筒形で輪積み成形によるものであるのに対し、この刻印の段階になって同じくB類とされる蓋受けをもち板作り成形によるまったく異なったものに変化しているという点であり、この器形・成形技法は変化しつつこれ以後の製品に継承されていくというものである。この点について渡辺氏は、藤左衛門系の壺塩屋の後裔にあたる弓削氏に伝わっていたという史料〔史料31〕をもとに、B類という形態の壺の創出はこの藤左衛門系の壺塩屋によってなされたものであり、同じくB類あるいはこれと形態的・技法的に類同の壺で、「泉州麻生」等の刻印をもつものはこれを模倣して作られたと見なしている（渡辺1985aなど）。

　ところがこのB類という形態の壺の創出の先後関係や経緯については、その後大塚達朗氏によって異論が提示されている。すなわち、B類の形態の壺であって「泉州麻生」の刻印のうち長方形二重枠のものが、藤左衛門系のA類の壺で「天下一御壺塩師/堺見なと伊織」の刻印をもつものと共伴する事例の存在することなどから、B類という形態の壺は、少なくとも「泉州麻生」の刻印をもつ製品を作っていた泉州麻生系の壺塩屋において先に採用され、その後、藤左衛門系の壺塩屋により採用されたことになる、としたのである（図15-3：大塚1988）。さらに大塚氏は、「御壺塩師/堺湊伊織」の刻印をもつ製品を中心に、壺の成形技法の詳細な検討を試み、「壺塩屋の動向とは別に独

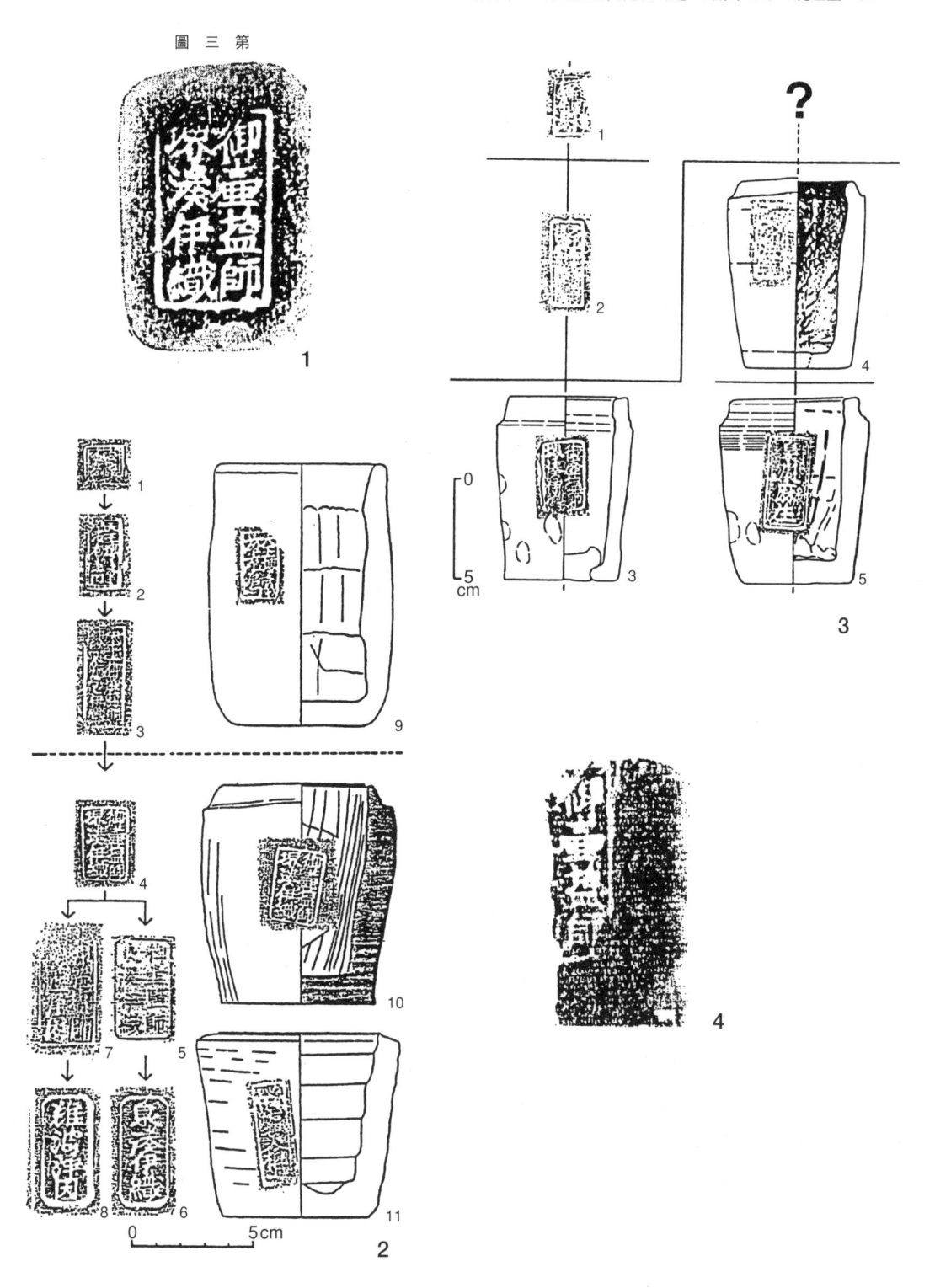

1：前田 1934　2：渡辺 1985b　3：大塚 1988　4：小川 1994

図15　「御壷塩師/堺湊伊織」の刻印をもつ焼塩壷の関連資料

自の動きをする焼塩壺製作者集団の把握」をも試みている（大塚1991）。

　一方、筆者もこの「御壺塩師/堺湊伊織」の刻印をもつ焼塩壺について、東大病院地点［文-8］を中心とした出土資料を対象として、別の角度から若干の考察を試みたことがある（小川1990：本章では前稿と呼ぶ）。若干長くなるが、ここで論じる問題の出発点ともなっているので、ここに繰り返しておきたい。

　前稿ではまず、「天下一御壺塩師/堺見なと伊織」と「御壺塩師/堺湊伊織」という刻印の変化と、渡辺氏のいうA類からB類へ（筆者の分類でⅠ-3類からⅡ類へ）の変化とが軌を一にしているという点について、ここに時間的なギャップが存在していると考えた。すなわち、「御壺塩師/堺湊伊織」に先行する藤左衛門系の三つの刻印の各々の間の変化である「ミなと/藤左衛門」から「天下一堺ミなと/藤左衛門」への変化および、「天下一堺ミなと/藤左衛門」から「天下一御壺塩師/堺見なと伊織」への変化に対し、その次の変化すなわち「天下一御壺塩師/堺見なと伊織」から「御壺塩師/堺湊伊織」への変化とが、根本的に異なった性格の変化であることを指摘した。つまり前二者の変化はそれぞれ「天下一」、「伊織」という称号ないし折紙状の拝領に伴うものであり、これはそのそれぞれ以前の刻印の廃止を意味しはしないものの、新たな刻印へと転換する積極的な理由となるものであるのに対して、後者は幕府による天下一の号の禁令といういわば消極的な理由によって変化が強制されたものであり、ここに何らかの形のギャップがあったのではないかと考えたのであった。つまり前二者の変化の契機となる出来事は、新たな刻印の始期を示すものといえるのに対し、後者の禁令は「天下一御壺塩師/堺見なと伊織」の終期を示すとはいえるが、新たな刻印すなわち「御壺塩師/堺湊伊織」の始期を示すとはいえない、としたのである。

　この推定は、前稿の脱稿後知るところとなった高槻城三ノ丸跡出土の新資料（高槻城遺跡調査会1987）によって修正を余儀なくされるわけであるが、半面の真実を語っていたともいえる。つまり、先に述べた時間的ギャップは、その間にこの新たなタイプの製品の存在を示していたともいえるからである。すなわち、この高槻城三ノ丸跡出土の新資料はⅠ-3類の壺に、「御壺塩師/堺湊伊織」の刻印が捺されたものであり、報告では「本焼塩壺の場合は形態が古くて、刻印が新しいことになり、いわゆる過渡期のものとかんがえられる。そこで想像たくましく解釈すれば、焼塩壺の製作工房に『御壺塩師・堺湊伊織』印が届いたものの、すぐには製作法が更新されず、旧来の焼塩壺に新印を押したものとおもわれる。その意味では希有品といえ、製作時期も天和2年の9月直後で、おそらくその年内であっただろう」と述べられているものである（森田克1987）。

　筆者は前稿ではまた、東大病院地点F34-11遺構出土例が時期的にきわめて限定された一群であると見なし、その刻印の微細な観察から少なくとも2種類の印体が同時に使用されていたとの推定を行った。次いでこれを麻布台一丁目遺跡［港-2］の例と比較し、両者における属性上の異同として、底部の閉塞に粘土塊のほかに粘土紐が用いられている3ピースと粘土紐が用いられていない2ピースとの違い、内面に離型材としての布目が見られるものと見られない平滑なものとの違いがあることを認めた。そして、さらに「泉湊伊織」の刻印をもつ製品とも比較を行い、この製品には麻布台一丁目例との共通点が存在するが、胎土に雲母を含む点において前二者とは異なっているという異同を認め、刻印の印文と属性上の異同が、表1のように模式的に示しうるとした。

表1　刻印の印文と属性上の異同

遺　跡	東大病院地点	麻布台一丁目遺跡	東大病院地点
刻　印	「御壷塩師/堺湊伊織」	「御壷塩師/堺湊伊織」	「泉湊伊織」
雲　母	なし	なし	あり
粘土紐	あり	なし	なし
内　面	平　滑	布　目	布　目

　そして、刻印の印文をもとに東大病院地点（F34-11ほか）「御壷塩師/堺湊伊織」→麻布台一丁目遺跡（1P）「御壷塩師/堺湊伊織」→東大病院地点（F33-3ほか）「泉湊伊織」という先後関係を推定した。さらに、これらの属性上の異同や刻印の観察から麻布台一丁目遺跡例のものと同じ段階に、東大御殿下地点［文-9］例（537号遺構）、東大法文地点［文-7］例（E7-5）、真砂遺跡［文-4］例（Ⅱ層、16号地下室）とが位置づけられるとした（小川1990）[1]。

　その後、この「御壷塩師/堺湊伊織」の刻印をもつ製品について直接触れたものは少ないが、上記の変遷観を支持するもの（小林・両角1992）と若干異なった見解（両角1992）とがある。このうち前者で焼塩壺の全般にわたる編年を試みた小林氏は、宝永火山灰との層位関係を始めとする遺構の年代観と形態上の差を勘案して検討を行っている。そしてその後のシンポジウムの席でも、3ピース→2ピース、内面平滑→内面布目という先後関係を認め、東大病院地点例が麻布台一丁目遺跡例に先行すると見なすとともに、3ピースで内面が布目である東大御殿下地点（537号遺構）例をその間に位置づけるという見解を新たに示している。

　一方、両角氏は刻印の共伴関係などをもとに編年を行っているが、そこでは内面に布目が見られ、底部の粘土紐のない麻布台一丁目遺跡例のタイプ（両角氏の分類でC1-b-ハ）が、内面が平滑で底部に粘土紐の入る東大病院地点例のタイプ（同C1-c-ロ）に先行するものとしている。そして、このように同じ「御壷塩師/堺湊伊織」の刻印が異なる壺に見られる点については「御壷塩師堺湊伊織ブランドの塩メーカー（＝壺塩屋：引用者註）がC1-b-ハ形態の容器を製造する壺メーカー（＝壺屋：同）とC1-c-ロ形態の容器を製造する壺メーカーと別個に受注関係を結んでいたことを示す」として、両者の違いを壺屋の違いとしてとらえている（両角1992）。

(2)　問題点の抽出

　以上のように、この「御壷塩師/堺湊伊織」の刻印をもつ焼塩壺をめぐって行われた議論はきわめて多岐にわたり、論者の立場の違いなどを反映してかなり錯綜した様相を呈している。そこで以下にこれを整理し、問題点の抽出を試みる。

　まず第一点として、藤左衛門系の壺塩屋におけるⅠ-3類の壺からⅡ類の壺への移行の経緯がある。
　大塚氏が「泉州麻生」の刻印をもつ製品と藤左衛門系の壺塩屋の製品との共伴事例などをもとに、藤左衛門系の壺塩屋によるⅡ類の創出という渡辺氏の見解を覆したのは上に述べたとおりであるが[2]、藤左衛門系の壺塩屋に限って見た場合、この壺塩屋がどのような形でこのⅡ類の壺を採用するに至ったかが問題として残されているのである。いい換えると、それまでⅠ類の壺を作っていた壺屋が（泉州麻生系のⅡ類の壺を作る壺屋に倣って）Ⅱ類の壺を作るようになったのか、あるいは藤左衛

門系の壺塩屋が、それまでⅠ-3類の壺を作らせていた壺屋に代えて、Ⅱ類を作る別の壺屋に壺を作らせるようになったのか、という問題である。

そして第二点として、上記において後者であるならば、刻印は印文を指示されて壺屋が作るのか、あるいは壺塩屋が印体を管理してこれを壺屋に貸し与える形をとっているのか、またその壺屋は泉州麻生系ないしはその他の既存の壺塩屋の壺を作る壺屋と同一の業者であるのか否かという問題が派生する。

第三点として、Ⅱ類の壺の中での諸属性に着目した段階設定の問題がある。すなわち底部の粘土紐の有無、内面の布目の有無といった属性のいずれが先行するものであるか、そしてこうした先後関係は刻印その他の属性にも見られるのではないかという問題であり、その各段階の具体的な年代の比定も試みる必要がある。

さらに第四点として、上の第二、三点とも関連する問題であるが、Ⅱ類の壺の具体的な成形技法の復元という問題がある。これはまた上の第三点の各段階が、壺屋の内的な技術的な変化によってもたらされたものであるのか、あるいは壺屋の変更によるものであるのかを成形技法の連続性という観点から検討するうえでも必要な視点である。

第2節　資料の提示と分類

まず、上記の各問題点について論じるうえでの基礎資料となる「御壺塩師/堺湊伊織」の刻印をもつ焼塩壺について、さまざまな属性上の変異に着目しつつ、以下に集成・分類を試みることにする。

(1)　成形技法

始めに基本的には壺屋に由来する属性の一つとして、壺の成形技法について見ることにする。いうまでもないことであるが、この場合の成形技法は壺に残る多様な痕跡の観察から導き出されるものであり、その技術上の具体的な復元については後述する。

①　Ⅰ-3類・Ⅱ類の別

前節でも述べたように、この「御壺塩師/堺湊伊織」の刻印をもつ焼塩壺には、大きく分けてⅠ-3類の輪積み成形によるものと、Ⅱ類の板作り成形によるものとの2種が存在する。このように、類を異にした成形技法による壺でありながら同一の刻印をもつ例は、他には存在しない[3]。

このⅠ-3類の製品は、高槻城三の丸跡を始め堺環濠都市遺跡、長崎市出島およびその周辺など、西日本に多く見られるという出土地の地理的な偏りがある。しかし江戸地域でも【集成】には3例含まれるほか、報告書には記載されていなかったが港区旧芝離宮庭園遺跡で1点出土しているなど、未報告の検出例も知られる。このうち旧芝離宮庭園の1例は刻印部の多くが欠損していたため、「天下一御壺塩師/堺見なと伊織」の刻印をもつものと誤認されていたようであるが、枠線が御の字の上の方に回り込んでいること、左側の行の残存部分や各字体の比較から、これが「御壺塩師/堺湊伊織」の刻印であることは明らかである（図15-4）。

このように見ると、このⅠ-3類の壺に「御壺塩師/堺湊伊織」の刻印が捺された例はけっして希少品ではなく、一定量存在していることが知られる。

② 底部粘土紐の有無

Ⅱ類の製品には成形技法上きわめて特徴的な一群がある。すなわち、底部の粘土塊と体部の粘土板との間に粘土紐がめぐらせてあるものである。これについて初めて具体的に触れたのは渡辺誠氏であるが、そこでは「布をまいた截頭円錐形の芯（＝内型：引用者註）に、幅広い粘土板を一枚でまきつけて作る、板作り法で作られている。このため製作時には底が上になり、ここに粘土紐を渦状にいれて、へらで整形している。底部内面には小円盤をいれて、平坦にしている」と述べられている（渡辺 1985a）。ただし渡辺氏は板作り成形の製品には、いずれもこの粘土紐が入れられていると見なしているようである。

一方、筆者はこの粘土紐が入れられることによって、底面に二重圏線が認められることから、これをメルクマールとした分類を試みた。また内面の布目の有無と併せ、この粘土紐の有無に着目し、そこに時期差を考えたことはすでに述べたとおりである。

③ 粘土紐の太さ

前項で述べた粘土紐は、太さが5㎜ほどであるため、底面に二重圏線を描くものであるが、これとは別に、中央部の粘土塊を除く底面の全体を覆うように1㎝近い太さの粘土紐がめぐる例も存在する。この両者、すなわち細紐と太紐の別については、かつては区別されることなく同じ粘土紐として扱われてきたが、詳細に検討を加えていく過程で、この両者が区別されるべきものと考えるようになったものである。

この太紐の入れられた製品にはまた、その存在を隠すかのように体部の粘土板との境界をナデ消す例と、そうした操作を行わない例とがあるが、このうちナデ消しが行われたものは一見すると粘土紐の入れられていない2ピースと見紛うものもある。したがって、これまで実測図などで粘土紐の入れられていないように表現されているものの中にも、これら太紐の入る3ピースが含まれている。たとえば、東大法文地点［文-7］例（E7-5）は、実測図では2ピースのように表現されているが、報告書の文中では「筒端の内側に粘土紐を張りつけている」と観察されているのである。このように壷の底部付近の内外面に対する詳細な観察が必須であり、たとえば底面に見られる粘土の合わせ目の位置と、体部の内面に見られる粘土板の合わせ目の位置とが大きくずれている場合は、こうした太紐が入れられた3ピースであると見なしうるのである。

④ 内面の離型材の痕跡

第一部第3章で見たようにⅡ類の板作り成形の製品は、いずれも内型のまわりに粘土板を巻きつけて体部を形づくるが、この内型を粘土板から抜くとき、抜けやすくするために入れられるのが離型材であり、布のほかにスウェードのような素材が用いられたと思われる例もある。そして、それらが用いられている場合には、壷の内面に縫い目や織り目、末端のほつれやかがった跡などが認められる。ところが「御壷塩師/堺湊伊織」の刻印をもつ製品の中に、こうした離型材の痕跡をもたない内面の平滑な一群が存在する。内型そのものが表面の平滑な焼き物などを使用しているのであろうが、また何らかの粉末ないしは液体の離型材を用いていたことも考えられる。いずれにせよ、筆者は先の粘土紐の有無とともに、この布目の有無に着目し、そこに時期差を認めたことはすでに述べたとおりである。

さらにまた、内面に布目が見られるものの中には、布の織り方や刺し縫いの有無、かがり方などに多くの差異が認められるが、「御壺塩師/堺湊伊織」の刻印をもつ製品に見られる内面の布は、太い縦糸が密に現われる編布のような布である点が共通している[4]。

（2）器　　形

上記の成形に伴う諸属性とは別に、壺の器形にもなにがしかの差異が認められる。しかし、それらは上の諸属性とは違い、多くはむしろ漸移的に変化しているため、截然と区別しうるものは少ない。なお、口縁部とは蓋受けの段の部分より上を、体部はそれ以下の部分をいうこととする。

① 口　縁　部

I-3類の壺の口縁部は、口縁下部のくびれの強さにおいて差異が認められる。一方、II類の壺の口縁部は、主にその断面形と傾斜の度合いとの2側面において差異が見られる。前者は断面形が三角形をなすものと四角形をなすものとであり、別の見方をすれば口唇の上端に面がないものとあるものとの差異である。後者は口縁部全体が内側に傾斜するものと直立気味のものという差異である。当然のことながら、両者はまったく独立ではなく有機的な連関をもっていると考えられる。

② 体　　部

体部の形態は、とくにII類の壺において変異に富んでいる。すなわち、主に緩いキャリパー形を呈し、体部下端がやや外側に張り出すものと、胴部が膨らんだ樽形のもの、そして胴部がほぼ直線状に立ち上がっているものとに三分される。法量的には第一のものがもっとも規格性に富んでいるように思われる。

（3）胎　　土

「御壺塩師/堺湊伊織」のおよびその前後の刻印をもつ焼塩壺の胎土は、色調や緻密さなどにおいて一様ではないが、このうち金雲母の粒子を含むか否かという差異がもっとも顕著なものである。そして、この金雲母を含むという特徴は、「泉湊伊織」などの刻印をもつ壺に見られるところであり、筆者が一つのメルクマールとして注目したことは既に述べたところである。そこでは、「御壺塩師/堺湊伊織」の刻印をもつものには明瞭に金雲母粒子が含まれるものは存在しない。

（4）刻　　印

刻印の印文は「御壺塩師/堺湊伊織」であるが、その字体はa、b、cの少なくとも3種類に分けられる（第一部第4章：図8-1〜6）。

aとbはともに一画一画が明瞭に見分けられるものであるが、より楷書体に近いものをbとする。このbは、とくに「壺」字の下半の「亜」の部分が白抜きの十字架形（「亞」）になっていること、「堺」字の旁の下半が「分」字のようになっているところがaと異なる特徴であり、このほか「御」字の中央部分の形も特徴的である。東大法文地点［文-7］例、真砂遺跡［文-4］例などに見られる。一方、aは詳細に観察すると、さらに2種類のものが存在することがわかる。その違いがもっとも明瞭なのは「壺」字であり、下半の「亜」の部分の中央の「口」字の上下の幅が狭いものをa1、広いものをa2とする。この二つの違いが印体の違いに由来するものであることは当然であるが、両者が東大病院地点［文-8］F34-11遺構において複数ずつ共伴していることから、少なくとも同時に二つの印体が壺屋によって使用されていたと推定した。

最後のcは、字体としてはa1にきわめて類似するが、全体に崩れた感じで、一見すると刻印部分が風化したかのような印象を受ける。しかし刻印が鮮明に押捺された例も見られ、元来がこういう字体の印体によって捺されたものであることを知ることができる。字体の特徴としては「御」字の旁（卩）が、中央の部分とほとんど接しておらず、全体がちょうど「柳」字のように見えること、「堺」字の「田」字の中央の縦画が薄く、「日」字のように見えることなどの特徴がある。

なお、中には文字がほとんど読み取れず、枠のみに見える一群がある。印体の劣化や刻印そのものから印体を起す踏み返しのような操作を経たためと思われるが、かろうじて読める字体はcであるが、字体等がまったく確認できないほど不鮮明なものもあるため、これをdとしておく。したがって、これも別に数えると刻印は4種類5細別になる。

第3節　段階設定と実年代比定の試み

(1)　段階設定の方法

ここで、上で見た諸属性のうち、成形技法上の属性に注目し、その先後関係の組合わせによって、「御壺塩師/堺湊伊織」の印文の刻印をもつ壺の段階設定を試みることとする。もちろん同じ印文をもつということは、必ずしも同一の壺塩屋の系統に属する製品であるということを意味しているわけではないが、これに関する検討は刻印の部分で改めて行う。

本題に入る前に、ここで行う段階設定の方法について整理しておく。これは、複数の独立した属性の組合わせと先後関係のずれとを用いるという方法である。すなわち、甲と乙という相互に直接の影響関係のない属性を考えたとき、甲にa、b、乙にア、イという要素がそれぞれ認められ、その対応関係として〈a＋ア〉と〈b＋イ〉が存在し、前者が後者に先行するものであることが知られているとする。この場合、この両者のほかに〈a＋イ〉ないし〈b＋ア〉のどちらかが存在したとすると、それがこの両者の間に入って、三つの段階が設定されると見る。そしてさらに重要なことは、こうした関係の見出しうる一組の遺物群は、全体が一つの組列をなすこと、つまりこれらが一連のものであることを強く示唆することになるのである。

(2)　段　階　設　定

さて上で述べたように、これまでは成形技法上の特徴と刻印との組合わせによって段階設定を試みてきたわけであるが、今回は検討の対象が「御壺塩師/堺湊伊織」という一つの刻印をもつ製品についてであり、また冒頭でも述べたように壺屋と壺塩屋をいったん別個のものとして考えることからも、初めに壺の成形技法上の属性に限って段階設定を試みることとする。

まず①のⅠ類（Ⅰ-3類）とⅡ類（Ⅱ-2類）の別については、いうまでもなくⅠ類がⅡ類に先行するものであることは明らかである。なぜなら藤左衛門系の壺塩屋の製品における刻印の変遷を考えると、「御壺塩師/堺湊伊織」以前の刻印をもつものはいずれもⅠ類の壺であるからである。また、このことは遺構における出土状況や共伴する陶磁器などの年代とも矛盾を来たしていない。そこで、まずⅠ類の壺が使われた段階を最初に置く。この段階の製品については類例が少ないこともあり、成形技法上の差異をこれ以上見出すことは困難なようである。

次に、これに後続するⅡ類についてであるが、始めに②の底部粘土紐の有無について見ることに

する。すでに述べたように前稿では、「御壷塩師/堺湊伊織」の刻印より後に位置づけられる「泉湊伊織」の刻印をもつものがその時点では全て粘土紐のない 2 ピースであったことから、粘土紐のある 3 ピースを先に置き、粘土紐のない 2 ピースと思われるものを後に置いた。そこで、3 ピースの壺の作られた段階を先に、2 ピースと思われる壺の作られた段階を後に置く。

すると④の内面の離型材の痕跡が問題となることがわかる。すなわち「泉湊伊織」を含め、2 ピースとされる壺がいずれも内面が布目を有しているのに対し、3 ピースの壺では内面に布目をもつものと平滑なものとがあるのである。そこで、一方から他方へのみ移行するものと考えると、平滑→布目という変化が粘土紐の有無とは独立に想定されるのである。その結果、この両者の組合わせから、〈3 ピース＋平滑〉→〈3 ピース＋布目〉→〈2 ピース＋布目〉という段階設定を行うことが可能になる。さらに 3 ピースの壺を対象として③の粘土紐の太さを見ると、〈3 ピース＋平滑〉の段階のものには細紐と太紐との両者があるが、〈3 ピース＋布目〉の段階のものには太紐のみがあることが知られる。〈3 ピース＋平滑〉→〈3 ピース＋布目〉という先後関係から考えれば、細紐が太紐に先行することが推定される。そこで、上の段階設定に粘土紐の太さという要素を加えて段階を設定して同様に表現すると、〈3 ピース＋細紐＋平滑〉→〈3 ピース＋太紐＋平滑〉→〈3 ピース＋太紐＋布目〉となる。

これらをまとめると、成形技法に関する四つの要素の組合わせから表 2 のような 5 段階の時期が設定しうることになる。これらの、成形技法によって設定された段階に対して、それぞれ 1 期から 5 期までの名を付して呼ぶこととする。

(3) 刻印の観察との比較

次にこれらの成形技法という壺屋に由来する属性とは独立した属性である刻印についての観察の結果と上記の各段階との対応関係を見ると表 3 のように示される。

するとまず 1 期、2 期の刻印にはともに先に指摘した刻印の分類で a1、a2 の両者が見られることがわかる。この事実は三つの点できわめて重要である。

第一点は、上の検討において一つの仮定となっていた、3 ピースの壺が 2 ピースとされる壺に先行するものであることを裏づけるとともに、細紐が太紐に先行することをも裏づけていることである。いい換えれば上の段階設定の妥当性を示す材料と評価しうるのである。

第二点は、同時に 2 種類の印体が用いられていたという筆者の先の論考の結果が裏づけられるとともに、これがそれ以前の段階から引き続いていたことをも確認されたことであり、壺への刻印の押捺という作業の一端が明らかに示しえたということである。

表 2　5 段階の時期設定

	①	②	③	④
1 期	Ⅰ類	—	—	—
2 期	Ⅱ類	3 ピース	細	平滑
3 期	Ⅱ類	3 ピース	太	平滑
4 期	Ⅱ類	3 ピース	太	布目
5 期	Ⅱ類	2 ピース	—	布目

表 3　各段階と刻印の対応関係

	①	②	③	④	刻印の細分
1 期	Ⅰ類	—	—	—	a1、a2
2 期	Ⅱ類	3 ピース	細	平滑	a1、a2、c
3 期	Ⅱ類	3 ピース	太	平滑	c
4 期	Ⅱ類	3 ピース	太	布目	c、b
5 期	Ⅱ類	2 ピース	—	布目	c、b

第三点は、今回検討の対象としている壺の成形技法におけるもっとも大きな変化にあっても、刻印の印体は変更されていないという事実が確かめられたことである。後の共伴関係の整理の項で詳論するが、ここからさらに壺塩屋と壺屋の関係の一部が明かにしうるのである。
　次にcは2期から5期までの段階の壺に見られる。したがってa1、a2、cの三者は2期において共存しているように見える。しかし、a1、a2の両者が同時に使われた印体であることがその前段階の1期との関係からも確認されているのに対し、次の3期ではcのみになっているところから、むしろ時間の経過に従ってa1、a2からcへと変遷したものであることがうかがわれる。そこで、同じ2期をその刻印から前後に分けることが可能となる。すなわち、a1、a2の使われた2a期と、cの使われた2b期とである。
　一方、bは4期から出現するが、5期にもcは見られることから両者が並行していたことがわかり、現時点では刻印の細分によって4期を二分することはできない。
　したがって以上から、「御壺塩師/堺湊伊織」の刻印をもつ壺は、成形技法と刻印の両者から見ると、少なくとも6期の段階設定が可能であることになる（図16）。

(4) その他の属性

　ここで、上の段階設定に用いなかった属性、すなわち体部および口縁部の形態や胎土について見ておくことにする。
　まずⅠ類の壺については、口縁部の形態において時期的な変異が現われるようである。すなわち、口縁下部の括れの強いものが古く、括れが弱いものが新しいと考えられるのである。なぜならばⅠ類の壺の、より古く位置づけられる「ミなと/藤左衛門」、「天下一堺ミなと/藤左衛門」、「天下一御壺塩師/堺見なと伊織」の刻印をもつものにおいては、いずれも明瞭な括れないしはこれを施した指頭痕が認められるからである。しかし、この括れの強弱は漸移的な変化であるので、おおよその傾向として指摘するに止めておく。
　次にⅡ類の壺については、上述の段階設定にもとづいて観察すると、口唇部断面形が三角形状のものから、上面に面をもつ四角形状のものへと変化していく傾向が認められ、これに伴うものと考えられるが、口縁部の傾斜も内傾気味のものから直立気味のものへと変化していく傾向が認められる。また体部の形態は緩いキャリパー形を呈し、体部下端がやや外側に張り出すものがもっとも古く、胴部が膨らんだ樽形のものがこれに次ぐと考えられるが、胴部がほぼ直線状に立ち上がっているものの位置づけについては、その刻印のタイプがbに分類されるものであるところから、保留しておきたい。いずれにせよ、これらの変化も漸移的であることをつけ加えておく。

(5) 実年代の比定

　次に、壺の出土した遺構に与えられた実年代などをもとに、各々の段階の実年代を比定することを試みる。
　まず、1期の上限は「天下一の号の禁令」の発布であり、これが天和2年（1682）9月であることは史料の上から知られているところである〔史料5, 6〕。この段階の製品が出土した遺構で、別の形でその実年代が推定しうる資料は現在のところ存在しない。ただし、先にも触れたように類例が比較的多く知られるようになってきており、それほど「希有」なものとは見られないことから、

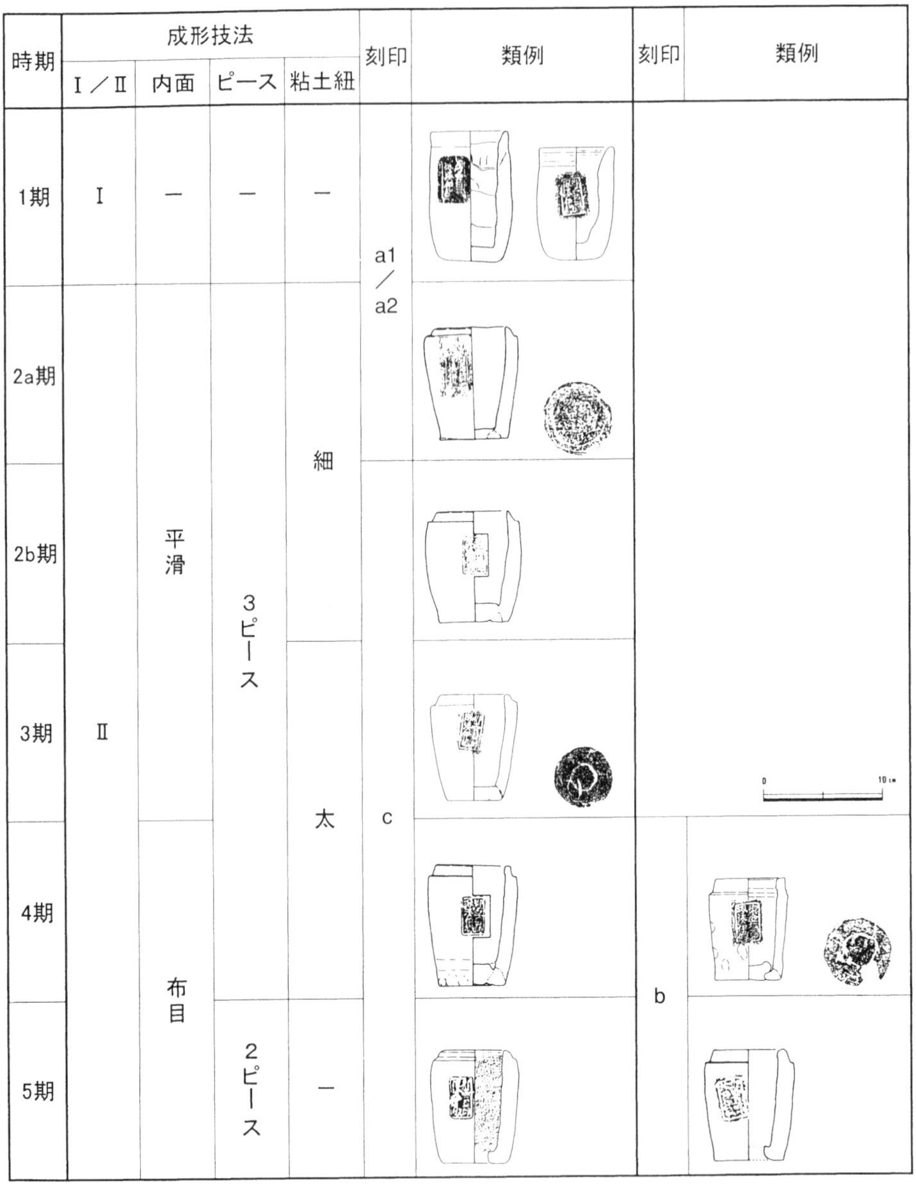

時期	成形技法 I／II	内面	ピース	粘土紐	刻印	類例	刻印	類例
1期	I	―	―	―	a1／a2			
2a期	II	平滑	3ピース	細				
2b期	II	平滑	3ピース	細	c			
3期	II	平滑	3ピース	太	c			
4期	II	布目	3ピース	太	c		b	
5期	II	布目	2ピース	―			b	

図16 「御壺塩師/堺湊伊織」の刻印をもつ焼塩壺の段階設定

必ずしもその下限を天和2年からそれほど下らないと考える必要はないと思われる。

 2期のうち2a期では、とくに東大病院地点［文-8］F34-11の出土例が重要である。この遺構は比較的大規模な遺構であるが、遺物が大量に一括廃棄されているにも関わらず、共伴する陶磁器の年代が比較的限定され、1680年代後半〜1690年代初め頃に位置づけられる。したがって、その期間は5、6年ほどと考えられよう。

 2b期の製品としては、江戸遺跡ではないが後述するように元禄期の紀年銘をもつ陶磁器（図17-18）が伴う名古屋城三の丸遺跡（Ⅲ）SK78出土例が重要である（愛知県埋蔵文化財センター1992a）。

 3期の製品としては新宿区細工町遺跡［新-16］206号遺構出土例があるが、この遺構に共伴する

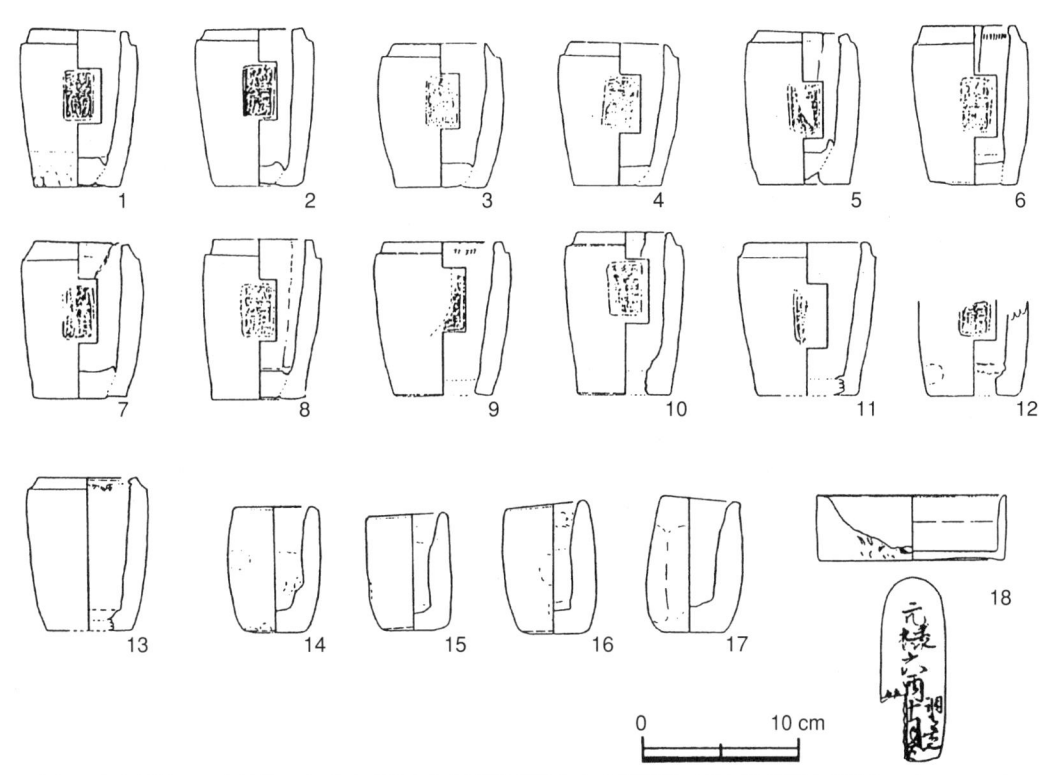

図17 名古屋城三の丸遺跡における「御壺塩師/堺湊伊織」と共伴資料（愛知県埋蔵文化財センター 1992a）

陶磁器はより古く、元禄以前に位置づけられるものであるという。

　4期の製品では、東大御殿下地点［文-9］537号遺構出土例が重要である。この遺構は、遺物の多くが二次被熱を受けていることや共伴する陶磁器の年代などから、元禄16年（1703）の火災による一括廃棄資料と考えられている。

　5期の製品は、麻布台一丁目遺跡［港-2］1P、402P出土例があるが、これらの遺構では、宝永火山灰がその最下層に堆積していること、相互の遺構での遺構間接合が見られるところから、ともに宝永4年（1707）年の富士山噴火に伴う、いわゆる宝永火山灰降下の直後に廃絶された遺構と考えられている。

　これらの結果から見て、2a期から5期までの各段階の壺は17世紀末～18世紀初頭の20年ほどの間に目まぐるしく変遷を遂げたものと考えられる。

　もっともこの刻印をもつ壺全体の下限については、今のところ有力な資料に乏しいのが現状であり、その意味では5期の下限も、あるいはこれに後続するものが存在するのかどうかという問題も未解決である。

　これにはいくつかの論点が指摘できる。一つは『船待神社菅公像掛軸裏面願文』〔史料13・図14〕に見られる「御壺塩師/泉湊伊織」の印を捺した壺の存否であり、いま一つは「泉湊伊織」の位置づけである。

　〔史料13〕には元文3年（1738）の紀年があり、仮に「御壺塩師/堺湊伊織」→「御壺塩師/泉湊伊織」の刻印の変更があったとすれば、その下限はここに求められることになる。また両者に関連

することであるが、渡辺誠氏の指摘するところによれば、この"堺"の文字が"泉"に換わるのは、湊村が堺奉行所の支配地から外れることに原因があるとされるが、その年代は上記の年代を上限とするほかは不詳であるという（渡辺1985a）。

一方、「泉湊伊織」の位置づけの問題であるが、これは「御壷塩師/難波浄因」や「泉川麻玉」などの刻印をもつ製品とも絡めて論ずべき問題であるので、第5章に譲り、ここではその系譜関係については、必ずしも「御壷塩師/堺湊伊織」の刻印をもつ製品を生んだ系統の壷塩屋が後に用いた刻印であると見なされるものではないということを指摘するにとどめておく。

第4節　壷塩屋と壷屋の動向

(1)　「御壷塩師/堺湊伊織」の刻印をもつ壷における共伴関係

これまでの議論の結果から、1期から5期までの「御壷塩師/堺湊伊織」の刻印をもつ製品が、一つの系統に属する壷塩屋の一連の製品であることがほぼ確認された。そこで、これ以外の系統の壷塩屋の製品やその動向を探るために、「御壷塩師/堺湊伊織」の刻印をもつ壷と他の刻印をもつ壷との遺構における共伴について見る。

まず初めの1期に属する製品は、少なくともこれまで報告のある限りでは、その共伴関係に関する資料は得られていないようである。

次の2a期に関しては、すでに述べたように東大病院地点［文-8］のF34-11出土例がきわめて重要である。その第一点は2a期に属する製品が33点と多量にかつ単純に出土していることであり、第二点は「泉州麻生」の刻印をもつ壷が18点共伴していることである。この資料については次章で論ずるので詳しいことは省略するが、これらの壷を用いて壷焼塩を販売した壷塩屋の二つの系統の製品が、この時点でそれぞれどのような壷を用いていたのかを知る、一つの定点として位置づけることができる。

2b期の資料は、名古屋城三の丸遺跡（Ⅲ）からの出土が1点存在するほかは実測図と底面の拓本でのみの判断であるが、長崎県長崎市万才町（高嶋秋帆邸跡）遺跡例がこの時期のものと考えられるものである（渡辺1993）。

名古屋城三の丸遺跡例はSK78という遺構からの出土であるが、この遺構はきわめて興味深い資料を提供している（図17）。ここからは2b期のもの（図17-3）と4期（図17-1, 2, 4〜12）に位置づけられる「御壷塩師/堺湊伊織」の刻印をもつ製品のほか、刻印のないもの（図17-13〜17）が共伴している。2b期と4期とが共伴するのであるから、遺構に包含される遺物にある程度の時間幅が想定されるが、先にも述べたように2a〜5の各期は元来きわめて狭い時間幅をもつものであり、したがってこの時間幅というものが遺構の開口期間を直接示すものであるか、あるいは壷の生産から流通の過程、あるいは消費地における保管の段階での混在であるのか、さらには壷屋の工人間での技術の変化が不均一であるためなのかは判然としない。しかし先の検討の結果を鑑みれば、仮に遺構の開口時間に幅が存在したとしても、2、3年から数年と見なされる。このように考えると、共伴する他の遺物もほぼこの時期のものと考えることが可能である[5]。この遺構から出土した刻印のないものには、Ⅰ-3類とⅡ類の成形技法によるものの2種があり、前者は4点、後者は1点見られる。

このうちⅡ類の成形技法によるものはほぼ完形であり、4期の段階に位置づけられるものと同一の技法・器形を呈している。この器形の壺で、刻印のないものは他に存在しないところから、刻印が誤って捺されなかったものと考えられる[6]。一方、Ⅰ-3類の成形技法によるもので刻印をもたないものは複数存在することから、こうした捺し忘れとは考えられない。しかし、これまでⅠ-3類で刻印のないものは「ミなと/藤左衛門」の刻印が捺されるようになる以前のものと考えられており、15世紀末から16世紀初頭に位置づけられている。これらをSK78出土例と比較すると、胎土や呈色は共通しているものの、口縁下部の括れの有無など、法量や器形にはかなり差異がある。むしろ「御壺塩師/堺湊伊織」の刻印をもつⅠ-3類の製品（1期）に類似しており、より矮小化したタイプのように見える。「御壺塩師/堺湊伊織」の2b～4期に位置づけられる壺の出土する遺構に共伴することを考え併せると、1期に後続するタイプのものと考えられそうである。そういう意味でこの資料はきわめて重要であるといえよう。これについては次項で再び論ずることにする。

　3期の資料は類例が少ないこともあり、遺構における確実な共伴の事例は現在のところ存在しない。

　4期の資料は、上で述べた名古屋城三の丸遺跡（Ⅲ）SK78例のほか、東大御殿下地点［文-9］537号遺構例などが存在する。

　5期の資料は、麻布台一丁目遺跡［文-2］の1Pにおいて「泉州麻生」の刻印をもつ製品との共伴が見られるが、刻印が不鮮明であったり小片であったりして、多くを知ることができない。これ以外の良好な共判例は現在のところ存在しない。

　時期区分がきわめて細かな観察によっているので、内面の布目や底部粘土紐の太さなどの観察、記載が不十分な報告が多く、実見しない限りどの資料がどの時期にあたるかを報告書の記載のみで決定するのは困難であるのが現状である。

（2）　壺屋の動向と刻印のあり方

　さて、上述したように名古屋城三の丸遺跡（Ⅲ）SK78からは、2b期と4期の「御壺塩師/堺湊伊織」の刻印をもつ壺とともに、1期のものに後続すると考えられる刻印のないⅠ-3類の成形技法による製品が出土している。同様の資料は京都、大坂や山口県萩城などでも類例がある（山口県埋蔵文化財センター 2002など）。これはつまりⅡ類の成形技法の壺が使われている時期に、並行してⅠ-3類の壺が存在し、Ⅱ類の壺には1期のものやそれ以前からの系譜が追える壺塩屋の刻印が捺されているのに対し、Ⅰ-3類の壺には刻印が見られないということである。この事例をさらに検討すると、先に第1節（2）で指摘した第一の問題点であるⅠ-3類からⅡ類への変化というものが、どのような形でなされたのかが明らかになる。つまり、Ⅱ類の壺に「御壺塩師/堺湊伊織」の刻印が捺されるようになってからも、Ⅰ-3類の壺が存続しているということであるから、Ⅰ-3類の壺を作っていた壺屋がその技術の革新によってⅡ類の壺を作るようになったのではなくて、壺塩屋が壺を供給させていた壺屋を変更したということ、すなわちⅠ-3類の壺を作る壺屋（煩雑になるので、以下Ⅰ-3類の壺屋のように略称する）からⅡ類の壺屋へ乗り換えたということが知られるのである。

　さらに、この結果をもとに同じく第二の問題点とした刻印の印体の動き、つまり印体そのものに対する権限のあり方が併せて明らかになる。先の検討で1期のⅠ-3類の壺に見られる刻印と2a期の

Ⅱ類の壺に見られる刻印とが、共通する2種類の印体によって捺されていたことが明らかになったわけである。これを上の結論と併せて考えれば、新たに藤左衛門系の壺焼塩の壺を作ることとなったⅡ類の壺屋が、以前の壺屋と同じ印体の刻印を用いているのであるから、これは印体が壺屋間を移動したことになる。したがって、少なくともこの藤左衛門系の系統の壺塩屋においては、壺塩屋が刻印の印体を管理していて、これを壺屋に貸与して壺に捺させていたということが強く示唆されるのである。そしてこのことは前田長三郎氏の論考において、壺塩屋の子孫の家に「印形印板の類が保管されてあった……」（前田1934）との記載とも符合する。

　もっとも、それではⅠ類の壺屋が藤左衛門系ではない壺焼塩の容器を作り続けていたとしたら、その壺塩屋は誰であったのか、あるいはⅡ類の壺屋はそれまで何をしていたのか、という疑問が生じる。前者に対しては現在のところ類例が少ないこともあって具体的な形での回答は得られないが、異なった壺塩屋が引き継いだケースと、独自に壺塩の生産を行ったケースとが考えられよう。いずれにせよ、この壺がいつごろまで存続していたのか、といった問題ともあわせ今後の課題の一つである。

　後者についても具体的にこれといった製品をあげることはできないが、少なくともこのⅠ-3類からⅡ類への壺屋変更の以前からⅡ類の壺を採用していた泉州麻生系の壺塩屋に壺を供給していた壺屋であるとは考え難い。なぜなら、同じⅡ類であっても、壺屋変更直後の「御壺塩師/堺湊伊織」の刻印をもつ壺と泉州麻生系の壺塩屋の使用していた壺とでは、離型材の痕跡や底部粘土紐の有無といった成形技法に関わる部分や器形・呈色などの多くの点で差異が認められるからである。この、同じⅡ類という成形技法の中での差異については、次項で改めて論じることにする。

（3）　成形技法の復元から見た壺屋の動向

　上の検討においてⅠ類からⅡ類へというような、壺の成形技法におけるドラスティックな変化が壺屋の変更という形で行われたことが推定されたわけであるが、それでは2期以降の各段階における変化の中にはこうした壺屋の変更があったのか、あるいはそれらは壺屋自身、あるいはその工人によって技法の変更がなされたものであるのか、さらに同じⅡ類の壺で異なった刻印をもつものをどのようにとらえるべきかについて、壺の成形における具体的な手順の復元という視点から考えてみたい。これは先に指摘した第四の問題点である。

　すでに何度か触れたように、筆者は東大病院地点［文-8］の資料の分類と刻印との対応関係を提示する中で、「御壺塩師/堺湊伊織」の刻印をもつものは、すべてⅡ類のうちの①「胎土に雲母を含まないもの」であり、さらにa「底部に粘土塊と粘土紐が入り、二重圏線が認められるもの」に分類されるもの（以下Ⅱ①aと表記する）のみに見られるとした（小川1988・1990・1992）。これは一遺跡の出土資料を対象としていたためであり、同じ刻印でも異なった成形技法上の特徴を有するものが存在することは、すでに見てきたところである。

　両角まり氏はその後、上のⅡ①aを〈器形による分類〉のB-1「口縁部に段状の蓋受けを持ち、安定した底部のもの」、〈積極的な造形痕による分類〉のb「粘土板＋粘土塊（組合わせ）」の-3「ドーナツ状にした粘土紐と粘土塊を充填するもの」に位置づけると同時に、同じくbの-1「粘土塊を内側から外側に向かって充填するもの」で、〈消極的な造形痕による分類〉のハ「口縁部ナデ、胴

部に細かい布目圧痕と縫目痕があるもの」とb-3との両者に「御壷塩師/堺湊伊織」の刻印が見られることを示している（両角 1989）。両角氏は、この後の小林氏との共著の中では分類項目やその表記を若干変更しているが（B-1-b-3→C1-c-ロ、B-1-b-1-ハ→C1-b-ハ）、おおむね同様の体系上に「御壷塩師/堺湊伊織」の刻印をもつ焼塩壺を位置づけている。ここで注意すべきことは、両角氏の分類においては、B-1-b-1-ハないしC1-b-ハに分類される壺に見られる刻印は「御壷塩師/堺湊伊織」のみならず「泉州麻生」も含まれていることである。この壺は筆者がここまでの議論で5期に位置づけたⅡ類の板作り成形で、2ピースで、内面に離型材の痕跡である布目が認められるものである。

さて、上の両者の成形技法に関する議論が主にその分類項目の設定をめぐって行われているのに対し、大塚達朗氏は壺の詳細な観察からその具体的な技法の復元を試み、「土器扱い」という概念の導入を行っている。そして東大法文地点［文-7］E7-5出土の「御壷塩師/堺湊伊織」の焼塩壺については、「……色調は赤褐色で、胎土には白色粒子、雲母が目立つ。……土器の内面に布の圧痕が残っている」とし、この布については「刺し縫いが縦に間隔を開けずに密に施されているのが特徴のようである」としている。さらに成形技法については「……この土器の場合は小さな粘土塊が栓となるように受ける部分がしっかりと作られている（筒端の内側に粘土紐を張りつけている）。粘土の栓は内側から入れられ、布が巻かれた棒状工具によって強く押し込まれ、この栓の受け部に圧着させられている。そのためにこの粘土栓上にはその際の布の跡が残り周囲が捲くり上がっている。そして、さらに、外から底部の粘土の栓を指頭で押しつけて器面に馴染ませようとしているのが見てとれる」と述べている（大塚 1990）。

大塚氏が対象とした資料は、成形技法上は4期に位置づけられるものであるが、刻印がbに分類されるために、ここまでその位置づけを留保してきたものである。しかし、ここで重要なことは具体的な成形の順序が示されていることであり、とくに粘土紐の貼付が、粘土塊の挿入の前に置かれていることである。すなわち、始めに離型材の布を被せた内型のまわりに板状の粘土を巻きつけ粘土筒を作る。次に粘土筒の底部側末端の内側に粘土紐が貼付される。そして粘土塊が挿入されて棒状工具で圧着され、最後に底部外側から粘土塊を指頭で押しつけるという順である。

粘土筒の中に粘土塊を挿入し、これを扼するように粘土紐をめぐらせてから棒状工具でついても同様の結果が得られるであろうが、報告書の巻末に付された写真を見るかぎりでは、離型材の布目痕が粘土紐の内側にも及んでおり、粘土紐を貼付したのちに内型が抜かれ、粘土塊が入れられたであろうことがうかがえる。そして、こうした特徴は同じ4期に属する東大御殿下地点［文-9］537遺構例にも認められるところであり、少なくともこの時期の成形の順序が粘土筒→粘土紐→粘土塊であるといえそうである。さらに成形の際の上下についても、粘土筒→粘土紐までが逆位でなされ、内型から抜いてから正位に戻して粘土塊の挿入・圧着が行われるということも想定される。

それでは、これ以前の時期ではどうであろうか。この点については、3ピースの成形でもっとも古い2a期に位置づけられる旧芝離宮庭園遺跡［港-8］跡を始め、いくつかの遺跡での壺に興味深い事例が存在する。この段階では粘土紐は細紐で、また内面に離型材の痕跡が認められないために、上で見たような形で成形の順序を知ることはできない。しかし、その底面を観察すると何らかの圧痕が認められる。図18に示したのが旧芝離宮庭園の例であるが、1では粘土筒末端の底面部分と粘

土紐の両方にガーゼ状の布目痕が見られるのに対し、中央の粘土塊の底面部分にはこれが見られず、ムシロ状の圧痕が見られるのみである。このことは、この2a期における成形において粘土塊の挿入がやはり最後になされたことを示している。すなわち、逆位の内型に粘土板と粘土紐を巻きつけ[7]、内型を抜いてできた粘土筒を半回転させて(正位で)、ガーゼ状の布の上に置き、しばらく放置する。それから粘土塊を挿入して、棒状の工具で圧着するのである。4期の例と違い、粘土塊の周囲がまったく捲り上がらず、粘土筒の内面に密着しているものも多く、この際の棒状工具は、あるいは再び内型が用いられることもあったとも思われる。いずれにせよ、この粘土塊圧着の操作はガーゼ状の布ではなく、ムシロ状のものの上で行われたと考えられる。

こうした特徴はしかし2a期の壺のすべてに見られるわけではなく、図18-2に示したようにムシロ状の圧痕が粘土筒や粘土紐の部分にまで及んでいるものもある。これは型から抜いてからの放置の時間が短かったことによると思われるが、その時間の長さの差が何に起因するものであるかは判然としない。ただし、後者のような例の方が、前者の例よりも器形的にやや規格性が崩れ、後出的な様相をもつものとなっているようにも思われ、時期差を反映したものである可能性も否定できない。

このように、若干の偏差は認められるものの、3ピースの成形という特徴を共有する時期の最初と最後である2a期と4期とを比較すると、基本的な操作の手順や壺の置かれている向きは同一であり、少なくともこれらの時期を通じて同一の壺屋によって作られた壺が藤左衛門系の壺塩屋に供給されていたことが強く示唆されるのである。

そしてまた逆に、東大病院地点［文-8］C28-1・2、C28-4・5出土の「御壺塩師/難波浄因」「泉州麻生」「泉州麻王」の刻印をもつものに代表されるような、タンブラー形で、橙色の強い胎土をもつ一群の壺(小林謙一氏のいう亜系、両角まり氏のいうCI-d-ホ)、一部の「泉州麻生」や「泉州磨生」の刻印をもつものなどを除くと、この3ピースという成形技法はⅡ類の中で特異な一群をなしていることにも注意しなくてはならない。

第5節 小 結

以上、「御壺塩師/堺湊伊織」という刻印をもつ焼塩壺に対して、その段階設定を始めとするさま

図18 3ピース成形の手順を示す壺の底面 (旧芝離宮庭園出土例：小川1994)

ざまな角度からの検討を試みてきた。そして、その過程で壺塩屋と壺屋とは必ずしも強固に結びついた存在ではなかったということを確認することができた。しかしこのことは、一つの壺屋が複数の壺塩屋に同時に壺を供給したり、あるいは一つの壺塩屋が複数の壺屋に同時に壺を作らせていた、ということを直接意味しているわけではない。やはり大部分の刻印は、特定の壺に見られることが多く、これに例外的な対応を示すものがわずかに存在するという状態であることには変わりがない。今後も刻印や壺の意匠の影響関係、あるいは模倣・盗用といったものも考慮していく必要があろう。

　また、それらの遺跡・遺構におけるあり方を見ると、遺構における集中度が高いだけでなく、遺跡ごとに特定の段階のものが集中する傾向にあることがわかり、当時こうした焼塩壺が使われる状況というものが日常的なものではなく、やはり数年ないしは十数年に一度というようなイベントにおいて集中的に使用・廃棄されたものとも考えられることになる。遺跡における廃棄のあり方や遺物の量的な把握などを含めた議論の深化が必須であろう。

　そして、こうした問題をさらに追究していくために、今回のような形での検討を他の時期や系統の壺塩屋の製品に及ぼしていくとともに、それらの相互の関係を整理し、そのうえで"同じ"と認められる壺や刻印のあり方を見極めなくてはならない。つまり、本章では「御壺塩師/堺湊伊織」という同一の印文の刻印をもつ壺に多様な差異の存在を見出し、その要因を壺屋の違いや時間の経過に伴う成形技法の変化などに求めたわけであるが、こうした操作をかつて「難波系」などと呼んだ藤左衛門系の一部の系統や泉州麻生系、泉州磨生系など他の系統の壺塩屋の製品に対しても行い、正当に比較するための基準となる属性や分類項目を整備していくことが必要であろう。

　一方で、今回のように細かい段階設定を行うと、単純にいってもその各々が5年から10年ほどのスパンで移り変わっていることになり、当時の焼塩壺の生産における技術変化の様相がうかがえるわけであるが、またその変化というものが必ずしも一方から他方へと切り替わるのではなくて、小刻みに回帰しながらなされていることも想定されるし、さらにはかなり細かい差異として認められる変化の積み重ねである場合、個々の壺を製作した工人のレベルでの差異をも想定する必要が生じてこよう。

註
1) 後に述べるように、この2ピースと3ピースの別はきわめて重要な意味をもつが、同時にその認定は困難な場合も多く、この段階では東大御殿下地点537号遺構例と、東大法文地点E7-5例を筆者はともに2ピースと考えていた。一方、次に触れる小林氏は前者を3ピース、後者を2ピースと見なしており、これが各々に異なった位置づけを与える原因ともなっているのである。なお、図16において、筆者の観察の結果や原報告の文や拓本によって3ピースと認定したものについては、原図の断面に一点鎖線で粘土紐の存在やその太さを書き加えている。またこれを拓本その他から推定したものについては二重線の一点鎖線で書き加えてある。
2) 泉州麻生系の壺塩屋の製品がどこまでさかのぼるかは、いまだに結論が得られていないが、大塚氏は東大病院地点の「池」遺構出土のⅡ類の製品をもって、寛永16年（1639）までの遡上の可能性を指摘している（大塚1991a）。一方、筆者は刻印の印文と文献資料の援用から異なった見解を示している（小川1993b）。
3) 真砂遺跡第2地点[文-11]からⅡ類の壺に「大極上壺塩」の捺された例が報告されているが[文-11]、その後の資料の増加によって、これは「大極上上吉改」であると考えられている（第二部第8章参照）。このほ

か「播磨大極上」の刻印も経眼ではⅢ-2類の壺に見られるものであるが、渡辺氏は一時Ⅱ類の壺にも見られるとしたことがある（渡辺1985）。
4) 大塚氏はこれを刺し縫いが密に施された布と考えている（大塚1990）。
5) 報告書によればSK78は一辺6.5～7mのほぼ正方形の平面形をもち、スロープが螺旋状に下っていく特異な形態を示す土坑である。土層は2～5枚の薄い層と1枚の厚い層が交互に堆積しており、長期間にわたる漸移的な堆積が想定されている。なお、この遺構に共伴する陶磁器類の中には「……元禄六酉十月……」の墨書のあるものが含まれている（愛知県埋蔵文化財センター1992a）。元禄6年は西暦1693年にあたる。
6) 逆に東大病院地点［文-8］F34-11遺構例のように、表裏に刻印が見られるものも存在している。
7) 3ピースの製品における粘土板と粘土紐の巻きつけの手順について大塚氏は、「筒端の内側に粘土紐を巻きつける」としており（大塚1990）、筆者も前稿を含め、基本的にはそのように考えている。ただし、資料によっては、異なった手順を示すとも考えられるものが存在するので、以下に略述しておく。

　　東大病院地点F34-11例のような、底面に細紐が入り、内面が平滑な2期の資料の中には、粘土紐の末端が重なる部分が外側に膨らみ、中央の粘土塊の入る部分はほぼ円形を呈するものが多く存在する。粘土筒が先に用意され、その内側に粘土紐が巻き付けられるのであれば、粘土紐の重なる部分は当然内側に膨らみ、中央の粘土塊の入る部分はその箇所でへこむはずである。したがって、このタイプのものも内型の末端に粘土紐が巻き付けられた後、これを包むように粘土板が巻き付けられた可能性がある。また東大法文地点C7-3例や東大御殿下地点537号遺構例のような、底面に太紐が入り、内面に布目の見られる4期の資料では、布目は体部の内面から底部の粘土紐の上にも連続的に及んでいることが観察される場合がある。このことは、離型材としての布に覆われた内型のまわりに粘土板が巻きつけられて粘土筒が作られた後で、その内側に粘土紐が貼付されるのではなく、内型のまわりに粘土紐が先に、ないしは粘土板と同時に巻き付けられた、という解釈も可能である。しかし、両者が内型に同時に巻き付けられたとするには、粘土板と粘土紐の接合位置がずれていることや、粘土紐の末端処理の仕方に無理があり、粘土紐が先に内型の末端に巻かれ、これに粘土板が巻き付けられ、一旦内型が抜かれた後、粘土塊が挿入された可能性を示すものである。

第3章　「泉州麻生」の刻印をもつ焼塩壺

第1節　研究のあゆみ

　すでに研究史の部分で触れたことと一部重複するが、はじめに「泉州麻生」の刻印をもつ焼塩壺に関する研究の歩みを振り返っておきたい。

　江戸時代後期の中盛彬の『拾遺泉州志』には出土遺物としての「泉州麻生」の焼塩壺についての記述が現れている。ここには「泉州麻生」の焼塩壺が「泉湊伊織」の焼塩壺とともに江戸の大名屋敷から出土したことがその図とともに紹介され、刻印と地名、史料、伝聞などにもとづく考察の結果、「泉湊伊織」の刻印をもつ焼塩壺は湊村の壺塩屋の製品であるのに対し、「泉州麻生」の刻印をもつ焼塩壺は麻生郷津田村に出自をもち、現在は貝塚に所在する塩屋源兵衛の系統の壺塩屋の製品であるとの推論がなされている。

　中盛彬の後、昭和初年に本格的な研究が現れるまでの間、2例の「泉州麻生」の焼塩壺の出土が報じられている。中川近礼氏の報文には「普通の焼塩壺にして泉州麻生の四字あり、いわゆる寛永焼塩壺の類なるべし……」とあって、この遺物に関する関心が継続していたことを知ることができる（中川1897）。しかし、島田貞彦氏の報文では「何物の容器としたものであるか推定するは困難であるが、恐らく薬種容器として使用されたものであらう」とし、続けて中川氏の報文を引いて「刻銘の手法から見ると徳川期よりも遡るものではないかと想像せられる」と述べ、この遺物に対する認識が必ずしも継承普遍化していなかったことがうかがわれる（島田1926）。

　次いで焼塩壺についての初の本格的な論考を著した高橋艸葉氏は、「泉州麻生」の焼塩壺については出土の事例が多いとしてはいるが、遺物自身の挿図はもとより拓本等も示していない。わずかに「泉州泉北郡麻生郷村で売り出したものであらう。壺の形は前の（「泉湊伊織」の焼塩壺：引用者註）より恰好が良く、仕上も丁寧に出来てゐる。恐らく堺の伊織の壺焼塩の売れ行きの宜いのを見て、後から夫れを見習ったのだらうと思はれるが、今の所何の手懸りがないので精しいことは判らない」とするのみである（高橋1928）。

　一方、前田長三郎氏の論考はその後に大きな影響を与えるものであった。

　まず「泉州麻生」の刻印として2種類のものを図示していることがあげられる。その理由や器形、成形技法との対応関係などを含め直接の言及はないものの、この時点ですでにこの事実を認識していたことはきわめて重要である。

　また史料上の記載を用いて、「津田は和泉国泉南郡貝塚町の直ぐ北に接続する部落であり、また麻生郷といふ部落も貝塚の近くにあるから多分其辺でも製造して、泉州麻生と極印を押したものだらう……」と述べ、「花塩といふ物は小さな花型にしたる焼塩であるから殊更にこんな壺に入れて焼くもので無からうか……」と、花焼塩との関連を初めて指摘している。

さらに「泉州麻生」に類似した刻印として、「サカイ/泉州磨生/御塩所」の刻印をもつ例についても初めての言及を行っている。始めはこれを「泉州麻生」とともに堺湊製のものであると見なし、この例は「泉州麻生」の焼塩壷の故地を「立証する上に欠く可からざるものである」として、文字の相違については「磨と麻の相違だけで是は何れも名前であらうと思ふ」としているのみであるが、後には中央の第3字を「磨」とし、「泉州麻生」の刻印のものとともにこれを「模倣品」であるとしている。これは前者の刊行後知るところとなった『弓削氏の記録』〔史料31〕によって、奥田利兵衛が伊織の秘法を盗んで作り出したものと見るようになったものと思われる。

前田氏の論考から約40年の後、南川孝司氏は印文の「麻生」について「中世の荘園名でその地域は泉南郡麻生郷村、貝塚町の地域である。江戸時代麻生の刻印を使用して津田村より売り出された」と触れている（南川1976）。

南川氏の後焼塩壷について精力的に論じた渡辺誠氏は、出土資料を集成・分類する中で「泉州麻生」の刻印をもつ焼塩壷について重要な指摘を行っている（渡辺1982・1985a・bなど）。

まず先に述べた〔史料31〕から、その生産が延宝年間に始められ、享保年間まで継続していたこと、その壷塩屋が泉州貝塚塩屋治兵衛であったことを基礎とし、これに花焼塩を製造していた塩屋が途中で壷焼塩の生産も行ったという記載のある『和泉国村々名所旧跡附』〔史料4〕に注目して、その故地は「現在の大阪府貝塚市津田に当たる」としている。ただし、かつての津田村は現在の行政区分で貝塚市内に含まれているためであろうか、「今は貝塚にある」という記載が先に述べた『拾遺泉州志』〔史料22〕や『農事調査書』〔史料8〕に見られるにも関わらず、津田村と貝塚との関係を正しく把握してはいない。しかし、先に前田氏が言及した花焼塩と「泉州麻生」の焼塩壷との関係をより積極的、具体的に論じ、「身は未検出」としながらも「イツミ/花焼塩/ツタ」の刻印をもつ蓋との関連にも言及を行っていることは重要である。

また「泉州麻生」の焼塩壷の器形や成整形技法に関しても多くの言及を行っている。そこでは、「泉州麻生」の刻印をもつ焼塩壷に一般に見られる板作り成形を元来藤左衛門系の壷塩屋によって採用されたものと見なしているが、その根拠は弓削氏の記録に壷印麻生は伊織の技法を盗んだという内容が記されていることによるものであろう。しかし、この史料は壷塩屋における壷焼塩の製法に関するものであって、壷の製法でない。これが同一視されているのは、この時点では壷塩の壷の製造者が壷塩屋とほとんど不可分の存在と見なされていたためと考えられる。さらに整形に関して、その根拠は明示されていないが、仕上げにロクロを使用するものの方が新しいとの指摘を行っている。

渡辺氏の後、大塚達朗氏は板作り成形創出に関する上述の渡辺氏の説に対し、遺構における共伴関係という考古学的な資料操作にもとづき異論を提示した。すなわち藤左衛門系において板作り成形に先行して採用するとされる輪積み成形の製品と、板作り成形による「泉州麻生」の焼塩壷とが共伴している事例の存在することから、板作り成形は「泉州麻生」の焼塩壷を生産した壷塩屋の系統、すなわち泉州麻生系において先に採用されたとの指摘を行ったのである。さらに、これに伴って先の前田氏のところで述べた、2種類の「泉州麻生」の刻印を時期差として認定している（大塚1988・1990）。

一方筆者は、1遺構から多量に出土した「泉州麻生」の焼塩壺の諸属性の分析などから、法量・内面、刻印の微細な差異の観察が時期差に対応する可能性を示し（小川1990・1992）、さらにその後、東大御殿下地点［文-9］出土の「い津ミ　つた/花塩屋」の刻印をもつ焼塩壺と、新たに知られるところとなった史料とをもとに「泉州麻生」の焼塩壺の系譜に関する試論を提示した。これらの議論については、後に再び論じることにする。

このほか田中一廣氏は、京都市内の未報告の資料の紹介を行う過程で「泉州麻生」の刻印をもつ焼塩壺の故地に関して、「広く貝塚寺内も含めた貝塚北東地域が中世以来の『麻生郷』であり、イコール『和泉津田』を指したものと考えてよい」と、前述の渡辺氏と同様の理解を示した（田中1992）。

以上の回顧から「泉州麻生」の焼塩壺に関しては出土量が比較的多いにも関わらず、これまで藤左衛門系の製品に関心が寄せられ、「泉州麻生」の焼塩壺は主体的に論じられることが少なかったこと、そしてその結果、集成や分類がほとんど行われて来ていないことが指摘できる。また、史料の比較的豊富な藤左衛門系に関心が集中した結果、「泉州麻生」の焼塩壺を生産した壺塩屋の系統や出自、生産の上限および下限、製品の変遷、年代に関する議論がほとんど行われていないことも指摘される。

第2節　分　類

すでに見たように、【集成】によれば類例は729例報告されている。これらはさまざまな形での分類が可能であるが、以下では刻印と壺とについて各々分類を行い、それらの相互の対応関係や共伴関係について概観検討することとする。

（1）　刻印の分類

「泉州麻生」の刻印の分類に関しては、前田氏がその差異を認識していたと思われる図版を掲げていることはすでに述べたが、具体的な言及としては菅沼圭介氏が麻布台一丁目遺跡［港-2］の報告で「泉州麻生」の刻印に「小枠」と「大枠」の2種類のものが存在することを指摘したのが最初である（菅沼1986）。その後、大塚氏によってそれぞれ「二重の長方形枠」と「外側長方形・内側二段角の長方形枠」と、枠線の形態による区別がなされ（大塚1988）、また筆者もこれを基礎に前者を3①a、後者を3①bと分類した（小川1990）。本論では大塚氏の表記を基本的に採用し、菅沼氏のいう「小枠」を(1)「長方形二重枠」、「大枠」を(2)「内側二段角枠」と呼ぶことにする。

次に字体の異同を見ると、(1)には明瞭な字体上の異同は認められない。これに対し、(2)内側二段角枠のものに関しては、微細な差異を含め12種の異同が認められることはすでに述べたとおりである（第1部第4章第3節）。

具体的に見ると、まずこれらは「州」字の形でもっとも容易に見分けることができるため、主にそこに注目して分類される。すなわちaは「州」字の第2画、第4画が平行に左に払われ、第4画が第2画の下にまで達している。また「泉」字の上半の「白」の第2画と第3画の下端が第5画より下に突出している。この「泉」字の下半の「水」の第2画、第3画が第1画に接するものをa1、接しないものをa2と細分する。bはbと同様「州」字の第2画、第4画が平行に左に払われている

が、この両画の間隔が広く、その分第4画、第6画の間隔が狭まっている。cも「州」字の第2画、第4画が平行に左に払われているが、第4画が第2画より短い。このb、cにはまた「麻」字の中の「林」の左側の「木」が「才」になっているという共通点がある。dは「州」字の第4画が縦に長く伸びているほか、第6画の右肩が右に突出している。また、この両画は引き伸ばされたS字状を呈する。eは「州」字の第1画、第3画が第2画、第4画と離れて独立した点として表現されている。また「麻」字の第2画と第3画とが離れている。fは「州」字の第1画、第3画、第5画が比較的下方から始まり、とくに第5画が第6画と逆V字状につながる。また「泉」字の下半の「水」の第2画が左に長く伸びている。gは「州」字の形はdに似るが第4画がやや短く、また第6画の右肩も突出しない。さらに「泉」字の第1画が左に払われずに縦に入る。iは全体的にfに似るが、やや小さい。比較的明瞭な相違点は「州」字の第4画がfに比べて長いこと、「麻」字の第11画の払いが短いこと、「生」字の第3画が第1画と接していることである。

　hとjは以上のa～g、およびiとはまったく趣を異にしている。まず全体に大きめであるほか、線が太く、押捺が浅いという字体以外の特徴がある。字体ではやはり「州」字が特徴的で、hは第1画、第3画が第2画、第4画の中ほどに接しており、また第4画が比較的下方から始まっている。さらに、第5画が第6画とは接することなく平行な縦の線として現されている。その結果、この字は「列」の字のように見える。この特徴は後述する「泉州麻王」や「摂州大坂」の刻印の「州」字にも共通に見られるところである。jは3組の点と払いがそれぞれつながって、あたかも「川」字のように並んでいる。また、枠線が他の10例とは大きく異なり大きいため、字と枠線との間に広い空隙が生じているほか、内側の枠線の角の部分が二段角というよりも内向きの円弧をなしているという特徴がある。

　以上の分類は明瞭に他と区別しうる特徴であり、これをさらに詳細に見れば、上の各々がさらに細別される可能性があるが、これは同じ字体の印体が複数存在したことを示すものと考えられる。大塚氏は東大法文地点［文-7］の資料についてこうした微細な観察を行い、一つの遺構から出土した7点の「泉州麻生」の焼塩壺の中に、「泉」の「白」の中の横線がないという特徴を共有する2点が含まれることに着目し、「同じ刻印が押されているようである」とし、「これを同一個人の製作物の製作時の同時性という観点で評価することが許されるならば、……」と述べて、製作者の同一性と同時性を保証する可能性を想定している（大塚1990）。

　なお、iはfに似るため、かつての論考では同一のものと扱われ、結果的に年代等の位置づけが混乱したため保留されていたものである（小川1994b）。またjは、現在のところ尾張藩上屋敷跡遺跡［新-113］第31地点、48-3W-4遺構から1点のみ報告が確認されている稀有な資料である。このほか、最近の報告であるため【集成】には含まれない染井遺跡XI［豊-35］から、その可能性のある資料が1点報告されている（小川2007）。

(2) 壺の分類

　次に壺そのものについて分類を試みることにする。刻印と同様、いくつもの観察の視点が設定できるが、ここでは胎土と器形、成整形技法の特徴から分類を行う。

　まず胎土については、報告書では胎土に言及していないものが多く、確認することのできなかっ

たものも多いが、以下の4種類が存在することを実見して確認している。

　ⅰ類―淡橙色を呈し、雲母粒子を含まない。粒子は比較的粗く多孔質である。
　ⅱ類―赤褐色を呈し、雲母粒子を含まない。粒子は比較的細かく緻密である。
　ⅲ類―赤褐色を呈し、雲母粒子を含む。粒子は比較的細かく粉質である。
　ⅳ類―橙褐色を呈し、マーブル状に白色粘土が混じる。砂粒を多く含むが雲母粒子は含まない。
　　　　粒子は比較的粗く多孔質である。

　このうちⅱ類は現時点では6点のみ確認されている。刻印はいずれも(2)gの印体によるものが捺されており、この刻印は他の類には見られない。器形も他の類には見られない特異なものである。

　ⅲ類も類例が少なく、11例の(2)hおよび1例の(2)jの印体による刻印が捺されているが、この刻印も他の類には見られない。器形も他の類には見られない特異なものである。

　ⅳ類はさらに希少で、3例のみの確認である。(2)ｉの印体による刻印が捺されており、他の類には見られない。

　ⅰ類は「泉州麻生」の刻印をもつものの大部分を占めるもので類例が多く、刻印は(1)長方形二重枠と(2)内側二段角枠のa1・a2～fの8種があり、これらの刻印も他の類には見られず、共通する器形も他の類には見られない。

　成形技法から見ると、「泉州麻生」の焼塩壺はいずれもⅡ類の板作り成形によるもので、その例外はない。Ⅱ類については、本論の焼塩壺全体の分類の部分（第1部第3章第2節）で述べたように、底部の閉塞方法にもとづき細分が行われている。

　これらとは別に体部の形態・内面の特徴からも分類が可能である。また、量的にきわめて多いものについては、口縁部の形態からさらに区分しうる。そこで「泉州麻生」の焼塩壺をこうした視点から分類すると、以下のようになる（図19）。

　1類　体部が直線的に立ち上がる。内面は縫い目のみ。
　2類　体部が直線的に立ち上がる。内面は下方の一部に平滑な部分をもち、その上は編布状の
　　　　布目を有する。
　3類　体部がやや膨らむ。内面は縫い目のみ。
　4類　体部がやや膨らむ。内面は粗い布目。
　　イ―蓋受けの上端が突出し、断面が三角形を呈する。
　　ロ―蓋受けがやや内傾し、断面が台形を呈する。
　　ハ―蓋受けが直立し、断面が長方形を呈する。
　　ニ―蓋受けがやや外反し、断面が逆台形を呈する。
　　ホ―蓋受けが矮小で、痕跡的。
　5類　体部下端が弧を描くように底面に移行する。体部と蓋受けの基部とが強い段を有する。
　　　　4条の微隆起線が体部上端にめぐらされる。
　6類　体部下端がやや開く。体部と蓋受けの基部とが強い段を有する。

　なお内面の布のもつ特徴（刺子、捻れの強弱）について、筆者はかつて時期的な差異を示すものとして区分して扱ったが、報告書からでは把握できないものが多く、ここでは議論の可能なものに

104 第二部 各　　論

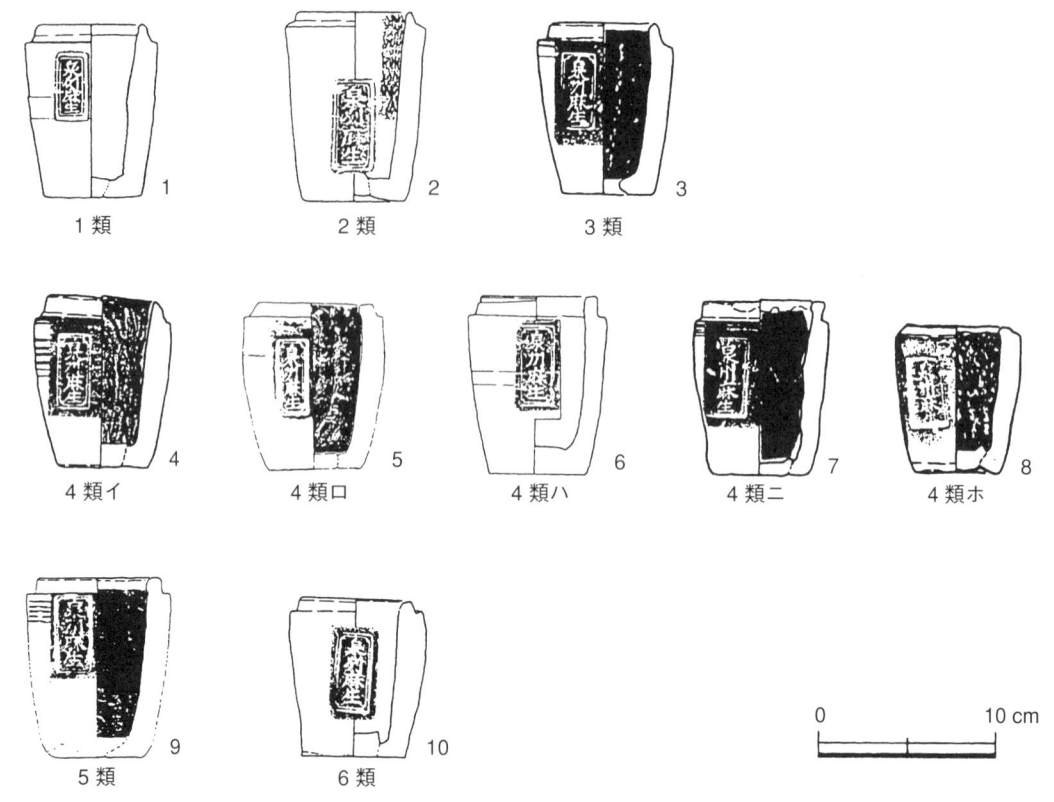

図19 「泉州麻生」の刻印をもつ焼塩壺の器形分類

絞っている。また、渡辺が新旧のメルクマールとなりうることを指摘した仕上げに施されるロクロ目についても、各報告において表現等が一定していないので、今回の分類には採用していない。

(3) 各分類項目間の対応関係

　ここまでの分類・検討から「泉州麻生」の焼塩壺を胎土、器形、成形技法、刻印細分といった各分類項目間の対応関係について整理すると、表4のような結果が得られる。

　これによって、まず「泉州麻生」の刻印をもつ焼塩壺にあっては、胎土と器形・成形技法との間には強い相関関係を有する一群が存在することが指摘できる。すなわちii類の胎土は5類の器形を有するものにのみ見られ、iii類の胎土は2類の器形を有するものにのみ見られ、iv類の胎土は6類の器形を有するものにのみ見られ、いずれも逆もまた真である。

　次に刻印との対応関係を見ると、やはりこの対応関係と連動していることが確認される。すなわち、ii類の胎土で5類の器形を有するものは(2)gと、iv類の胎土で6類の器形を有するものは(2)iと、一対一に対応している。またiii類の胎土で2類の器形を有するものは(2)hおよび(2)jと対応している。

　このことから、これらの分類項目間における対応関係の中で強い相関関係によって括られる三つのグループが抽出されたわけであり、今仮にこれらをその胎土でii類群〜iv類群と呼ぶことにする。

　一方、残りのi類の胎土をもつものには器形・成形技法の分類では1、3、4の各類に分類されるものが含まれており、刻印も(1)と(2)a1・a2〜fの8種があり、i類の胎土をもつものも異なった姿

表4 「泉州麻生」の各分類項目間の対応関係

胎土	器　　形		成形技法	刻　印	共通する胎土の製品
ⅰ類	1類		Ⅱ類-2b	(1)	「い津ミ つた/花塩屋」 鉢形③ 「イツミ/花焼塩/ツタ」(壺)
	3類		Ⅱ類-2b	(1)、(2)a1、(2)a2	
	4類 イ〜ホ		Ⅱ類-2b	(2)a1、(2)a2、(2)b、 (2)c、(2)d、(2)e、(2)f	
ⅱ類	5類		Ⅱ類-2a	(2)g	「泉州磨生」(a)
ⅲ類	2類		Ⅱ類-1a Ⅱ類-1b	(2)h、(2)j	「御壺塩師/難波浄因」 「難波浄因」「摂州大坂」 「泉湊伊織」「泉州麻王」 「泉州磨生」(b)など
ⅳ類	6類		Ⅱ類-2a Ⅱ類-2b	(2)i	(「御壺塩師/堺湊伊織」)

ではあるが、全体として上のⅱ類、ⅲ類とは異なった一群をなすものということが強く示唆される。そこで、今これをⅰ類群と呼ぶことにする。このⅰ類群の中での、より下位の分類項目間での対応関係などについては後に検討を行うこととし、次に、こうした壺に見られる諸属性が強い対応関係を示すことの意味について整理検討を試みることとする。

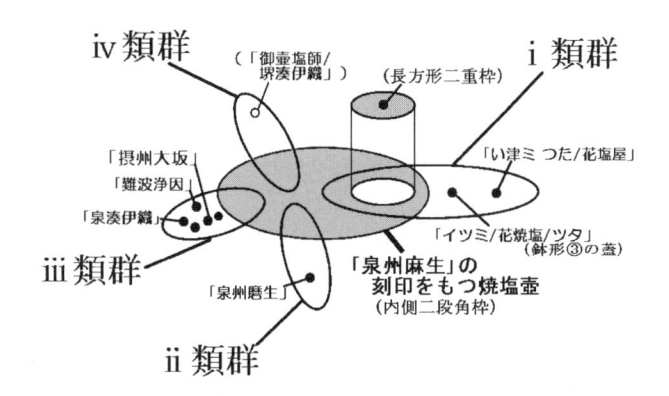

図20　「泉州麻生」の刻印をもつ焼塩壺の胎土によるグルーピングと他の刻印の関係

第3節　壺の分類と壺屋の系統

これらの対応関係から得られた群と、その他の刻印との関係を整理すると、以下のようになろう（図20）。

ⅱ類群とした「泉州麻生」の焼塩壺と同じ壺、つまりⅱ類の胎土と5類の器形・技法をもつものには「泉州磨生」（a）の刻印をもつ例がある。これには比較的豊富な類例が存在し、ⅱ類群の壺は泉州磨生の系統の壺塩屋に壺を供給した壺屋によって製造されたものであると考えられる。

ⅲ類群とした「泉州麻生」の焼塩壺と同じ壺、つまりⅲ類の胎土と2類の器形・技法をもつものには「泉州麻王」、「泉川麻玉」、「御壺塩師/難波浄因」、「難波浄因」、「摂州大坂」、「泉湊伊織」、「泉州磨生」（b）など多種の刻印をもつ例がある。これらの各々が異なった壺塩屋の商品として販売されたものであるのか否かは現時点では明らかにしえないが、この中に「御壺塩師/難波浄因」、「難波浄因」、「泉湊伊織」の刻印をもつものが含まれていることから、ⅲ類群の壺は少なくとも、藤左衛門系の壺塩屋に壺を供給した壺屋によって製造されたものであると考えられる。

ⅳ類群としたものにはⅱ類、ⅲ類に見られたような胎土・呈色が同じで、かつ器形・成形技法も共通する資料は確認されていないが、「御壺塩師/堺湊伊織」の刻印をもつものの中に胎土や器形が共通ないし類似する製品が存在する。

ⅰ類群とした「泉州麻生」の焼塩壺と同じ壺、つまりⅰ類の胎土と1、3、4類の器形・技法をもつものには他の刻印を見ることはできない。したがって、これらの壺を製造した壺屋はもっぱら「泉州麻生」の焼塩壺を製造していた泉州麻生系の壺屋と考えることができる。もちろんこれが単一の壺屋の製品であるか、あるいは複数の壺屋によるものであるのかについては、いまだ検討を行う必要がある。またこれらの器形・技法の分類と細分された刻印の各項目との関係は一対一にはとらえることはできないということは、すでに見たとおりである。一方、同じⅰ類の胎土をもつ製品として「い津ミ　つた/花塩屋」の刻印をもつ身、「イツミ/花焼塩/ツタ」の刻印をもつ蓋およびその身とされる鉢形焼塩壺③がある。これらの製品が「泉州麻生」の焼塩壺の出自を考えるうえで重要な位置を占めるものであることは、前田氏、渡辺氏および筆者によって論ぜられてきたところである。そこで、以下では「泉州麻生」の焼塩壺の出土例の大半を占めるこれらⅰ類群およびこれと同一の胎土をもつ製品とを対象に検討を加えることとする。

第4節　刻印と壺の分類の対応関係と段階設定

この泉州麻生系の「泉州麻生」の焼塩壺については、かつて内面の離型材の痕跡と器形および刻印から分類を試みた。その結果は一部上述した「泉州麻生」の刻印をもつもの全体の分類の中に取り入れられているが、段階設定の手順を示すためにここで改めて振り返っておく。

まず壺の分類の基準となる内面の離型材の痕跡は、縫い目のみのもの〈縫い目〉と粗い布目が見られるもの〈布目〉との2種類が区別された。詳しく観察すると布目のものにも縫い目が見られ、〈縫い目〉と〈布目〉はともに、平らな素材を袋状に縫い合わせて離型材として内型にかぶせた結果と考えられ、両者の違いは前者がスウェードのような皮革の類、後者がガーゼのような粗い布、

という素材の差異と考えられた。また壺の器形では体部が直線的に立ち上がるもの〈直〉と、体部がやや膨らむもの〈膨〉との2種類が認められた。内面の離型材の痕跡と器形という、壺の成形に関わるこの相互に独立した属性の組合わせは本来2×2＝4通り考えられるが、実際の壺の形で存在する組合わせは〈縫い目〉＋〈直〉、〈縫い目〉＋〈膨〉、〈布目〉＋〈膨〉の3種のみである（これらは上述の分類での1類、3類、4類に対応する）。

一方、すでに述べたように刻印は当初その枠線の形状から〈長方形二重枠〉と〈内側二段角枠〉の別のみが区別されていた。壺の分類とこの刻印の分類は独立した属性であるから、その組合わせは本来3×2＝6通り考えられるが、実際には1類＋〈長方形二重枠〉、3類＋〈長方形二重枠〉、3類＋〈内側二段角枠〉、4類＋〈内側二段角枠〉の4種のみである。

東大病院地点［文-8］、東大御殿下地点［文-9］における共伴例などを参照すると、まず〈長方形二重枠〉の刻印の捺された1類の壺が、藤左衛門系の「天下一御壺塩師/堺見なと伊織」の刻印をもつものと共伴する例が、東大御殿下地点の391号遺構より検出されている。一方、東大病院地点のF34-11からは〈内側二段角枠〉の刻印をもつ4類に分類される壺が15点検出されているが、この遺構には同じく藤左衛門系の「御壺塩師/堺湊伊織」の刻印をもつ壺が共伴している。この両者を比較すれば、刻印は〈長方形二重枠〉が古く、〈内側二段角枠〉がより新しく位置づけられることになり、器形では1類が古く、4類がより新しく位置づけられること、つまり内面の離型材の痕跡は〈縫い目〉→〈布目〉、器形は〈直〉→〈膨〉の順に変遷することが確認された。このことはまた、これらの製品が一連のものであることをも保証するものであった。なぜなら、同文異系刻印の存在を考慮に入れると、大きく異なる長方形二重枠と内側二段角枠の刻印をもつ製品とが、同一系統の壺屋の製品であるかの検証も必要であることになるからである。つまり、胎土の共通性が壺屋の相違を保証しているわけではなく、壺の他の特徴や刻印との対応関係のうえで系統性を推定するからである。

これにもとづき、刻印の細分との対応関係を見ることにする。

藤左衛門系の製品との共伴関係を参照すると、泉州麻生系の壺塩屋の製品で「泉州麻生」の焼塩壺に先行するコップ型の焼塩壺は、現在知られている限りでは「い津ミ　つた/花塩屋」の刻印をもつものである。そしてこれが所在地の移転に伴い「泉州麻生」の刻印をもつようになり、以後壺焼塩を製造しなくなるまで、この刻印が使われ続けたと考えられる。したがって、泉州麻生系の壺屋が「い津ミ　つた/花塩屋」を生産していた段階を「泉州麻生」の焼塩壺に先行する時期として0期とする。

次いで、「泉州麻生」の焼塩壺の中で最古に位置づけられる、(1)長方形二重枠の刻印をもつものの生産された時期を1期とする。1期の後に(2)の刻印をもつ壺が位置づけられるが、これには3類と4類の壺とがあり、1類と3類の技法上の共通点から3類を古く、4類を新しく位置づけたことはすでに述べた。ところが、3類には1点のみであるが(1)の刻印をもつものが東大病院地点のF31-1から出土している。したがって、同じ(1)の中にも1類と3類の壺があり、当然前者が後者に先行する。したがって1期は、その壺の器形から1類の壺の生産された1a期と3類の壺の生産された1b期とに区分されることになる。

次いで 3 類の壺で(2)の刻印の捺された時期が来るが、その刻印はいずれも(2)a1に分類されるもので、(2)a2に比べ(2)a1の方がその出現は先行するようである。しかし、壺の分類との対応や遺構における共伴関係から見て、(2)a1、a2の用いられる時期は安定してとらえられるので、これを 2 期とし、3 類の壺に(2)a1の捺される時期を2a期、4 類イの壺に(2)a1、a2の捺される時期を2b期、4 類ロの壺に(2)a1、a2の捺される時期を2c期、4 類ハの壺に(2)a1、a2の捺される時期を2d期とする。

その次に(2)b、cの刻印が用いられるようになるので、これを 3 期とする。この時期の壺はいずれも 4 類ハである。巣鴨遺跡Ⅰ［豊-6］ 1 号遺構の 1 例のみのではあるが、数量的に安定した共伴関係から見る限りでは、少なくともこの時期には 4 類ハの壺に(2)fの刻印が用いられていることが知られる。

その次には(2)d、eの刻印が用いられるようになる。しかし、両者が共伴する例は東大病院地点［文-8］Y35-4の 1 例のみであり、一方(2)dのみが単純に複数出土する例が 3 例ある。したがって、Y35-4例が混入もしくは比較的長期にわたって開口していたことを示すとも思われるが、この両者は時期的に重なりあいながらも、(2)dが(2)eに先行して用いられるようになるとも考えられる。ここで壺の器形を見ると、4 類ハ、ニには両者の刻印が見られるが、4 類ホには(2)eのみが見られる。そこで、4 類ハ、ニに(2)dの刻印が用いられる時期を 4 期、4 類ハ、ニおよび 4 類ホに(2)e、fの刻印が用いられる時期を 5 期とする。

4 類ハ、ニに(2)e、fの刻印が用いられる時期が 4 類ホに(2)eの刻印が用いられる時期が先行すると考えられることから、暫定的ではあるが前者を5a期、後者を5b期とする。したがって、刻印の変遷は(1)→(2)a1、a2→(2)b、c→(2)d→(2)e、f→(2)eとなり、これに応じて壺もおおむね 1 類→ 3 類→ 4

表5　泉州麻生系「泉州麻生」の段階設定

時期	資料例(遺跡・遺構)		刻印の分類		器形分類
0期	東大御殿下地点・617号	［文-9］	「い津ミ つた/花塩屋」		―
1a期	東大御殿下地点・391号	［文-9］	(1)長方形二重枠		1類
1b期	東大病院地点・F31-1	［文-8］			3類
2a期	東大病院地点・F36-2	［文-8］	(2)内側二段角枠	a1、a2	
2b期	東大病院地点・K29-1	［文-8］			4類イ
2c期	東大病院地点・F34-11	［文-8］			4類ロ
2d期	平河町・3号	［千-2］			
3期	細工町・255号	［新-16］		b、c	4類ハ、ニ
4期	麻布台・1P	［港-2］		d	
5a期	東大病院地点・Z35-5	［文-8］		e、f	
5b期	東大病院地点・F33-3	［文-8］		e	4類ホ

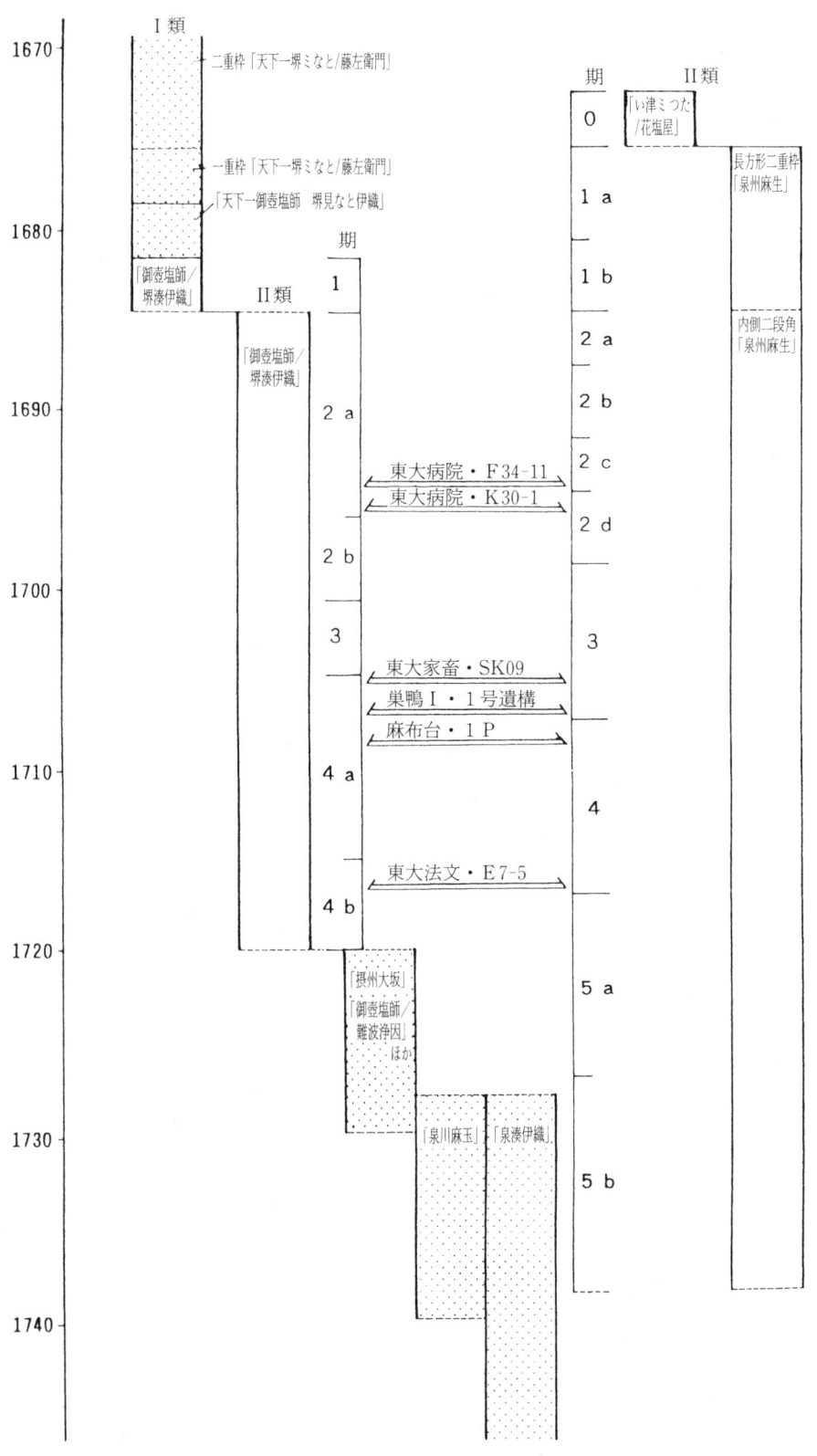

第3章 「泉州麻生」の刻印をもつ焼塩壺　109

図21　泉州麻生系「泉州麻生」と「御壺塩師/堺湊伊織」の段階設定の対比

110 第二部 各　　論

類イ→4類ロ→4類ハ→4類ニ→4類ホと変遷することが考えられる（表5）。

　なお、これらの「泉州麻生」の焼塩壺の最終的な下限については、渡辺氏は〔史料31〕から享保年間（1716〜1736）を考えるが、大塚氏は1739年初鋳とされる寛永通宝輪十後打との共伴の見られる例（東大法文地点［文-7］C7-3）の存在から、さらに下ること推定している（大塚1990）。また、小林氏らも1747年の被災廃絶とされる麻布台一丁目遺跡［港-2］の112P遺構例（上記の区分で3期に相当）の存在などから、その下限を18世紀中葉付近に位置づけているが（小林・両角1992）、いまだに明確にはなっていない。類例の増加を待って、より具体的にしていく必要がある。

第5節　他系統との共伴関係から見た時期設定

　ここで遺構の推定実年代や一括資料中における共伴例にもとづいて、「泉州麻生」と「御壺塩師/堺湊伊織」とにおける時期設定の相互の関係の提示を試みたのが図21である。この時点では「御壺塩師/堺湊伊織」と「泉州麻生」の東大病院地点F34-11例より古い段階での共伴事例は知られていない。このため、とくに「泉州麻生」1a〜2c期にかけての年代観や「御壺塩師/堺湊伊織」との相互関係は変更の余地がある。ただし、先に述べた(1)類の刻印をもつ1a期の「泉州麻生」にあっては、「天下一御壺塩師/堺見なと伊織」と共伴することが確かめられている。そのうちの1例である東京大学理学部附属植物園内の遺跡（原町遺跡）研究温室地点［文-30］（以下、東大温室地点と略称する）では、「天下一御壺塩師/堺見なと伊織」の刻印の「天下一」の部分が削り取られた資料と1a期の「泉州麻生」とが共伴を示しており（図22：成瀬・堀内・両角1994）、この共伴例が天和2年（1682）の天下一の禁令の直後の様相を示すものとして注目される。

　2c期の「泉州麻生」と2a期の「御壺塩師/堺湊伊織」の共伴する東大病院地点F34-11例は、両者ともに20点近くが出土している良好な例である。同じく東大病院K30-1例においては、「御壺塩師/堺湊伊織」は上記の東大病院・F34-11例とほとんど同一の形態の壺に見られるが、「泉州麻生」の壺の器形が異なり、2d期に位置づけられる。

　東京大学本郷構内の遺跡農学部家畜病院地点［文-30］（以下、東大家畜地点と略称する）SK09

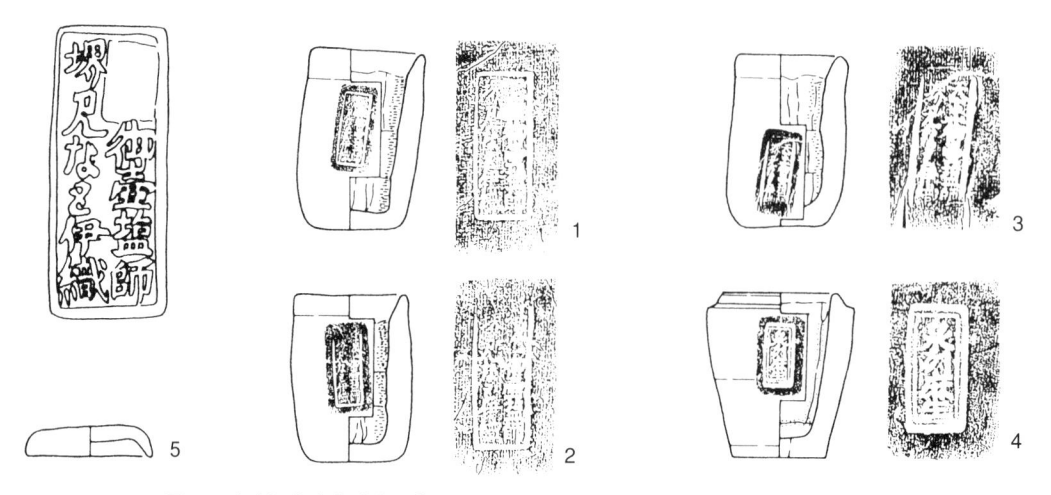

図22　東大温室地点［文-30］SK27出土の焼塩壺とその刻印（成瀬ほか1994）

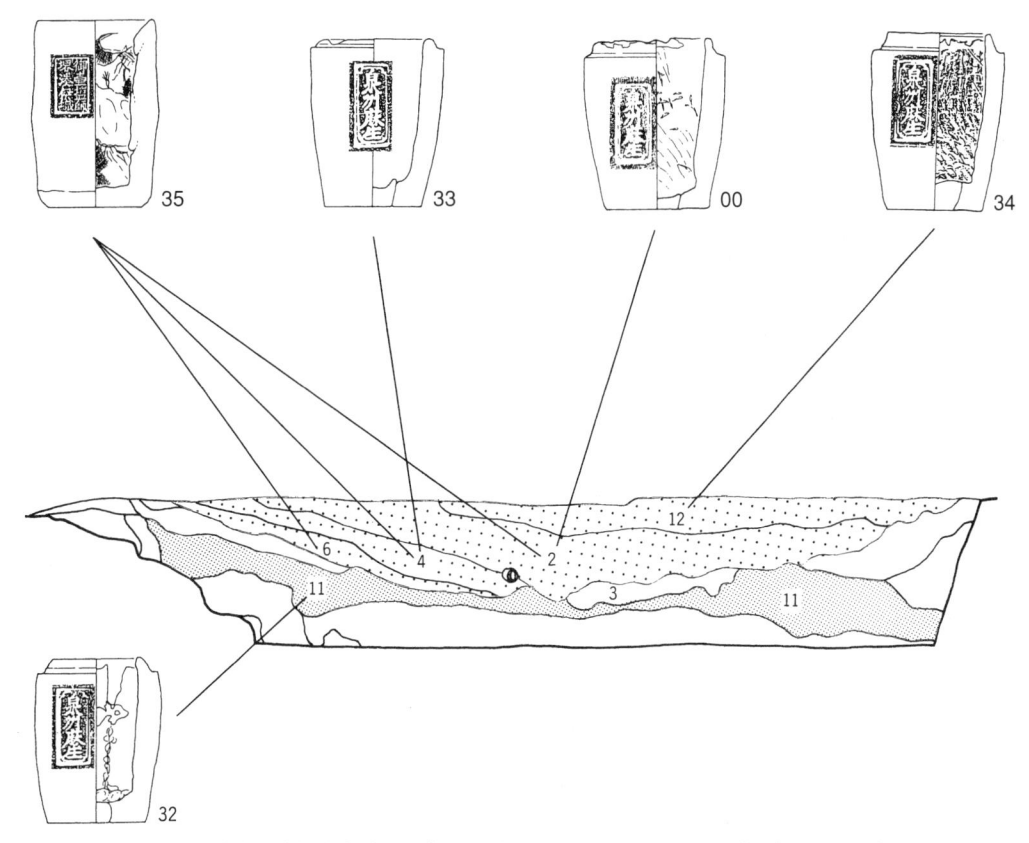

第3章 「泉州麻生」の刻印をもつ焼塩壺　111

図23　東博平成館地点［台-19］1号地下室出土焼塩壺とその層位（小川 2004a）

例と巣鴨遺跡Ⅰ［豊- 6］1号遺構例は、「御壺塩師/堺湊伊織」の4a期、「泉州麻生」の3期に位置づけられるが、「御壺塩師/堺湊伊織」の刻印をもつものに限ってみると、東大家畜地点SK09例では底部を閉塞する粘土塊が体部と密着しており、先行する段階の内面が平滑な例のそれに近い形態を示している。これに対し巣鴨遺跡Ⅰ1号遺構例ではこれが密着しておらず、粘土塊の周りに細い亀裂がめぐっている。この底部内面の特徴は以後も継承されているので、東大家畜地点SK09例の方が相対的に古く位置づけられよう。

　また、麻布台一丁目遺跡［港- 2］1P例は陶磁器の様相などから上記の両者とほぼ同時期と見なされるが、「泉州麻生」は 4 期であり、やや新しく位置づけられることになる。一方、この麻布台一丁目遺跡1P例と東大法文地点［文- 7］E7-5例とを比較すると、「泉州麻生」はともに4期であるが、「御壺塩師/堺湊伊織」は前者が4a期、後者が4b期となり、後者の方が新しく位置づけられることになる。

　一方、平河町遺跡［千- 2］の 3 号土坑における(2)a2の刻印で、4ハの壺と「摂州大坂」の刻印をもつものとの共伴を除けば、いずれも(2)c、d、e、fの刻印で 4 類ニ・4 類ハの壺との共伴を示しており、上の藤左衛門の系統の壺屋の製品との共伴関係の検討で、4期の「御壺塩師/堺湊伊織」および「泉湊伊織」との共伴とほぼ同様の様相を示していることがわかる。

　次に複数の「泉州麻生」の焼塩壺の共伴を見ると、まず京葉線八丁堀遺跡［中- 4］の47号遺構

で(1)と(2)a2が共伴している例、東大法文地点のC7-3で(2)a1と(2)dが共伴している例が存在するが、これらは上記の検討から、混入もしくは比較的長期の遺構の開口の結果と考えられる。

　また、(2)hの刻印で2類に分類される壺はすでに藤左衛門系の壺屋の製品とされており、これが二つの遺構で(2)eの刻印をもち、4類ニに分類される壺と共伴することが確かめられたことは、藤左衛門系の壺屋の製品の位置づけを考えるうえでも重要である。

　ところで、こうした対比を検討していくうえできわめて重要と思われる資料が、東京国立博物館構内における発掘調査［台-19］の結果検出されている[1]。

　まず東博平成館地点１号地下室においては遺物が層位ごとに取り上げられている。記録によると、№17の各破片は1c、1d、1e層より、№16は2層、№13は1d層、№15は1a層、№14は1c層より出土している（図23）。したがって、層位的に見る限りでは「泉州麻生」2a期の№16がやや古く位置づけられ、「御壺塩師／堺湊伊織」1期と「泉州麻生」2c期の焼塩壺の間には、層位的に明確な時期差が見出しえず、両者が共伴していると見なしうる状況にある。もっとも2層と1c、1d、1e層は一部で接しており、混入や再堆積の可能性も否定できないところから若干の危険性を孕みつつも、「泉州麻生」2a期の製品と2c期の製品には層位的にも先後関係が確認されること、「御壺塩師／堺湊伊織」1期の製品は「泉州麻生」2c期の製品に伴う可能性のあることが指摘される。

　こうした共伴関係や先後関係が成立するならば、この遺構出土の焼塩壺は1680年代前半、それも1682年以降のわずかな期間における2様相を示していると考えられる。

　これと東大温室地点の資料によって先の対比（図21）は、若干の改定が可能になる（図24）。

　また、東博法隆寺宝物館地点［台-19］においては、宝永4年（1707）降下の宝永火山灰が確認されており、その層位の切合い関係から1号建物の年代が降下の直後と推定されている。宝永火山灰に関しては、その認定の問題が存在するものの調査時の所見を前提として考えるならば、これはきわめて興味深い事例である。なぜなら先に「御壺塩師／堺湊伊織」と「泉州麻生」との共伴例からの年代観について触れた際、巣鴨遺跡Ⅰ［豊-6］1号遺構と麻布台一丁目遺跡［港-2］1Pとの先後関係については、「泉州麻生」の刻印の分類から巣鴨遺跡Ⅰ1号遺構が麻布台一丁目遺跡1Pより古く位置づけられると述べた。ところが、この2遺構はともに宝永火山灰との関係から年代が推定されているのである。

　すなわち、巣鴨遺跡Ⅰ1号遺構は間接的な推定によってはいるが、宝永火山灰降下以前の廃絶であり（梶原 1996）、一方麻布台一丁目遺跡1Pは覆土の一部に宝永火山灰に由来するスコリアを含んでおり、その廃絶は宝永火山灰降下以降である。それぞれの遺構から出土する焼塩壺は「御壺塩師／堺湊伊織」および「泉州麻生」の刻印を有する。このうち「御壺塩師／堺湊伊織」についてはともに4a期であるが、「泉州麻生」では巣鴨遺跡Ⅰ1号遺構例が(2)cの刻印の捺された3期であるのに対し、麻布台一丁目遺跡1P例は(2)dの捺された4期であり、これだけでは宝永火山灰降下以前が3期、降下以後が4期に相当するとしか判断しえない。しかし、東博法隆寺館地点1号建物が宝永火山灰以降の廃絶であるとするならば、これに伴う「泉州麻生」が(2)cの刻印の捺された3期の製品であるところから、「泉州麻生」3期から4期への移行も宝永火山灰降下以降であることが明ら

第3章 「泉州麻生」の刻印をもつ焼塩壺　113

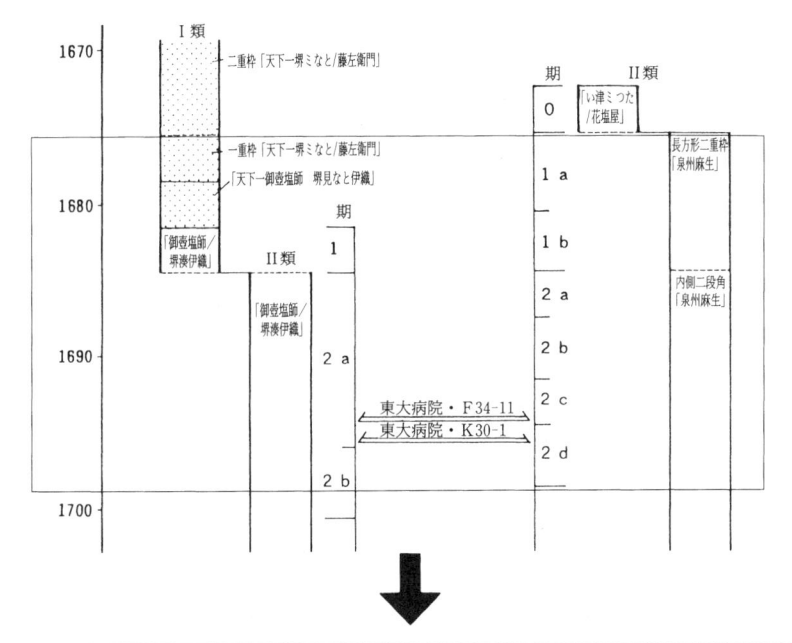

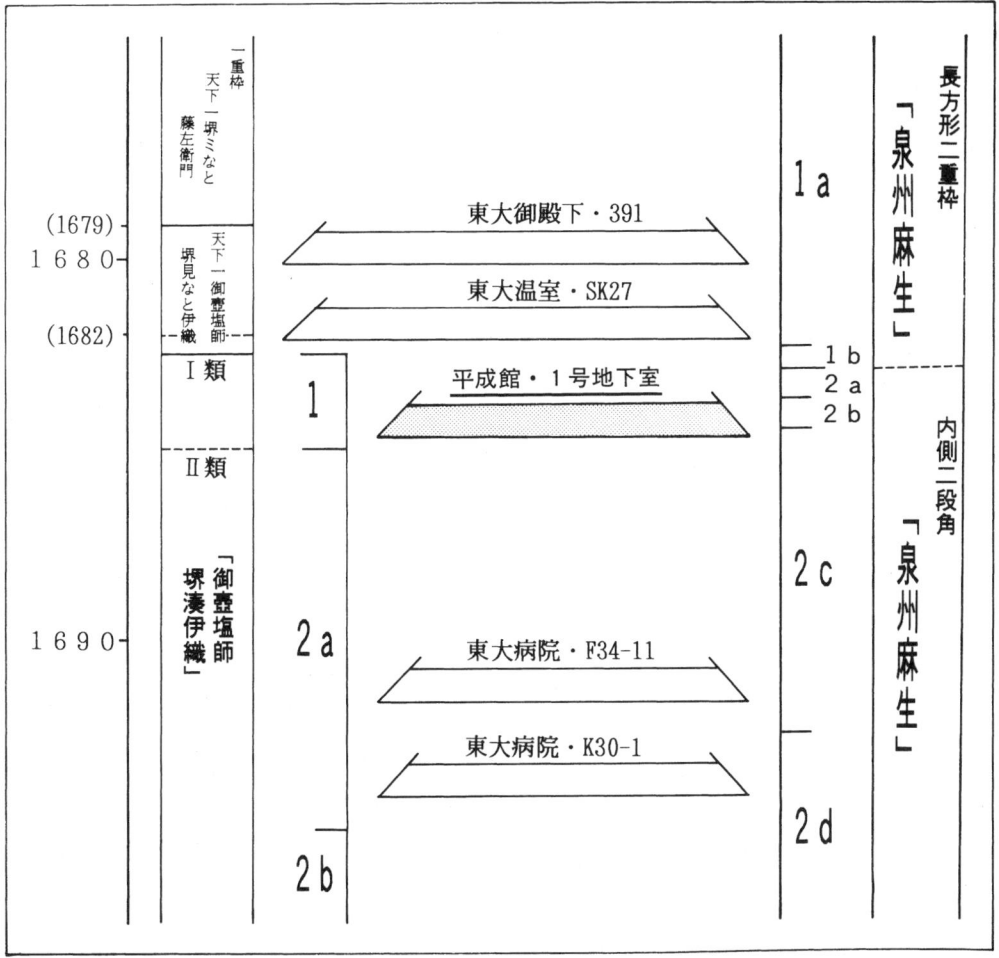

図24　東博平成館1号地下室出土資料による時期区分対比の改定試案（台-19）

114 第二部 各 論

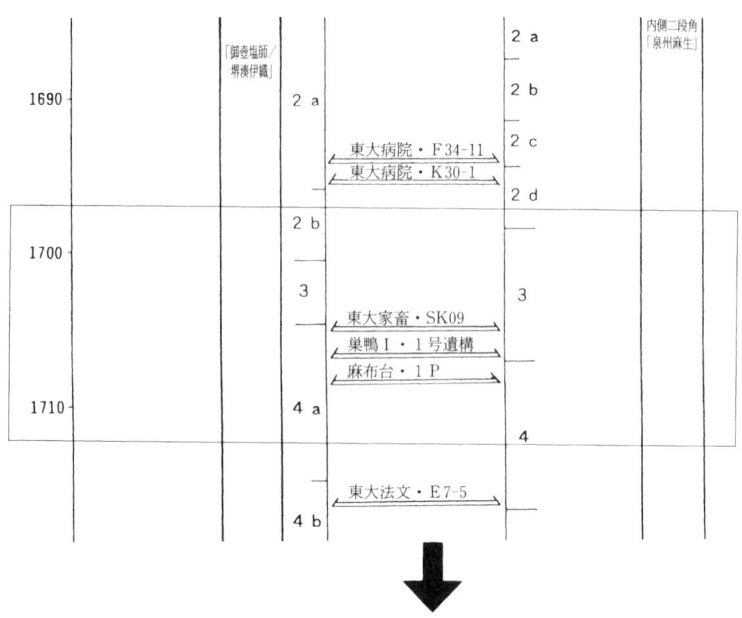

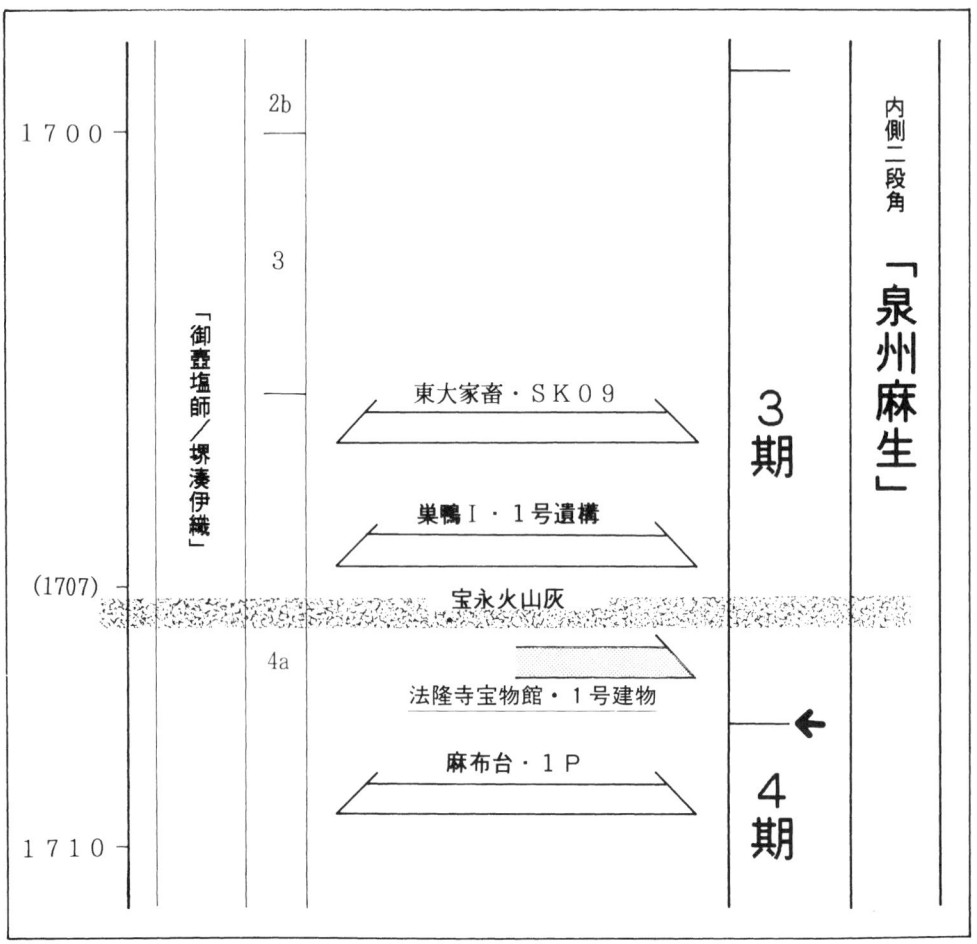

図25 東博法隆寺宝物館1号建物出土資料と宝永火山灰による時期区分対比の改定試案（台-19）

かになるのである。

　この資料によって先の対比（図21）は、さらに若干の改定が可能となる（図25）。

第6節　小　　　結

　本章は、江戸遺跡出土の焼塩壺の中でももっとも多数出土する印文の刻印である「泉州麻生」について論じたが、この刻印は点数だけでなく印体別の刻印の細分においてももっとも種類が多く、そのため他の刻印におけるものよりもはるかに細かい段階設定や時期的分析が可能になる資料である。しかも前章で論じた「御壺塩師/堺湊伊織」の刻印をもつものとほぼ同時期に生産されているため、その段階設定同士の対比が可能になる、きわめて貴重な資料である。

　これらは、宝永火山灰との先後関係なども含めて遺構における共伴関係や切合い関係など、考古資料の認定や操作といった手続きを経ることによって、資料では追及できない時期的様相をもうかがわせるものである。

　もちろん、これほど細かな年代を扱うようになると、遺構における共伴関係は遺構の継続年代（開口期間）との兼ね合いによって異なった結果が得られる場合も十分考えられる。したがって、さらに資料の蓄積を待ってより強固な年代観へと昇華させていく必要がある。そういう意味でも、東博平成館地点で行われたような遺構における層位別の遺物取上げは重要なデータとなる可能性を秘めている。今後は、そうした視点から調査・報告が行われることを期待したい。

註

1）　正式名称は「上野忍岡遺跡群東京国立博物館平成館（仮称）および法隆寺宝物館建設地点」である。以下では東博○○地点と略称する。なお、報告書は1997年の奥付で刊行されているが、実際の刊行は2005年である。

第4章　「泉州磨生」「サカイ/泉州磨生/御塩所」の刻印をもつ焼塩壺

　本章では「泉州磨生」と「サカイ/泉州磨生/御塩所」の両方の刻印をもつ焼塩壺について検討を行う。この両者をまとめて論ずるのは、ともに印文に「泉州磨生」（と思われる）の文字が含まれており、なおかつ一定量の出土が見られる一群であることによる。筆者は、一部を除き同一の壺塩屋の所産と考えていたが、これについては否定的な見解もある。

　しかし、単に字体が類似しているという点だけでなく、以下に述べるように壺の属性や、限られてはいるが、これを生み出したと思われる壺塩屋に関する史料の記載を補強材料として推定を行ったものであるため、ここではあえてかつての筆者の立場にもとづく検討を軸に論を進めることにしたい。なお本章では、こうした問題が中心的なテーマの一つとなるため、研究史の回顧に先立って、刻印を始めとする分類を先に行っておく。

第1節　分　　　類

　印文中に「泉州磨生」の文字を含む刻印をもつ焼塩壺は、【集成】の中での類例は合計で173例ある。しかし、これらには刻印の印文や壺の器形、成整形技法、胎土などの観点から見れば、いくつものヴァリエーションが存在する。以下に、まずそれらを提示し、そのうえでその各々の対応関係について検討を加えることとする。

（1）　刻印の分類

　この「泉州磨生」の刻印をもつ焼塩壺の印文は、2種類存在する。一つは印文が「泉州磨生」のみのものであり、もう一つはその両側に文字が入り、「サカイ/泉州磨生/御塩所」となるものである（第一部第4章第4節）。

　まず「泉州磨生」の刻印は2種類に分類される。すなわち、刻印全体が小型で字画が細くその押捺も鮮明なものと、大型で字画が太く押捺が比較的不鮮明なものとであり、両者はまったく異質の刻印である。前者をa、後者をbとすると、aは「泉州麻生」の(2)gに類似し、bは同じく(2)hに類似する。

　字体上の特徴をさらに詳しく見ると、aは「州」字の1、3、4画の点画が弧を描くようにして2、4、6画と接続しており、また「磨」字が他の字に較べて長く、その下半の「石」の部分がその下の「生」字と接しているという特徴がある。一方bでは、「磨」字の下半の「石」の部分が「日」となっているとともに、その下の「生」字と接し、両者であたかも「星」のようにも見える。事実、上野忍岡遺跡の報告書ではこの刻印を「……麻星」としているが、字配りや「磨」字の雁だれのかかり方などから見ると、「星」と見なすのは困難なように思われ、本論では「泉州磨生」として扱っておく。なお、このほか最近では「磿」を作字して言及・報告している例も存在する。

　一方「サカイ/泉州磨生/御塩所」の刻印には、詳細に観察することによって確認できる微細な差

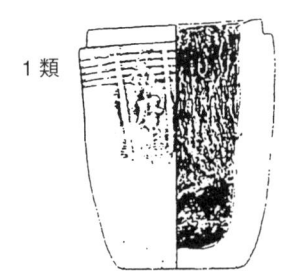

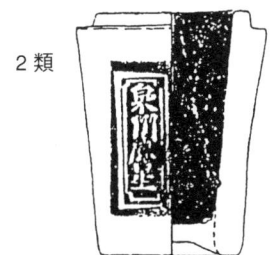

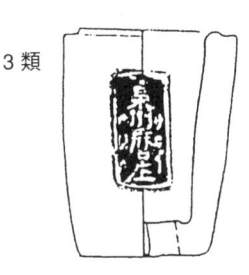

第 4 章 「泉州磨生」「サカイ/泉州磨生/御塩所」の刻印をもつ焼塩壺　117

図26　「泉州磨生」「サカイ/泉州磨生/御塩所」の刻印をもつ焼塩壺の器形分類

異が認められ、少なくとも2種類の印体が存在することがわかる。すなわち、刻印を縁取る枠線の上の辺が弧を描いて「泉」字と離れているものと、直線状で「泉」字と近いものとである。前者をa、後者をbとする。

　また上述の「泉州磨生」bと同じく、字体上の問題も存在する。すなわち、「サカイ/泉州磨生/御塩所」の「磨」字はa、bとも異体字で、「磨」字の下半の「石」字の第1画がない「磨」であり、正確にはこの印文を「泉州磨生」とすることはできない。ここでは便宜的に、とくに言及する場合には〈磨〉と表記する。また後に述べるように〔史料31〕においても、この壺にあたると思われる製品が「壺印麿生なるものは……」とされており[1]、この文字が「磨」ではなくて「麿」と見なされていたと思われるが、こうした文字の異同や読み方に関する議論も含めて、この刻印の印文もひとまず「サカイ/泉州磨生/御塩所」として扱っておく。

(2) 壺の観察

① 器　形

　本章で対象とする「泉州磨生」の刻印をもつ焼塩壺には全体の器形から見て3種類のものがある（図26）。第一は比較的器高が高く、底面が丸みをもってほぼ直立する側面に移行するもので、1類と呼ぶ。第二は比較的器高が高く、底面とほぼ直線的ないしはやや外反気味に立ち上がる側面とが明瞭な稜をなすもので、2類と呼ぶ。第三は比較的器高が低く、底面とほぼ直線的ないしはやや内湾気味に立ち上がる側面とが明瞭な稜をなすもので3類と呼ぶ。

　これらの3種はさらに口縁部形態および底部形態において、いくつかの特徴が見られる。まず1類は口縁部の蓋受けが高くはないが厚みがあり、その上面は平坦ないしはやや内側に傾斜する。また、蓋受けの外面下端が体部側面の上端に移行する部分が、多くの場合強い屈曲を示している。体部口縁直下には微隆起線が4条施される例が多い。また底面は平坦である。2類は比較的高く厚い蓋受けをもち、底面は上げ底状を示している。3類は口縁部形態は多様であるが、比較的低い蓋受けを有するものが多い。底面はほとんどが平坦であるが、底面中央が上げ底になっているものもわずかに存在する。

② 成整形技法

　「泉州磨生」の刻印をもつ焼塩壺はいずれもII類の板作り成形であるが、2ピースと3ピースの両者がある。1類の壺のうち旧芝離宮遺跡〔港-8〕例および南町遺跡〔新-25〕例では底部に二重圏線が看取され、3ピースの製品であることが確認されるが、これ以外の製品は底面が丁寧にナデ消されているために、底面からは3ピースであることが確認できない。しかし内面を観察すると、

体部の下端に粘土紐の接合痕が認められ、おそらく1類はすべてが3ピースであると考えられる。3類は筆者の観察し得た範囲ではいずれも2ピースである。一方、2類は底面が指頭によって押圧されているため確認が困難であるが、筆者の観察した範囲では3ピースであると見られるが、報告書によっては2ピースのように表現された実測図を掲げたものもある。

また内面の布目に関して見ると、1類はいずれも内面に目の粗い布目が内面の下端部分を除いて認められる。2類はいずれも太い糸を密に織った編布状の布目が内面の下端部分を除いて認められる。これに対し3類には内面に布目の認められるものと認められないものとがあるが、この差異については報告書に言及のないものもある。このほか胎土の特徴として、管見の限りでは2類には金色の雲母粒子が含まれているが、1、3類にはこれが見られない。

(3) 刻印と壺の対応関係

これまで述べてきたような「泉州磨生」の焼塩壺における刻印と壺とに見られる差異の対応関係を整理すると、以下のような一定の相関関係を見出すことが可能であり、類例の絶対量は少ないものの例外はない。すなわち「泉州磨生」aの刻印は1類の壺に、「泉州磨生」bの刻印は2類の壺に、「サカイ/泉州磨生/御塩所」a、b類の刻印は3類の壺に見られる、という対応関係を示しているのである。

次に視点を変えて、同類の壺に「泉州磨生」以外の刻印の捺された例が存在するか否かを検討してみることにする。まず1類について見ると、前章でも見たように「泉州麻生」の刻印の捺された例があり、その刻印は「泉州麻生」(2)gである。また2類の身には「御壺塩師/難波浄因」「摂州大坂」「泉湊伊織」「泉州麻生」「泉州麻王」「泉川麻玉」など多くの種類の刻印が捺された例があり、藤左衛門系の製品と目されているものである。なお3類の壺には今のところ、こうした他の印文の刻印が認められる例は存在しない。

第2節 研究のあゆみ

「泉州磨生」の刻印をもつ焼塩壺についてのわずかな議論を振り返ると、昭和初年にすでに出土資料の報告が見られる。すなわち、前田長三郎氏はその最初の論考で「天下一堺ミなと/藤左衛門」など各地出土の各種の焼塩壺を刻印の拓本と略図を掲げて紹介する中で、「サカイ/泉州磨生/御塩所」の刻印をもつ資料を提示し、「泉州〈磨〉生の印文の両側に『サカイ/御塩所』といふ文字が刻されてある。是に依って考察するに第四、五図のもの(「泉州麻生」の刻印をもつもの2種：引用者註)も矢張り堺湊製のものであることは想像に難くない。サカイ御塩所の文字は無いが〈磨〉と麻の相違だけで是はいずれも名前であらうと思ふ」と述べている（前田1931）。そして稿を改めた後の論考では壺塩屋の末裔、弓削氏の記録〔史料31〕にもとづいて中央の「泉州〈磨〉生」を「泉州磨生」と読み換えたうえで、「泉州麻生」の刻印をもつものとともに「……何れも模倣品なることを知り得る訳である……」としている。またこの論考では、この刻印をもつ資料と「泉湊伊織」の刻印をもつものとが「……数個同時に九州福岡城の土塁の下から発掘された……」と述べられており、遺構における共伴関係をうかがわせる指摘となっている（前田1934）。

その後、渡辺誠氏はこの前田氏の紹介する史料を積極的に評価し、「サカイ/泉州磨生/御塩所」

の刻印をもつ焼塩壺を奥田利兵衛によって正徳3年（1713）に創始された壺塩屋の製品とし、「磨生は麻生の誤りとみる人が多いが、商標上の誤記は考えにくいので、不明とせざるを得ない」と述べている。さらに明治36年（1903）の内国勧業博覧会出品目録の奥田利吉の名から、この壺塩屋が明治時代後半まで継続していたものと見なしている（渡辺1985a・b）。この論考では前田氏とは異なり「泉州〈磨〉生」が「泉州磨生」と読み換えられている点は注意を要する。

　ここまでの研究で触れられた資料はいずれも「サカイ/泉州磨生/御塩所」の刻印であり、「泉州磨生」の刻印は比較的類例が寡少であることもあって、その初出はa類、b類ともに1980年代後半の報告例である。すなわちa類が1988年報告の旧芝離宮庭園［港-8］例であり、b類が1987年報告の真砂遺跡［文-4］例である（ただし、後者はその報告時点では前者が報告されていなかったこともあってか、その印文は「泉州麻生」と報告されており、筆者の指摘まで「泉州磨生」とされることはなかった（小川1993b））。その後、大塚達朗氏が「焼塩壺の作り手集団」を論じるに際して言及し（大塚1991）、小川が「泉湊伊織」の刻印をもつ焼塩壺に検討を加えるに際して「サカイ/泉州磨生/御塩所」の刻印をもつ焼塩壺の年代的位置づけを参照したことを除けば、「泉州磨生」の刻印をもつ焼塩壺を対象とした研究はまったくといって良いほどなされてきていなかった。これは、この資料が上述したような字体の問題もあって、きわめて扱いにくい性格のものであることにもよろう。しかし、わずかながらもこれらの研究史的蓄積は、この「泉州磨生」という印文の刻印をもつ焼塩壺を通じて、焼塩壺全体にわたって壺塩屋や壺屋の関係やその同定、商標の模倣やこれに付随する問題としての文字の異同などが論じられるべき問題であることを示している。そうした中で、最近柳谷博氏によって「サカイ/泉州磨生/御塩所」を中心に取り上げた論考が発表された。奥付は2006年であるが、配本は2007年になされた染井遺跡Ⅺ［豊-35］での考察であるが、きわめて重要な指摘を多く含んでいるので、詳細については改めて言及することにしたい。

　以下では刻印と壺の観察を行って分類を試み、その対応関係を明らかにするとともに、各々の年代的位置づけに関する検討を行い、これらを通じて、とくに焼塩壺生産における「系統」や「模倣」といった問題をいかに考えるべきかについての一つの見通しをも得ることにする。

第3節　年代的位置づけ

　これらの資料の年代的位置づけについて、実年代や共伴資料、型式学的な変遷などいくつかの視点から整理しておきたい。

(1) 実年代の推定される資料

　遺物の実年代は、多くの場合その遺物の出土した遺構の廃絶ないし層位の形成したとされる年代、その遺物や共伴する遺物に見られる墨書、あるいは史料との対比による刻印の年代などにもとづいて推定されるのが普通であるが、今回対象とする資料の中にも、こうした形で実年代を推定することのできるものが2例存在する。一つは大分県府内城三の丸遺跡例であり、寛保3年（1743）の寛保大火によって形成されたと推定される焼土層を埋土とする遺構からの一括資料中に含まれていたものである（大分県教育委員会1993）。もう一つは愛知県名古屋城三の丸遺跡（Ⅴ）（愛知県埋蔵文化財センター1993）例であり、延享5年（1748）の年号をもった陶器が遺構において共伴して

いることによる推定である。これらはともに刻印は「サカイ/泉州磨生/御塩所」であり、壺の器形は2類である。

(2) 共伴関係から

ここで遺構における共伴の事例を検討することにしたい。筆者の1996年における検討では「泉州磨生」同士や「サカイ/泉州磨生/御塩所」同士が共伴する例は複数見られたものの、「泉州磨生」と「サカイ/泉州磨生/御塩所」とが共伴する事例はなく、この両者の継続期間には断絶が見られる可能性を指摘した（図27：小川 1996b）。事例の増加した【集成】では「泉州磨生」a類と「サカイ/泉州磨生/御塩所」とが共伴する事例が3例ある。

次に他の系統の壺塩屋の製品とされる焼塩壺との共伴関係を見ると、まず「泉州磨生」a類、b類は「泉州麻生」のうち(2)eや(2)dのタイプの刻印をもつ焼塩壺との共伴が多数見られ、また藤左衛門系の製品のうち「摂州大坂」、蓋の刻印であるが「御壺塩師/難波浄因」の刻印をもつものとも共伴している。

「サカイ/泉州磨生/御塩所」は「泉州麻生」のうち(2)cや(2)fとの共伴がある。藤左衛門系では「泉湊伊織」との共伴例が多数見られるが、これは「泉州磨生」a類、b類ともほとんど見られない。なお、この「サカイ/泉州磨生/御塩所」と「泉湊伊織」との共伴例が前田氏の論考（前田 1931・1934）で触れられていることはすでに述べたとおりである。さらにⅡ類の板作り成形による製品で刻印をもたないものは、この「泉湊伊織」に後続するものと考えられるが、それらもまた「サカイ/泉州磨生/御塩所」と共伴が認められる。このほか蓋では「深草/砂川/権兵衛」や「鷺坂」の刻印をもつ製品との共伴がある。

(3) 年代的位置づけと相対的な変遷

以上の結果およびこれまでになされてきた刻印別の年代観をもとにその年代的位置づけを整理すると、まず「サカイ/泉州磨生/御塩所」の刻印をもつ製品では、実年代に関する資料から少なくとも1740年代を通じて存在していたことが推定される。その始期は、藤左衛門系の製品では「泉湊伊織」以前のものとの共伴がほとんどないことなどから、1740年代をそれほどさかのぼらないと思われ、また終期は刻印を有するⅢ-2類の製品との共伴もきわめてわずかであることから、1750年前後に求められよう。

これに対して「泉州磨生」の刻印をもつ焼塩壺には実年代をうかがわせる資料はないが、近年の類例などから勘案すると、「泉州磨生」a類は、その他の藤左衛門系の製品との共伴関係から1720年前後にその始期が求められ、当初1730年代初頭と考えられていた終期はやや下がって1740年代初頭までと考えられる。これに対し、「泉州磨生」b類に関しては、類例が希少なため論じうる部分が少ないが、「泉州麻生」の刻印の字体の観察による分類との類似性、壺の形状などから見る限りでは、1720年代に位置づけられよう。

したがって、以上のように共伴関係などから見ると、「泉州磨生」b類の刻印をもつ焼塩壺は1720年代、「サカイ/泉州磨生/御塩所」の刻印をもつ焼塩壺は1740年代にほぼ位置づけることができ、その両者は時間的に隔たっている。一方「泉州磨生」a類では柳谷氏の論ずるところとはやや異なり、「サカイ/泉州磨生/御塩所」の始期がさかのぼるのではなくて、「泉州磨生」a類の終期が

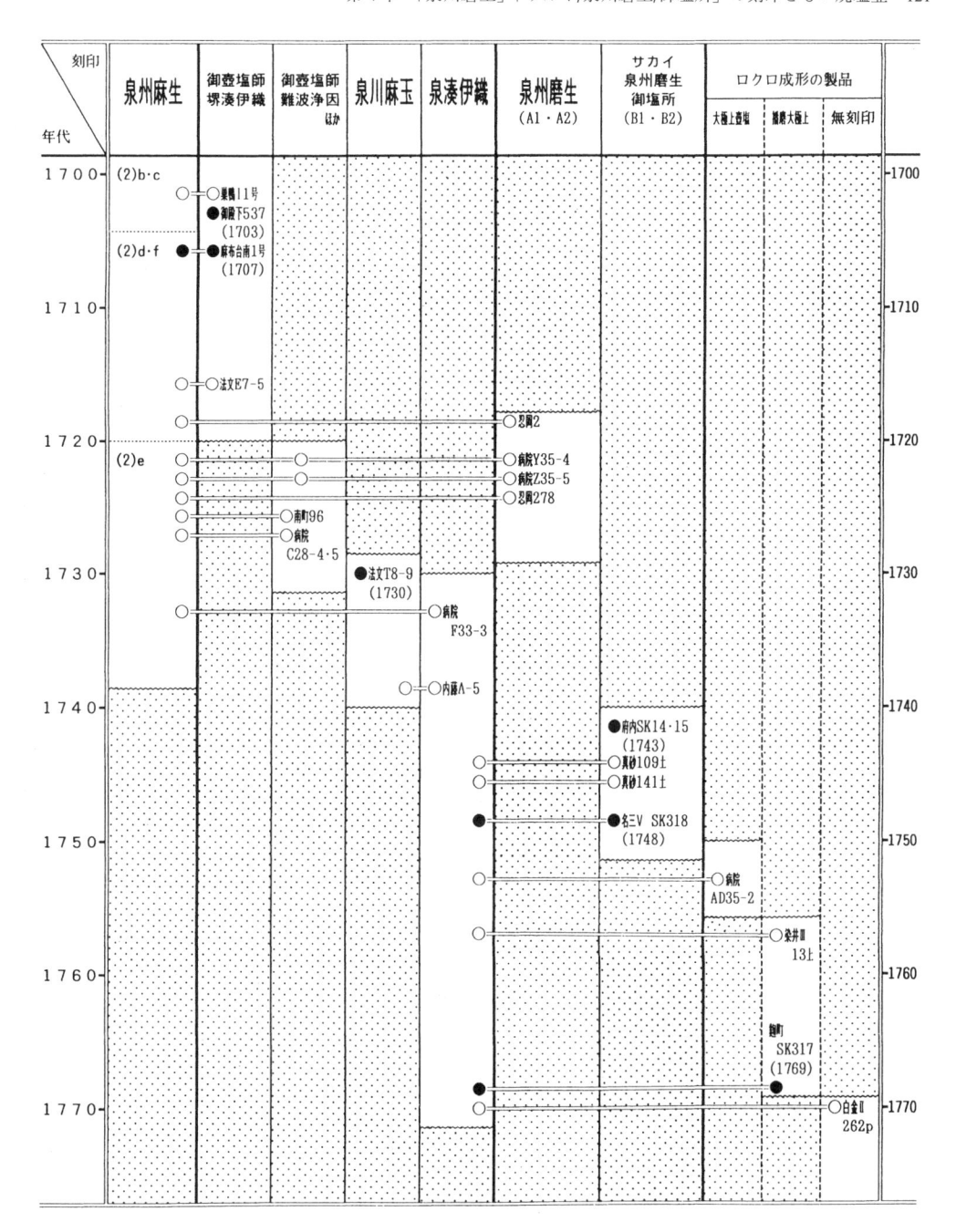

第4章 「泉州麿生」「サカイ/泉州麿生/御塩所」の刻印をもつ焼塩壺　121

図27　「泉州麿生」「サカイ/泉州麿生/御塩所」の刻印をもつ焼塩壺の共伴関係

下って、その間にあったと考えられた「断絶」は埋められそうである。

　さて、このように主として共伴関係の整理によって実年代をも加味した相対的な年代を推定することができたが、次に壺の形態などの年代的な変遷を整理することとしたい。まず「泉州麻生」a類の刻印の捺される壺である1類の壺には、底部外面に粘土紐の痕跡を残すものとそうでないものとがあり、前者の方が口径が小さく、また体部側面と底面との間が強い屈曲を示し、また口縁部の蓋受けの部分の屈曲も緩やかである。共伴資料などからその先後関係をとらえることはできないが、前者は後者に較べて器面の調整が少なく、口縁直下の微隆起線も認められないかわずかであって、各種調整の工程が省略されたものと見なすことができよう。一方、過渡的な様相を示すものも存在することから、この両者は一連の製品の時期差を示し、前者を後者の後に位置づけることができるものと見られる。

　「泉州麻生」b類の刻印の捺される壺である2類の壺については、3ピースと2ピースという成形技法上の差異が認められるが、藤左衛門系の製品を参照するならば、前者が後者に先行するものと見なされる。しかし、類例が限られていることもあって、この差異に対応するような形態的な差異、その他の属性上の差異をはっきりと見出すことはできないのが現状である。

　次に「サカイ/泉州麻生/御塩所」の刻印が捺される壺である3類の壺を見ると、継続時間が比較的短いと推定されるにも関わらず、形態や内面の様相などヴァリエーションが多い。刻印の微細な分類を含めその先後関係等が明らかでないので、その要因が年代差とのみ考えられるかどうか、資料の蓄積を待って改めて検討する必要があろう。とくに細工町遺跡［新-16］9号遺構例は器高が低いものの、口唇部の形状、体部が底面に移行する部分で丸みを帯びている点で1類の壺に通ずるものがある。

第4節　壺塩屋と壺屋の系統と模倣関係

　以上の結果からここでこれまで対象としてきた「泉州麻生」の刻印をもつ焼塩壺を生み出した壺塩屋および壺屋の系統について論ずることにする。

　まず「泉州麻生」a類の刻印をもつ1類の壺は、『弓削氏の記録』〔史料31〕によれば、奥田利兵衛によって正徳3年（1713）に創始されたという壺塩屋の製品と考えられる。その壺屋は、6例の出土資料に見られる器形や胎土の共通性から、ほかに「泉州麻生」の刻印をもつものも生産したと考えられるが、その字体は例外なく(2) gであり、またこの壺にこれら以外の印文の刻印の捺された例は見られない。

　一方、「泉州麻生」b類の刻印を有する2類の壺は、「泉州麻生」a類と同じく「泉州麻生」のみの印文ではあるが、字体が異なるなど異なった壺塩屋の製品の可能性が高い。その壺屋は、ほかに「御壺塩師/難波浄因」「摂州大坂」「泉湊伊織」「泉州麻生」「泉州麻王」「泉川麻玉」といった刻印をもつ製品をも生産したことが考古資料として確認されており、筆者は大坂難波に支店を出して以後の藤左衛門系の壺塩屋に壺を供給した壺屋の製品の一群に含めうるものと考えている。

　「サカイ/泉州麻生/御塩所」の刻印をもつ3類の壺は、印文を見る限りでは「泉州麻生」の語を含み、上記奥田利兵衛の系譜に連なるもののように見える。しかし字体が異なるうえ、印文が同じ

であることが壺塩屋の系統の同一性を保証しないという筆者の考え方から、その位置づけは保留とせざるをえない。またその壺屋は、今のところ他の刻印をもつ製品を生産していないようであるが、先にも述べたようにそのヴァリエーションが豊富であるところから、1軒のみであったとは即断できない。

年代的な観点から見ると、「泉州磨生」の刻印をもつ製品が1720年代に位置づけられることは、史料に現れる奥田利兵衛を祖とする壺塩屋が正徳3年（1713）に壺焼塩の生産を始めたとする記載とほぼ一致する。その終期は明らかでないが、渡辺誠氏の指摘のある明治36年（1903）の内国勧業博覧会の出品者としての奥田利吉までその営業が続いたとするならば、「サカイ/泉州磨生/御塩所」の刻印をもつ製品が、同じく奥田利兵衛に連なる壺塩屋の手になるものである可能性が高い。しかし、ここまでに行ってきた検討の結果から、今のところ両者の間には年代的な隔たりもあり、これらを同一の系統に属する壺塩屋の製品であるとする積極的な根拠は存在しない。壺屋の系統の異同を含め、資料の増加を待って改めて検討を加える必要がある。

第二は壺屋と壺塩屋との関係である。「御壺塩師/堺湊伊織」の刻印をもつ焼塩壺におけるⅠ-3類とⅡ類の存在について、印体レベルでの差異を詳細に観察することによって、この両者にまたがって同一の印体が用いられたこと、さらにⅡ類への移行後も刻印をもたないⅠ-3類の製品が作られ続けていたと思われるところから、藤左衛門系の壺塩屋に壺を納めていた壺屋が別の系統の壺塩屋へと変更になったこと、いわば壺屋の乗換えが行われたと考えられることについては、第2章で述べたところである。しかし、第一部第5章で述べたように、筆者は壺塩屋が印体そのものを壺屋に貸し与える形で管理していたと考えられることなどから、印体レベルでの刻印の異同がやはり壺塩屋を直接表象しており、「御壺塩師/堺湊伊織」に見られたような壺屋の乗換えはきわめて例外的なことであって、基本的には壺屋は壺塩屋と一対一の関係を取り結んでいたものと考えている。さらにこのことは、同一の印文であっても印体レベルで特定の壺塩屋の製品とは異なる刻印が、他の刻印をもつ壺と同じ壺に捺されていた場合、これを壺屋が複数の壺塩屋の下請けとして壺を作っていたのではなくて、壺塩屋による模倣の意図のもとで、同文異系刻印の製品が作られたことを示す証左と考えている。

このように見ると、「泉州磨生」b類の刻印が捺された2類の壺は、他の刻印である「泉州麻生」を始め「御壺塩師/難波浄因」「摂州大坂」「泉湊伊織」「泉州麻王」「泉川麻王」とともに（大坂に移転して以後の）藤左衛門系の壺塩屋の下請けとなった壺屋の製品と見なすべきであり、また1類の壺は(2)gに分類された「泉州麻生」の刻印をもつ製品とともに「泉州磨生」a類の刻印をもつ製品を産み出した奥田利兵衛につらなる系統の壺塩屋の下請けとなった壺屋の製品と見なすべきであると考えられる。

第5節 小　　結

以上、印文に「泉州磨生」の文字を含む刻印をもつ焼塩壺を対象とした分析を軸に、壺塩屋と壺屋という焼塩壺の「生産者」に関する議論を行ってきた。

しかし、資料的制約を含め十分な検討が行いえなかった部分も多い。まず最大の問題は、「泉州

磨生」a類の刻印をもつ1類の壷と、「サカイ/泉州磨生/御塩所」の刻印をもつ3類の壷との系譜関係を明確に示しえなかったことであろう。上述したように、かつては存在すると考えられた時期的な乖離は埋められたものの、その系統性は明確には示されていない。壷の共通性・連続性が必ずしも壷塩屋の系統を保障するものではないことは、わずかではあるが存在する例外（「御壷塩師/堺湊伊織」に見られた壷屋の乗換えをめぐる動き）によって明らかである。また、3類の壷に見られる器形や内面の布目の有無といった多様性が、時期差であるのかあるいは壷屋の違いを表すものなのかといった分析を含め、柳谷氏の指摘に十分に答えることができなかった。上記の問題とも併せ改めて検討する必要がある。

このほか「泉州磨生」の一群に含めて検討を行ってきた刻印の文字の異同も未解決である。「泉州磨生」b類の「磨」の下半が石ではなくて「日」のように見え、結果として「磨生」の文字が「麻星」ではないかという問題、また「サカイ/泉州磨生/御塩所」の中央の第3字が、正確には「磨」ではないという問題である。この点については、たとえば「泉川麻玉」という印文の刻印の「麻」の字の雁だれの中の林の右側が「木」ではなくて「本」になっていることも、この類であると思われる。このような元来は存在しない文字を使うことによって、完全な模倣であることを回避したと思われる例としては、土製の南鐐二朱銀や天保の一分銀で本来「座」の文字の部分に異体字を用いている例と相通ずるものであるかもしれない（寄立1989）。異体字の確認とともに、模倣に関する議論の一環としてそうした習慣の有無を確認していかなくてはならない。

稿を改めて柳谷氏の指摘や、上述の未了の問題について検討を加えていくことを約して、本章を閉じたい。

註

1) この史料については、原典の所在が明らかでなく、前田長三郎氏による翻刻に従っているため、元来の字形は不明である。

第5章 「泉湊伊織」の刻印をもつ焼塩壺

　「泉湊伊織」の刻印をもつ焼塩壺は、比較的多量に検出されているが、その法量を除けば器形的にも成形技法上も、また刻印の分類からも際立ったヴァリエーションに乏しいためか、これまではとんど議論の焦点となることがなかった。

　しかしこの資料は、これに関連する壺塩屋や壺屋の系統関係ないしは動向を考えるうえできわめて重要な位置を占めるものであるのみならず、これが出現し展開していった18世紀の中葉から後葉にかけての時期は、それまで大きなシェアを占めていた「泉州麻生」の刻印をもつ製品の終焉、Ⅲ-2類の出現など、壺焼塩の生産そのものをめぐる状況が大きく変化していったと考えられる時期にあたる。

　したがって、この製品について論じることは、とりもなおさず焼塩壺における重要な一局面を論ずることになるのである。本章はこうした観点から、「泉湊伊織」の焼塩壺について、とくにその法量分布を中心に、年代的な位置づけおよびこれを生み出した壺塩屋と壺屋の系統について論じるものである。

第1節　研究のあゆみ

　出土資料としての「泉湊伊織」の焼塩壺に関する論及は、これまで繰り返し触れてきた江戸時代後期の中盛彬が嚆矢である。すでに見たように、ここでは「泉州麻生」の刻印をもつものとともにその出土が紹介されている。中の報文〔史料15〕は、胎土に金色の雲母粒子を含むことを意味していると思われる「全体に金星あり」との指摘が見られるなどの観察が背景にあり、また刻印の印文が史料上の記載や地名などと関連づけて考察され、「泉湊伊織」の焼塩壺が堺の南の湊村に所在する藤左衛門を祖とする系統の壺塩屋によって生産されたものであるとの推定までもなされている。

　近世においてはその後わずかに、天保期の『天野正徳随筆』〔史料24〕において出土例が紹介されているのみである。

　ついで昭和初年の高橋艸葉氏、前田長三郎氏による言及がある。高橋氏はこの製品についてはその刻印の拓本を掲出し、出土例の多いこと、在地の軟質陶である湊焼と関連する可能性のあることなどに触れている（高橋1928）。

　一方、前田氏は「泉湊伊織」の印文の使用の年代が、「御壺塩師/堺湊伊織」の印文と同様天和2年（1682）以降のものであることを推定するとともに、出土の事例として、群馬県の上郊村から一分金8個を収めた状態で2点出土したことや、福岡県の福岡城の土塁の下から「サカイ/泉州磨生/御塩所」の刻印をもつ焼塩壺や「鷺坂」の刻印をもつ蓋と同時に発見された事例を紹介している。とくに後者の出土事例は、この3者が共伴していたという事実をうかがわせるものとして注目される。

さらに「泉湊伊織」の焼塩壺を生み出した壺塩屋に関して、藤左衛門系の壺塩屋の子孫にあたる弓削氏からの聞き取り調査によって、この壺塩屋が途中から大坂に支店を出し代々浪華伊織と号していたこと、昭和6年（1931）頃にも大阪市内で焼塩の製造販売を行っているなど多くのことを明らかにしている（前田1931・1934）。

　第2章でも触れたように渡辺誠氏は、上の前田氏の業績を継承しつつさらに多くの検討を行っている（渡辺1982・1985a・1992など）。そこでは藤左衛門系の壺塩屋の製品の刻印が系統樹の形に整理されているが、この中で「泉湊伊織」の刻印は天和2年（1682）に天下一の号の禁令に伴って成立した「御壺塩師/堺湊伊織」の刻印から、「御壺塩師/泉湊伊織」を経て変化して来たものと見なしている。この「堺」から「泉」への変化の理由については、「湊村が堺町奉行所付の村々からはずされ、和泉国大鳥郡の一村になったことを意味する」とされているが、「御壺塩師/泉湊伊織」の印は元文3年（1738）の紀年のある船待神社菅原道真公掛軸の裏面の願文に捺された印であって、渡辺氏も「焼塩壺自体には実例を見ないが」とするように、焼塩壺に捺された刻印ではない。

　一方「泉湊伊織」の焼塩壺の壺自体については、胎土に雲母が含まれているとの指摘が見られるほか（渡辺1982）、「B類　布を巻いた截頭円錐形の芯に幅広い粘土板を一枚でまきつけて作る、板作り法で作られている。このため製作時には底が上になり、ここに粘土紐を渦状にいれて、へらで整形している」ものの一部と、これと同形態・同製法であるが口縁部の蓋受け部分が退化し、痕跡的になった形態のC類とに「泉湊伊織」の刻印が見られるとしている（渡辺1985a）。

　その後、都心部の再開発に伴う資料の増加を契機として焼塩壺に関する論考は増加するが、冒頭でも述べたように「泉湊伊織」の刻印をもつものは議論の焦点となることはなく、わずかにその共伴関係や成形技法などについて触れられるのみであった。

　筆者は主として東大病院地点［文-8］における出土資料を対象に検討を試みるにあたり、「泉湊伊織」の焼塩壺が内面に布目を有し、底部に粘土紐がめぐらされていない2ピース成形であるという特徴によって、「泉湊伊織」の刻印をもつものに見られる2種が時期差を反映するものであること、字体等から見て刻印の印体に3種あることなどを指摘した。さらに、胎土に雲母を含むなどの共通点を有する一群のものとともにその法量分布を検討して、それらの相対的な年代上の位置づけを試みるとともに、これらの検討を通して「泉湊伊織」がむしろ、藤左衛門系の壺塩屋が大坂に出した支店の製品に強い類縁関係のあることを示唆した（小川1990）。

　大塚達朗氏は東大法文地点［文-7］出土の「泉湊伊織」の焼塩壺について、内面に「刺し縫いが縦に密に施された布痕」があり、底部の作り方が「粘土栓を入れた後、外側から指頭でなでつけ」たものであるとの観察を行っているほか（大塚1990b）、「泉湊伊織」の焼塩壺がロクロ成形の製品と共伴する真砂遺跡［文-4］88号土坑の事例をもって、「蓋掛リノアルモノ」と「ロクロを使用して成形しているもの」という〈異形式の共伴〉期が、東大法文地点E7-3号土坑例よりもさかのぼる根拠としている（大塚1990c）。

　小林謙一・両角まり氏は焼塩壺全体を対象とした総合的な検討の中で、「泉湊伊織」の刻印をもつものにも触れている（小林・両角1992）。そこでは両角氏によって器形・造形痕・工具痕といった観察視点から、この刻印をもつ焼塩壺が3種に分類されている。すなわちC2-d-ヘ、C2-e-ヘ、C2-e-

ホの3者である。これらの分類規準は、Cは器形で「平底、口縁部に蓋受けがあり、筒状を呈するもの」、-2はそのうち「突起状の痕跡的な蓋受けのあるもの」である。-d、-eは造形痕でそれぞれ「体部に板状粘土の接着痕があり、底部を内外両側から粘土塊によって充填した痕跡のあるもの」と、同じく「……底部を外側から粘土塊によって充填した痕跡のあるもの」とであり、-ヘ、-ホは工具痕でそれぞれ「口縁部回転ナデ、体部に段を有し、段以上に縦位の線条痕のあるもの」と、同じく「……段以上に布目圧痕および布の縫い詰め痕のあるもの」とである。ただし、成整形技法の部分で触れるように、造形痕と工具痕の分類規準には後に若干の修正が加えられている。この小林・両角氏の論考では、こうした分類とは別に小林氏によって年代的な位置づけが試みられている。そこでは「形態から筆者の想定する技術的なまとまりとしての系統」として、「泉湊伊織」の焼塩壺をDのタイプに再分類しているが、明らかにこれ以前の藤左衛門系の製品とは異なった位置づけが与えられている。また年代的には、「泉湊伊織」の刻印をもつものは1720年代から40年代のⅤ期および1760年代前後にあたるⅥ期の前半に位置づけられている。

　その後、両角氏も「泉湊伊織」の焼塩壺を「造形痕・工具痕ともに類似性が高く、のみならず胎土等の他の属性においても類似性が高いという点から同一の技術的背景をもった製作者集団における形態変化として」、同様の位置づけを追認している。年代的にはⅧ-1期からⅨ-3期、すなわち18世紀中葉から19世紀初頭までの時期に位置づけており、上の小林氏の推定よりもやや新しい時期に出現し、半世紀ほど下る時期まで「泉湊伊織」の焼塩壺が存続するものと見なしている。

第2節　集成と分類

　【集成】では「泉湊伊織」の焼塩壺は643点が報告されているが、これらを刻印・胎土・器形・成整形技法の4点から分類する。

(1) 刻　　印

　印文は「泉湊伊織」であるが、筆者はかつてこれを微細に観察し、字体などから3種類に分類しうるとの指摘を行った。しかし、このうちcとしたものは各々の文字を構成する線が太く、輪郭が鈍いものであるが、字体そのものはbとしたものときわめて類似しており、踏み返しのような操作によって作られた印体による可能性もあるものの、その確認は困難であり、本論ではa、bの2種に分類するにとどめる。

　このa、bの区分は、「織」字の糸偏第2画の上端が左へ曲がり、糸偏が「8」の字のように見えるものをa、そうでないものをbとしたが、これ以外にもいくつかの相違点が指摘できる。すなわち、「泉」字の下半の「水」の第2画を見ると、aに比べbの方が上半の「白」字の左端に対して多く突出している。また「伊」字の第4画の右の末端がaでは短く横に直線的に突出しているのに対し、bではこれがやや長めで下に向かって下がっている。さらに「織」字の第17画が、aでは「日」の左端に達しているのに対し、bでは「日」の右端にわずかにかかるのみである。

(2) 胎　　土

　次に胎土について見ると、「泉湊伊織」の焼塩壺は、筆者の実見ないし報告書での言及あるものにおいては、例外なく胎土中に金雲母粒子が含まれている。このことは前述の江戸時代後期成立の

〔史料22〕で「金星あり」の形で言及されていたと思われ、その後渡辺氏も言及している。これに対し、出土資料としては「泉湊伊織」の焼塩壺に直接先行するとされる「御壺塩師/堺湊伊織」、ないしはこれ以前の藤左衛門系の刻印が捺された製品の胎土中には、金色の雲母の粒子を見ることができないことはとくに注目すべきであろう。なお、この金色の雲母粒子含有の有無とは視覚的な観察によるものであり、自然科学的な分析の結果とはおのずから性格が異なるものであることはいうまでもない。

ちなみに呈色については、筆者の実見しえた資料の範囲では明るい橙色を帯びた黄褐色のものと、やや白色を帯びた灰褐色のものの2種がある。そして前者に比べて後者の方が雲母の粒子が大きめであるという差異が認められるが、こうした違いは大部分の報告書の記載からは読み取ることができないため、今回の検討からは除外せざるをえない。時期的に新しいものに後者が多いという傾向を指摘するにとどめておきたい。

(3) 器　形

全体的な器形は、直立に近くかつ直線的に立ち上がるもの（ア）と、体部がわずかに屈曲するもの（イ）、およびやや外反気味に開くもの（ウ）とがある。また、器高の比較的高いものと低いものとがある。しかし、次節の法量分布の検討の際に詳しく見るが、高低2群に峻別されるのではなくて、漸移的な変異であるということができる。

一方、口唇部の形状には以下の3者が認められる。すなわち、蓋受け部分が比較的はっきりとした高さと厚みを有するもの（①）と、蓋受け部分が痕跡的なもの（②）、および口縁部分の断面が三角形状を呈するもの（③）である。②も③も蓋受けが小さいが、②では①と同様に蓋受けの外側、すなわち蓋の下端が接する部分が平坦かつ水平な面をなしているのに対して、③ではこの面が傾斜し、蓋受けに移行しているという差異がある（図28）。

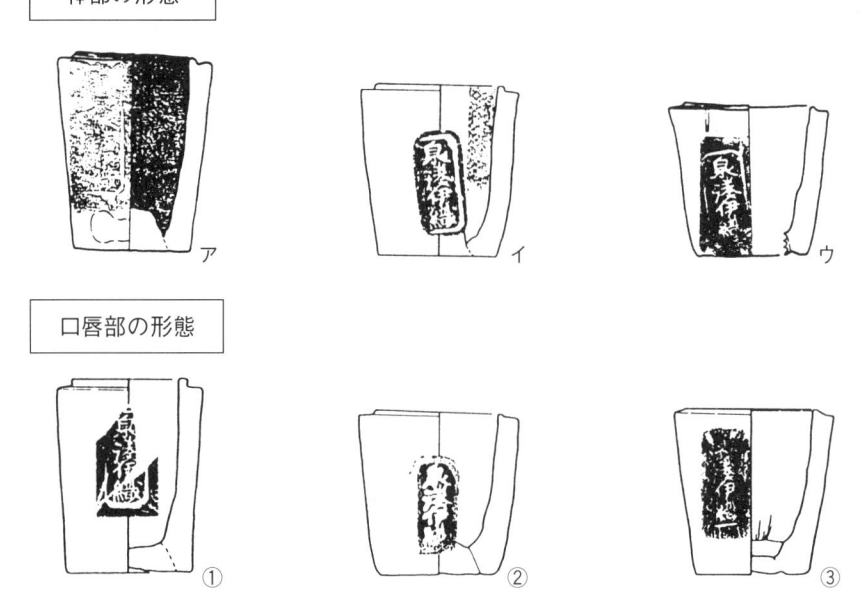

図28　「泉湊伊織」の刻印をもつ焼塩壺の分類基準

(4) 成整形技法

最後に成整形技法から見ると、「泉湊伊織」の焼塩壺の成形技法は例外なくいずれもⅡ類の板作り成形であるが、より詳細に検討すると、内面に見られる離型材その他の痕跡の様相、底部の粘土塊充填の方向および充填後の底部の処理の方法にそれぞれ差異が見出される。

① 内　　面

「泉湊伊織」の焼塩壺の内面に見られる特徴として、例外なく下方の約1/3ないしそれ以下の部分に段を有する点がある。また内面の離型材などの痕跡としては、太い糸を密に織った編布のような布目の観察されるもの〈布目〉と、縦に走る条痕の観察されるもの〈条痕〉の2種がある。こうした点は小林・両角氏の論考においても分類上の指標として採用されるなど、すでに指摘されているところである〈小林・両角1992〉。なお両角氏はこの条痕に対して線状痕の名を用いている。

これらの特徴および差異のうち離型材に関しては、筆者の観察したところではさらに布目と条痕の両者が観察されるもの〈布目＋条痕〉も存在するようである。また両角氏も、後の論考（両角1992）では条痕のみのものを分類項目から除外している。

しかし、この布目、条痕あるいは布目＋条痕といった内面の特徴に関しては、呈色と同様、大部分の報告書の記載からは読み取ることができないため、充分な比較検討がなしえず、今回の検討からは除外せざるをえなかった。この焼塩壺の内面に見られる離型材の様相という属性は、たとえば「御壺塩師／堺湊伊織」の刻印をもつ焼塩壺に関する検討において、その有無が時期差を反映するものとして扱われたように、きわめて重要な様相として検討されるべきものであると考えられる。また単に布目であるか否かだけでなく、その布の織り方や縫い継ぎなどを示す縫い目の入り方に注目する研究も存在している（大塚1990a，両角1993など）。このため今後の報告にあっては、焼塩壺の内面はできうるかぎり正確に記載・表現されることを希望しておく（ちなみに筆者は東大病院地点［文-8］の報告においては、焼塩壺が完形であった場合には内面の拓本をとるのが困難なこともあって、粘土を板状に延ばして焼塩壺の内面に押しつけ、これを複写機によってコピーするという方法によって、内面の特徴をかなり正確に表現することができた。また遺跡によっては、完形の場合細心の注意を払ってこれをあえて割り、内面を写真に撮ったりすることもあったというが、この方法もけっして誤りではないと考えている）。

一方、条痕は当初、これをケズリによるものと見なし、東大病院地点でもそのように報告していたが、今回の検討にあたってより詳細な観察を行った結果、条痕が縦方向に認められること、上記の〈条痕＋布目〉が存在し、そこでは条痕が必ずしも布目より後に施された操作を反映しているとは考えられず、したがって粘土板が円筒形に成形される際につくであろう布目が、円筒形になってから後に加えられるであろうケズリという操作以後につくことは考えられないことから、現在ではこの条痕をケズリと称することは誤りであると考えている。

その成因に関しては、粘土板を作る際に生じたコビキ痕の類である可能性を指摘するにとどめ、今後の課題としておきたい。

② 底部の粘土塊の充填方法

底部の粘土塊の充填方法に関してはこれまでもいく度か触れてきたが、問題がきわめて多岐にわ

たるので、「泉湊伊織」の焼塩壺に限定せず、Ⅱ類の焼塩壺全体を対象とした概観を行っておく。

　Ⅱ類の焼塩壺の成形方法は、1枚の粘土板を内型の回りに巻きつけて粘土筒とし、その一方の端に粘土塊を詰めて底部とするというのが基本であるが、この粘土塊を詰める際の操作にいろいろな違いがあり、時期差や壺屋の系統を考えるうえでの手がかりとなっているとともに、刻印との関係において、壺塩屋の系統との関係を論ずるうえでの手がかりともなっている。

　以下、一部第2章と重複する部分もあるが、こうした問題について言及した小川、大塚氏、両角氏の3者の議論を整理する。

　ⅰ）小川の議論——3ピースと2ピースの別——

　小川は底部粘土塊挿入の際のパーツ数から区分を試みている。すなわち、粘土筒の末端に直接粘土塊を充填するものを2ピース、粘土塊を詰める前に、粘土筒の内側に紐状の粘土をめぐらせて[1]、ここに粘土塊を充填するという方法を採るものを3ピースと呼称している。そしてこの3ピースにあっては粘土紐が細く、その結果底面に二重圏線が認められるものと、粘土紐が太く底部に二重圏線が認められられないものの2種が存在することを指摘した。これらの3ピースに認められる下位の区分は、かつて筆者が「御壺塩師/堺湊伊織」の刻印をもつ焼塩壺に関する検討を行った際に指摘したものであるが（小川1994a：第5図-4, 5）、同時にこれが他の刻印にも敷衍されうる可能性についても指摘している。

　ⅱ）大塚氏の議論——粘土塊の挿入方向——

　大塚氏は東大・法文の報告・検討を行うにあたり、緻密な観察を行っている（大塚1990a・b・c・1992b）。今後の検討において重要な指摘も含まれているため、以下に詳しく引用する。大塚氏は粘土塊を粘土栓と呼び、これが筒形の粘土板の内側から、すなわち最終的に口縁になる方から挿入される「内側栓」と、外側から、すなわち最終的に底面になる方から挿入される「外側栓」との別のあることを指摘した。そして、内側栓のものには「粘土の栓は内側から入れられ、布が巻かれた棒状工具によって強く押し込められ、……さらに、外から底部の粘土の栓を指頭で押しつけて器面に馴染ませようとしている」〈粘土紐→棒突き＋指圧〉、「筒の一端の内側に粘土紐をひとめぐりさせはりつけ、……筒状の身を台に置き粘土栓を中に入れて……工具で突いて栓を圧着」〈粘土紐＋棒突き〉、「筒状の体部を台の上に置き、その中に入れた粘土栓を棒で突いて体部に圧着させただけで底が仕上がっている」〈棒突き〉の3種、および「底部は粘土栓を入れて工具で押す（粘土栓の周囲が捲れ上がっている）一方、外から筒の端部を指頭で栓に向かってなでつけている。その上に、少し粘土を足し、指頭で押しつけている」もの——外側から粘土が加えられてはいるが、粘土塊が最初に挿入されるのは内側からであり、内側栓の一種とすることができる。大塚氏の表記に従えば〈棒突き→外側粘土＋指圧〉となろう——と「粘土栓を入れた後、外側から指頭でなでつけて」いる点では上の例などと類似するが「粘土が外から付け足されてはいないように見える」もの——同じく〈棒突き→指圧〉——の2種に言及している。一方、外側栓については「……粘土塊の栓を外側から入れるのである。底部には板目状の圧痕が残っていることから判断して、板状工具でなでつけて平らにしたようである」とするもののみに言及する[2]。

　そして刻印との関係では、「泉州麻生」が〈棒突き〉に見られ、「御壺塩師/堺湊伊織」が〈粘土

紐→棒突き＋指圧〉と〈粘土紐＋棒突き〉の両者に見られ、それらの「土器扱いが全く異なる」ことから「一方から他方へ時期差の中で技法上の変化したものと見るべきではない」とする。また〈棒突き→指圧〉には「泉湊伊織」が、〈棒突き→外側粘土＋指圧〉には「泉川麻玉」の刻印が捺されているとしたうえで、刻印がなく「蓋掛ケノアルモノ」の退化的とされる例が外側栓であるところから、〈粘土紐→棒突き＋指圧〉が〈棒突き→外側粘土＋指圧〉を経て外側栓に変容していくとの推定を行っている。そして、「御壺塩師/難波浄因」の刻印をもつ製品などに対しても〈粘土紐→棒突き＋指圧〉の一連のものとの位置づけを与えている。とくに、この最後の点については後に再び触れることになる。

　ⅲ）両角氏の議論—粘土塊挿入後の操作—

　すでに見たように両角氏も、「造形痕」からの分類において同様の把握を示しているが、それらのうち（小林・両角 1992）で-dとした「……底部を内外両側から粘土塊によって充填した痕跡のあるもの」は、ちょうど大塚氏の〈棒突き→外側粘土＋指圧〉に対応するように思われる。しかし後の（両角 1992）で、これは-e「……底部を粘土塊によって外側から充填し、内側から同時に押圧した痕跡のあるもの」と変更されている。また、新たに-d「……底部をドーナツ状の粘土と内側からの粘土塊によって充填し、外側から同時に押圧したもの」が設けられているほか、前者での-f「体部上半に板状粘土の接着痕があり、更に体部下半から底部にかけてとの接着痕があるもの」が除かれている。このうち粘土塊挿入に関する部分を見れば、内側と外側という両側からの粘土の挿入および貼付という項目が除去され、その代わりに粘土紐を伴う内側栓と外側栓の両者に、内外からの押圧という項目が加えられたことになる。「泉湊伊織」の刻印は、外側栓の、押圧方向の異なるこの2種のものに捺されているとされている点で、これは重要な変更である。また「御壺塩師/難波浄因」などの刻印をもつ3ピースの製品に対しては、当初の内側のみからの押圧から内外からの押圧に変更がなされたことになる。

　ⅳ）「泉湊伊織」の位置づけ

　以上の議論を前提として、改めて「泉湊伊織」の焼塩壺の成整形技法を見直してみることにする。まずそのパーツ数であるが、これまで報告のあるものはいずれも2ピースである。しかし、【集成】には含まれないが、東大本郷構内の遺跡医学部附属病院外来診療棟地点［文-71］（以下、東大外来地点と略称する）の出土資料の中に明瞭な3ピースの製品を見出すことができ、すべてを2ピースとすることができないことが明らかとなってきている。ちなみに、この製品の粘土紐は太く、底面に二重圏線が認められないタイプのものである。

　次に粘土塊の挿入方向およびその後の操作であるが、「泉湊伊織」の刻印をもつ製品について大塚氏はこれを内側栓（棒突き→指圧）としているが、両角氏はこれに2種を認め、最終的にはいずれも外側栓で内面からも押圧されているもの（本稿ではaと称する）と、外側からの押圧のみのもの（同b）の2種としている。筆者の観察でも両角氏の指摘が肯首され、粘土塊の挿入が内側からなされたものは上記の東大外来地点の3ピースの製品を含め1点も認めることはできなかった。大塚氏が内側栓と見なした背景には、おそらく当時の資料的限界から、両角氏の指摘したような外側栓に対して内面から押圧を加えるという両方向からの押圧が認めえなかったため、内面からの押圧

の痕跡をもって内側栓と見なしてしまったものと思われる。

　これらのほか、底面が指頭によって強く押圧され、はっきりとした上げ底状になっているもの（Ⅰ）と、押圧が弱く、わずかに凹みが認められるもの（Ⅱ）、およびこうした操作が行われず、平坦になっているもの（Ⅲ）とがある。この両者の相違は、実測図からある程度は判断できるが、より具体的に検討するためには、やはり底面の拓影が必要である。そのため、ここではひとまず技法としてではなく、形態として深い上げ底であるか、わずかに底面が凹む程度の浅い上げ底であるか、平底であるかの相違があるという指摘にとどめておくことにしたい。

第3節　法量分布と共伴から見た年代的位置づけ

(1) 法量分布

　前節(2)で述べたように壺の器高は漸移的な変異と考えられるが、その要因はまさにその漸移的な点から見て時期差によるものと考えられる[3]。そこで、本節では壺の法量分布をもとに、これを他のさまざまな属性と比較し、その時期的位置づけなどの検討を行うことにする。

　ここでは壺の法量分布を見るにあたり、体部の傾斜や底径をも要素として取り入れるために、x座標に口径と底径の比（底/口比）を用いる方法を採る。これは第9章のⅢ-2類の焼塩壺を対象とした検討でも行っている方法である。その結果がグラフ1に示したものであり、全体に広がりを見せていることから、方向はともかくとして、漸移的な変化があったことをうかがわせる。以下、こ

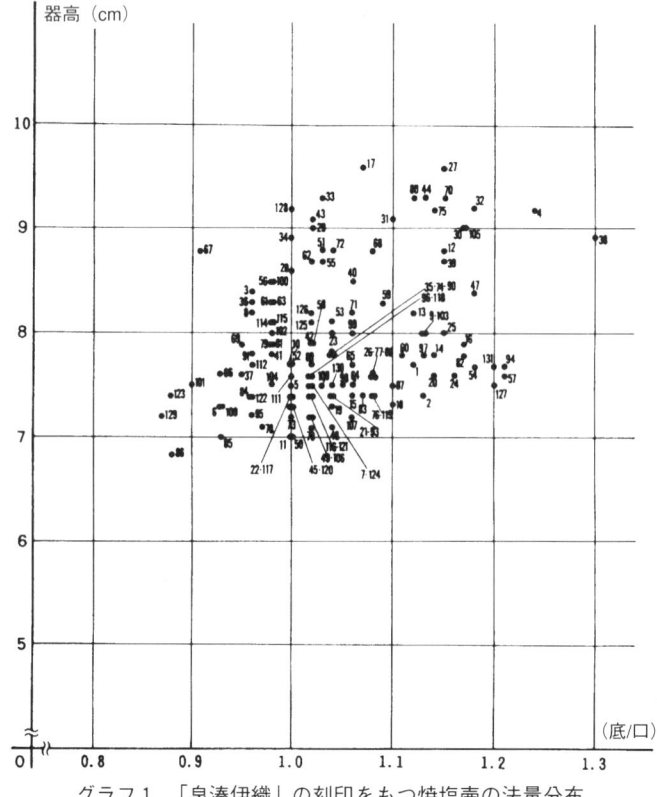

グラフ1　「泉湊伊織」の刻印をもつ焼塩壺の法量分布

れを基本にいくつかの検討を行う。なお、ここでは第9章と同様、【集成】のうちの一部の資料のみを対象としている。

(2) 共伴関係との対応と年代の推定

はじめに、他の焼塩壺との安定的な共伴関係を示すと思われるものを選び、それをこのグラフ上に落としてみた。なお、この場合の「安定的」とは、これまで筆者が行ってきた他の焼塩壺の年代的位置づけや同時期性と矛盾しないもの、および陶磁器の様相などから混入がないと考えられるものである。結果的には共伴の事例が限られているためにマークしうるものが少なく、はっきりとした領域が掴みにくいものもあるが、グラフ2のようになる。これによると、それぞれ1例、2例と少数ではあるが、もっとも上位に「泉州麻生」「泉川麻玉」の刻印をもつものとの共伴を示すものを見ることができる。またその下には5例の「サカイ/泉州麻生/御塩所」の刻印をもつものとの共伴例が位置する。さらにその下には、Ⅲ-2類との共伴を示すものが比較的多数位置している。このうち刻印をもつものとの共伴例は右側に、刻印をもたないものとの共伴例は左側に、一部重なり合いながら広がっている。

この結果をそれぞれの共伴する焼塩壺の推定されている年代と併せて考えると、第一の「泉州麻生」「泉川麻玉」と共伴する領域は1730年代、第二の「サカイ/泉州磨生/御塩所」と共伴する領域

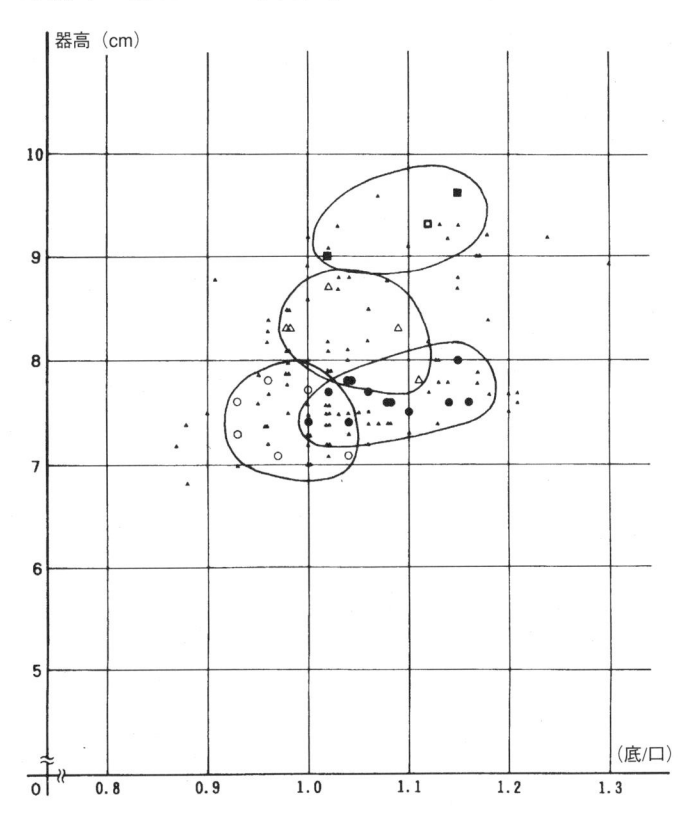

□ ―「泉州麻生」との共伴例　　● ―ロクロ成形（刻印あり）との共伴例
■ ―「泉川麻玉」との共伴例　　○ ―ロクロ成形（刻印なし）との共伴例
△ ―「サカイ/泉州麻生/御塩所」との共伴例　　▲ ―共伴のないもの

グラフ2　「泉湊伊織」の他の刻印との共伴例

は1740年代、Ⅲ-2類と共伴する領域は1750年代以降ということができる。なおこの焼塩壺の年代は、火災の年代などにもとづく遺構の推定廃絶年代や、遺構において共伴する紀年銘資料ないし陶磁器の年代などから措定したものであり、あくまでも現時点での試案である。

　この結果によって、また前稿と同様「泉湊伊織」の焼塩壺が年代とともに次第にその器高を減じていくという傾向を示すことができた。この傾向は「泉湊伊織」に限らず、大半の焼塩壺においても認められるところである。具体的には、かなり大雑把ではあるが器高が9㎝以上のものはおおむね1730年代、器高が9㎝未満8㎝以上のものはおおむね1740年代、器高が8㎝未満のものはおおむね1750年代以降、「泉湊伊織」の焼塩壺の最終末、おそらくは1770年代までということになる。

(3)　刻印の細分との対応

　次に刻印に見られるa、b 2種がどのような分布を示すかを見ると、グラフ3のようになる。この点については、既に東大病院地点［文-8］の資料を対象に同様の検討を行っており（小川 1990）、その際には両者のバラつき方に違いが認められることから、何らかの"積極的な意味"が見出されるとしているが、その具体的な"意味"は明記していない。今回の検討では、aが全体にほぼ均等に散在しているのに対し、bは下2/3の範囲にのみ見られるという違いがあることがわかる。だが、これを上述の年代的位置づけと重ね合わせると、aは1730年代から最終末まで通して見られ、bは

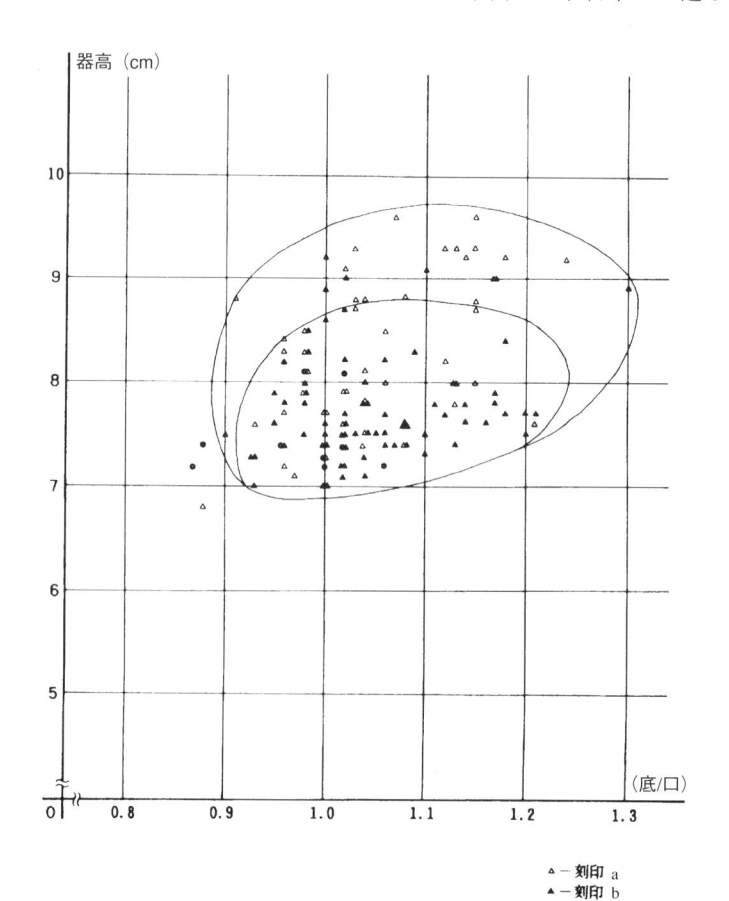

△ - 刻印 a
▲ - 刻印 b
● - 不　明

グラフ3　「泉湊伊織」の刻印の分類との対応

1740年代以降最終末まで見られることがわかる。つまり、印体の使用開始時期が異なっているわけであり、abの違いの認定が即座に年代を決定する手がかりとはならないものの、少なくともbの刻印であれば1740年代以降の製品ということができることになる。また、第3章の「泉州麻生」の刻印をもつ製品に対する検討で得られた結果では、同時に2種類の印体が使用されている場合のあることは同様であるが、時間の経過に伴ってかなりはっきりとした印体の交替が示されていた。しかし「泉湊伊織」の焼塩壺にあっては、印体は交替されずに新たなものが追加され、同時に旧来の印体も使い続けられたことが推定されるのである。

(4) 器形との対応

次に、器形と法量分布との対応関係を見ることにする。まず全体的な体部の形態では、アがもっとも上方、すなわち年代的に古い方に位置し、ついでイ、ウと重なり合いながら次第に下方に下がっている（グラフ4）。このことは、体部の形態が直立に近くかつ直線的に立ち上がるものから、体部がわずかに屈曲するものを経て、やや外反気味に開くものへと移行していることを表している。この結果を上述の年代的位置づけと重ね合わせると、イに分類されるタイプのものが現れてくるのが1740年代、同じくウが1750年代であると推定される。

一方、口唇部の形態では先に行った分類上の3種はほとんど重複し合っているように見える（グ

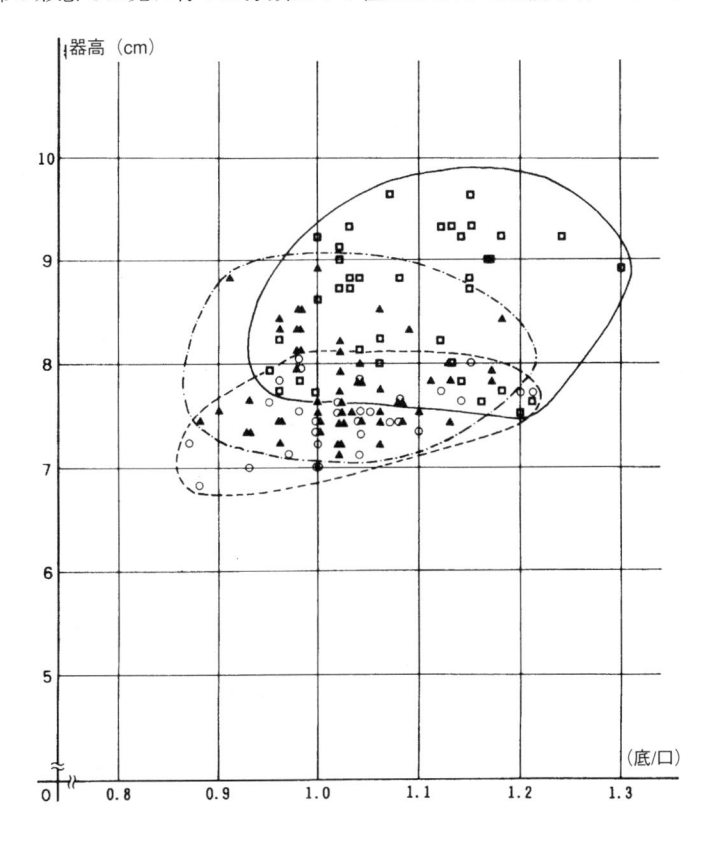

グラフ4　「泉湊伊織」の体部の形態との対応

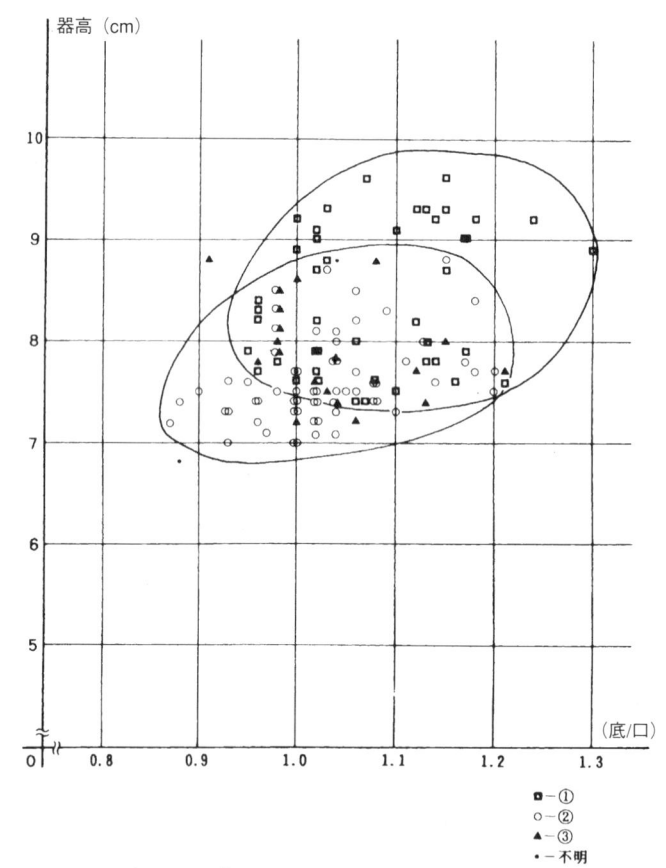

グラフ5 「泉湊伊織」の口唇部の形態との対応

ラフ5）。しかしより詳しく見ると、比較的上方に①が分布し、②が相対的に下方に分布し、③は主に両者の重複した領域に広がっていることがわかる。このことは、口唇部に比較的はっきりした高さと厚みを有する蓋受け部分をもつものから、これが痕跡的なものへと推移していき、その過程で口唇部の断面が三角形状を呈するものが生じるということを表している。体部と同様に年代を考えると、②、③というタイプの口縁部形態の出現は1740年代であると推定される。

(5) 成整形技法との対応

最後に成整形技法と法量分布との対応関係を見ることにする。先に触れた3ピースのものは、今回の検討の対象外なので、このパーツ数については今後の課題としておく。一方、粘土塊の挿入方向もすべて外側からであるので、ここでは粘土塊挿入後の操作として、外側からの押圧のみのもの（A）と、同時に内側からの押圧のあるもの（B）とを図上に示すと、グラフ7のようになる。また、底面が深い上げ底状を呈するもの（Ⅰ）、浅い上げ底状を呈するもの（Ⅱ）、平底であるもの（Ⅲ）の3者について図上に示すとグラフ6のようになる。これらの結果を見ると、それぞれの図において、各要素は他の要素と完全に重なり合っており、これまでの検討とは異なり、時期差を反映したものとはいえないということが示唆される。

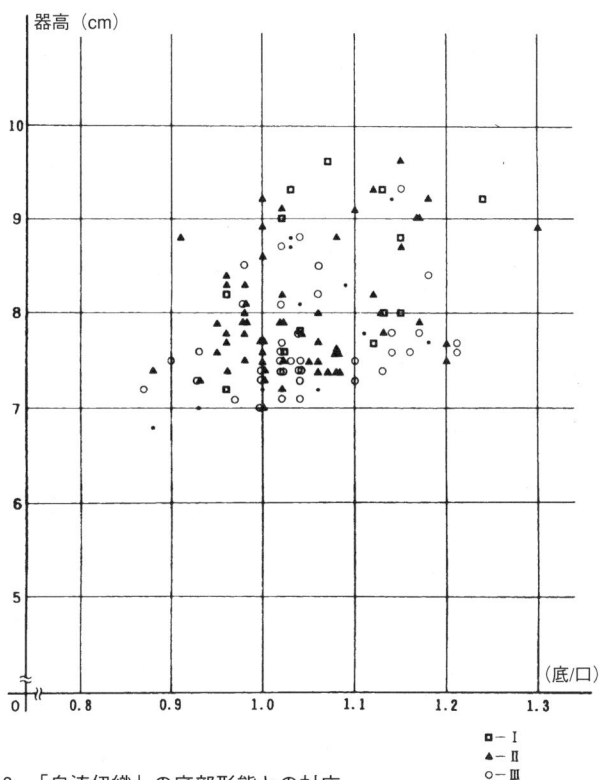

第5章 「泉湊伊織」の刻印をもつ焼塩壺　137

グラフ6　「泉湊伊織」の底部形態との対応

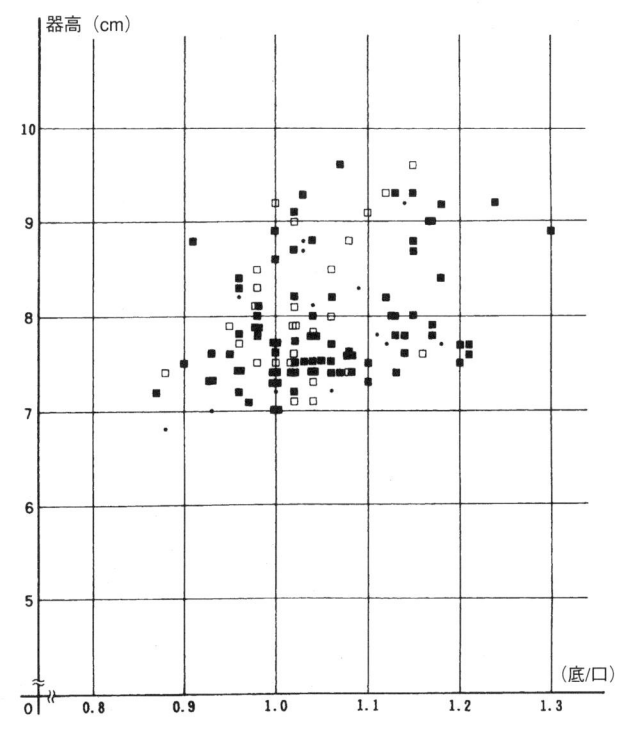

□ — Ⅰ
▲ — Ⅱ
○ — Ⅲ
・— 不明

グラフ7　「泉湊伊織」の粘土塊押圧方向との対応

■ — A
□ — B
・— 不明

第4節　壺塩屋と壺屋の系統

　第2節で述べたように、「泉湊伊織」の焼塩壺には二つの際だった特徴がある。その第一は、胎土に金色の雲母粒子が含まれていることであり、第二は内面の下方約1/3の部分に段をもつことである。また前節で行った検討の結果は、これらの製品に見られる刻印の字体や器形、成整形技法などに見られる分類上の差異が、年代的な変化の結果としてとらえうるものであることを示している。このことは「泉湊伊織」の刻印をもつ一連の焼塩壺の壺自体の生産者、すなわち壺屋における同一性ないしは強い類縁関係を示すものである。

　刻印の印文について検討してみると、「御壺塩師/堺湊伊織」と「泉湊伊織」とは、その間に『船待神社菅公像掛軸裏面願文』〔史料13〕にあるような「御壺塩師/泉湊伊織」の印を置くことなしには直接の変遷を考えることはできないが、少なくとも現時点で、この刻印を有する焼塩壺は得られていない[4]。したがって、藤左衛門系の他の製品に見られる刻印の変遷、すなわち「ミなと/藤左衛門」→「天下一御壺塩師/堺見なと伊織」→「天下一堺ミなと/藤左衛門」→「御壺塩師/堺湊伊織」という一連の変遷の上に、即座に「泉湊伊織」を位置づけることはできない。他方、壺の成形技法から見ても、「泉湊伊織」に先行するとされてきた「御壺塩師/堺湊伊織」の刻印をもつ一連の製品の、もっとも新しく位置づけられるものと「泉湊伊織」とでは、粘土塊の挿入方向だけでも内側からと外側からという相違が存在するばかりでなく、2ピースと3ピースという根本的な相違も存在すると考えられる。すなわち、「御壺塩師/堺湊伊織」の成形技法が3ピースから2ピースに変化してその終焉を迎えるのに対し、1例ではあるが「泉湊伊織」に3ピースの製品が存在し、単純に3ピースから2ピースへの変化が「御壺塩師/堺湊伊織」の段階で生じ、それが「泉湊伊織」に継承されたとは見なせないからである。

　従来、「泉湊伊織」の焼塩壺の出自として考えられてきた藤左衛門系の壺塩屋の製品との間に見られるこれら多くのギャップに対して、これまでにも代案が提示されてはきたが、それは壺の形態や胎土からのものであり、いわば壺屋の異同を論じたものであった。

　今回、この問題に対して改めて検討を行うが、こうした問題に見通しを与えるために、ひとり「泉湊伊織」の刻印をもつもののみを対象とするのではなく、焼塩壺全体を対象として「泉湊伊織」と共通する要素をもつ製品を抽出する作業を行ってみることにする。

　初めに焼塩壺全体を対象に、「泉湊伊織」の焼塩壺と同様金色の雲母粒子を胎土中に含むという特徴を有するものを求めると、一群の焼塩壺が得られる。それらの刻印は「御壺塩師/難波浄因」「難波浄因」「摂州大坂」「泉州麻生」「泉州磨生」「泉川麻玉」「泉州麻王」[5]、および刻印のないもの（以下、無刻印と略称する）と、東大病院地点〔文-8〕Z35-5出土の刻印不詳のものである。このうち無刻印およびZ35-5例以外は、小林・両角氏の検討においても「泉湊伊織」との類縁性が示唆されたものであり（小林・両角1992）、両角氏のその後の検討においても「泉湊伊織」とは「同一の技術的背景をもった製作者集団における形態変化として同一線上に位置づけ」られたものである（両角1992）。なおここで「泉州麻生」としているのは、「泉州麻生」の刻印をもつもののうちで筆者が2類とした形態・胎土をもち、(2)h・(2)jと分類されたタイプの刻印をもつものである。また

「泉州磨生」としているのは前章でb類としたものである。その印文に関しては若干問題点を残すが、本論では「泉州磨生」としておく。またZ35-5例については、その所在が不詳ということもあって十分な検討が行えなかった。記憶や図面などから、胎土のみならず内面、底部の粘土塊挿入方法など、上記の一群のものとの共通点が多く、あるいはそれらのプロトタイプ的なものとも考えられるということを指摘するに止め、今回の検討からはとりあえず除外しておきたい。

　さて、これらは形態的には無刻印を除いて先の分類でのアに属するもののみであり、口唇部の形態でも無刻印を除いて①に属するもののみである。成整形技法は「泉湊伊織」と同様、いずれも筆者の分類でⅡ類とした板作りであり、例外は存在しない。内面の離型材の痕跡は、筆者の実見ないしは報告書で確認しうる範囲では、無刻印を除いていずれも編布状の布目が見られるだけでなく、下方約1/3ないしはそれ以下の部分が段を介して平滑になっている。底部の粘土塊の充填方法は、無刻印は2ピースのみであるが、それ以外は3ピースであると思われる。もっとも報告書の図によっては2ピースとされるものも存在する。しかし、この点の確認は不可能なものも多く、現時点では具体的に論じることはできない。粘土塊挿入の方向と挿入後の操作についても、報告書から読み取ることのできるものは限られているが、両角氏はいずれもC1-d-ホに分類しているところから、3ピース、2ピースの別は措いても、「内側からの粘土塊によって充填し、外側から同時に押圧したもの」と見なされていることがわかる。しかし、筆者が実見した限りでは、これらを積極的に内側からの挿入と見なすことはできなかった。すなわち、内側の粘土塊の上面の縁の部分には、確かに栓によって押圧されたことを示す粘土の"捲れ上がり"が見られるものも存在するが、その圧力は比較的弱く、押圧の痕跡のほとんど認められないものも存在する。しかも、明らかに内側栓と認められる「御壺塩師/堺湊伊織」や「泉州麻生」の刻印をもつものの粘土栓とは異なり、大部分のものでは粘土塊が円筒形状をなし、その側面が粘土筒と接していないのである。外側からの指頭による押圧の痕跡のないものも見受けられはするが、多くの場合底面が指頭によって執拗に押しつけられていることを考えても、この内面の押圧の弱さは理解し難いものである。したがって筆者は、これらの製品の底部の粘土は外側から挿入されたものと考えている。そして内側からの押圧と思われる痕跡は、実際には外側からの挿入とその後の指頭による押圧の際に、内側に保持せられた内型に対して粘土塊の末端が押しつけられた結果生じたものと考えている。

　このように考えると、これら一群のもののうち刻印を有するものは、とくに「泉湊伊織」の焼塩壺と壺の諸属性上強い類縁関係をもっており、両角氏の指摘にもあるように「同一の技術的背景をもった製作者集団」による製品の一群であると考えられる。しかし、これらが壺塩屋の異同といかに関わっているのかに対する見通しを得るためには、これらが同時に存在したものであるのか、あるいは年代的な変遷を経たものであるのかを検証する必要がある。そこで次に、無刻印も含めたこれらの焼塩壺の法量を「泉湊伊織」の焼塩壺と同じ座標上に記して検討する（グラフ8）。

　この結果を見ると「御壺塩師/難波浄因」「難波浄因」「摂州大坂」「泉州麻生」「泉州麻王」「泉州磨生」の刻印をもつものが「泉湊伊織」の焼塩壺の領域の上方にわずかに重なるように位置していることがわかる。より詳しく見ると、その中でも「泉州麻生」「泉州麻王」「摂州大坂」がやや上方に、「御壺塩師/難波浄因」「難波浄因」および「泉州磨生」がわずかに下方に位置し、この3種が

140 第二部 各　論

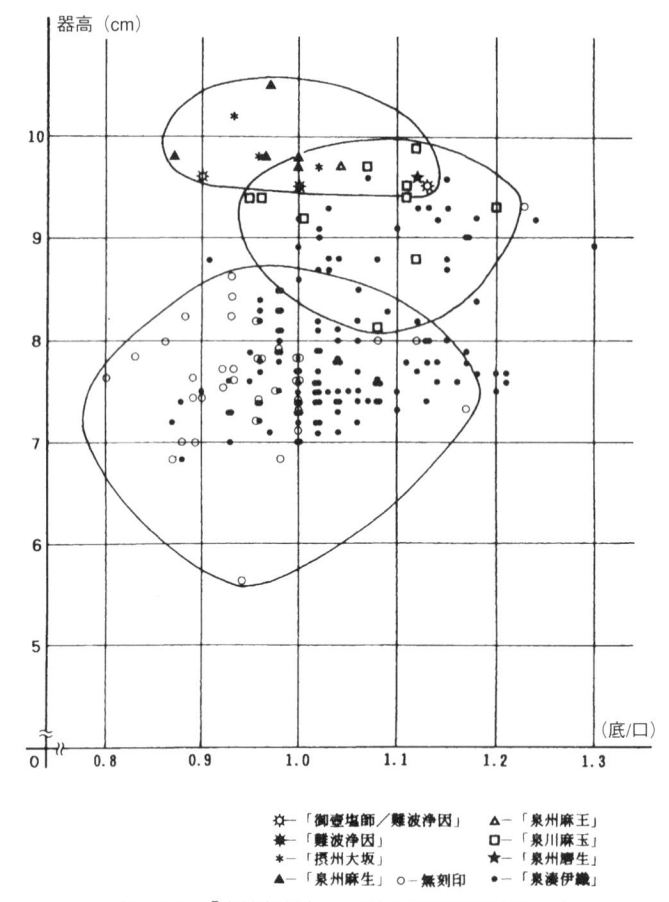

グラフ8　「泉湊伊織」その他の刻印別の法量分布

「泉湊伊織」の焼塩壺の領域内に分布しているといえる。これらの刻印をもつものは年代的には1720年代のものと見なしうるが、このことはその領域が「泉湊伊織」の上方に位置していることと矛盾していない。ただし、後3者の年代が「泉湊伊織」の焼塩壺と重なる可能性も示唆される。また「泉川麻玉」の刻印をもつものは、この3者の領域に一部かかり、かつ「泉湊伊織」の刻印をもつものの領域の上方にも比較的広く重なり合って分布している。このことは「泉川麻玉」の刻印をもつものが、「泉湊伊織」の焼塩壺よりわずかに古く出現し、これよりも早くその終焉を迎えていることを推測させるものである。具体的には、1720年代末から1730年代初頭に出現し、1730年代の後半から40年代の初めには終焉を迎えると考えられるのである。

　一方無刻印のものは、これらとはほとんど重なり合うことなく、「泉湊伊織」の焼塩壺の分布する領域の下半からその下方にかけて分布を示す（1点であるが例外的にかなり上方に位置するものが存在するが、これはおそらく何らかの理由で刻印が確認できなかったか、あるいは生産の段階での刻印の捺し忘れということが考えられる。器形的には「泉州麻王」の刻印をもつものに類似する。なお報告書の中には遺存度が明記されていないものもあり、無刻印であることを確認することができないものもあるが、ここでは基本的に報告書の記載に従っている）。具体的な年代としては、無刻印のものは1750年代には出現し、「泉湊伊織」の焼塩壺との共存期を経て、「泉湊伊織」の焼塩壺

よりも後まで存続するといえよう。こうした結果はすでに佐々木達夫氏を始め、大塚氏、小林氏、両角氏の論じている無刻印を板作り成形の製品の中ではもっとも新しい時期の製品とする見方と一致するものであるが、一方で無刻印の法量の分布する領域が半分ないしはそれ以上「泉湊伊織」の刻印をもつものの領域と重なり合っていることは、「泉湊伊織」の焼塩壺がいっせいに無刻印に切り替わったわけではなく、両者が共存した可能性を示唆するものである。このことは製品のすべてに刻印が押されるわけではなくなった場合と、「泉川麻王」の刻印の捺された製品を生産していた壺塩屋と「泉湊伊織」のそれとが異なり、前者が先に無刻印化した場合とが考えられる。さらに第三の可能性として、より古い段階に比べ「泉湊伊織」の焼塩壺ないし無刻印の焼塩壺の生産される頃には壺自体の規格性が低くなり、結果として法量分布の見かけ上の重複をもたらした場合も考えられる。いずれにせよ無刻印のものは胎土・形態・内面の様相などにおいて均質ではなく、たとえば口縁部の形態や内面を見ても「泉湊伊織」の焼塩壺からの時期的変化の延長線上に位置づけられないものも存在する。

　さて、上記の結論を前提として壺塩屋の系統について検討すると、すでに述べたように、「泉湊伊織」という印文は「御壺塩師/泉湊伊織」の刻印を介して藤左衛門系の壺塩屋の製品として「御壺塩師/堺湊伊織」の系譜上に位置づけられるが、現状では出土資料としては「御壺塩師/泉湊伊織」の刻印をもつものは存在しない。そして、ここまで見てきたように、「御壺塩師/堺湊伊織」と「泉湊伊織」との間には、壺そのものの形態・胎土・成形技法などに大きな隔たりがある。その一方で、同一の壺屋ないし強い類縁関係をもつ一群の壺屋が、「泉湊伊織」の出現以前から一群の製品を生産していたと見なされる。

　そこで、これらの製品について改めてその印文をもとに検討すると、前田氏が述べている藤左衛門系の壺塩屋末裔からの聞き取りの結果をもとに渡辺氏が論じた、藤左衛門系の動向が重要になってくる。すなわち、藤左衛門系の壺塩屋は八代休心の時代に難波に出店を出していたこと、9代目の藤左衛門が湊村の船待神社に寄進した〔史料13〕が元文3年（1738）の紀年があるということである。したがって、難波の支店は遅くともこの年までには設置されていたと推定される。また、この史料に見られる印が「御壺塩師/泉湊伊織」であるということは、「泉湊伊織」の刻印の焼塩壺が1730年代には出現していたとする推定からすると、「泉湊伊織」の焼塩壺はこの時点ですでに生産が始まっていたと考えられる。つまり、湊村の「御壺塩師/泉湊伊織」の刻印と「泉湊伊織」の刻印とが同時に併存していた可能性が強いということであり、前者はすでに焼塩壺に捺されることはなかったとも考えられる。

　したがって、第2章で見たように藤左衛門系の壺塩屋は17世紀の末頃、「御壺塩師/堺湊伊織」の印文の刻印を使用していた時代に、それまでのⅠ類の壺を作る壺屋にかえて、Ⅱ類で3ピースの壺を作る壺屋に壺を作らせるようになるという、壺屋の変更を行っていたとの推定を行ったが、その後遅くとも40年後にはすでに湊村での壺焼塩の生産を終了していたと考えられる。

　そこで改めて先に見た法量分布から推定される年代観と併せ考えると、まず藤左衛門系の壺塩屋は1720年代には生産の主体を難波に移し、おそらくは何らかの刻印の壺を生産する。一方で、少なくとも1720年代には大坂の地で「泉州麻生」「泉州麻王」「摂州大坂」の刻印をもつ焼塩壺が生産さ

れ始め、その後「御壺塩師/難波浄因」と相前後して「難波浄因」「泉州磨生」が、次いで「泉川麻玉」が、さらに「泉湊伊織」が生産されるようになる。これらの大半はわずかな期間で終焉を迎えるが、「泉川麻玉」と「泉湊伊織」の刻印をもつものが残り、1740年代には「泉湊伊織」の焼塩壺のみとなる。その後並行して刻印のないものも作られ始めるが、藤左衛門系の壺塩屋が明治時代まで生産を行っていたことが知られているのであるから、おそらく上記の変遷の中の「泉湊伊織」および無刻印のもののおそらく一部は、少なくとも藤左衛門系の壺塩屋の製品ということがいえよう。このことは印文中の「伊織」の名によっても裏づけられる。

このように考えると、「御壺塩師/堺湊伊織」の刻印をもつ製品の終焉後、「泉湊伊織」の焼塩壺の出現までの約10年間の藤左衛門系の壺塩屋の製品は「御壺塩師/泉湊伊織」などではなくて、この間に出現した一連の刻印をもつものであると考えるべきであろう。これらが同一ないし強い類縁関係をもつ壺屋の製品であり、それが「御壺塩師/堺湊伊織」の刻印をもつものを生産した壺屋とは異なることはすでに述べたが、壺塩屋という点から見れば少なくともその一部は一連のものであったと考えるべきであろう。もちろん一つの壺屋が異なった壺塩屋の製品を作ることもありえなくはない。たとえば上記のうち「御壺塩師/難波浄因」は、「御壺塩師」が共通しているものの、藤左衛門系との関連をうかがわせる固有名詞は難波以外含まれていない。したがって渡辺氏の指摘するように、「御壺塩師/難波浄因」および「難波浄因」の刻印をもつ製品を藤左衛門系の難波の支店のものとする積極的な根拠はないことになる。しかし、これを除くと残りの刻印の印文は、他の既存の壺塩屋の刻印と同じ印文である「泉州麻生」と「泉州磨生」、模倣の結果生じた印文である「泉州麻王」「泉川麻玉」など、オリジナルなものではない。また「摂州大坂」も基本的には「泉州麻生」の模倣とも考えられよう。現状ではこれらの模倣の印文を使用した壺塩屋を特定することは困難であるが、まったく異なった固有名詞をもつ「御壺塩師/難波浄因」「難波浄因」を仮に別の壺塩屋の製品としても、それ以外は「泉湊伊織」に先行する製品と考えるべきであろう。大坂に支店を出すに至った事情は明らかでないが、おそらくは事業の拡大というよりも「泉州麻生」の刻印をもつものが市場を席巻し、その影響から衰退の道をたどり始めた藤左衛門系の壺塩屋が難波へ生産地を移動し、これに応じて壺屋も変更したのではなかろうか。そして当初は「泉州麻生」のような同一の印文の製品や「摂州大坂」のような印文の製品を作るが、抗議を受けるなどして、初め「泉川麻玉」、次いで「泉湊伊織」の刻印をもつものを作るようになる。「泉川麻玉」の刻印の枠線が初めは二段角であるが、後には「泉湊伊織」と同じ隅切長方形となっていることは、両者の共通性をうかがわせるものである。しかし、1740年代には「泉川麻玉」は中止され、「泉湊伊織」に一本化される。ちょうどこの時期に「泉湊伊織」の印体が2種類となることは、これに関連しているかもしれない。

第5節 小　　　結

以上、「泉湊伊織」の焼塩壺の法量分布をもとに、その年代および壺塩屋と壺屋の系統に関して考察を加えてきた。またその過程で、関連する製品を含めた壺の成形技法にも言及することとなった。その結果、「泉湊伊織」の焼塩壺が藤左衛門系の壺塩屋の系譜の中に占める位置を始め、いく

つかの点を明らかにすることができた。

しかしながら、繰り返し指摘したように資料的な限界も含め明らかにすべき点も山積している。「泉湊伊織」の焼塩壺の年代観に関しても、器形等の分類項目相互の対応関係や無刻印および他の刻印の製品を含めて具体化・精緻化しなくてはならない。とりわけⅢ-2類という小形のロクロ成形の製品の出現は、無刻印の板作り成形の製品の出現との関係のうえでも重要であろう。また「泉湊伊織」と同一の壺屋ないしは強い類縁関係をもつと思われる一群の壺屋の製品相互の関係は、無刻印の製品のあり方とも関わる重要な問題点である。内面の各種の痕跡や胎土、呈色、底部の充填方法など、より広い視点で論じていかなくてはならない。

註

1) 3ピースの「御壺塩師/堺湊伊織」の成形手順における粘土紐の入れられる時期については、第2章でも触れたように、粘土筒→粘土紐→粘土塊というこれまでの解釈を否定しうる資料が存在することを指摘したが、他の刻印をもつ3ピースの製品においても、こうした例は存在する。

   東大病院地点C28-1・2例の「御壺塩師/難波浄因」の刻印をもつものや、東大・病院C28-4・5例の「泉州麻生」の刻印をもつもののように、同じ3ピースでも離型材の布が芯の先端にまで及んでいなかったためであろう、壺の内面の下1/3ほどが段を介して平滑になっている部分が見られるタイプのものでは、粘土板と粘土紐の接合部の線が、この平滑な部分に現われているものがある。この場合平滑な部分は面として乱れを生じてはおらず、やはり粘土紐が粘土板と内型の間に、先に位置していたとの解釈も可能である。「泉湊伊織」の刻印をもつ3ピースの例はわずか1例であり、この例ではこうした現象は認められなかったものの、3ピースの成形技法の手順には、これまでとは異なった解釈もありうることを指摘し、これが単に工人の癖や何らかの偶然による特異な例外であるのか、あるいは時期的な差異などを示すものであるのかは、確認できる資料が限られているため現状では判然としないため後考に期したい。もっともこのことは大塚氏を含めこれまでなされてきた議論の論旨を損なうものではないことはもちろんである。

2) 大塚氏の指摘するように、焼塩壺の底面に、指頭圧痕とは別の工具痕、ないしは乾燥硬化する以前の壺を置いた際についた台などの表面の痕跡を見出すことができる。それらは、目の細かさや連続性の有無から簾目・ムシロ目・板目などと呼称しており、筆者も東大病院地点の報告ではこれを記載し拓影を示している。前註で触れた3ピースの製品の底部に関する筆者の検討にも示されるように、この点の分析は成整形の順序などを示す重要な情報源なのである。しかし、多くの報告書ではこうした点に関する報告を見ることができず、今回はこの部分に対する注目の必要性を指摘するにとどめ、その具体的検討は今後の課題としておきたい。なお、指頭による押圧などの痕跡については後に触れることになる。

3) これから試みるような、法量の分布の広がりの相対的な位置をもって時期差を表すものとするためには、同一時期の製品が特定の部分に集中すること、つまり規格性がある程度高いことが前提となる。今回の考察では、同時廃棄の認定しうる多数の出土資料のような形では、こうした規格性の高さを事前に前提とすることはできなかったが、結果的にはばらつきを有しつつも一定の規格性を示すという結論が得られたといえる。

4) 彦根城家老屋敷よりの出土資料に「御壺塩師/泉湊伊織」の刻印を有するものが紹介されているが、写真を見る限りでは「御壺塩師/堺湊伊織」の誤認と考えられる（滋賀県立近江風土記の丘資料館1982）。

5) 菅原道氏は都立工芸高校地点の出土資料の中に「泉川麻王」の印文をもつものが存在するとする（菅原1994）。菅原氏はこれを白鴎出土資料と同様の刻印であるとしており、『白鴎』の報告書［台-1］ではこの刻印の印文について「生字王」として、商標の詐称を目的として「泉州麻生」の第4字のみが換えられた「泉州麻王」であり、「堺の津田周辺で私製された」と見なしているが、第2字は「州」と見ている。都立工芸高校地点資

料は刻印の押捺が深く、明らかに第2字、第4字の点画のないことが確認できるという。当初「泉州麻玉」としてきた東大病院地点C28-1・2およびI20-3出土の2例にも「州」字と「玉」字に点画は認められないが、「州」字は書体によるものと思われるため、これらを本論では「泉州麻王」とすることにした。

第6章 「堺本湊焼/吉右衛門」の刻印をもつ焼塩壺

第1節 問題の所在

　「堺本湊焼/吉右衛門」の焼塩壺は、類例は少ないながらもその印文に「堺」「湊焼」の文字を含んでいることから、堺における在地系陶器・土器である湊焼との深い関係をうかがわせるものとして注目に値する。また、この湊焼という焼物そのものがいかなる製品を作っていたのか、逆に出土遺物のうちのどれが湊焼であるのか、地理的にどこまで分布を示しているのかといった、生産や流通の実態、あるいは定義に関しても明らかでない部分が多いことも事実であり、したがって本資料の時期的・系譜的検討は、湊焼そのものやそのうちの土器生産に関して新たな光をあてることができるものと考えられる。

　一方で、この刻印をもつ製品は、これまでなされてきた焼塩壺に関する議論にもきわめて多くの示唆を与えるものと考えられる。一つは「堺本湊焼/吉右衛門」の焼塩壺が壺屋そのものをうかがわせる印文の刻印をもつという点で、焼塩壺の生産者および生産のシステムに関して注目すべき資料と考えられることであり、今一つは「御壺塩師/堺湊伊織」の焼塩壺の壺塩屋および壺屋の系譜に関しても重要な資料となると考えられるのである。

第2節 集　　成

　ここで「堺本湊焼/吉右衛門」の焼塩壺の個別事例を集成するが、管見のかぎりでは現在「堺本湊焼/吉右衛門」の焼塩壺の出土は、都内で【集成】内の4遺跡と【集成】外の1遺跡の合計5遺跡よりそれぞれ1点ずつ、都合5点が報告されている。以下その概要を述べるが、遺跡の性格や遺構の年代観や種類などは報告書の記載によっている。

(1)　**文京区東京大学本郷構内遺跡医学部附属病院外来診療棟地点**（図29-1：江戸陶磁土器研究
　　　グループ 1996）〔文-71〕

①　遺　　跡

　本調査地点は江戸時代の大半には加賀藩邸および大聖寺藩邸が立地している。すなわち、加賀藩が本郷邸を下賜された江戸時代最初期の元和2・3年（1616・1617）から大聖寺藩成立の寛永16年（1639）までは加賀藩下屋敷、同年から天和2年（1682）の八百屋お七の火事までは大聖寺藩上屋敷、以後文政11年（1828）に加賀藩よりの借地によって再び大聖寺藩邸に含まれるまでは両藩邸の地境域に相当している。

②　遺　　構

　遺物の出土したSK290と呼ばれる遺構は、略報では遺構の主軸、出土遺物、火災記録などにより本地点で③期と呼ばれる元文3年（1738）～1820年代までの時期、加賀藩邸最東部に位置づけられ

ている。不整形の大型土坑で、土採りを目的として掘削された後、順次芥溜に転用されて一時期に埋没したものと想定されている。

　遺構には陶磁器・土器といった多量の遺物が伴い、焼塩壺も「堺本湊焼/吉右衛門」のほか、いずれもⅡ類の身6点と5点の蓋が伴っている。このうち1点の蓋の破片には家紋の立ち葵を描いたと思われる墨書が見られる。共伴する焼塩壺の身に見られる刻印は「泉湊伊織」5点と「サカイ/泉州磨生/御塩所」1点である。

　③　遺　　物

　【集成】には含まれていないが、1996年に行われた陶磁土器のシンポジウムⅡの資料集に実測図が掲載されており（江戸陶磁土器研究グループ 1996）、保管者のご厚意により資料を実見・実測することができた。

　本資料の成形技法は前述の筆者の分類によるⅡ類、すなわち板作り成形によるものであるが、遺存度は4割ほどである。推定口径7.0cm、推定底径4.8cm、器高9.5cmを測る。胎土および器面は橙色を呈し、胎土には比較的大形の砂粒と白色の粒子、およびごく微量の金色の雲母と思われる粒子が混じる。器面は横位にナデられているが、刻印の脇にはその押捺に伴うと思われる指頭痕が、体部下半約1/3には底部に向けての縮約に伴うと思われる指頭痕が観察される。この縮約は比較的強く、そのために体部はこの下半約1/3の部位で大きく屈曲している。体部は底部から口縁部に向かって次第に広がり、口縁部に作り出されている蓋受けの直下でつまみ出されて外側に突出し、この部位で最大径を有している。比較的厚みがあり、上面が内傾する蓋受けはその外側、体部と接する部位までが丁寧に削り出されている。内面には布目が観察されるが、これは底面内側にまで及んでいる。布目は編布状であるが、中央に二条、布目の強く現れた部分がある。また遺存している部分を左上から右下に斜めに目の乱れた部分が走っており、これらはあるいは布の剝ぎ合わされた部分であるかもしれない。底面の端には粘土紐の接合痕がわずかに観察され、このことと断面の観察から本資料の成形が、前述の3ピースの太紐によるものであることを知ることができる。底部を閉塞する粘土塊は残っていないが、この粘土塊に接していた部分が平滑な面を遺している。

（2）　新宿区住吉町西遺跡Ⅰ　（図29-2）［新-54］

　①　遺　　跡

　報告書の記載によれば、本遺跡は江戸時代には朱引線のすぐ外側に位置し、『御府内沿革図書』によって調査区の北西側が延宝年中以降「御留守居番組屋敷」始め、矢島、本多、天野の諸氏の屋敷であり、南東側は「御先手与力同心大縄地」であったことが知られるという。

　②　遺　　構

　遺物の出土した250号遺構は上記の北西部に位置する。遺構の形状は階段を伴う地下室であり、床面には長方形の土坑が伴っている。報告書の記載に従えば、遺物から判断される遺構の帰属年代は17世紀末葉から18世紀初頭に位置づけられる。この遺構には比較的多量（総破片数2,054点、総重量55,628ｇ）の陶磁器や土器類が伴うが、焼塩壺はほかに蓋が1点あるのみで、身では「堺本湊焼/吉右衛門」の刻印をもつ本資料のみである。

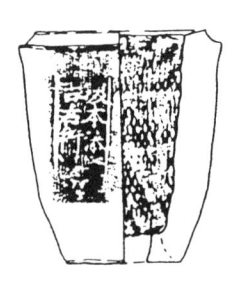

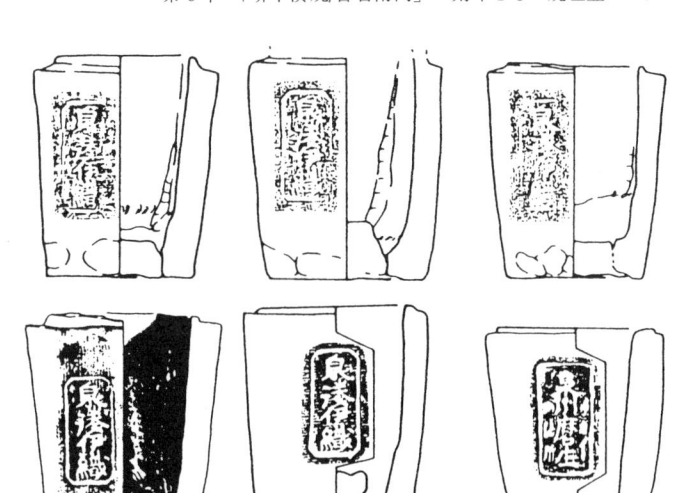

第 6 章　「堺本湊焼/吉右衛門」の刻印をもつ焼塩壺　147

1　東京大学構内遺跡
外来診療棟地点例と共伴資料
（江戸陶磁土器研究グループ 1996）

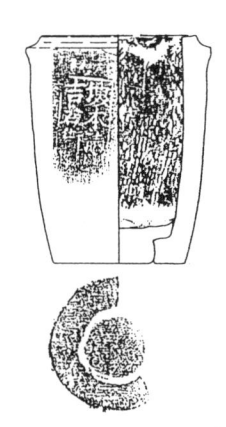

2　住吉町西遺跡 I 例（新-54）

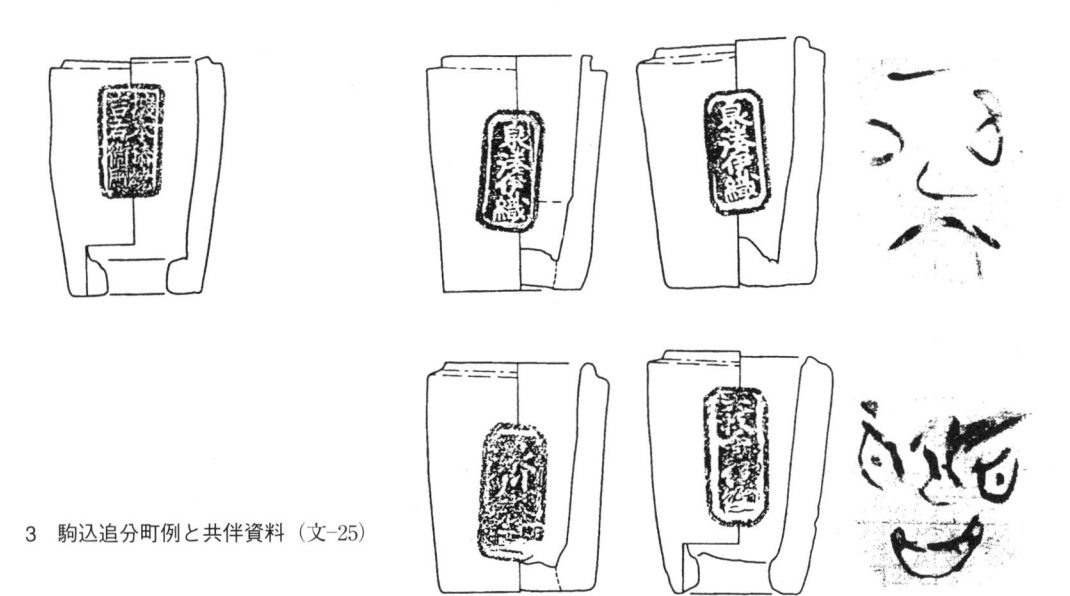

3　駒込追分町例と共伴資料（文-25）

図29　「堺本湊焼/吉右衛門」の刻印をもつ焼塩壺の類例とこれに共伴する焼塩壺(1)

③ 遺　　　物

報告書では写真のみの掲載であったが、保管者のご厚意により資料を実見・実測することができた。

本資料は6割ほどの遺存で、底部を閉塞する粘土塊も残っている。推定口径7.0㎝、底径5.5㎝、器高9.5㎝を測る。器壁が薄く、体部の屈曲の角度が若干異なるほか、内面の布目がほぼ均質であること、底面に二重圏線が認められない点が異なっているが、器形・胎土その他の点で前項(1)の東大外来地点例ときわめて類似している。法量も底径を除きほぼ同じである。

(3)　文京区駒込追分町遺跡（図29-3）［文-25］

①　遺　　　跡

本遺跡は中山道と日光御成道とが分岐する追分の地にあたり、現在は都道の本郷通り上に位置するが、江戸時代後半期においては道路の下ではなく、18世紀後半の宝暦年間（1751～1764）に創業したと伝えられる酒屋である高崎屋の敷地内に位置したと考えられている。このことは、調査区の中央から13群以上にも及ぶ麹室の検出からも知ることができる。

②　遺　　　構

遺物の出土した128号遺構は撹乱を受けているところから、その全容は明らかでないが、垂直に掘り込まれ、直角に交わる壁面をもつ。報告書では地下室に分類されており、帰属年代は18世紀後半代から19世紀初頭に位置づけられている。

本遺構には陶磁器や土器片類とともに本資料を含め5点の焼塩壺の身と、1点の蓋が伴っている。身はいずれも板作り成形で、刻印は「堺本湊焼/吉右衛門」のほかには「泉湊伊織」2点、「泉川麻玉」1点および「大極上上吉改」1点である。このうち、1点の「泉湊伊織」と「大極上上吉改」の刻印をもつものには人間の顔を描いたと思われる墨書がある。

③　遺　　　物

保管者の都合により資料の実見はできなかった。このため、以下は報告書の記載および実測図から知りえた範囲のものであることをお断りしておく。

本資料は底部を閉塞する粘土塊を欠くほかはほぼ完形である。口径6.0㎝、底径5.3㎝、器高9.5㎝を測る。上記(1)東大外来地点例、(2)住吉町西遺跡Ⅰ例と比較すると、蓋受け部分の形状や刻印は類似するが、器壁が薄く、また体部下半の屈曲の位置を始め法量・器形などにおいてかなりの相違が認められる。報告書には胎土や各種の調整に関する記載はなく、内面の布目に関してはその有無を始め詳細も不明である。また底面閉塞の仕方も不明で、成形技法等の詳細という観点から見て(1)、(2)との比較は不可能である。

(4)　千代田区永田町二丁目遺跡（図30-1）［千-28］

SX51と名づけられた遺構から出土しており、ほかに「泉川麻玉」(b) の刻印をもつ身、「浪花/桃州」の刻印をもつ蓋などが伴っている。

(5)　港区汐留遺跡（Ⅲ）（図30-2）［港-36］

伊達家屋敷跡の5Ⅰグリッド遺構外から出土している。

江戸遺跡以外では、管見では京都府京都市6条3坊よりの出土例3点と（田中 1995）、山口県萩

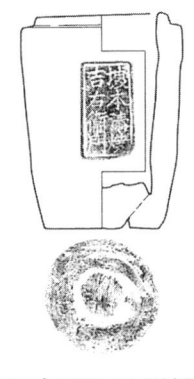

4 永田町二丁目遺跡例と
 共伴資料［千-28］

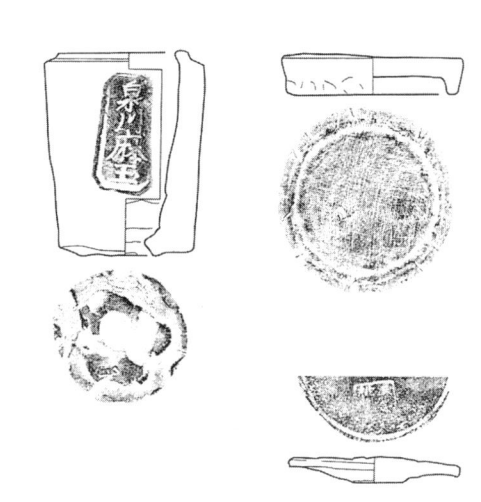

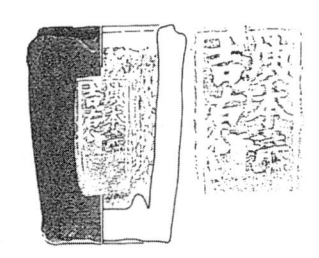

5 汐留遺跡（Ⅲ）例［港-36］

図30 「堺本湊焼/吉右衛門」の刻印をもつ焼塩壺の類例とこれに共伴する焼塩壺(2)

城外堀SK293よりの出土例5点があり、とくに後者では「御壺塩師/堺湊伊織」(b)、「難波浄因」などとの共伴が見られる（山口県埋蔵文化財センター 2002）。

第3節　年代的および系統的位置づけ

(1)　年代的位置づけ

　この「堺本湊焼/吉右衛門」の焼塩壺の年代は、類例がわずかなこともあって、比較的狭いと考えられる。しかし、遺構から出土する陶磁器類や遺構の主軸などによる遺構の年代観では、(1)東大外来地点例の1738年～1820年代、(2)住吉町西遺跡Ⅰ例の17世紀末葉から18世紀初頭、(3)駒込追分町遺跡例の18世紀後半代から19世紀初頭と、かなりばらつきがある。

　一方、共伴する焼塩壺の身の刻印から見ると、(2)住吉町西遺跡Ⅰ例では共伴がないが、(1)東大外来地点例では「泉湊伊織」5点と「サカイ/泉州磨生/御塩所」1点、(3)駒込追分町遺跡例では「泉湊伊織」2点、「泉川麻玉」1点、「大極上上吉改」1点であり、(1)東大外来地点例と(4)永田町二丁目遺跡例は1740年代前後、(3)駒込追分町遺跡例は1730年代～1750年代に位置づけられる。

　またこれらを直接比較すると、すでに述べたように(1)東大外来地点例と(2)住吉町西遺跡Ⅰ例、(5)汐留遺跡（Ⅲ）例は器形・法量とも酷似しており、(1)と(5)がわずかに底径が大きく、底部粘土紐の痕跡が認められないという相違点があるのみである。これに対し、(3)駒込追分町遺跡例と(4)永田町二丁目遺跡例はこれらとは大きく異なり、器壁が薄く、体部下半の屈曲の位置が体部の中央にあり、

法量もかなり異なっており、(1)東大外来地点例、(2)住吉町西遺跡Ⅰ例、(5)汐留遺跡（Ⅲ）例はきわめて近い時期に位置づけられる一方、(3)駒込追分町遺跡例と(4)永田町二丁目遺跡例はこれらとは時期的な差異がある可能性がある。

次にこれらの資料の成形技法を、すでに見た「御壷塩師/堺湊伊織」の焼塩壺の各時期区分と比較すると、(1)東大外来地点例では太い粘土紐が認められ、3 ピースの太紐に相当する。(2)住吉町西遺跡Ⅰ例は観察しえた範囲では粘土紐の痕跡が認められなかったことから 2 ピースに相当し、実見しえなかった(3)駒込追分町遺跡例、(4)永田町二丁目遺跡例、(5)汐留遺跡（Ⅲ）例も同じく 2 ピースに相当する。(1)東大外来地点例と(2)住吉町西遺跡Ⅰ例では内面に布目があることから、その具体的年代は不確定であるものの、第 2 章で見た「御壷塩師/堺湊伊織」の段階設定でいえば、前者が 4 期、後者が 5 期にあたることになる。

(2) 系統的位置づけ

これらの資料が「堺本湊焼/吉右衛門」の印文の刻印をもつことから、直接既知の系統の壺塩屋の製品とすることができないのは明らかである。むしろ、ちょうど藤左衛門系の壺塩屋から乗り換えられたⅠ-3類の壺を生産していた壺屋がそうしたように、独自に壺焼塩を生産したものとも考えられる。

そのように考えると、今度はその壺屋はその時期ないしはその前後の時期に、いずれかの系統の壺塩屋に壺を供給していたか否かが問題となってくる。そうしたとき浮かび上がってくるのが、「御壷塩師/堺湊伊織」の焼塩壺との成形技法上の強い類縁関係である。

内面に見られる布目については、「泉湊伊織」や「摂州大坂」などの刻印をもつ「御壷塩師/堺湊伊織」の焼塩壺よりも後出の一群では下1/3ほどに布目のない平滑な部分があることはすでに述べたが、「堺本湊焼/吉右衛門」および「御壷塩師/堺湊伊織」の焼塩壺では、この平滑部はなく内面の下端にまで布目が及んでいる。また、この一群では比較的多量の金色の雲母粒子が胎土に含まれているのに対し、「堺本湊焼/吉右衛門」および「御壷塩師/堺湊伊織」の焼塩壺ではまったく含まれないか、含まれていてもごく微量である。

さらに刻印を比較すると、「御壷塩師/堺湊伊織」の刻印のうち先に b としたタイプのものと「堺本湊焼/吉右衛門」の刻印とに際立った類似点が認められる。すなわち、両者に共通する「堺」の文字において、「田」の部分が「由」となっていること、「介」の縦の画がその上部の「人」と交わっているなど、きわめて似ているのである。

そしてこのbとしたタイプの刻印が、〔史料13〕に捺された「御壷塩師/泉湊伊織」の印と類似していることはすでに述べたところであり、これらの点から「堺本湊焼/吉右衛門」の刻印をもつものが、藤左衛門系の、とくに「御壷塩師/堺湊伊織」の焼塩壺と深い関係のあることがうかがわれるのである。

遺構における共伴資料の年代等から見て、「堺本湊焼/吉右衛門」の焼塩壺が「御壷塩師/堺湊伊織」の焼塩壺よりも後出であると考えられるが、上述のように「御壷塩師/堺湊伊織」の焼塩壺に後続すると考えられてきた一群とはまったく異なっており、こうしたことからこの「堺本湊焼/吉右衛門」の焼塩壺は、藤左衛門系の壺塩屋の製品が「御壷塩師/堺湊伊織」から「泉湊伊織」「摂州

第 6 章　「堺本湊焼/吉右衛門」の刻印をもつ焼塩壺　151

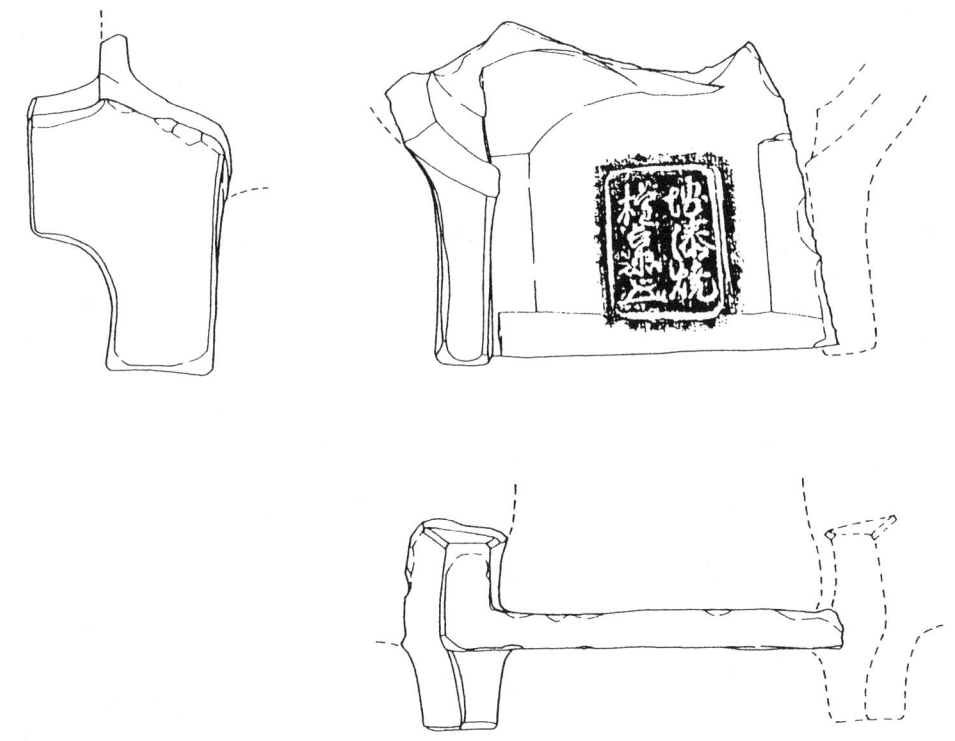

図31　伊丹郷町出土土師質土器風呂（川口 1997：S＝1/2）

「大坂」その他に移行した時期前後の製品であり、それまで「御壺塩師/堺湊伊織」の刻印の捺された壺を供給していた壺屋が、発注元である藤左衛門系が難波に移転していくにあたってその下請けを離れ、独自の製品を作り出した結果であるとも考えられるのである。

第4節　湊焼との関係―予察―

　ここで「堺本湊焼/吉右衛門」の印文に見られる「湊焼」について見ると、湊村（現在の大阪府堺市西湊町）とその周辺で江戸時代から生産された焼物の総称である湊焼を示すものと考えられる。湊焼に関する近年の川口宏海氏の整理によると、この湊焼には楽焼・交趾焼様の陶器と素焼の土師質土器、それに焼締めの擂鉢とがあるが、擂鉢には「堺焼」の呼称が定着しつつあるため、前2者のみを湊焼として、それぞれ湊焼陶器と湊焼土師質土器と呼ぶことがあるようである（川口1997）。

　新屋隆夫氏の『堺陶芸文化史』では、この湊焼について史料や伝世品から詳細に検討を加えておられ、刻印等の集成も多く収録されているが、それらによれば、文献資料から見ると「湊焼」には伊織焼、古湊焼、宗味焼、山本焼、飯室焼を始め多数の系譜があり、その中に本湊焼御室吉右衛門系の上田本湊焼と本湊焼津塩吉右衛門系の津塩焼が含まれているという。なお刻印の集成の中に、陶器ではあるが「堺」の文字が、先に指摘したような「田」が「由」になったものが見られる（新屋1985）。

　また土師質土器に関しては、森村健一氏や野田芳正氏による考古資料の分析も進められているが、基本的に堺市の環濠都市遺跡やその周辺で検出される中世にまでさかのぼる土師質土器甕を始めとする土器一般を湊焼と総称する立場と、「湊焼」の刻印をもつもののみなど慎重かつ限定的に用い

るべきとする立場とがあるようである（森村1980、野田1982・1984）。

　川口氏の紹介する伊丹郷町出土の土師質土器風呂には「堺湊焼/権兵衛（花押）」の刻印が見られ、その「堺」の文字も「田」が「由」になっている（図31：川口1997）。

　このように湊焼は単一の生産体系ではなく、いくつもの系統の生産者が存在し、それぞれ「湊焼」ないし「本湊焼」などと称していたことがうかがわれる。さらに考古資料の分析に際しての「湊焼」の定義に関しても多様な立場が存在するようであり、「湊焼」の文字を印文に含むとしても、その位置づけは単純ではない。

　ただ、新屋氏の集成にある焼塩壺や伊織焼（伊織窯）に関する記述では、壺塩屋と壺屋とを同一の存在と見なし区別されていないようである。確かに陶磁器や土器はそのほとんどがそれ自体が商品であるため、これに見られる刻印の多くはその生産者を示すものである。刻印の印文に現れる存在がその製品の生産者と同一の存在であるとは限らない焼塩壺の特殊性による混用であるとも思われ、したがってその伊織焼（伊織窯）としているものが、これ以外の土器生産者と異なるとは限らないと思われる。

第5節　小　　　結

　以上、きわめて限定された類例をもとに「堺本湊焼/吉右衛門」の焼塩壺について、湊焼との関わりも念頭に置きつつ、藤左衛門系、とくに「御壺塩師/堺湊伊織」の焼塩壺との関係の中で論じてきた。

　類例が限られているということもあって、その壺屋や壺塩屋の系統における位置づけを明らかにすることはできなかったが、「御壺塩師/堺湊伊織」に後続する焼塩壺が実際には現時点で明示しえないという事実の中で、いくつかの可能性の一つを提示することができた。

　分厚く、上面の内傾する口縁部形態を有するという点では「泉州磨生」の焼塩壺との関係をも検討すべきである。類例の増加を待って改めて論じなくてはならない。

　また湊焼との関係については、筆者がまったくといってよいほど不案内であるため、皮相的な検討しか行いえなかった。これについても、さらに研究を深める必要がある。なおこの「堺本湊焼/吉右衛門」の焼塩壺を検討するに先立ち、堺市埋蔵文化財センターで嶋谷和彦氏および森村健一氏に前述(1)東大外来地点例を実見していただいたが、胎土などから見る限りでは堺で出土する土師質土器（「湊焼」と呼ぶか否かは別にして）とは異なるとのご見解であった。自然科学的な技法を援用した胎土分析も一つの方法として視野に入れて、湊焼との関係、既知の系統の壺塩屋の製品との関係などについてさらに追究していきたい。

第7章 「○泉」の刻印をもつ焼塩壺

　本章では、圏線の中に泉の字が一文字入れられた刻印（「○泉」と表記する）をもつ資料を扱う。この「○泉」の刻印を有する資料は類例が希少ではあるが、その特異な刻印もさることながら、出土地点において興味深い様相を示しており、第三部でも触れる焼塩壺の分布に関する議論にも一石を投じるものと思われる。

第1節　類　　例

（1）集　　成

　「○泉」の刻印をもつ焼塩壺は、管見では全国では4例のみ報告されている。しかし、このうちの1例は大坂城跡出土であり、2例は2005年以降の報告・紹介であるため、【集成】に反映されているのはわずかに1例である。

　①　大阪府徳川氏大坂城跡（図32-15, 16：大阪市文化財協会1984）

　最初の報告例であり、SK810163と名づけられた遺構からの出土資料である。報告では「『泉』の刻印が○の中に入る。……『泉』の刻印の壺は堺においても出土していない」と述べられている。焼塩壺に関してはほかに「サカイ/泉州磨生/御塩所」の刻印をもつものが1点遺構に伴っている（図32-17）。これを報告された積山洋氏は、後に大坂の土師質土器の編年を整理される過程で本例を「G類」に分類されている。このG類は「G:口縁蓋受け、内面布目、外面回転ナデ、内型造り」とされたものであり、「○泉」の焼塩壺は「泉州麻生」「□津吉磨」（=「三門津吉麿」：引用者註）などとともにあげられて、「G類の刻印にはかなり各種あるように見受けられる」と述べられている（積山1995）。実測図によると、体部が底部から口縁部まで直線的に移行しているように見えるが、写真図版（図32-16）では体部がわずかに膨らむ部分のあることがわかる（図32-15）。

　②　港区宇和島藩伊達家屋敷跡遺跡（図32-1）［港-37］

　BSD4と名づけられた溝状遺構からの出土であり、廃絶時期は出土遺物から18世紀末頃と推定されている。この遺構からは陶磁器類を中心に4,075点もの遺物がまとめて廃棄されたような状況を示していたという。焼塩壺に関しては、ほかにコップ形焼塩壺2点と鉢形焼塩壺2点の計4点の身、それに5点の蓋の出土が報告されている。コップ形の身はいずれもⅡ類で、「泉湊伊織」「サカイ/泉州磨生/御塩所」の刻印をもつものが1点ずつである。鉢形焼塩壺は算盤玉形（鉢形③）と円筒形（鉢形②）が1点ずつであり、いずれも刻印は見られない。蓋は第13章で述べる筆者の分類でイ類が2点、同エ類が2点、同オ類が1点であり、エ類の2点には「イツミ/花焼塩/ツタ」の刻印が見られる。またオ類には、欠損のため全体は不明であるが円圏の中に少なくとも「伊織」の2字を縦に配した刻印が見られる。これは他に類例の知られていないものである（図32-2～10）。

　③　港区萩藩毛利家屋敷跡遺跡（図32-11）［港-47］

154 第二部 各　論

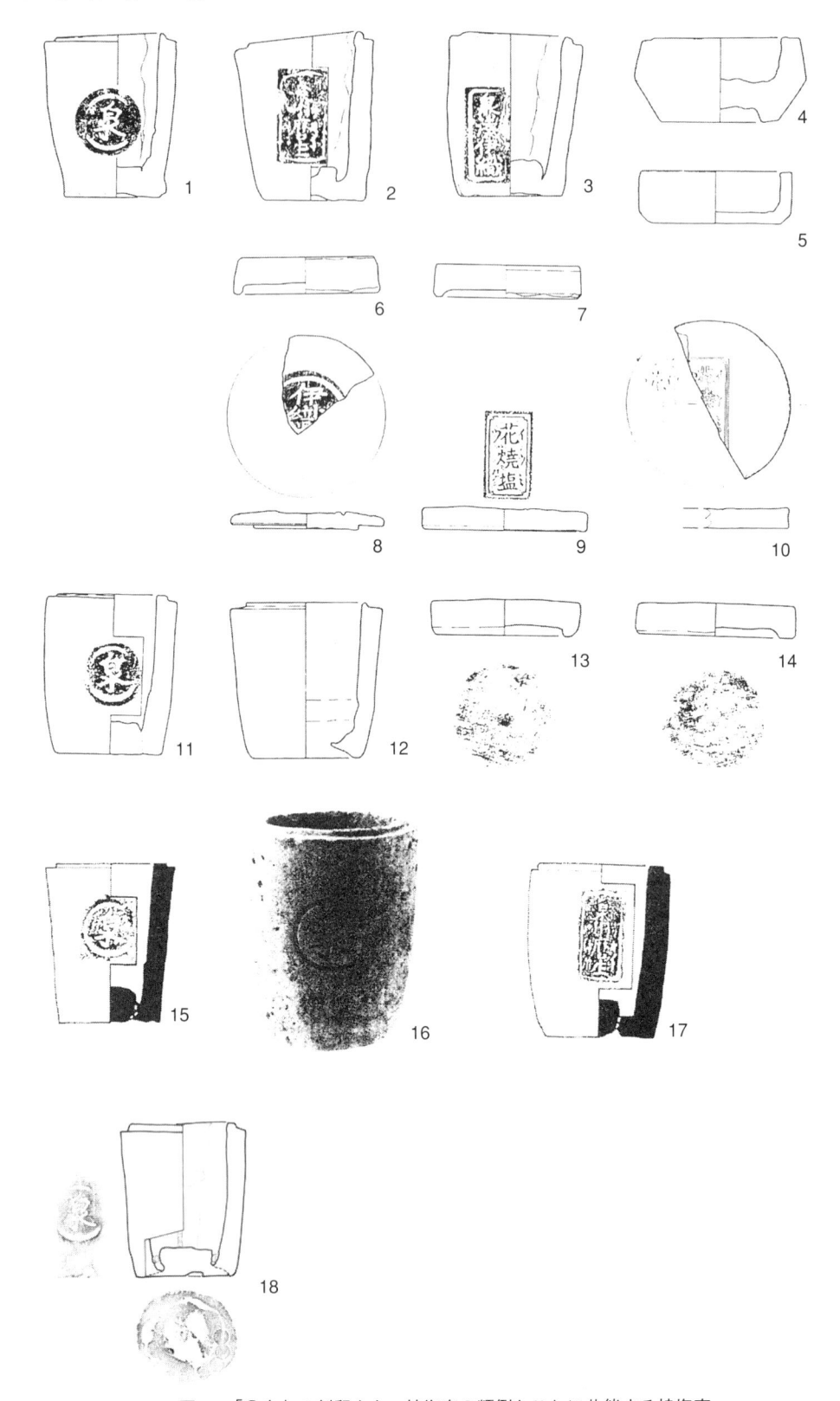

図32　「○泉」の刻印をもつ焼塩壺の類例とこれに共伴する焼塩壺

61-2B-1と名づけられた採土坑と推定される大形の不整形土坑からの出土であるが、遺構の廃絶時期は遺物から18世紀中〜後葉と推定されている。この遺構からの出土遺物の量について報告されていないが、陶磁器・土器だけでも71点が図化されている。焼塩壺に関してはほかにⅡ類のコップ形焼塩壺1点と、イ類の蓋が2点の出土が報告されている（図32-12〜14）。いずれも刻印をもたない。

④ 港区No.107遺跡（図32-18：小川・毎田2006）

この資料の正式報告は未刊である。このため、出土遺構や共伴資料についてはここでは触れることができない。遺物については保管者の好意により実見する機会を得た。

(2) 観　察

4例中、筆者が実見することができたのは都内出土の3例である。

このうち④港区No.107遺跡資料は、コップ形の身で器高80mmほど、口径50mmほど、底径50mmほど、最大径70mmほどで、体部はわずかに膨らむ。胎土は金色の雲母粒子および小砂粒をわずかに含み、明橙色を呈する。成形技法はⅡ類の板作り成形によるものであり、内面にはやや弱いものの離型材の痕跡である編布状の布目が見られる。この布目は上では口縁まで達しているが、下では底面近くで終わっており、その末端はかがられたように肥厚していた痕跡をとどめる。同様の肥厚部は、底部から口縁に向かって縦にも一部認められ、内面の布に縫いつめ状の加工が施されていたことをうかがわせる（両角 1993）。この肥厚部以下に布目は認められない。底部粘土塊の充填方法は、底面側から挿入された粘土塊が壺内部に盛り上がっており、側面の粘土板との間に広い隙間が生じている。粘土塊の上面には指頭圧痕があるが、内型による圧迫をうかがわせる痕跡は認められない。また底面では粘土塊が底面外側から指頭で抉るように押しつけられている。口縁にはやや低い蓋受けがあり、蓋の下端が載る面と体部側面とのなす角度は直角よりもわずかに大きい鈍角である。

刻印は陰刻で表出されており、圏線の直径は30mmである。円筒形の身の側面に平坦な印面が捺されたためか、実際には「泉」字の上下に括弧が付されたようにも見えるものもある。しかし大坂城出土例では円圏がほぼ全周しており、圏線であったことが確認される

第2節　生産者の系統と年代

ここで他の刻印をもつ焼塩壺との比較などにもとづき、その生産者の系統と年代についての推定を行ってみたい。

通常、焼塩壺の生産者の系統は刻印の印文に現れる地名や人名によって推定されるが、ここに紹介した焼塩壺は「泉」の一文字のみを印文としており、このような一文字のみの刻印は今のところ他に存在しない。おそらく何らかの文字列を省略したものと考えられるが、Ⅱ類の焼塩壺に多く見られる「泉湊伊織」も「泉州麻生」も「泉州磨生」も「泉」の字で始まっており、これだけではこの3者を生み出したいずれの系統の製品であるのか、あるいはそれ以外の系統の製品であるのかといったことへの手がかりにはならない。

そこで壺の成形技法に注目すると、とくに底部粘土塊の充填方法に大きな特徴が見受けられる。すなわち、内型によって底部粘土塊が圧迫されておらず、壺内部に外側から挿入された粘土塊が壺

の内側に向かって盛り上がっている点、また底面が指頭によって抉るように押しつけられている点である。これらは「泉湊伊織」の刻印をもつ例に多く見られる特徴である。このほか、胎土に金色の雲母粒子が含まれる点、内面の布目が編布状であり下位で段をもって布目のない部分へと移行している点、口縁部の形状が類似する点など、「泉湊伊織」の刻印をもつ例と共通する点が多く、この「○泉」の刻印をもつ例が「泉湊伊織」を始めとする刻印をもつ焼塩壺を生み出した藤左衛門系の壺塩屋に壺を供給した壺屋の製品であることはほぼ間違いないと思われる。

　この「○泉」の刻印が「泉湊伊織」の刻印をもつものと同様の壺に捺されたものであることから、仮に両者が同時期であったと考えると、年代的には1730年代後葉から1740年代ぐらいの時期が想定できる。第三部第4章で見るように、この時期には藤左衛門系の壺塩屋では「泉湊伊織」の刻印をもつものが作られており、「泉川麻玉」の刻印をもつものはほとんど姿を消している。泉州磨生系の壺塩屋では「サカイ/泉州磨生/御塩所」の刻印をもつものが出現し始める時期である。一方、泉州麻生系の壺塩屋では、その事情は明らかではないが、ちょうど「泉州麻生」の刻印をもつものの生産が行われなくなった時期に相当する。このことは宇和島藩伊達家例が「泉湊伊織」「サカイ/泉州磨生/御塩所」の刻印をもつものと、大坂城例が「サカイ/泉州磨生/御塩所」の刻印をもつものと共伴し、「泉州麻生」との共伴例がないこととも符合している。

第3節　出土地点

　すでに見てきたように、「○泉」の刻印をもつ焼塩壺は全国でわずか4例のみであり、残り3例は東京都内の大名屋敷跡からの出土である。

　このうち都内出土の3例について見ると、いずれも港区内の、それもきわめて近接した地点から出土していることがわかる（図33）。【集成】において都内で出土が報告された焼塩壺の身の数は、実測図の示されたものだけでも4,600点を超えている。全国での実測図の示された量は把握していないが、おそらく6,000点には及ぶものと思われる。こうした膨大な数の焼塩壺の報告例に対して、全国でも4例のみの出土という稀少な資料の、さらにそのうちの3例が、別々の大名屋敷地でありながら非常に近い場所で出土しているという事実は、単なる偶然として片づけられるものではあるまい。

　④港区№107遺跡に所在した大名家である荻野山中藩大久保家は相模国に所在する1万3,000石の小大名（小田原藩の支藩）であるが、他の2例はそれぞれ②宇和島藩伊達家が伊予国で10万石、③萩藩毛利家が長門国で34万2,000石と、所在地にも石高にも共通点は見出せない。なお、この大名家やその石高はいずれも享保5年（1720）以降の数字で、以後明治までほとんど変化はない。

第4節　小　結

　この「○泉」の刻印をもつ焼塩壺は、市場を席巻していた観のある「泉州麻生」の刻印をもつ焼塩壺が姿を消した時期に、「泉湊伊織」の刻印をもつ製品を生産していた藤左衛門系の壺塩屋がわずかな期間生産していた製品であるという可能性を指摘することができた。上述したように、この時期には藤左衛門系の壺塩屋の製品では「泉川麻玉」の刻印をもつものもほとんど姿を消すが、こ

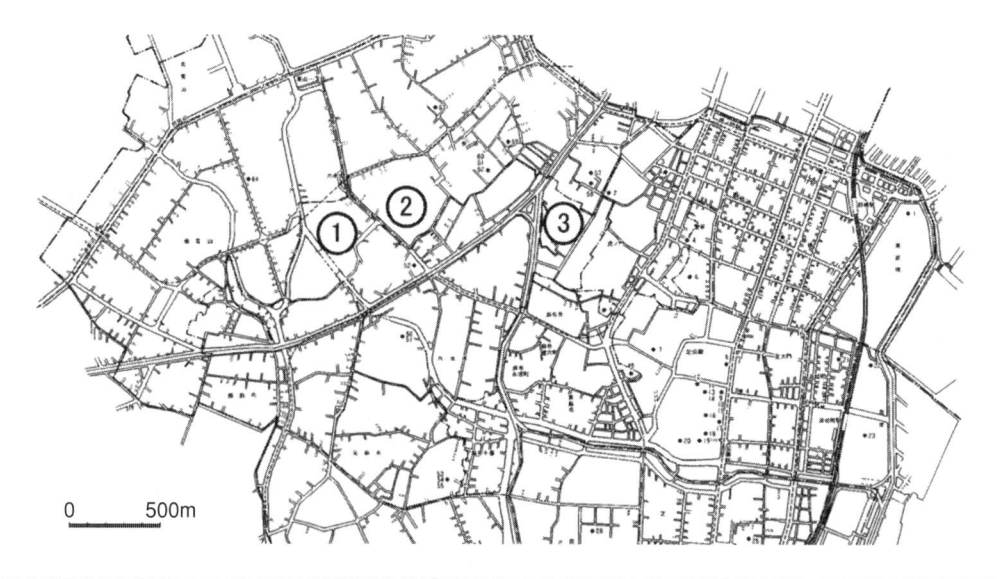

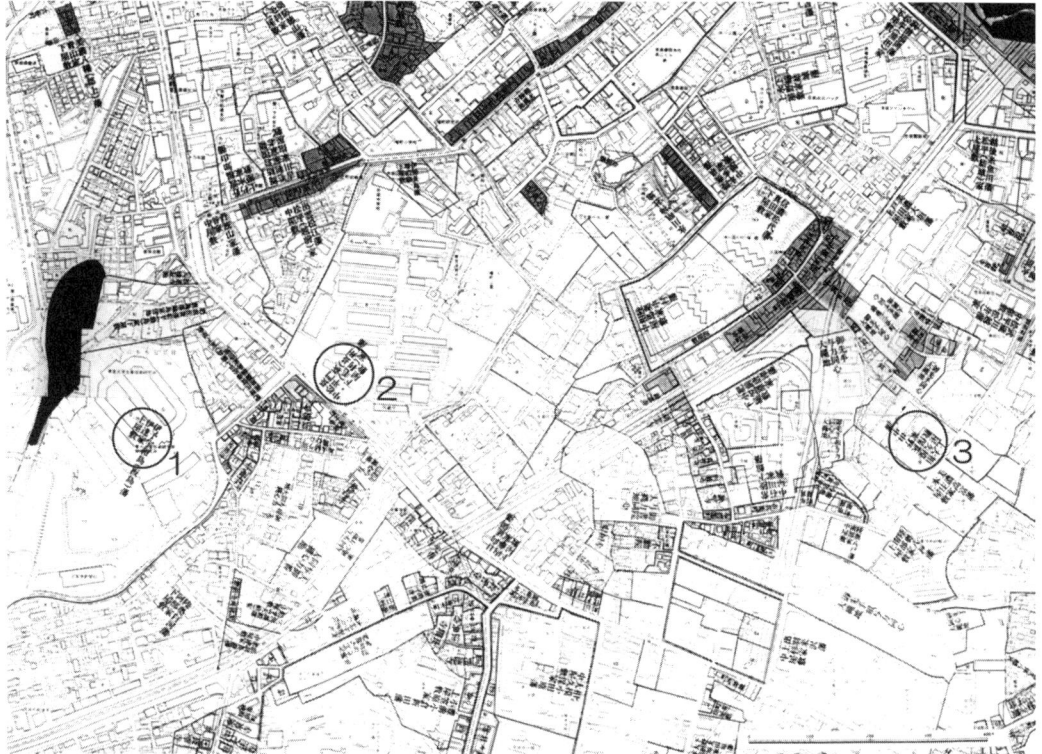

第 7 章 「○泉」の刻印をもつ焼塩壺　157

1：宇和島藩伊達家屋敷跡遺跡
2：萩藩毛利家屋敷跡遺跡
3：荻野山中藩大久保家屋敷跡遺跡（港区No.107遺跡）

（上：港区の現在の地形図　下：『江戸復元図』部分《東京都教育委員会 1989より》）
図33　東京都内における「○泉」の刻印をもつ焼塩壺出土地点

の「泉州麻生」に類似した印文の刻印の消滅は、当然「泉州麻生」の刻印をもつものが見られなくなったことと関連があると思われる。「泉」の一文字のみを印文とする刻印の採用は、「サカイ/泉州磨生/御塩所」の刻印をもつものが存在するとはいえ、市場の焼塩壺の圧倒的多数を占めるに至ったことに対する傲慢とも思われる自負の現れと考えるのは穿ちすぎであろうか。

しかし、近世初頭にはすでに壺焼塩を創始していた藤左衛門系の壺塩屋にとって、1680年代後半の台頭以来、泉州麻生系の製品は50年にわたって熾烈なシェア争いを演じてきた最大の競争相手であり、泉州麻生系の壺塩屋が当初の一時期を除き一貫して「泉州麻生」の印文の刻印を用いてきたのに対し、藤左衛門系の壺塩屋は刻印や壺の形状を頻々と変え、時として「泉州麻生」の印文をそのまま使ったり、「泉川麻玉」のような明らかに「泉州麻生」を模倣したと思われる刻印を使ったりしてきたことは、その創始者としての矜持を傷つけるものであったと思われる。

藤左衛門系の壺塩屋が、その所在地を故地の湊村から支店のあった難波に移したにも関わらず（渡辺 1985）、最後まで用いていた刻印が縦4文字の「泉湊伊織」であるのも、「泉州麻生」の刻印の影響を脱してはいないとはいうものの、そうした矜持の現れであったともいえる。したがって泉州麻生系の製品の終焉は、藤左衛門系の壺塩屋にとって久々にめぐってきた、第一人者としての自負を満足させる機会であったともいえよう。

もっとも、この「〇泉」の刻印が時をおかずに消え去るに至った理由は明らかでないが、やはり「泉州麻生」全盛期の記憶がまだ生々しい時期に、また「泉州磨生」の消滅からも10年余りしか経っておらず、「サカイ/泉州磨生/御塩所」も出現している時期に、「泉」一文字では「泉湊伊織」の省略としてはなかなか認知されづらかったという事情があったのではないかと思われる。

一方で、その出土地点に見られる偏りは、単に珍しい刻印をもつ焼塩壺というだけでなく、少なくとも江戸という都市における焼塩壺の流通や供給に関して、何らかの示唆を与えるものとなる可能性が指摘できるのである。

第 8 章 「大極上上吉改」「大上々」の刻印をもつ焼塩壺

第 1 節 印文と類例

　本章では「大極上上吉改」と「大上々」という類似した印文をもつ 2 種類の焼塩壺を取り上げる。もっとも基本的な問題として、前者の資料の印文がはたして「大極上上吉改」であるのかという点が実は未解決である。刻印が明瞭に捺されている拓本を見ても、第 1 字の「大」、第 3 字～第 5 字の「上上吉」はほぼ間違いのないところと思われるが、第 2 字と第 6 字がそれぞれ「極」と「改」であることは確実とはいえない。第 2 字が「坂」、第 6 字は「政」「次」などの字である可能性もあり、実際そのように報告した例も見受けられる。このほか「上上」を「上」と報告した例もある。本論では、このような印文にまつわる問題点が存在することを指摘したうえで、とりあえず「大極上上吉改」としておく。

　「大極上上吉改」の印文をもつ焼塩壺の類例 9 点は図34および表 6（№ 1 ～ 9 ）に示したとおりであるが、このうち№ 7 ～ 9 の 3 点は刻印がやや不明瞭であるものの、刻印の幅や他との比較からその可能性のあるものとして今回の集成に加えた。また、これらを含め印体にも少なくとも 2 種類の異同が認められるようであるが、不明瞭なものが多く類例も少ないので（図12-5, 6）、今回は詳細にはわたらず、指摘するに留めておきたい。

　まず印文について見ると、コップ形の焼塩壺の身に見られる刻印の印文では、それが表すものの多くが地名や人名といった固有名詞であり、グレードに関するもので通常見られるものは、Ⅰ-3類の身に見られる「天下一堺ミなと/藤左衛門」「天下一御壺塩師/堺見なと伊織」の「天下一」、Ⅲ-2類の身に見られる「大極上壺塩」「播磨大極上」の「大極上」が思い起こされるが、Ⅱ類の身に見られるものは稀で、わずかにこの「大極上上吉改」と「大上々」があるのみである[1]。この「大上々」についても併せて検討するゆえんである。

表 6 「大極上上吉改」「大上々」の類例

図No.	刻印	書名・報告書名	遺構名	報告No.	器高	口径	底径	共伴	備考
1	「大極上上吉改」	外神田四丁目遺跡［千-29］	遺構外（M～N区）	5	10.1	7.9	6.0	ー	
2		汐留遺跡（Ⅰ）［港-26］	6K-0070	16	10.1	7.9	5.9	無	
3		汐留遺跡（Ⅲ）［港-36］	4J-209	30	9.5	6.7	5.2	無	
4		尾張藩上屋敷跡遺跡Ⅴ［新-84］	38-4Y-2	9	9.8	7.9	5.6	泉川麻玉1	
5		尾張藩上屋敷跡遺跡Ⅴ［新-84］	47-5A-1	15	9.9	7.7	5.2	泉川麻玉2・鉢形（算盤玉） 1	
6		諏訪町遺跡［文-23］	遺構外	138	10.3	7.7	6.2	ー	
7		駒込追分町遺跡［文-25］	128号遺構	19	9.8	7.7	5.3	泉川麻玉1・泉湊伊織2・堺本湊焼/吉石衛門1	刻印不明瞭
8		溜池遺跡（地下鉄）［千-15］	2号土留	7	9.3	7.2	5.0	無	刻印不明瞭
9		駕籠町南遺跡［文-59］	17号土坑	12	?	?	?	無	刻印不明瞭 実測図無し
10	「大上々」	汐留遺跡（Ⅱ）（伊達家）［港-32］	6I-314	44	9.4	7.2	4.9	泉川麻玉1	
11		汐留遺跡（Ⅱ）（伊達家）［港-32］	6I-347	30	9.0	6.7	4.9	無	
12		水野原遺跡［新-122］	B-001-491	631	9.3	7.5	5.4	Ⅲ類無刻印1	
13		巣鴨町遺跡Ⅴ［豊-26］	72号遺構	321	9.2	6.9	4.3	無	刻書あり

160 第二部 各 論

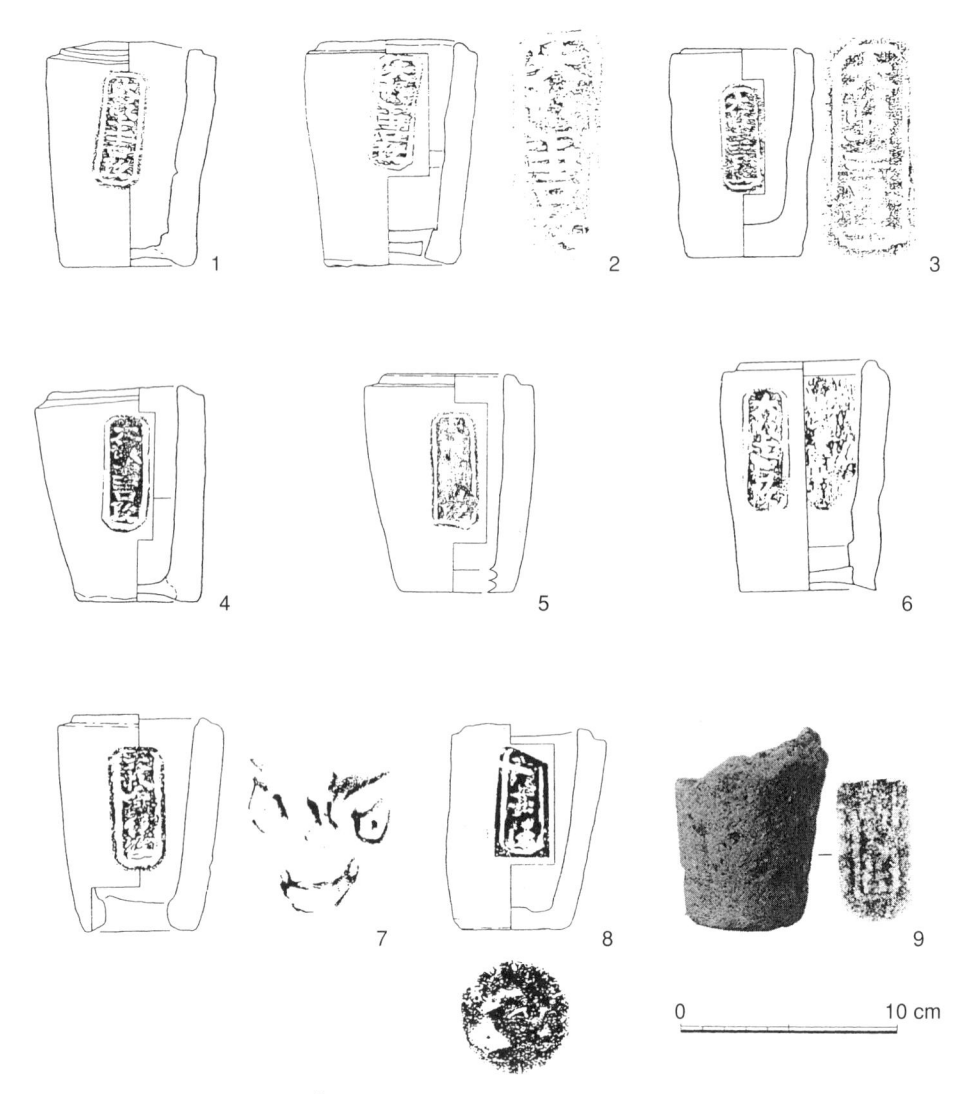

図34 「大極上上吉改」の刻印をもつ焼塩壺の類例

第2節　成形技法・胎土・器形

　「大極上上吉改」と思われる刻印をもつ9点の焼塩壺の成形技法はいずれも筆者の分類でⅡ類とした板作り成形によるものである。この成形技法で多くの場合内面に見られる離型材の布目については、実見できた汐留遺跡（Ⅰ）［港-29］例と内面の拓本の提示してある諏訪町遺跡例［文-23］から見て、布目が認められるようである。ただし諏訪町遺跡例では編布状の布目が見られるが、汐留遺跡（Ⅰ）例では一部粗い網目状の痕跡が認められ、必ずしも同じ布目が認められるとは限らないようである。またこの2例を見る限りでは、この布目は内面全体に見られるわけではなく、下1/3ほどの部分にある段の下には布目が認められない。こうした内面布目の特徴は、いうまでもなく「泉湊伊織」や「泉川麻玉」始め藤左衛門系と称される一群の焼塩壺に多く見られるものである。また、粘土塊挿入後の調整によって、底部が薄くやや上げ底気味になるものが多く見られるが（図

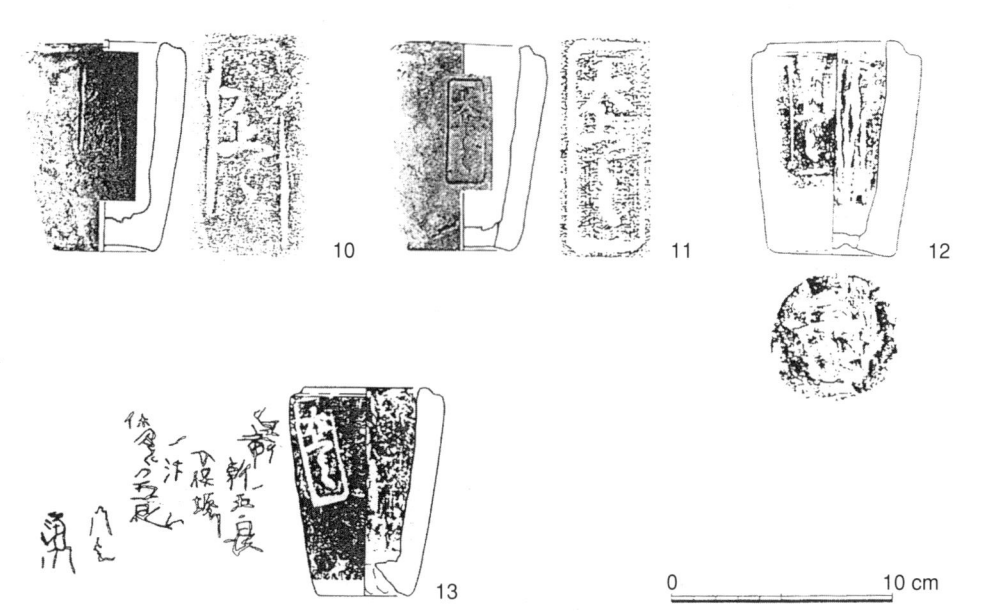

図35 「大上々」の刻印をもつ焼塩壷の類例

34-1, 2, 4, 6)、この点はとくに「泉湊伊織」の刻印をもつ焼塩壷の一部に見られる特徴である。一方、胎土について報告で言及した例はないが、汐留遺跡（Ⅰ）［港-29］例では金色の雲母の細粒を含んでおり、この点も藤左衛門系と称される一群の焼塩壷との共通点が指摘されるところである。

壷全体の器形は、比較的器高が高くほっそりとした印象のものが多い。また口縁部は蓋受けが厚く、その側面が内傾したものが多い。

ちなみに江戸以外の類例は、管見の限りでは広島県広島城跡太田川河川事務所地点での出土例が1点あるのみである（福原2006）。

第3節　共伴資料から見た年代

これらの焼塩壷に共伴する焼塩壷を見ると、全9例のうち遺構からの出土は6例で、他の焼塩壷と共伴するものは3例あり、そのいずれも「泉川麻玉」の刻印をもつものと共伴している。また、その中の1例は「泉湊伊織」と「堺本湊焼/吉右衛門」の刻印をもつものと共伴する。この「泉湊伊織」は比較的器高のある古い段階に位置づけられる資料である。さらに「堺本湊焼/吉右衛門」は類例に乏しいが、やはり古い段階の「泉湊伊織」と共伴する例がある。

以上のように、遺構における共伴資料から見る限りでは「大極上上吉改」の刻印をもつ焼塩壷の作られていた年代は、1730年代前半から1740年代の初頭にかけての10年ほどの期間に収まるものと考えられる。

第4節　「大上々」との関係について

「大極上上吉改」と思われる刻印は、Ⅱ類の焼塩壷の中では数少ないグレードに類する語句を印文に謳ったものであり、同様のものとしては他に「大上々」が知られるにすぎない。この「大上々」の刻印をもつものは、図35および表6（№10～13）に示したように、管見の限りでは江戸地域での

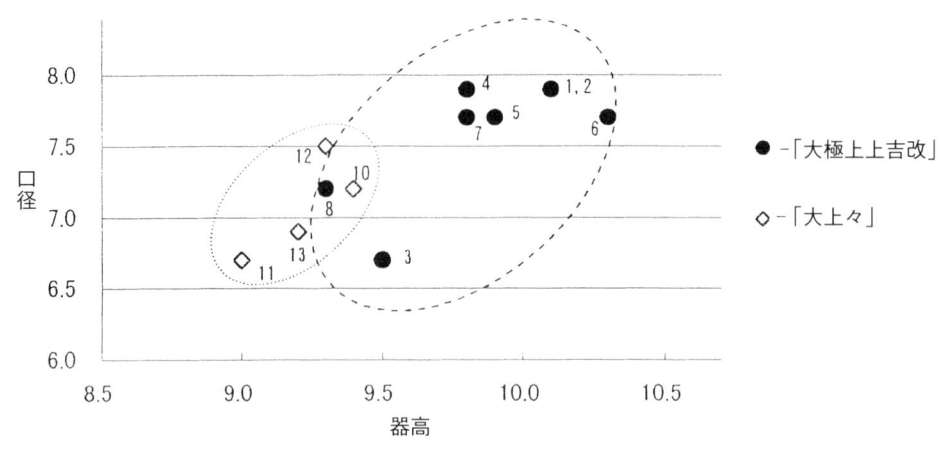

グラフ9 「大極上上吉改」「大上々」の刻印をもつ焼塩壺の法量分布

出土例はわずかに4例である。江戸以外の類例は「大極上上吉改」と同様、広島県広島城跡太田川河川事務所地点での出土例が1点あるのみである（福原2006）。

　これらについては実見しておらず、胎土についでの詳細が明らかでないものの、内面の拓本が示されている例の布目の様子や全体の器形、口縁部や底部の形状などは「大極上上吉改」の刻印をもつものと共通するところが多く、強い類縁関係がうかがわれる。また遺構における共伴を見ても、4例とも遺構に伴うが、これに焼塩壺の身が共伴する2例のうち1例はⅢ-2類で刻印をもたないものである。これはすでにⅡ類の焼塩壺の存在しない時期の、極端に新しく位置づけられるもので、いずれかが混入したと見なすべきものである。もう1例は「泉川麻玉」の刻印をもつものと共伴しているが、この共伴が妥当なものと考えると、この点も「大極上上吉改」の刻印をもつものと共通することになろう。

　次に両者の器高と口径についての法量分布を見ると、グラフ9のようになる。これを見ると両者ともそれぞれ法量における偏差が小さく、規格性が高いことがわかるが、それはこれまでの焼塩壺全般の傾向から判断して、比較的短い時間で出現し消滅したものであることを反映していると考えられ、これは類例の少ないことからも裏づけられよう。

　また、その分布域は「大極上上吉改」が「大上々」に比べ器高・口径とも大きいほうに偏っており、第5章の「泉湊伊織」の刻印をもつ焼塩壺の分析結果などから判断すると、前者が後者よりも相対的に古く位置づけられることを示しているとも思われる。

　したがって、「大上々」の刻印をもつものは、「大極上上吉改」の「1730年代前半から1740年代の初頭にかけての10年ほどの期間」よりもやや新しく位置づけられる可能性がある。

第5節　小　　結

　きわめて類例の少ない資料で多くのことを語るのは困難であるが、「大極上上吉改」の刻印をもつ焼塩壺は、「泉州麻生」がひと頃の勢いを失い、ロクロ成形の焼塩壺が出現する前夜、刻印をもつ焼塩壺は「泉湊伊織」か「泉川麻玉」でほぼ占められていた時期に短期間出現したものであり、

グレードのみを表示する刻印を有することから、「泉湊伊織」の上級版として生産されたものとも思われる。このことは器形や刻印枠の形状、その他の特徴からも首肯されるものである。

　一方、「大極上上吉改」と「大上々」の両者の関係については、まったく異なった壺塩屋の手になる可能性も十分にあるものの、共通点が多く、上述したように時期差とも考えられるが、あるいはグレードの差を示したものとも考えられる。類例の増加を待って、さらに検討を加える必要がある。

註

1）この「大極上上」や「大上々」といった表現は、17世紀中ごろから出現する遊女や役者の評判記に見られる「位付」と呼ばれる評価の方法で、はじめは「上」と「中」の二段だったものが、次第に分化し、「大極上上吉」「極上上吉」「大上上」「上上吉」などが用いられるようになっていったという(中野1985)。

第9章 Ⅲ-2類の焼塩壺

第1節 法量分布

Ⅲ-2類のロクロ成形の焼塩壺（以下、Ⅲ-2類と略称する）は、江戸地域で単に多量に出土しているばかりでなく、形態的にきわめて多様である。筆者はこれまで主に口縁部の形態に注目して分類を試みてきたが、それだけでは全体を有効に律しきれず、「系統」の問題などを含め考えていくためには、分類そのものを再検討していく必要が感じられるようになっている。そこで、まず大まかに整理するために、Ⅲ-2類がどのような法量上の分布を示しているかを見ることにする。

なお、刻印をもつことはわずかな一部分でもほぼ確実にいうことができるが、刻印をもたないということについては完形に近いものでないと確実にはいえない。したがって、無刻印とされているものの中に、刻印をもつものが含まれている可能性がある。

表7① Ⅲ-2類抽出遺構

遺跡名	遺跡名	Ⅱ 類				Ⅲ 類				合計	備 考
		麻生	伊織	その他	無印	大極	播磨	その他	無印		
東大・病院	C26-1								1	1	
東大・病院	C31-1								1	1	
東大・病院	E22-1	1	2						4	7	
東大・病院	F23-2								1	1	
東大・病院	G36-2								1	1	
東大・病院	H21-1						1		8	9	
東大・病院	H21-2								5	5	
東大・病院	2号組石	1		1*	2				4	8	泉川麻玉
東大・病院	X35-4								1	1	
東大・病院	Y36-2								1	1	
東大・病院	AD35-2		1			2				3	
東大・病院	AJ33-1								1	1	
東大・病院	AJ34-2				1				1	2	
東大・病院	AJ37-3				1				3	4	
東大・病院	AL37-1								2	2	
真砂	2号地下式坑								1	1	
真砂	8号地下式坑			2					1	3	
真砂	12号地下式坑								4	4	
真砂	19号地下式坑					2				2	
真砂	3号土坑								1	1	
真砂	19号土坑								1	1	
真砂	41号土坑							1*		1	御壺塩
真砂	88号土坑								1	1	
麻布台一丁目	300P								1	1	
麻布台一丁目	N17P								1	1	
麻布台一丁目	N27P								1	1	
麻布台一丁目	N40P								1	1	
麻布台一丁目	N43P						1			1	
麻布台一丁目	N44P	1			2	1			2	6	
麻布台一丁目	N45P				1				2	3	
麻布台一丁目	N46P								1	1	
紀尾井町	SK24								3	3	
紀尾井町	SR10								2	2	
紀尾井町	SR22								4	4	
白金館址Ⅰ	7P								4	4	
白金館址Ⅰ	48P								1	1	
白金館址Ⅰ	62P								1	1	
白金館址Ⅰ	163P								1	1	

第9章　Ⅲ-2類の焼塩壺　165

　また、Ⅲ-2類はきわめて出土点数が多いため、本章では【集成】に含まれる該当する製品のすべてについてではなく、以前の集成を用いてサンプルとしていくつかの遺跡の資料のみを用いる（表7）。これらの遺跡数、遺構数、点数は、全体の1割程度であるがおおよその傾向は反映していよう。

　さて、第8章では「大極上上吉改」、「大上々」の刻印をもつもの（グラフ9）を中心に板作り成形の製品の法量を検討するに際して、器高と口径とを直交座標平面上にプロットして検討したが、Ⅲ-2類を扱うにあたっては、第5章の「泉湊伊織」などの刻印をもつもの（グラフ1～8）と同様、底径の要素も加味する目的で、口径の代わりに、口径に対する底径の大きさの比（口底比＝底径/口径）を求め、器高と口底比とで同様のグラフを作成した（グラフ10）。

　このグラフを見ると、わずかの例外を除いて、全体がおおまかに2群に分かれることが看取される。これを器高の大きいほうからA群、B群と名づけることにする。

　Ⅲ-2類中の刻印をもつものの印文は「大極上壺塩」「播磨大極上」「御壺塩」「播磨兵庫」のいずれかであるが、それらはほとんどがA群に含まれている。

　このうち「大極上壺塩」は器高の大きいほうにまとまって位置しているのに対し、「播磨大極上」は比較的下方に中心をもつものの、ややバラついて分布している。

　次に切合い関係のある遺構から、Ⅲ-2類を出土する東大法文地点［文-7］の出土資料に注目する。

表7②　Ⅲ-2類抽出遺構

遺跡名	遺跡名	Ⅱ類				Ⅲ類				合計	備考
		麻生	伊織	その他	無印	大極	播磨	その他	無印		
白金館址Ⅰ	202P				1				1	2	
白金館址Ⅱ	23P		1						1	2	
白金館址Ⅱ	42P								1	1	
白金館址Ⅱ	106P								1	1	
白金館址Ⅱ	151P								1	1	
白金館址Ⅱ	262P		1						2	3	
白金館址Ⅱ	586P								1	1	
港区No.19	27号遺構								1	1	
市谷仲之町	1号遺構		3				2		1	6	
市谷仲之町	5号遺構		3				1			4	
三栄町	A-16号遺構								2	2	
三栄町	A-21号遺構		4			1	2			7	
三栄町	B-1-a号遺構						2		1	3	
三栄町	B-30号遺構								2	2	
動坂	1号地下室		1			1	1			3	
動坂	12号土坑								1	1	
動坂	44号土坑								1	1	
白山四丁目	井戸跡		1						2	3	
白山四丁目	24号土坑								1	1	
京葉線八丁堀	11号遺構								1	1	
東大・理学部	4号井戸			1*					1	2	摂州大坂
東大・理学部	12号地下式坑								1	1	
東大・理学部	13号地下式坑		1			1				2	
東大・理学部	14号地下式坑								1	1	
東大・理学部	27号土坑								2	2	
東大・理学部	36号土坑								1	1	
東大・理学部	62号土坑								1	1	
東大・理学部	63号土坑								1	1	
東大・理学部	74号土坑								1	1	
東大・理学部	112号土坑								1	1	
東大・法文	E7-3					1			13	14	
東大・法文	E7-7								1	1	
東大・法文	E8-5								5	5	
東大・御殿下	7号遺構								95	95	
平河町	9号遺構								2	2	
自證院	10号土坑						1			1	
自證院	11号土坑						1		1	2	
合　　計		3	18	2	11	5	15	1	216	271	

166 第二部 各　　論

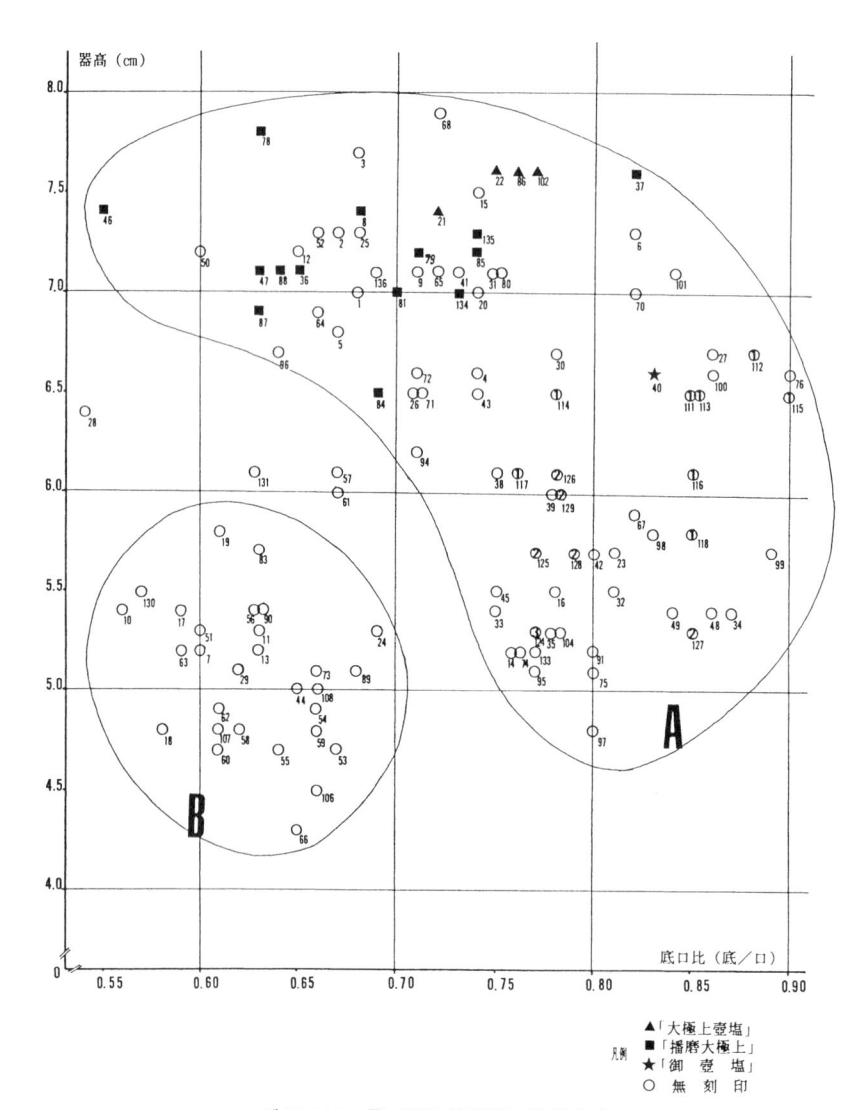

グラフ10　Ⅲ-2類の焼塩壷の法量分布

　これは、①E7-3号土坑、②E8-5号土坑、③E7-7号土坑の3遺構に見られるもので、いずれも刻印をもたないものの、遺構の切合い関係からこの順に古いことが知られるものである。なお、①の遺構からは無刻印でⅡ類の製品が伴って出土している。
　さて、グラフ10上で①②③としたものがそれぞれの遺構から出土した遺物であるが、これを見ると、右上から左下へと新しい遺構から出土するものの法量的な位置が移動していくようである。
　さらに注意されることは、①の分布する範囲の中央やや上方に、「御壷塩」の刻印をもつものが位置していることであり、またこの「御壷塩」の位置が、ちょうど「大極上壷塩」「播磨大極上」の刻印をもつものと、法文地点の3遺構の無刻印のものとの中間に位置していることである。
　今これらが同一の系統に属するものと考え、そして次項で述べる前後関係を加味して考えると、刻印をもつものから東大法文地点の3遺構の無刻印のものへと、左上から右下に、さらに左下へというなだらかな連続的な推移が見て取れるようである。

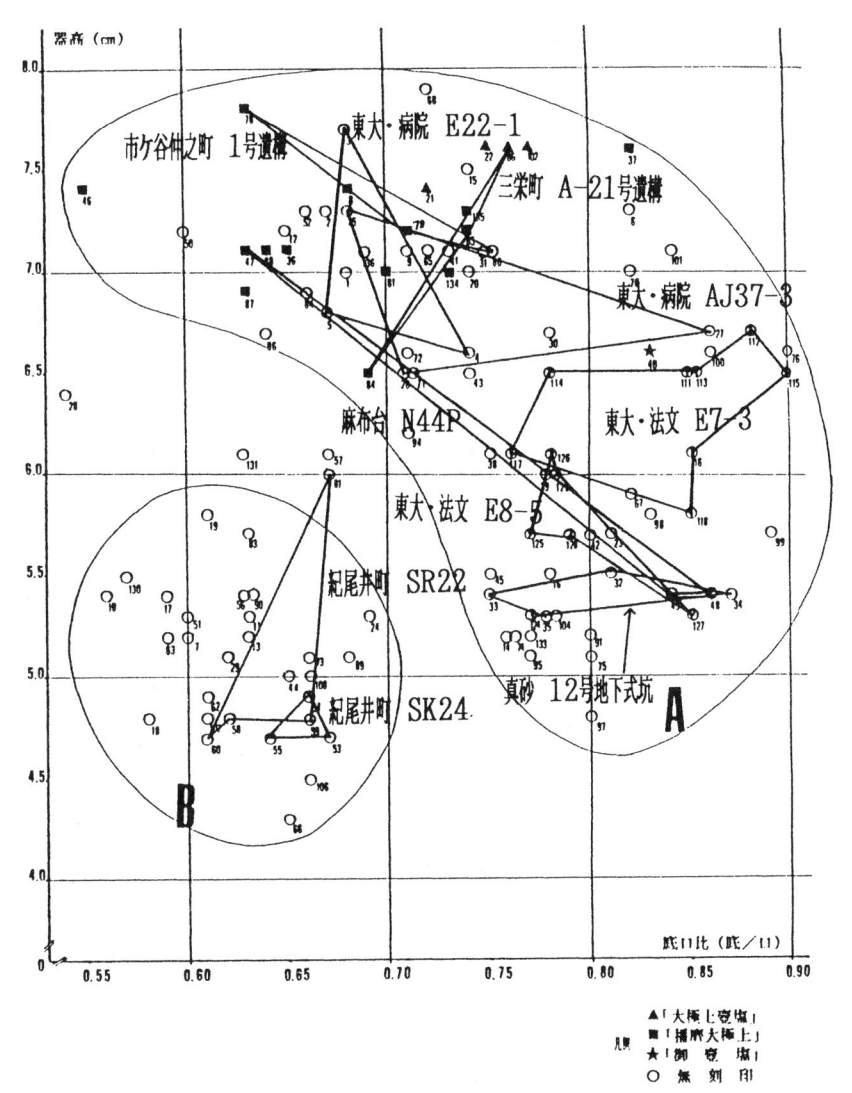

グラフ11　Ⅲ-2類の焼塩壷の共伴関係(1)

　しかしながら、刻印をもつものの分布する範囲にも、無刻印のものが位置していることも事実である。このことは、刻印部分の破片が出土しなかったために無刻印と誤認されてしまった例を除くと、①法量的に同じような位置にある別系統の製品が存在する、②同一時期に刻印のあるものとないものとが同じ系統の業者によって作られていた、という二つの可能性が考えられる。

　一方、A群とB群との関係に検討を加えるために、多数（3点以上）のⅢ-2類を出土した遺構の製品を線で結んでみる（グラフ11, 12）。遺構の性格や廃棄のあり方、1遺構における一括出土の事例の評価なども考慮されなくてはならないが、一方の群の中にすべて含まれる例が多く認められはするものの、両方の群にまたがる例も少なからず存在し、このことからA、Bの両者の存在は、同時期に存在した複数の系統の存在を反映しているものと思われる。

　そこで、こうしたあり方にさらに検討を加えていくためにも、次に共伴に関する様相についてさらに検討したうえで、器形に関する検討を行うことにする。

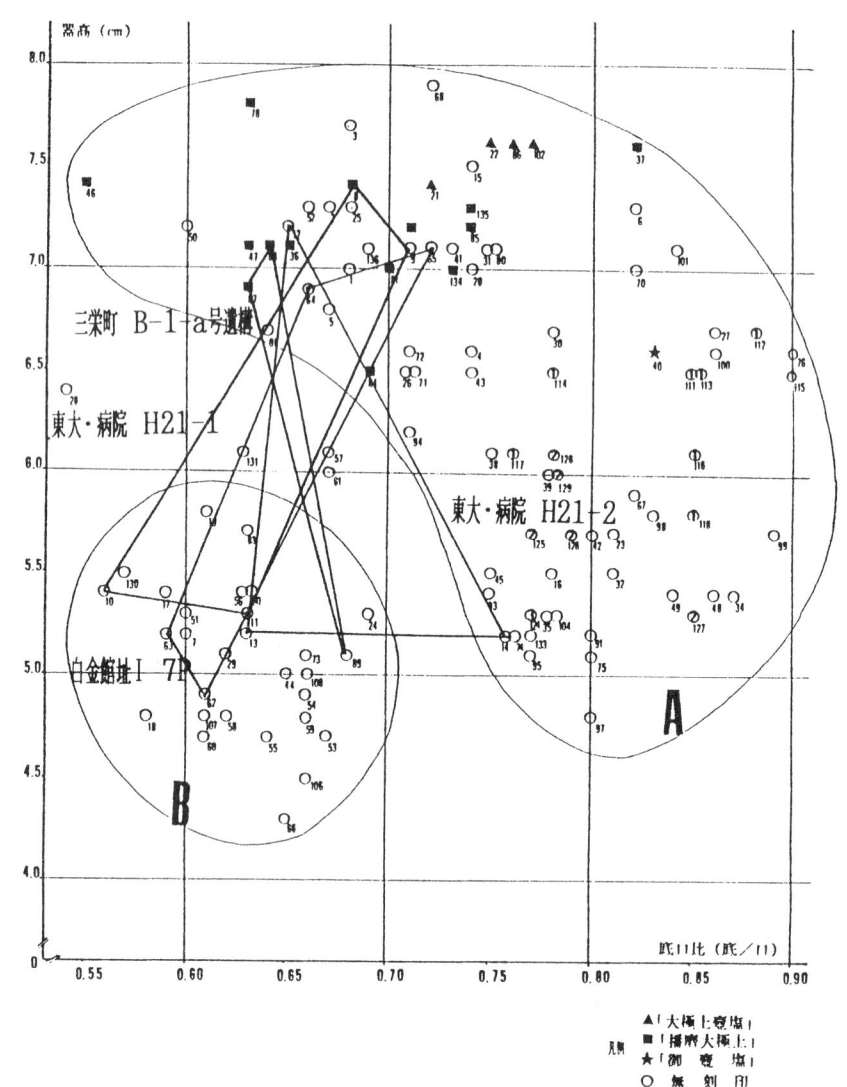

グラフ12　Ⅲ-2類の焼塩壺の共伴関係(2)

第2節　遺構におけるⅢ-2類の組成

　遺構に伴う形で得られた資料は、多くの場合母集団となる1遺構あたりの出土点数が少なく、元来セリエーションのような形での分析に耐えない。そこで、Ⅲ-2類の各刻印と無刻印の相互、およびⅡ類の「泉湊伊織」と無刻印のそれぞれの共伴をもとに、これを組成変化として整理することを試みたのが表8である。これは、先の表7の中から成形技法ないし刻印によって設定された項目の、複数にまたがって焼塩壺が出土している遺構、およびⅢ-2類が3点以上出土している遺構のみを抽出し並べなおしたものである。

　なお、東京大学本郷構内の遺跡理学部7号館地点（以下、東大理学部地点と略称する）［文-6］の4号井戸の例は、井戸枠の内部と周囲の掘込みという、共伴とはいい難い形での出土であると見られるため、ここからは除外してある。また、東大病院地点［文-8］の2号組石の例については、

表8　Ⅲ-2類抽出遺構における共伴

遺跡名	遺構名	Ⅱ類			Ⅲ類			合計
		泉州麻生	泉湊伊織	無刻印	大極上壺塩	播磨大極上	無刻印	
東大・病院	AD35-2		1		2			3
東大・理学部	13号地下式坑		1		1			2
動坂	1号地下室		1		1	1		3
三栄町	A-21号遺構		4		1		2	7
市谷仲之町	5号遺構		3		1			4
市谷仲之町	1号遺構		3			2	1	6
三栄町	B-1-a号遺構					2	1	3
東大・病院	H21-1					1	3	4
自證院	11号土坑					1		2
麻布台一丁目	N44P	1		2		1	2	6
白金館址Ⅱ	262P		1				2	3
東大・病院	E22-1	1	2				4	7
白山四丁目	井戸跡		1				2	3
白金館址Ⅱ	23P		1				1	2
東大・病院	AJ34-2			1			1	2
東大・病院	AJ37-3			1			3	4
真砂	8号地下式坑			2			1	3
麻布台一丁目	N45P			1			2	2
白金館址Ⅰ	202P			1			3	2
東大・法文	E7-3			1			13	14
東大・病院	H21-2						5	5
真砂	12号地下式坑						4	4
紀尾井町	SK24						3	3
紀尾井町	SR22						4	4
白金館址Ⅰ	7P						4	4
東大・法文	E8-5						5	5
東大・御殿下	7号遺構						95	95

表9　焼塩壺蓋の分類別点数と刻印の有無

分類／刻印	ア類			イ類						ウ類		エ類			オ類			合計
	①	②	③	①	②	③	④	⑤	⑥	①	②	①	②	③	①	②	③	
無	248	36	8	29	289	354	970	676	93	431	2	28	0	1	0	9	7	3181
有	1	0	0	1	0	0	33	0	0	3	6	4	2	32	14	25	38	159
合計	249	36	8	30	289	354	1003	676	93	434	8	32	2	33	14	34	45	3340

Ⅲ-2類が主体ではあるが、そのほかのものも幅広く見られ、遺構の性格とも併せ、かなりの時間的幅を示していると考えられるため、これも除外した。

　まずⅢ-2類にのみ注目すると、これらの遺構における共伴関係は、「大極上壺塩」の刻印をもつもの（以下、「大極上壺塩」と略称する）には①単純に出土する例と②「播磨大極上」の刻印をもつもの（以下、「播磨大極上」と略称する）と共伴する例とがあるが、刻印をもたないもの（以下、無刻印と略称する）と共伴する例はなく、一方、無刻印には①単純に出土する例と②「播磨大極上」と共伴する例とがあるのみであることがわかる。したがって、この結果から見る限りでは、「播磨大極上」の単純出土の例を中に挟んで、「大極上壺塩」⟷「播磨大極上」⟷無刻印という変遷が想定できる。

　それでは「大極上壺塩」と無刻印とではどちらを古く考えるべきであろうか。

　三栄町遺跡［新-6-1］の報告書における出土遺物の変遷の分析でも示されているように、遺構において共伴する陶磁器などによって、刻印をもつもののほうが無刻印のものよりも古く位置づけられ、刻印の印文では「大極上壺塩」のほうが古く、ついで「播磨大極上」、そして最後に無刻印が位置づけられることが知られている。

　このことはまた、表9におけるⅡ類とⅢ-2類の共伴からも裏づけられる。すなわち、「大極上壺

塩」と共伴するⅡ類の製品はいずれも「泉湊伊織」の刻印をもつものであり、また単純な出土例はない。一方、無刻印はⅡ類の「泉湊伊織」および「泉州麻生」の刻印をもつものと共伴する例と無刻印と共伴する例とがあり、さらに単純に出土する例も数多くある（ただし、このうち「泉州麻生」との共伴事例については、この刻印をもつ製品の年代的な位置の想定からして、いずれかの混入の可能性が高いものと見られ、検討の対象から除外しておく）。

いずれにせよ、すでに述べたようにⅡ類においては刻印をもつものが無刻印に先行することとこの共伴関係とを考え合わせると、「大極上壺塩」は無刻印のⅢ-2類に先行するといえ、「大極上壺塩」→「播磨大極上」→無刻印という基本的な流れが確認できる。

この結果を表8の各遺構に当てはめてみると、ほとんどの場合、陶磁器等から与えられた推定年代と矛盾しない。またⅡ類とⅢ-2類の無刻印化はかなり近い時期に生じているものの、Ⅱ類における方があとで生じたこともうかがわれるようである。

ここで指摘されることは、遺構における共伴を見る限り、これら「大極上壺塩」、「播磨大極上」、無刻印の3者は単純に交替しているわけではなく、互いに重なり合いながら順次移行している様相がうかがえることである。これは刻印の印文やその有無が何らかの形でグレードの差を表していて、単純に時期差を表すものでないとも考えられるが、このことは前項で行った法量の分布からの検討の結果からも看取されるところである。

これらの議論では、Ⅱ類、Ⅲ-2類とも無刻印のものを同一のグループとしているわけであるが、Ⅱ類についてはここでは措くとしても、先の法量の検討においても示されたように、Ⅲ-2類に複数の系統が存在することに起因する可能性も高い（もちろんこれは刻印をもつものに複数の系統が存在することを否定するものではないし、またⅡ類において見られるようなさまざまなレベルでの模倣もありうるわけである）。

そこで、ここまでの結果を踏まえて、次に器形の側面からの検討を試みることにする。

第3節　Ⅲ-2類の器形の変遷と系統

筆者はかつて焼塩壺の分類を試みた際、主に口縁部に注目してⅢ-2類を五つに分類した（小川1990ほか）。しかし、この分類では、多くの系統が連続的に変化して、錯綜した様相を生み出しているⅢ-2類を有効にとらえることはできないと考えるようになってきている。

そこで、まず検討の対象を先の法量的に分けられたうちの一群、刻印をもつものを含む一群であるA群に絞って検討する。

先に述べたように、このA群は刻印などの要素を含め考えると、年代的に変遷する一連のものを包括していると思われる。もちろん、これはA群に含まれるものが同一の系統に由来するものであるということを意味するわけではない。そこでさらにA群の主体をなす一連の製品について、その共伴や法量からの検討の結果をも考慮して器形を整理し変遷を追ってみる。そして、これを通じて他のものの弁別をも試みることにする。

初めに、A群の中でもっとも古くに位置づけられると考えられる「大極上壺塩」の刻印をもつものを見ると、そのうち器形のわかる4点の口縁部形態は、いずれも蓋受けが明瞭に作り出されてお

り、断面が四角形で内側に突出しないものである。これをa類とする。

　これらの体部の形態には、底部が厚く胴部がやや張り、体部表面のロクロ目のほとんど認められないものと、底部が薄く中央が円錐形に突出し、胴部がほぼ直線的に立ち上がり、ロクロ目の顕著なものとの2種類が認められる。今仮に前者をア類、後者をイ類と呼ぶ。

　今、器形を口縁部形態と体部形態の組合わせとして〈a＋ア〉のように表示することにし、その遺構における組成との関連を見ると、東大理学部地点［文-6］13号地下式坑では〈a＋ア〉が1点出土しており、東大病院地点［文-8］AD35-2では〈a＋ア〉と〈a＋イ〉が1点ずつではあるが伴って出土している。

　一方、「播磨大極上」の刻印をもち、ア類の口縁をもつものとして、東大病院地点［文-8］H21-1から〈a＋イ〉の器形をもつ製品が検出されているが、これ以外にはア類の口縁をもつ製品は見られない。

　次に、これに連続すると思われるものを「播磨大極上」の刻印をもつものの中に求め、その変遷を考えると、口縁部の蓋受けの突起がごく小さく痕跡的なものがある。この口縁部形態をb類とする。b類の体部の形態を見ると、胴部がほぼ直線的に立ち上がるイ類があるが、このほか底部から口縁部へ外反気味に移行するものが見られる。これをウ類と呼ぶ。

　ウ類の中には、口縁の蓋受けがまったく退化して、断面中央のわずかに盛り上がった、平縁に近いものが見られる。この口縁部形態をc類とする。

　以上の結果から得られる刻印、口縁部、体部の組合わせを模式的に示すと、次のようになろう。

```
刻　印　大　大　播　播　播
口縁部　a　a　a　b　b　c
体　部　ア　イ　イ　イ　ウ　ウ
```
　　　大：「大極上壺塩」　　播：「播磨大極上」

　これらの結果と刻印の前後関係をも含め検討すると、ここまでの器形の変遷は図36のように整理される。これらの製品をいま仮にAⅠ群と呼ぶ。この系統の製品がその後どのような道をたどるかは明らかにしえないが、この器形に連なると思われるものは今のところ刻印の有無に関わらず見出しえず、あるいは図示した9からさほど下らない時期に消滅してしまうのかもしれない。

　なお、図36-2、5、9の3点は三栄町遺跡［新-6-1］A-21号遺構における共伴資料であるが、図36に示されるように、器形の変遷という観点から見ると時期的に隔たりが認められ、先の組成の際に触れたようなⅢ-2類内での異刻印の共伴の事例の一つである「大極上壺塩」と「播磨大極上」との共伴の事例は一つ欠けることになる。

　さて、以上はいずれも刻印をもつ製品であるが、b類の口縁部形態をもち、イ類の体部形態をもつものには無刻印のものも見られる。その体部はいずれもイ類であり、ウ類のものは見られない。そして、逆にイ類の体部をもつ無刻印の製品を見ると、口縁の形態は先のロクロAⅠ系とは異なった変遷を示していくように見える。すなわち、口縁の蓋受けの退化が蓋受けの突起の矮小化ではなく、口縁部断面全体の三角形化に向かうものであり、口縁直下はやや外側に突出気味であるものの、体部はウ類のように外反していくのではなく、ほぼ直線状に立ち上がるイ類の特徴を保持し続ける

172　第二部　各　論

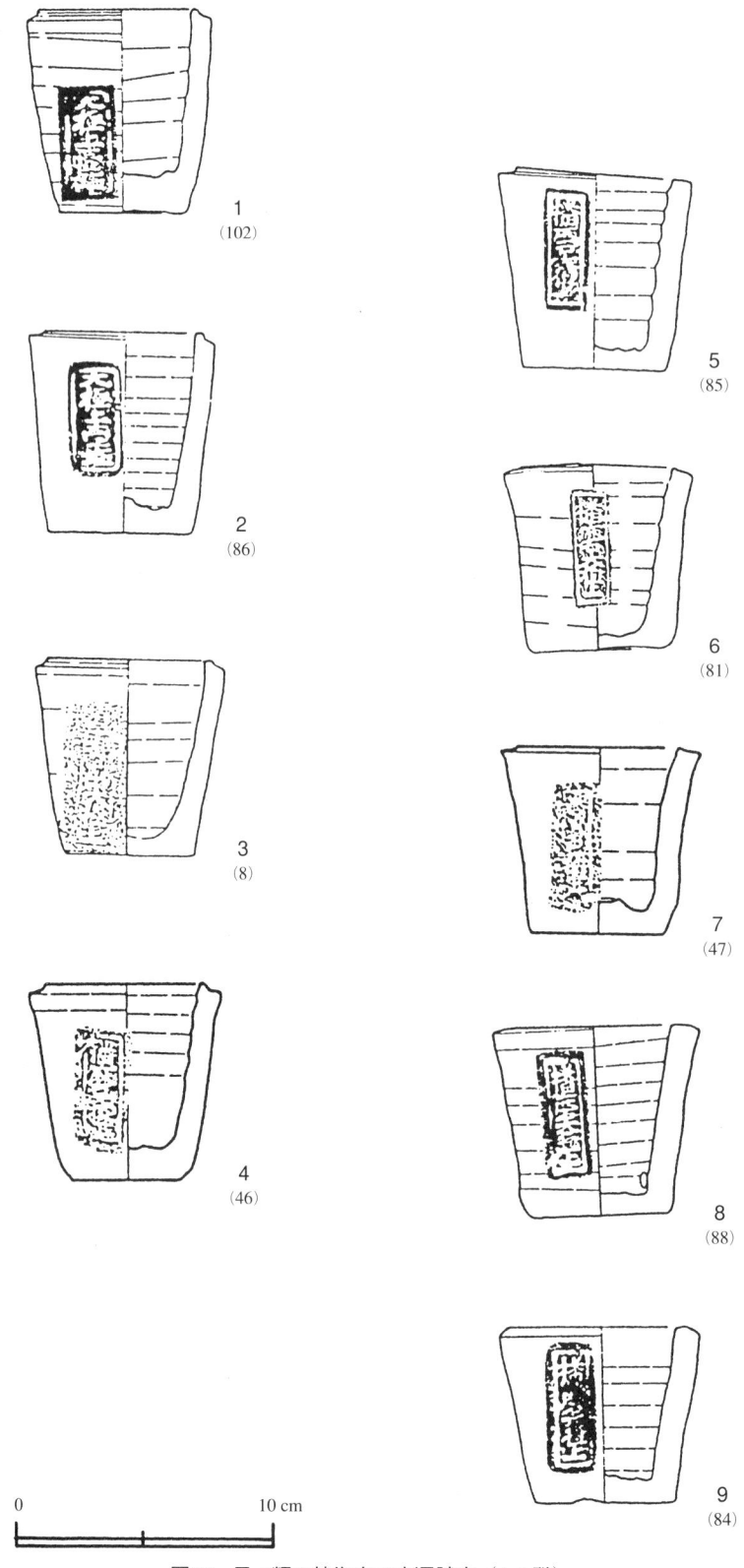

0 ─────── 10 cm

図36　Ⅲ-2類の焼塩壺の変遷試案（AⅠ群）

が、底部がやや絞り込まれるようであり、この体部形態をエ類とする。

　これらの一連の製品は、AⅠ群から派生したように見えるので、AⅠ'群と呼んでおく。これらが時代が下るにつれてどのような器形のものへと連続していくかについては、今のところ有力な手がかりはないが、口縁部・底部の形態から見ると、あるいは法量的な位置はB群に含まれるものの中に見出されるかもしれない。

　一方、「播磨大極上」の刻印をもち、蓋受けが明瞭に作り出されているものの中には、a類とは異なった口縁部形態をもつものがある。すなわち、蓋受けが鋭角で内側に強く突出するものである。この口縁部形態をもつ製品の体部形態は、いずれも腰の部分がやや膨らみをもつとともに、底部が強く角張るものである。これらは先のAⅠ群とはまったく異質である。そこで、これらの器形をもつものにつらなる、無刻印も含めた一群をAⅡ群と呼ぶ。

　器形的な変遷を念頭において考えると、時期が下るにつれて口縁部は次第に内側への突出が鋭さを失い、厚味をもつようになり、これとほぼ時を同じくして体部の形態も腰の部分の膨らみが次第に失われ、かすかに膨らむ程度になると見られるが、底部は角張ったままである。

　その後、口縁部は内側への突出がなくなっていき、蓋受けの突起も痕跡的になる。そして平縁化し、ついで内反りになっていく。この頃の様相については、法量分布の部分でも触れたように、法文地点の切合い関係をもつ3遺構からの資料が、年代的な前後関係を裏づける資料となっている（なお図37の9は「御壺塩」の刻印をもつ例である）。

　以上のように、器形の変遷という観点から見ると、元来製品に「大極上壺塩」ないし「播磨大極上」の刻印を捺していた壺塩屋にも、複数の系統が存在したことが推定される。

　これらの複数の系統の存在は、①「のれん分け」のようなかたちでの分家の存在、②壺生産における複数の下請けの存在、③他の業者による模倣、が考えられるが、現在のところこれを明らかにするに足る分析を行うに至っていない。

　また、これらの具体的な年代についても、遺構において共伴する陶磁器などの年代観から、Ⅲ-2類の登場が、おおむね18世紀半ばであることがうかがえるにすぎない。

　ここで扱いえなかったB群の製品に関する検討、および帰属の明らかでない製品の位置づけ、さらには上で述べた各々の系統に属する製品相互の共伴関係や法量的な位置などに関する分析を進めていくことによって、Ⅲ-2類の系統に関してより具体的に明らかにしていかねばならない。

第4節　Ⅲ-2類と江戸在地系土器の動向

　ここまでの検討でも明らかになったように、Ⅲ-2類は焼塩壺全体の歴史の中では、その後半から末期に位置づけられ、今のところ、その後これに取って代ったような成形技法の製品の存在は知られていない。

　Ⅱ類とⅢ-2類については、両者の併存期を経てⅢ-2類のみの時期を迎えるようになるが、Ⅲ-2類の登場後も、刻印（少なくとも「泉湊伊織」）をもったⅡ類の製品は生産され続け、その後おそらくはⅢ-2類の無刻印化の影響を受けて、無刻印化したと思われるⅡ類の製品の生産も行われている。この間、Ⅱ類の製品は器形的には蓋受けの矮小化および消滅という変化を遂げるが、これもやはり

174 第二部 各　論

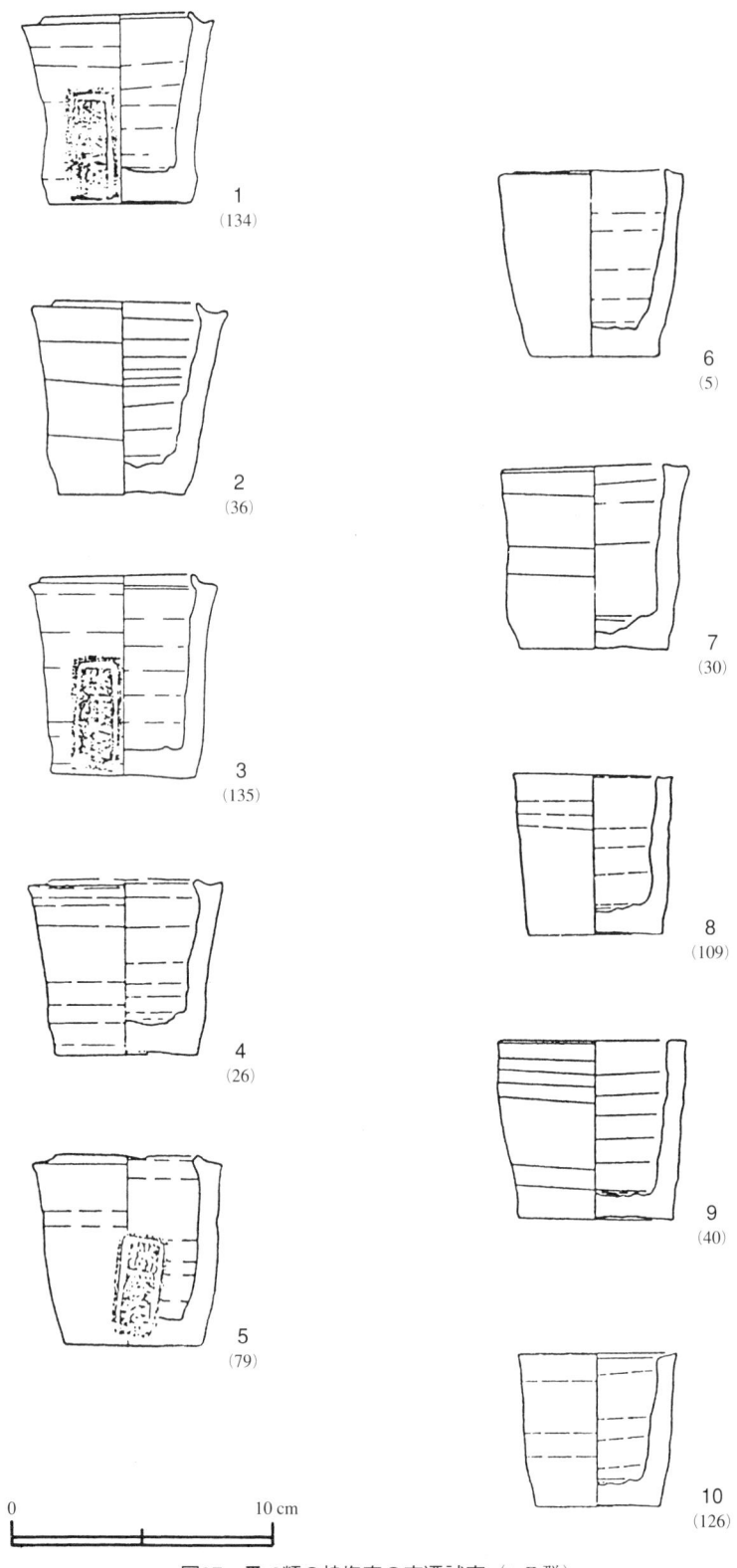

1
(134)

2
(36)

3
(135)

4
(26)

5
(79)

6
(5)

7
(30)

8
(109)

9
(40)

10
(126)

0　　　　10 cm

図37　Ⅲ-2類の焼塩壺の変遷試案（AⅡ群）

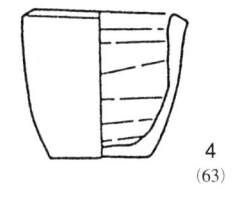

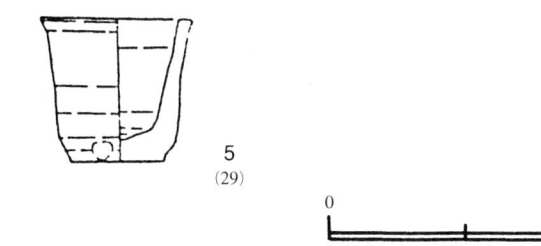

図38　Ⅲ-2類の焼塩壺の変遷試案（AⅠ'群とB群）

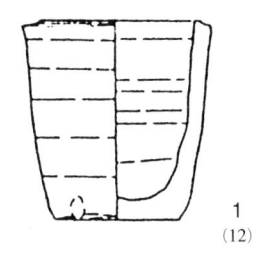

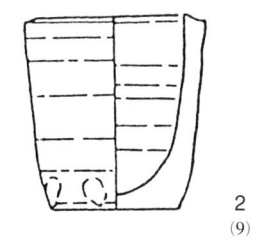

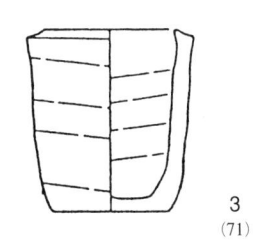

Ⅲ-2類の強い影響によるものと考えられる。

　このように見てくると、Ⅱ類の製品の生産を行っていた壺塩屋は、Ⅲ-2類の台頭に対して、その技法を固持しつつも必死で生き残りをはかろうとしたように思われる。

　一方Ⅲ-2類は、当初はまず刻印をもつという、その当時のⅡ類の製品に不可欠ともいうべき特徴を有し、また器形的にも口縁部に明瞭な蓋受けをもつという、やはりⅡ類の製品に見られる特徴をもって登場してくる。

　先に検討したように、共伴するⅡ類の製品の様相や器形的な検討から、これらの製品を生み出した業者は一連の系譜に連なるものであるが、その故地はすでに佐々木氏や渡辺氏の指摘にもあるように（佐々木1977、渡辺1985aほか）、刻印の印文から判断すれば、播磨国であると考えるのが普通である。しかし、刻印の印文は初め「大極上壺塩」であり、地名をその中に含まず、その後「播磨大極上」となるのである。

　印文のこうした変遷を評価することは考古学の範疇を逸脱してはいるが、あえて解釈を試みるなら、初め湊産、難波産の製品が市場を席巻していた段階で、いわば後発のメーカーであるⅢ-2類は播磨を名乗ることがマイナスであるとの判断があり、その後一定以上のシェアをもつようになって播磨を名乗るようになったのではなかろうか。

　明瞭な蓋受けをもつ器形やロクロ目のほとんど残らない体部表面の調整という初源期のⅢ-2類に見られる特徴も、いわばⅡ類の中に埋没しようとした意図とも受け取られる。

　さて、すでに見たように「播磨大極上」という印文の刻印の捺された製品が現われるのとほとんど同じ時期に、無刻印のものも見られるようになり、また複数の系統の存在が知られるようになるのもこの時期である。

　Ⅲ-2類はこうして、Ⅱ類に見られた刻印あるいは口縁部の蓋受けという特徴を捨てる方向に進ん

でいく。そして、その両者が姿を消すのとほぼ軌を一にするようにして、多様な形態の、そしておそらくは多系統の製品が爆発的ともいえるような勢いで姿を現すようになる。

ここでⅢ-2類に分類される製品を江戸遺跡以外で探すと、京都市内でわずかに見られるのみであることがわかる。しかもそれは、内側に湾曲する口縁部の形態や白色の胎土などが、江戸遺跡で見られるものとはまったく異なっている。

したがって、これまで見てきたⅢ-2類は刻印の印文に「播磨」を名乗るものがあるものの、むしろ主に江戸在地で生産された可能性が高い。このことは江戸在地産と考えられるかわらけと同じ組成をもつとされた胎土分析の結果（長佐古1994、両角1996など）によっても傍証される。そして「播磨」は、原料とされる粗塩の産地を示すものとも考えられる。近代に属する資料であるが、東大御殿下地点［文-9］出土の「赤穂鹽」と墨書された製品も、これに類似した理解に基づくものとも思われる（小川1992c）。

このように考えると、Ⅱ類の成形技法による焼塩壺生産はいわば伝統をもつがゆえに、旧来の技法を捨てきれなかったのに対し、こうした伝統とはまったく無関係に成立した江戸在地の新規参入の業者は、それゆえロクロを使用しえたのであり、そしてロクロを使用することによって整った形のものを大量に、そして安価に生み出すことができ、これが少なくとも江戸の市場においてⅡ類のものを駆逐しえた一つの要因ともなっていったのではなかろうか。

こうしたⅢ-2類出現の契機については、かつて同じ技術的背景にあると考えられる植木鉢類についての考察の中で言及したことがある。すなわち、ロクロ成形という技術をもって江戸在地において主にかわらけの生産を行っていた土器生産者集団が、18世紀中頃のかわらけの需要の激減に対応して、いわば生残り策としてロクロ成形の植木鉢や焼塩壺の生産を始めたのではないか、と考えられるのである（小川1992d）。

いずれにせよ、Ⅱ類の桎梏から解放されて、Ⅲ-2類の独自のそして多様な生産が行われるようになると、今度は逆にⅡ類の側で、無刻印化、小型化、口縁部の消滅といった変化が余儀なくされる。これはちょうど、次章で述べる「い津ミ　つた/花塩屋」の印文を2行書した刻印と、ずん胴の体部、内反りになる口縁という、Ⅰ-3類を模した刻印と器形をもって登場してきたⅡ類の製品が、次第に独自の器形や刻印を獲得して市場を占めるようになり、それによって逆に模倣の対象となっていくのと相似の現象である。

また、この時期になって壺焼塩が都市の（少なくとも江戸の）周縁部へ広がっていったものと見られ、江戸郊外から多摩地域、行田市忍城跡、清瀬市下宿内山といった、それまで焼塩壺がまったく見られない地域においてわずかながらも出土が見られるようになるのも、多くはこの段階の製品である（桐生1991,1994,1998、梅村2000）。

さらに蓋受けの省略・小型化・無刻印化といった変化からは、壺焼塩の生産が始められた当初存在したような壺焼塩に求められた伝統やコストを無視しえたような状況というものがもはや存在せず、安価なものが求められるようになっていたという状況もうかがわれる。これはまた、壺焼塩そのものの質的な変換が生じたということを意味しており、それは地理的な広がりとともに、壺焼塩を求める社会的な階層のうえでも、これまでとは異なった状況が現れてきたことを意味している。

すなわち、近世後期の川柳（浜田・佐藤監修 1987）に焼塩壺が現れるようになってくるということにも読み取れるものであるし、またⅢ-2類成形の焼塩壺が初めて考古学的に論じられた最初の遺物の得られた遺跡である日枝神社境内遺跡出土の遺物が、神社境内の掛け茶屋に由来する遺物であったこと（佐々木1977）にもうかがわれるものである。

そして、さらにその延長上に、民俗学的なモノグラフに見られる東北地方での明治期の壺焼塩の存在が置かれるのであろう（宮本1977）。

このように見ると、近世後期に出現し発展していくⅢ-2類の焼塩壺は、近世から近代へと移り変わる社会の様相を、ある意味で鋭敏に映し出すものとなっているということができるのかもしれない。

第5節 小　　結

以上、Ⅲ-2類の焼塩壺についてきわめて不十分ながら考察を試みてきた。

ここまで論じてきたところから得られたもっとも重要な点は、「播磨大極上」の刻印をもつものに少なくとも二つの系統の存在が予想されたのを始め、Ⅱ類の板作り製品と同様、あるいはそれ以上にⅢ-2類の製品に多くの系統の存在が確認されたことであろう。

これらの結果は、法量的な分布や遺構における共伴からの遺物組成をも加味した器形の検討から導かれたものであり、今後さらに細かな器形分類やそれらの変遷を追っていかねばならない。とくに器形の検討に関しては、口縁部や体部の特徴とその系統的位置づけを有機的に認識しうる包括的かつ統合的な分類項目の設定が急務であろう。

またⅢ-2類の出土状況に関する問題として、東大法文地点［文-7］や東大御殿下地点［文-9］の明治期の遺構などに見られるような、同一の器形のものが数多く出土する事例の分析が求められる。これは供給ルートの問題などによるものと思われるが、またその消費のされ方も再検討されねばならない。

第10章 「い津ミ　つた/花塩屋」の刻印をもつ焼塩壺

第1節　器形と成形技法

「い津ミ　つた/花塩屋」の刻印をもつ製品は、全体の器形から見るとやや丸底気味のずん胴であって、筆者の分類では輪積み成形によるⅠ-3類に似たフォルムをもつものである。したがって前田長三郎氏の示した焼塩壺の二分法に従えば「筒状の物」（前田1931）ということになる。またこれが最初に報告された東大御殿下地点［文-9］の報告者の鈴木裕子氏が指摘するように、このほかにも「口縁部内面が内削ぎ状、体部外面に縦位の工具痕が残る」といったⅠ-3類との形態上の共通点が見出せる。

一方、その成形技法はⅡ類の板作り成形によるものであり、これまで知られていた「筒状の物」がいずれも輪積み成形によるものであったとを考えると、鈴木氏のいうように「両者の中間形態」であるが、むしろⅠ-3類の製品を器形として模倣したものといえそうである。

板作り成形に特有の底部の粘土塊の充填される穴は板作り成形の中ではもっとも小さく、長方形二重枠の「泉州麻生」の刻印をもつものから内側二段角の「泉州麻生」の刻印をもつものへとその穴が次第に大きくなっていくことを勘案すると、「い津ミ　つた/花塩屋」の刻印をもつ製品はそれらに先行するものと考えることに無理はない。また、胎土や呈色も「泉州麻生」の刻印をもつものにきわめて類似しており、これらを一連のものと見ることができる。ただし、底部の粘土塊の入れられ方は外側から挿入されていると考えられ、以後の泉州麻生系の製品とは異なっている。「い津ミ　つた/花塩屋」の刻印をもつ製品とこれ以後の製品との間で、粘土塊の入れ方に関する技術的な変化が生じたものと見られ注目される。なお、大塚氏はこの粘土塊の入れられ方に関して内栓方式→外栓方式という異なった図式を提示している（大塚1990・1991）。

第2節　共伴する資料とその年代

次にその出土に関する属性を見ると、江戸遺跡では東大御殿下地点［文-9］の617号および802号遺構の二つの遺構のみから検出されている（この802号遺構からは1例のみ出土が知られている「いつみや/宗左衛門」の刻印をもつ蓋も出土している）。江戸遺跡以外では、大阪府天満本願寺跡からの1例が知られるにすぎないが、この資料は遺構外出土である（大阪市文化財協会1997）。

東大御殿下地点の2遺構ともに、共伴する藤左衛門系の焼塩壺はいずれも長方形二重枠の「天下一堺ミなと/藤左衛門」の刻印をもつⅠ-3類の製品であり、これ以前ないし以後に位置づけられるものとの共伴は知られていない。このことと長方形二重枠の「泉州麻生」の刻印をもつ製品の位置づけから、「い津ミ　つた/花塩屋」の刻印をもつ製品が長方形二重枠の「泉州麻生」の刻印をもつ製品に年代的にきわめて近接しながらも、先行すると考えられる。

第10章 「い津ミ　つた/花塩屋」の刻印をもつ焼塩壺　179

　その年代は、「天下一堺ミなと/藤左衛門」に共伴するのであるから、この遺跡の廃絶年代の上限は最大限1654年から1679年であり、泉州麻生系の花塩屋が壺焼塩を始めたとされる延宝元年（1673）との間で矛盾を来すことはない。

　また「い津ミ　つた/花塩屋」の刻印をもつ製品より後に位置づけられる長方形二重枠「泉州麻生」の共伴する最古の刻印（一重枠「天下一堺ミなと/藤左衛門」）より、下限は1679年であり、したがって「い津ミ　つた/花塩屋」の刻印をもつ製品の存在が推定される年代は、現時点では1673年から1679年までの6年間ということになる。

第3節　壺塩屋の系統とその位置づけ

　もっともこの製品が泉州麻生系であるとしても、これが泉州麻生系の焼塩壺の上限とは限らないし、「泉州麻生」と直接連続するとは限らない。またこの「い津ミ　つた/花塩屋」の刻印をもつ製品と長方形二重枠の「泉州麻生」との間には、多くの断層があることも事実である。印文、陰刻陽刻の違いという差のほかにも、2行書きから1行書きという変化がある。

　花焼塩の容器では後まで「イツミ　ツタ」（和泉国津田村）を地名として採用しているのに、この壺塩では「い津ミ　つた」から「泉州麻生」の印文に変わった経緯については、第3章および第一部の〔史料23〕に関する部分で述べたように、壺塩屋の所在地の変更とそれに関連する岸和田城主の意向が反映されたものではあるが、これだけでは器形の変化は説明されていない。壺屋との関係も含め、年代的な精緻化や資料の増加が待たれる。

　また、泉州麻生系のオリジナルであると思われる内側二段角の枠線の採用が、「泉州麻生」すなわち壺焼塩と「イツミ/花焼塩/ツタ」すなわち花焼塩のどちらが先であるかという問題もあるが、これはまたa，b 2種の「イツミ/花焼塩/ツタ」の上限および下限の問題でもあり、現時点では結論が得られない。

　なお、「い津ミ　つた/花塩屋」の刻印をもつ製品に伴う蓋は現時点では不明であるが、「いつミ」の文字と陽刻による表出という点を共有することから見て、「いつミや/宗左衛門」の刻印をもつ蓋がそれである可能性がある。ただし、屋号として前者が「花塩屋」を名乗り、後者が「いつミや」を名乗っているところから見ると、あるいは異なった系統ないし時期の製品とも考えられ、蓋についても未了の問題であるとしなくてはならない。

第4節　小　　結

　以上を整理すると、「イツミ/花焼塩/ツタ」の刻印を蓋にもつ容器に納められた花焼塩の生産者が、途中から壺焼塩生産を行ったということは史料からうかがわれるところではあったが、これが「泉州麻生」の刻印をもつ焼塩壺を最初に生み出した泉州麻生系の壺塩屋がこれに相当するであろうことが、印文や枠線を始めとする刻印の観察から推定される。そして「い津ミ　つた/花塩屋」の刻印は、この製品を生み出した業者が「花焼塩」の業者として一定の評価を得ていたことを暗示しているようであり、花焼塩を生産していた業者が壺焼塩生産に乗り出したとする史料［史料4・史料16］とも整合する。類例のきわめて少ないことから考えると、この「い津ミ　つた/花塩屋」

の刻印をもつ製品は、「泉州麻生」の刻印を生み出した花焼塩生産業者が壺焼塩を販売し始めた当初に、ごく短期間製造された、いわば「泉州麻生」のプロトタイプとでもいうべきものと考えられる。そして共伴する藤左衛門系の製品がⅠ-3類に分類されるものであることを併せ考えると、器形的にⅠ-3類の藤左衛門系の製品を模倣する意図をもっていたと考えられ、このことは底部に充填された粘土塊が小さいことからも裏づけられる。

いずれにせよ、Ⅰ-3類を模したと思われる器形をもち、「花塩屋」のように他の商品に裏づけを求めた印文である「い津ミ　つた/花塩屋」の刻印をもつ焼塩壺が、長方形二重枠という藤左衛門系の二重枠「天下一堺ミなと/藤左衛門」を模したと思われる枠線の刻印をもちながらも、独自の印文と器形とをもつ「泉州麻生」を経て、内側二段角の「泉州麻生」の刻印をもつ、いわばベストセラーを生み出すに至る過程は、泉州麻生系の壺焼塩生産がオリジナリティーをもっていく過程であり、市場において一定の地位を占めていく過程と考えることができそうである。そしてこれが逆に、他の系統（「泉州磨生」の刻印など）はもとより藤左衛門系（「泉川麻玉」「泉州麻王」など）によっても模倣の対象となるという逆転現象すら起きていく。

そして、その後泉州麻生系の製品には次第に器形や刻印に多くの変異が生じるようになり、比較的早い時期に（おそらくは板作り成形の製品が無刻印化する以前に）その生産が行われなくなる、という経過を経るようである。

以上から見ても、「い津ミ　つた/花塩屋」の刻印をもつ焼塩壺は類例は少ないながらも、泉州麻生系の壺塩屋動向と史料とを強固につなぐものといえそうである。

第11章　鉢形焼塩壺

　本章では、鉢形焼塩壺について論ずる。なお、これに対応する蓋については別に述べるので、ここでは主にその身について述べることにする。

第1節　研究のあゆみ

　鉢形焼塩壺に関する研究は類例が少ないことを反映してか、管見の限りではこれについての言及が見られるようになるのは比較的後年のことである。

　江戸遺跡でもっとも古く鉢形焼塩壺を報告したのは、1981年刊行の白山四丁目遺跡［文-3］の報告書である。ここでは筆者の分類で鉢形③類に属する製品を掲げ、「44はいわゆる一般的な塩壺の形状と異なり、佐々木氏の前出論文（引用者註：佐々木1977）に記載もなく類例も全くないが、胎土、成形技法（型入れ成形、内側は布押し）等に著しい共通点が認められるので一応塩壺の中に含めておいた」と述べられている。

　次いで渡辺誠氏は、壺焼塩を含めた焼塩全般に関する論考の中で、多くの遺物や史料に言及している（渡辺1985a）。この論考ではまず壺塩屋の子孫からの聞き取りによって、明治時代に製造されていた6種類の焼塩を紹介している。すなわちA1―壺塩、A2―花塩（花形塩）、A3―塩温石、B1―はこべ塩、B2―しそ塩、B3―胡麻塩である。このうちの花塩は、壺に入れずに梅や桜の花のような型に入れてたたき、型から出して乾燥させ、素焼きの箱に入れて焼くというものであったという。これは、焼塩壺をめぐる研究史における花焼塩に対する最初の言及でもある。氏は考古資料としての鉢形焼塩壺については、筆者の分類で鉢形①類に相当する京都府伏見奉行前遺跡出土例をあげ、L類として分類したうえで、「二次焼成は見られず、A～K類（各種のコップ形の焼塩壺：引用者註）とは明らかに特徴を異にしている。焼塩容器として区別すべきかもしれない」として、一般の焼塩壺とは異なった性格のものであることを示唆しているが、先に自らが言及した花焼塩等の容器とはしていない。花焼塩に関する唯一の考古学的資料としては、一橋高校遺跡［千-1］出土の「イツミ/花焼塩/ツタ」の刻印をもつ蓋をあげ、これが「花形塩の容器の蓋」であるという見解を示すが、対応する身については「その身は未検出で、どのような容器であったのか不明である」として、上記白山四丁目例との対応関係は示していない。

　その後、麻布台一丁目遺跡［港-2］、真砂遺跡［文-4］などの報告によって、これらの鉢形焼塩壺やその蓋と見られる製品の類例が加えられていくが、真砂遺跡では鉢形③類に属する製品に対して「京都深草系の製品」としているなど、渡辺氏の論考に対する十分な認識が行きわたっていなかったことがうかがえる。

　そうした中で、上記白山四丁目遺跡例の形態をもつ身と、同じく上記一橋高校遺跡例の刻印をもつ蓋とが出土した増上寺子院群遺跡［港-7］では、この両遺跡例に触れつつ、出土遺構は明言さ

れていないものの、身と蓋の両者が「きわめて接近して出土」したことを報じている。さらに口径がほぼ一致すること、胎土色調が酷似することなどから「両者は元来組を成して用いられた」との見解を示している。これは「イツミ/花焼塩/ツタ」の刻印をもつ蓋の身との対応関係を示した最初の例である。

1990年代に入ると、東大病院地点［文-8］、東大法文地点［文-7］、東大御殿下地点［文-9］の報告が順次刊行され、鉢形焼塩壺やそれに関連する遺物に良好な類例を加えている。

まず東大病院地点からは多量のコップ形焼塩壺のほか、鉢形焼塩壺も多種（鉢形①類、②類、③類）検出されている。このうち鉢形②類はこれまでに類例の報じられていなかったが、胎土・法量・成形技法などの類似から、焼塩壺の範疇に加えて報告された。

東大法文地点からは、前記増上寺子院群遺跡と同様の身と蓋が同一遺構（U4-3号土坑）から検出されたことが報じられ、この両者が対応するものであることをより強固に裏づける資料となった。そこでは増上寺子院群遺跡例に対する言及はないものの「（両者は）渡辺誠氏によって花塩の容器とされているものである」と述べられており（大塚1990）、この時点までに両者がセットとして花焼塩の容器を形づくるものであるという見解が一般化していたことをうかがわせる。

一方、田中一廣氏は花園大学構内出土資料の再整理・再報告を通じ、焼塩壺全般にわたる集成と概観、検討を行ったが、その中で妙心寺（塔頭）麟祥院出土資料中に見られる鉢形焼塩壺の一部に触れている。そこでは鉢形②類および③類に属する製品を取り上げ、これをM類（M型式）と名づけている。さらに刻印の示す地名、成形技法、蓋と身の形態の変遷など、鉢形焼塩壺に対する初めてともいえる概括的な検討を行っている（田中1991）。

このうち「泉州麻生」と「イツミ　ツタ」の地名については、「泉州麻生は……広く貝塚寺内も含めた貝塚北東地域が中世以来の『麻生郷』であり、イコール『和泉津田』を指したものと考えてよい」として、中盛彬が『拾遺泉州志』〔史料22〕で述べた、「泉州麻生」の刻印をもつものを麻生郷津田村の塩屋源兵衛の製品とする考え方も引用している。

第2節　分類と成形技法

最初に鉢形焼塩壺類の身の分類と成形技法について詳細な分類案を提示する。

コップ形焼塩壺とは異なり、鉢形焼塩壺は全体の器形から以下のように分類する（図39）。

鉢形①類―断面外形が弧を描き、基本的な形状が半球状をなすもの。
  -1：体部底部ともに比較的薄手のもの。
  -2：体部底部ともに比較的厚手のもの。

鉢形②類―断面外形が直線状で、基本的な形状が円筒形をなすもの。
  -1：体部底部ともに比較的薄手のもの。
    a―口唇部が内側に突出するもの。
    b―口唇部内側が直立するもの。
  -2：体部底部ともに比較的厚手のもの。
    a―側面部が直立するもの。

第11章　鉢形焼塩壺　183

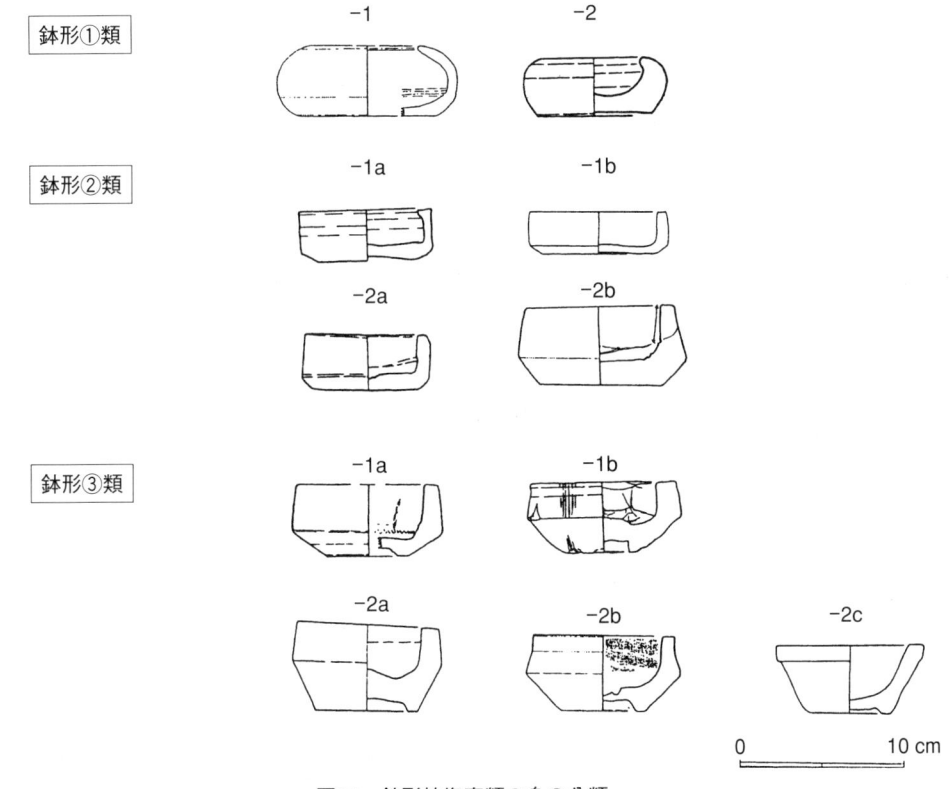

鉢形①類	-1	-2
鉢形②類	-1a	-1b
	-2a	-2b
鉢形③類	-1a	-1b
	-2a	-2b	-2c

0　　　10 cm

図39　鉢形焼塩壺類の身の分類

　　　b—側面部が内傾するもの。
　鉢形③類―断面外形が屈曲し基本的な形状が算盤玉形をなし、底面に抉りのあるもの。
　　-1：体部下半に最大径をもつもの。
　　　a—内面の体部と底部の境界に縫い目痕のあるもの。
　　　b—内面の体部から底部にかけて、折り畳まれたような布目痕の見られるもの。
　　-2：体部中央以上に最大径をもつもの。
　　　a—側面部が直線状のもの。
　　　b—側面部が内側にやや屈曲するもの。
　　　c—逆ハの字状に開く断面外形と、幅の狭い直立した口縁部をもつもの。
　身の成形技法については言及されたものは少なく、実測図などにも十分表現されていないため、多くをいうことができないが、実見した限りではロクロないし回転台を使用するもの（ロクロ成形と仮称する）と、型を使用するものとがあり、いわゆる手づくねによるものは見ることができない。
　型を使用するものは内面に布目等の痕跡が見られ、布等を被せた型の外側に粘土を付着させる成形方法であり、内型成形と仮称する（ただし、石川県金沢市で報告されている鉢形①類に分類されるであろう器形をもつものには、外型成形が見られるが、江戸遺跡では確実に外型成形といえるものは報告されていない）。
　内型成形方法の場合、粘土の被せ方には少なくとも3種類あることが確認され、これらを仮に内

型第一、第二、第三方式と呼んでおく。

内型第一方式は、内型に長方形ないしは扇形の粘土板が巻きつけられるが、底面に粘土塊が別に入れられるものである。この方式はコップ形の焼塩壺のうちのⅡ類、すなわち板作り成形の製品の多くに見られるものと酷似している。

内型第二方式は、型の外側に板状の粘土板を巻きつけて側面を作り、これに浅い皿型の底部を被せるように接着するものであり、筆者は実見していないが、妙心寺麟祥院例に関する田中氏の言及（田中 1991）とこれに添えられた実測図と写真とから確認されたものである。この方式は、底部が1枚の板状のものから別に作り出されているという点ではコップ形の焼塩壺のうちのⅠ類、すなわち輪積み成形の製品に見られるものと類似している。

内型第三方式は、底部中央の粘土塊と側面との間に別の粘土が入れられたものと見られ、真砂遺跡出土の鉢形③類-2aの図に見られる。筆者は実見しておらず詳細を確認することはできなかったが、この技法はコップ形の焼塩壺のうちのⅡ類の一部に見られる、いわゆる3ピースのものと類似しているようにも思われる。

このほか、1枚の粘土板をそのまま被せつける方法も考えられ、未確認のものの中にこうした方法によるものが存在する可能性もある。

成形技法と形態との対応関係を実見の結果や実測図などから判断すると、鉢形①類はいずれもロクロ成形によるものであり、外面は横方向のケズリないしミガキが施されている。鉢形②類-1もすべてロクロ成形であり、この他鉢形③類-2cの中にロクロ成形と報告されたものが1点ある。これら以外のすべて、すなわち鉢形②類-2および1点を除く鉢形③類は内型成形と考えられる。

この内型成形による製品のうち、上で述べた妙心寺麟祥院例と真砂遺跡例とがそれぞれ内型第二、第三方式と位置づけられるほかは、今のところ筆者の観察しえた範囲では底面に小粘土塊ないしその痕跡が観察され、内型第一方式に位置づけられる。これらの中には粘土塊との接合部分が内外面とも丁寧にナデ消されたものも見られ、報告の中でこの粘土塊の挿入を示す実測がなされていないものの中には、こうした操作が原因であるものもあろう。

また鉢形③類-1aの内面に見られる縫い目痕は、今のところ1例（東大病院地点［文-8］J31-1）のみの確認であるが、これと鉢形③類-1bの内面に見られる折り畳まれたような布目痕とは、「泉州麻生」の刻印をもつ焼塩壺に見られる内面の特徴と相似の関係にあるようにも思え注目しておきたい。

さらに、鉢形③類の底面の外面および内面には抉りが認められる。田中氏の指摘するように熱効率を考慮したとも見えるが（田中 1991）、この鉢形焼塩壺類が塩の焼返し用の容器ではないと考えられることも含め、むしろこうした粘土塊挿入に伴う内外面の調整に関わる操作と密接に関連しているように思われる。

これらの鉢形焼塩壺類の成形技法に関しては、コップ形の焼塩壺に見られる粘土塊の挿入と調整とも関連するものと思われる。

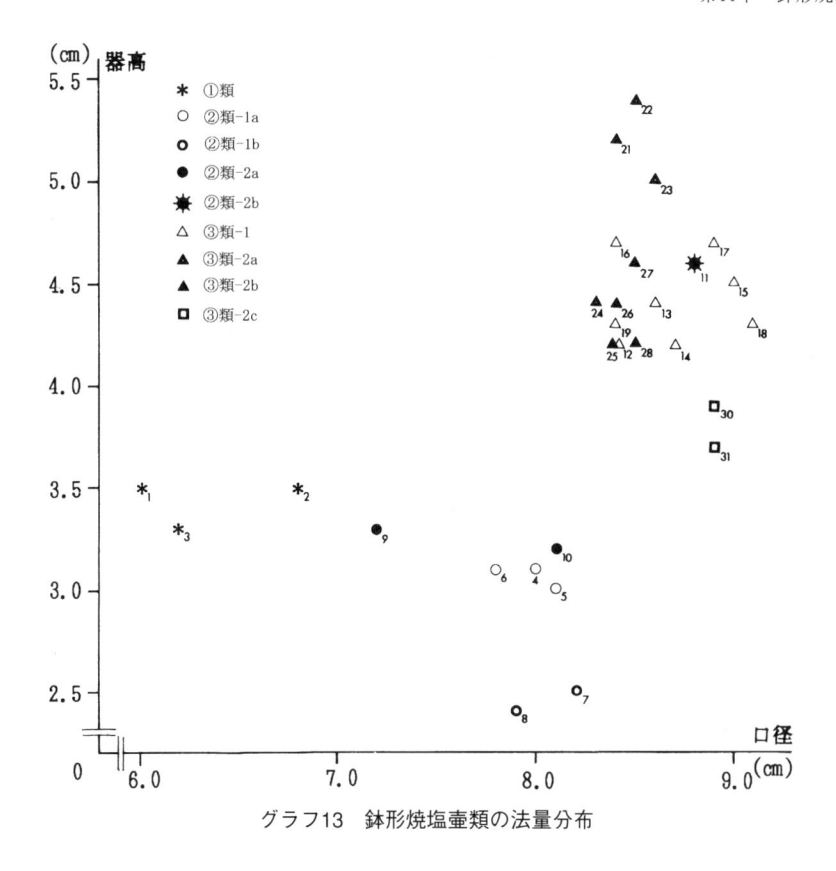

グラフ13　鉢形焼塩壺類の法量分布

第3節　器形変化と年代的位置づけ

　鉢形焼塩壺のうちの一部のものの形態の変遷については、田中氏の言及がある（田中1991）。「見栄えとともに、器の効率なども考慮されて変化を遂げた」として、東大病院地点［文-8］E34-1例（鉢形②類-2a）から妙心寺麟祥院例（鉢形②類-2b）を経て名古屋城三の丸例（鉢形③類-1）、東大病院地点F29-1例（鉢形③類-2b）へと変化すると推定している。すなわち、鉢形②類（ないしその一部）から鉢形③類への変化が追えるとしているわけである。確かにそのように考えると、鉢形②類の体部と底部の境目にある面取りが次第に大きくなっていく変化としてとらられるが、鉢形②類の大部分の口径は鉢形③類のそれよりも小さめである。

　そこで、この口径と蓋の直径とを見ると、「イツミ/花焼塩/ツタ」の刻印をもつ蓋はいずれも鉢形③類と口径が合致するが、鉢形②類で合致するのは妙心寺麟祥院例（鉢形②類-2b）のみである。一方、身の口径と器高による法量分布を見ると（グラフ13）、妙心寺麟祥院例のみは他の鉢形②類から離れた、鉢形③類の分布する範囲に位置していることがわかる。鉢形②類として分類されてはいるが、この例はむしろ鉢形③類の祖型ともいうべき形であって、他の鉢形②類とは異なった位置づけをする必要があるように思われる。

　また、年代的な位置づけを見ると、妙心寺麟祥院例の年代については不詳であるが、遺構において焼塩壺と共伴する鉢形②類の例は東大病院地点E34-3例（鉢形②類-1b）が「天下一御壺塩師／堺見なと伊織」の刻印をもつⅠ-3類の身と共伴しており、1680年代初めに位置づけられる。しかし、

真砂遺跡［文- 4］123号土坑例（鉢形②類-1b）がⅡ類、白鴎［台- 1］例（鉢形②類-1a）がⅡ類・Ⅲ-2類と共伴するなど、18世紀末から19世紀にかけての時期とされものとの共伴も見られる。もちろん共伴することのみをもって時期的に同一と見なすことは危険であるが、このように比較的新しい時期の所産であるとされるⅢ- 2類の焼塩壺と共伴する例が複数見られることを考えても、鉢形②類のすべてが鉢形③類に先行するものと考えることは困難であり、鉢形③類とはまた別に並行して存在していたことが考えられる。

次に鉢形③類について、遺構において共伴する焼塩壺を見ると三栄町遺跡［新- 6 - 1］A-21号遺構を除くと、鉢形③類-1は 1 例のみがコップ形の焼塩壺のⅠ類と共伴している。鉢形③類-2はⅡ類・Ⅲ-2類との共伴例がいくつか見られる。したがって、鉢形③類-1→鉢形③類-2という大まかな流れを推定することができ、先の検討からその前に鉢形②類-2bを置くことができると考えられる。

それぞれの年代は鉢形③類-1が17世紀末まで、鉢形③類-2が18世紀初めから18世紀末ないし19世紀は前半までの比較的長い時期に比定でき、その結果鉢形②類-2bはそれ以前、すなわち17世紀半ば付近に位置づけられよう。

第 4 節　小　　結

鉢形焼塩壺はコップ形の焼塩壺に比べて出土点数が少なく、【集成】では鉢形①類が 8 点、鉢形②類が37点、鉢形③類が61点で、全部でも108点にとどまる。これは焼塩壺の身全体（4,634点）の2.3％にすぎない。しかも、そのいずれにも焼塩壺の大きな特徴の一つである刻印が捺された例もなく、そういう意味からはやや軽視されがちな一群であるといえよう。

しかし、この資料はいくつかの点で焼塩壺研究において欠くことのできないものである。第一は、こうした形状の焼塩壺が17世紀から19世紀にかけて連綿と存在していたと考えられる点であり、第二は対応する蓋の刻印とも併せ考えると、複数の壺塩屋によって使用されていたと思われる点であり、第三は第14章および第三部第 2 章で詳論するように、「イツミ/花焼塩/ツタ」の刻印をもつ蓋が伴うと思われる（鉢形②類-2bを含む）鉢形③類を用いていた壺塩屋が、「泉州麻生」を産み出した壺塩屋と同一の存在であると考えられる点である。

とくに第三の点は、壺の成形技法や胎土における「泉州麻生」の刻印をもつ焼塩壺との共通性においても確認されるところであり、そういう点は壺屋と壺塩屋との関係を考えるうえでも重要である。また第一、第二の点を含め、コップ形の焼塩壺によって生産・流通されていた「壺焼塩」とは異なった形状の焼塩（「花塩」「花形塩」「花焼塩」「角塩」などと呼ばれる）の一群が、近世を通じて一定の位置を占めていたと考えられることは、焼塩壺全体を考えるうえでもきわめて重要であると考えられるのである。

この点については、第三部第 8 章でも若干触れるが、史料や絵画資料などを含めた多角的な検討を、さらに進めていく必要があると思われる。

第12章 特殊な焼塩壺

　本章では、特殊な焼塩壺についてまとめて触れておく。ここで特殊というのは、江戸遺跡において類例が少なく、かつ他の焼塩壺と技術的・形態的な共通点が乏しいことによるものである。

(1) 特殊なコップ形焼塩壺
　コップ形焼塩壺のうちⅠ-1類、Ⅰ-2類、Ⅲ-3類、Ⅲ-4類、Ⅳ類は、ここまでほとんど言及しなかった特殊な焼塩壺である。

① Ⅰ-1類（図5）

　Ⅰ類の輪積み成形による製品のうち、肩の張った棗形の形態を有する。

　比較的小形で体部は胴が張り、体部中央に最大径をもつ。肩部は強く屈曲して張り出し、口縁部は垂直に立ち上がり、茶入れの棗に似た器形を呈する。部分的に橙色を帯びる白色のよく精選された胎土をもつ。刻印の有無は明らかでない。確実に伴うと思われる蓋も未確認である。【集成】には東大病院地点［文-8］の池状遺構から1点検出されているのみであり、17世紀第2四半期に位置づけられる。江戸での出土例はほかに見られないが、京都府平安京押小路殿跡第3次調査土壙101からは器形の類似する「ダルマ型」の製品が3点、これに伴うと思われる蓋および無刻印のⅠ-3類とともに出土している（古代学協会 1984a）。報告によれば、この遺構は上限が慶長13年（1608）、下限が寛永年間（1624～44）頃と考えられ、「池」遺構の年代と矛盾しない。このほか、同じく京都市上京区同志社大学徳照館地点などからも報告がある（同志社大学校地学術調査委員会 1990）。

② Ⅰ-2類（図5）

　なで肩の形態で、【集成】には東大病院地点［文-8］の「池」遺構から口縁から肩部の破片が1点検出されているのみであり、破片のため刻印の有無は明らかでない。内面頸部付近に布目の圧痕が点々と見られる。灰白色の胎土や呈色、成整形技法の共通性から、これの底部と思われる別個体の破片も1点共伴するが、蓋は未確認である。共伴する木簡の紀年や焼塩壺から、17世紀第2四半期頃に位置づけられる。この種の製品も管見の限りでは江戸での出土例はほかに見られないが、やはり京都市上京区同志社校友会新島会館別館地点などから報告がある（同志社 1994）。

　こうした出土事例の存在から判断すると、上記のⅠ-1類およびこのⅠ-2類に分類される製品は、江戸ではきわめて稀ではあるが、関西地域、少なくとも京都市内では比較的普遍的に見られるようである。

③ Ⅲ-3類（図6）

　比較的大形であるが、薄手で口縁が直立する。45点と類例は多いが、直立する体部ととがった口縁をもち、外に張り出す体部下半が特徴的である。伴う蓋は未確認である。共伴する焼塩壺などから、17世紀中～後葉に位置づけられる。その出土地である汐留遺跡［港-29・32・36］が仙台藩伊達家の屋敷地を含み、仙台城はじめ宮城県下に類例が見られることから、地域性の強い製品が江戸

にもたらされたものと考えられる。「轆轤成形で、非常に緻密な胎土をもつ製品。器形は、やや底部が厚く、体部下位に段をもつ。口縁資料は少ないが、内側に嘴状の凹みをもつものがあった」とされる［港-29］この種の製品は、報告者の指摘するように仙台城三の丸のほか同二の丸にも報告例がある。

④　Ⅲ-4類（図6）

体部が外に開き、体部下半に斜格子状のたたき目をもつという特徴がある。底部は多くが厚く、底面には回転糸切り痕が見られる。4点のみの報告であるが、【集成】ではⅢ-3類とともに汐留遺跡［港-29・32］で報告されている。刻印は認められず、伴う蓋も未確認である。

⑤　Ⅳ類（図6）

Ⅰ類の輪積み成形、Ⅱ類の板作り成形、Ⅲ類のロクロ成形のいずれにも属さない成形方法によるものをⅣ類としているが、現在のところ、Ⅳ-1類の抉り成形とⅣ-2類の型押し成形との2種類が知られるのみである。

Ⅳ類-1の抉り成形の製品は、【集成】に含まれるものでは千代田区の3遺跡8遺構から合計15点報告されているのみである。これらの例から判断すると、少なくとも大小2種存在するようである。比較的小形で、紡錘形の粘土塊の一端から内側に、指先もしくは箆状の工具で抉り取るように粘土を掻き出して成形したと思われる。丸の内三丁目遺跡［千-7］の報告では「口縁部がややすぼまり、胴部中央部が膨らむ形を呈し、底部の厚さが厚く、内面は抉り取ったあと口縁部付近をなでている。成形技法は、手づくね成形か輪積み成形のいずれかであるか明確ではないが、本遺跡から出土している輪積み成形の焼塩壺とは明確に異なるため、手づくね成形として報告する」としている。砂粒の比較的多い粗い胎土をもち、赤みを帯びた橙色を呈する。これに伴うと思われる蓋は未確認であるが、江戸遺跡以外では愛知県の名古屋城三の丸遺跡に類例が多く（愛知県埋蔵文化財センター 1990, 1992a など）、そこでの出土例から、縁が肥厚した赤血球状の蓋が伴うと考えられている。また大阪府大坂城跡（Ⅲ）SD401および第3下層からも報告が見られる（大阪市文化財協会 1988）。同様の成形技法で作られた製品のうち、大坂城例に存在する口縁の外反する資料に類似した資料が、やはり愛知県名古屋城三の丸遺跡（Ⅰ）から報告されている（愛知県埋蔵文化財センター 1990a）。共伴資料から17世紀後半から18世紀初頭頃に位置づけられる。

Ⅳ-2類は、内外の型押しで作られた円錐台形を呈するもので、明橙色を呈する。器高よりも口径が大きいものも多く、その点では鉢形焼塩壺に属するものともいえ、このことはレリーフのある蓋が伴うと思われることにも関わってくるものではあるが、ひとまずここで扱っておく。【集成】中には2点、その後の報告や紹介（鈴木裕 2006）が6点あり、都合8点知られている。いずれも体部には刻印をもたず、底面外側には掌形の刻印が見られるが陽刻で、成形後の押捺ではなく、外型にあらかじめ施された印であると思われる。弓町遺跡第5地点から5点まとまって出土しているが、そのうちの1点には底部に「やきし本　安家　七月十日辰日」の墨書が見られる［文-68］。ちなみに、この身に伴うと思われる蓋は、富士山などの風景がレリーフで描かれた特殊なものである。身・蓋とも江戸以外の類例は知られていない。共伴資料から18世紀後半から19世紀初頭に位置づけられる。

(2) その他の焼塩壺 (図6)

　今のところ類例が少ないこともあって、以上の分類のいずれにも含めていない一群である。始めの2種は焼塩壺と報告されているものの、1点ずつの報告で、形状その他から他の焼塩壺とされるものとは極端に異なっている。

　一つ目は比較的大形で褐色の粗い胎土を有し、長大な頸部を有する。刻印はなく、二次焼成をう［文-9］の2遺構から1点ずつ出土が含まれているのみであり、17世紀前半に位置づけられる。これに伴うと思われる蓋は未確認である。江戸以外では石川県で出土するボウリングのピンに似た形状の例との関連もうかがわれるが、石川県の例は棒状の内型の周りに粘土を巻きつけた成形方法で器壁が極端に厚く、焼塩壺でなく花入れであるとする意見もある。

　二つ目は、かわらけの口縁部を内側に数ヵ所折り曲げて花弁状にしたもので、見込み中央に花弁状の陰刻の刻印が捺されている。【集成】内では、尾張藩上屋敷跡遺跡（Ⅴ）（Ⅵ）［新-84・97］からの3点が含まれるのみである。同形で見込みの刻印のないものは渡辺誠氏によって以前から「K類」として分類、紹介されている（第一部第3章・図3：渡辺1985a）。その図には「京都・同志社中学敷地内」のキャプションが付されているほか、平安京からの報告例もある（京都市埋蔵文化財研究所 2004a）。このほか伝世資料として、ほぼ同様の資料が渡辺氏により「京都市木野に残る焼塩壺」として紹介されている（渡辺1985a）。共伴する焼塩壺から年代は18世紀後半と考えられる。

　三つ目はⅢ-2類に類似するが、器高が比較的高いコップ形の製品である。【集成】には尾張藩上屋敷遺跡（XI）［新-115］からの報告が1点のみ含まれるが、その後、萩藩毛利家屋敷跡［港-47］から2点報告されている。ともに刻印を有するが、前者は不明瞭なため判読不能である。後者もやや不明瞭だが、「大和屋」等と思われる印文の、いずれも未知の刻印が捺されている。年代的には共伴資料から17世紀後半頃と思われ、Ⅲ-2類よりも古くⅢ-1類よりも新しい、両者の中間の時期に位置づけられる。こうした年代を見ても、ロクロ成形の土器生産にも関連するところから、今後の検討を大いに要する製品ではある。

　これらのほか、焼塩壺であるとして報告されているため【集成】に含めてはあるが、ごく例外的な製品がある。その一は手づくねで成形されたと思われる球状の体部をもつもので、小石川駕籠町遺跡［文-31-2］で報告されたものである。その二はロクロ成形のきわめて小形のもので、錦糸町駅北口遺跡Ⅰ［墨-3］で報告されたものである。灯火具の一種とも思われるが、詳細は不明である。

第13章　焼塩壺の蓋

第1節　蓋の分類

(1)　4者の分類案

　始めに遺物としての焼塩壺の蓋がどのように扱われてきたのかについて、その分類をもとに振り返ってみたい。

① 渡辺誠氏の分類案

　最初に焼塩壺の蓋を対象に分類を試みたのは渡辺誠氏である。渡辺氏は焼塩壺の蓋をA～Dの4類に分類している（図3：渡辺1985a）。そこでは形態に成形方法や想定される先後関係を加え、「A類　上面が丸みを帯び、内面に布目圧痕を残すことから、型にあてた粘土塊の外面をへらで削って成形して作られた形態であることがわかる」「B類　A類同様に型作りで、内面に布目圧痕を残すが、上面は平坦に削られ、断面も直角に近く逆凹字形を呈す」「C類　円盤状で、B類の退化形態とみられる」「D類　断面が逆凸字形を呈す形態」のように言及されている。

　なお、渡辺氏は身をA～Lの12類に分類し、図版では蓋に「'」を付してA'～D'のように表示しているが[1]、本文では「A類」や「身A」、「蓋B」のように表記している。しかし後述するように、これが必ずしも身との対応関係を示してはいないことは明らかである。

　また、筆者が鉢形焼塩壺とする低平な焼塩壺の身は、半球形を基調とする形態のもののみがL類として身の分類に含まれているが、いわゆる算盤玉形や円筒形を基調とする形態のものは含まれていない。さらに「イツミ/花焼塩/ツタ」の刻印をもつ蓋も「花形塩」の蓋として別に示され、分類の中には含まれていない。これは「しかしその身は未検出で、どのような容器であったのか不明である」と述べられているように（渡辺1985a）、最初に渡辺氏が分類案を提示した時点では、後に花焼塩の容器と考えられるようになった算盤玉形や円筒形を基調とする形態のものに関する認識がなかったためと思われるが、その後発表された論考における分類においても、これらはつけ加えられていない（渡辺1992）。

② 松田訓氏の分類案

　松田訓氏は、愛知県名古屋城三の丸遺跡の報告やこれをベースにした整理の中で、渡辺氏に依拠しつつ焼塩壺の分類を行っている。蓋についても渡辺氏の設定したA類～D類を踏襲し、これに名古屋城三の丸遺跡・吉田城遺跡の報告に際してX類を独自に加えている（松田1990a・1995）。松田氏の分類は以下のように定義されている。「蓋A類　上面がやや曲面的で、側面が緩やかに外側へ開くもの」「蓋B類　上面が平坦で、側面への交換点がはっきりしていて、垂下か、やや内側に向くもの」「蓋C類　B類の身にかかる部分が退化し、断面形態は内側が平坦か、わずかにくぼむもの」「蓋D類　断面が逆凸字形を呈するもの」「蓋X類　A類の極端に厚手なもの（渡辺未分類）」[2]。

さらにその後の論考では「'」を付してA'〜D'類、X'類のように表示したうえで、上述の渡辺氏が花形塩の蓋としたものをY'類としてさらに追加し、全6種に分類している（松田 2000）。

③　田中一廣氏の分類案

田中一廣氏は、蓋について「蓋A'類：厚手の土師質素焼皿（灯明皿の2倍程度の厚み）」「蓋C'類：身C類と組合わさる蓋。：単純な作りと考えられる。上面は平坦」「蓋H'-z類：身Hとセットになる蓋・型作りタイプ・シャープ」「蓋M'類：蓋の天井に『イツ(津)ミ　花焼塩　ツタ』の陽刻印蓋：SKTなどは天井にやや丸み、刻印が小判形は古相」の4大別を示し、さらに蓋C類については「C'-x（薄手）・C'-y（厚手）：回転台上で切り出して造るもの。C'-z：型造りによる（後出の技法？）もの」と下位分類を示している（田中 1992a）。このうち蓋M'類が、上述の渡辺氏が「花形塩」の蓋としたものである。

ここでの分類名はそれぞれ渡辺氏の分類になる「A類」「C類」および田中氏の設定した「H類」「M類」の身に対応するものとして命名されており、蓋の分類名に関しては渡辺氏とは異なった定義・命名がなされている（田中 1992a,b）。ここで気をつけるべきことは、この分類ではハイフン以下の下位分類が身と蓋では別々になされていることで、身の多くでは「-a、-b、……」とアルファベットの頭から名づけられ、蓋の多くでは「-x、-y、-z」と末尾のものが用いられているようであるが、一部身に「-x、-y」も用いられている。しかしながら、これらの分類については分類名と実測図の対応関係を具体的には図示していないため、詳細は不明である。

なお蓋A'類の上下に関して、「一般に『かぶせ蓋』と考えられる。しかし……『落し蓋』であった可能性も捨てきれない。……上下どちらむきでも器に合わせ使用したと思われる」との興味深い指摘を行っている（田中 1992b）。蓋の使用形態に関するほとんど唯一の言及である。

④　筆者の分類案

筆者は、主にその断面の形状からア〜オの5類に分類したうえで、これをさらに細分する案を提示している（小川 1988・1992a）。そこでは「ア類　断面外形・内形が弧を描くもの」「イ類　断面が凹字形を呈するもの」「ウ類　断面が台形を呈するもの」「エ類　断面が長方形を呈するもの」「オ類　断面が凸字形を呈するもの」とし[3]、このうちア類とイ類とには下位分類を与えている。すなわちア類は「①上面から側面へ、緩やかに移行するもの　②上面から側面へ、やや屈曲して移行し、側面に横方向のなでが認められるもの」、イ類は「①胎土に雲母を含まないもの　②胎土に雲母を含むもの」にそれぞれ二分し、さらにイ類①は「a 身が薄く突起が細く、側面が内傾するもの　b 身が薄く突起が細く、側面が直立するもの　c 身が厚く突起が細いもの　d 突起が太く浅いもの　e 突起がきわめて小さいもの」に五分している（図40：小川 1992a）。

また、エ類、オ類についても別の論考で再分類を行い、「エ類　断面が長方形を呈する、単純な円盤型のもの」「オ類　下面中央部が下方に突出し、断面形が基本的に凸字形を呈するもの」としたうえで、オ類を「①底面中央が平坦ないし凸面を呈するもの。②底面中央がわずかにくぼむもの。③底面中央が円錐状に強くくぼむもの。④底面中央の突出が痕跡的で、わずかに凸帯状の圏線がめぐるもの」に四分している（小川 1993）。

なお（小川 1992a）では蓋に見られる刻印について、「御壺塩師/難波浄因」「深草/砂川/権兵衛」

図40 焼塩壺の蓋の分類（旧）（小川1992a）

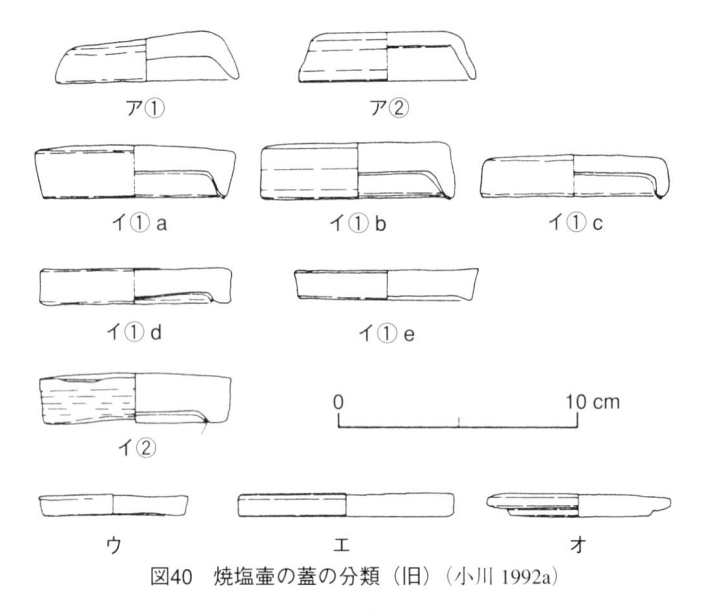

「イツミ/花焼塩/ツタ」を図示し、それぞれ6①、6②、6③とナンバーを振っているが、本文中にはこれらに関する言及はしていない（図41：小川1992a）。

　（小川1992a）の分類では、基本的には形態分類であるにも関わらず、イ類の下位分類を胎土に雲母が含まれるか否かという異なった基準を導入している。これは、焼塩壺の身のうち「泉湊伊織」などの刻印をもつものが胎土に雲母を含んでいるため、身との対応を考慮したものではあるが、報告書によっては胎土の特徴を記載していないものも多く、集成などにおいて困難を伴うことが予想される。さらに新たに良好な資料の報告も多く蓄積され、これまでの分類では焼塩壺の蓋のもつ資料的価値を十分に追究していくことができないと考えられる。そこで、以下ではこれまでの筆者による分類に若干の変更を加える形で新たな分類案を提示してみたい。

(2)　新たな分類案の提示

　今回新たに提示する焼塩壺の蓋の分類案では、これまでどおり断面形を基準にア類〜オ類に5大別し、これに胎土の特徴や成形技法、推定される先後関係を分類基準に含めることなく、形態上の特徴にもとづいて細分を行っている。ただし、ア類③では、ロクロ成形の結果として現れる糸切痕を細分に用いている。

　分類案は以下のとおりである（図42）。

　ア類　断面外形・内形が弧を描くもの
　　①上面から側面へ緩やかに移行するもの
　　②上面から側面へやや屈曲して移行し側面に横方向のなでが認められるもの
　　③上面から側面へ緩やかに移行し上面に糸切痕を有するもの
　イ類　断面が凹字形を呈するもの
　　①体部が厚く突起が細く側面が内傾するもの
　　②体部が厚く突起が細く側面が直立するもの
　　③体部が薄く突起が細く側面が直立するもの

図41　刻印の分類（旧）（小川1992a）

　　④体部が厚く突起が太く低いもので突起の外面下端が内傾するもの
　　⑤体部が薄く突起が太く低いもので突起の外面下端が垂直ないし外反するもの
　　⑥体部が薄く突起がきわめて小さいもの
　ウ類　上面と下面が平行で側面が傾斜し基本的に断面が台形を呈するもの
　　①側面が直線状に移行するもの
　　②側面が弧を描くもの
　エ類　断面が基本的に長方形を呈する円盤状のもの
　　①相対的に径が小さく側面が直立するもの
　　②相対的に径が大きく側面が弧を描くもの
　　③相対的に径が大きく側面が直立するもの
　オ類　底面中央が下方に突出し断面が基本的に凸字形を呈するもの
　　①上面が平坦で側面が直立するもの
　　②上面が平坦で側面が弧を描くもの
　　③上面がわずかに盛り上がり側面が弧を描くもの

第2節　焼塩壺の蓋に見られる刻印

（1）　焼塩壺の蓋における刻印のあり方

【集成】では身は総数4,634点、蓋は総数3,346点、合計7,980点が報告されている[4]。このうち蓋に

194 第二部 各　論

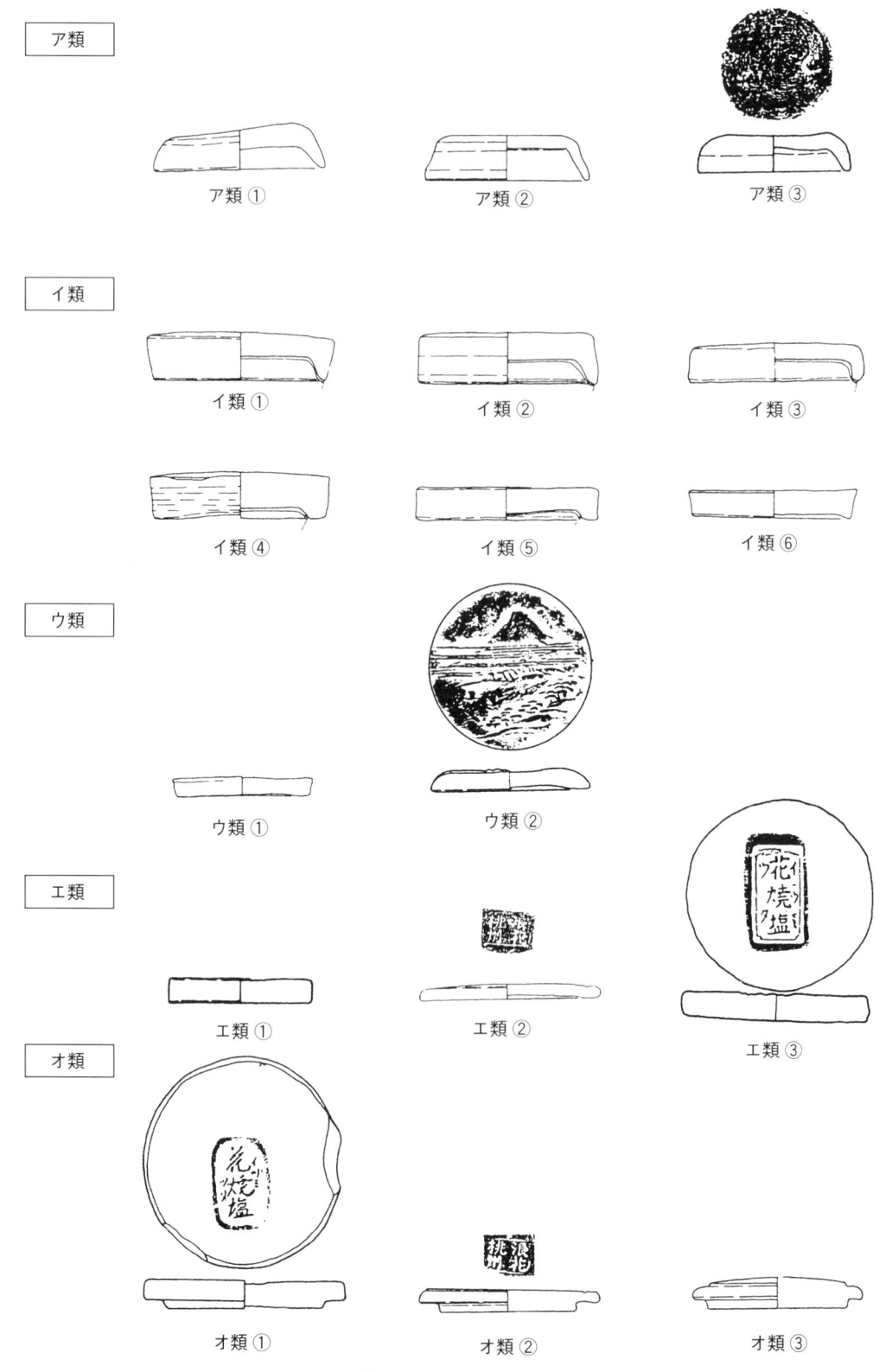

ア類

ア類①　　ア類②　　ア類③

イ類

イ類①　　イ類②　　イ類③

イ類④　　イ類⑤　　イ類⑥

ウ類

ウ類①　　ウ類②

エ類

エ類①　　エ類②　　エ類③

オ類

オ類①　　オ類②　　オ類③

図42　焼塩壺の蓋の新たな分類案

表10　ウ類・エ類・オ類の刻印別点数

分類		ウ類		エ類			オ類			合計
刻印		①	②	①	②	③	①	②	③	
無		431	2	28	0	1	0	9	7	478
有	〈楕円記号〉	3	0	3	0	0	0	0	0	6
	〈風景レリーフ〉	0	6	0	0	0	0	0	0	6
	「イツミ/花焼塩/ツタ」	0	0	0	0	29	14	0	0	43
	「浪花/桃州」	0	0	0	2	0	0	12	22	36
	「深草/砂川/権兵衛」	0	0	0	0	0	0	5	9	14
	「なん者ん/七度焼塩/権兵衛」	0	0	0	0	0	0	0	1	1
	「なん者ん七度/本やき志本」	0	0	0	0	0	0	4	3	7
	「なん者ん里う/七度やき志本/ふか草四郎左衛門」	0	0	0	0	0	0	2	2	4
	「○伊織」	0	0	0	0	0	0	0	1	1
	「瓦師/瓦屋金五郎」	0	0	0	0	1	0	0	0	1
	「…薬師…」	0	0	0	0	0	0	1	0	1
	〈不詳〉	0	0	1	0	2	0	1	0	4
合計		434	8	32	2	33	14	34	45	602

は、「焼塩壺の蓋」として報告されていなくとも、法量や形態が共通することから「焼塩壺の蓋」としてカウントしたものも含まれている。単にそれらしくないという主観的な理由で、「焼塩壺の蓋」から除外することを避けるためである。

　この3,346点の焼塩壺の蓋を前節で呈示した新たな分類案に従って分類し、さらにそのそれぞれにおける刻印の有無を示したのが表10である。これを見ると、ア類、イ類のすべてと、ウ類①およびエ類①では、刻印をもつものが刻印をもたないものに比べて圧倒的に少なく、逆にウ類②、エ類②・③およびオ類のすべてにおいては、刻印をもつものが刻印をもたないものに比べて圧倒的に多数を占めていることがわかる。

　そこで、まず刻印をもつ割合の高いウ類②、エ類②・③およびオ類と、同じ上位分類でありながら刻印をもたない割合の高いウ類①およびエ類①について、どのような刻印が捺されているのかを示したのが、表10である。これを見ると、刻印をもたない割合の高いウ類①およびエ類①に見られる刻印は不詳の1点を除きすべて楕円記号の6点であり、これは他の分類にはまったく見られないものである。また類をまたいで見られる刻印は「イツミ/花焼塩/ツタ」と「浪花/桃州」だけであるが、それらはそれぞれ43点および36点と、この両者だけで79点に及び、蓋に見られる刻印すべての159点のほぼ半数を占め、きわめて数多く見られる刻印であることがわかる。そして、この3者を除くと、残りの刻印は少なくともウ類、エ類、オ類においてはいずれも一つの類に含まれている。

　一方、刻印をもたない割合の高いア類、イ類、ウ類における刻印をもつ資料について、これに共伴する身についての詳細とともに示したのが表11である。これを見ると、同一の刻印が複数見られる「鷺坂」の刻印をもつものは28点と、ア類、イ類、ウ類における刻印をもつ資料全44点のうちの大多数を占め、それ以外には風景レリーフの6点、楕円記号の3点、「御壷塩師/難波浄因」の2点

196 第二部 各論

表11 焼塩壺の蓋に見られる刻印(1)

報告書コード	遺跡名	遺構名	蓋 ア ①「いつみや／宗左衛門」	蓋 イ ①隅切二重枠「泉州岸」?	蓋 イ ④「鷺坂」	蓋 イ ④「御壷塩師／難波浄因」	蓋 イ ④「泉州麻生」内側二段角枠	蓋 イ ④「泉州岸」	蓋 イ ④不詳《「泉州麻生」?》	蓋 ウ ①楕円記号	蓋 ウ ②風景レリーフ	身の点数	共伴する身 刻印:点数
文-9	東大山・御（御殿下）	802号遺構	1									11	二重枠「天下一堺みなと／藤左衛門」:8、「い津みつた／花塩屋」:2、首長形:1
豊-15	東池袋Ⅰ（再）	外（トレンチNo2）		1								―	
新-112	尾張藩上屋敷Ⅸ	174-3E-1			3							6	Ⅱ類無刻印:5、「泉湊伊織」:1
千-6	尾張藩麹町邸跡	SK109			2							2	Ⅱ類無刻印:1、「泉湊伊織」:1
新-45	筑土八幡町	308号遺構			2							0	
千-26	飯田町一再一	5007号遺構			1							2	「泉湊伊織」:2
中-4	京葉線八丁堀	外（Ⅰ区3層確認面）			1							―	
中-9	日本橋蛎殻町1Ⅱ	外（S-12）			1							―	
港-37	宇和島藩国美	GSK2			1							1	「サカイ／泉州磨生／御塩所」:1
港-43	承教寺跡・	3号遺構			1							2	「泉湊伊織」:1、「サカイ／泉州磨生／御塩所」:1
新-61	尾張藩上屋敷Ⅲ	63-3R-4			1							7	「泉湊伊織」:6、「サカイ／泉州磨生／御塩所」:1
新-66	市谷左内町Ⅰ	009号遺構			1							4	Ⅱ類無刻印:1、「泉湊伊織」:2、「サカイ／泉州磨生／御塩所」:1
新-84	尾張藩上屋敷Ⅴ	50-4Y-1			1							1	「泉湊伊織」:2
新-122	水野原	外（D-001-E面）			1							―	
文-3	白山4	3号坑			1							2	Ⅱ類無刻印:1、「泉湊伊織」:1
文-4	真砂	116号土坑			1							2	「泉湊伊織」:2
文-4	真砂	141号土坑			1							3	Ⅱ類無刻印:1、「泉湊伊織」:2
文-11	真砂 第2地点	1号遺構			1							3	「泉湊伊織」:1、「泉州麻生」:1、「播磨大極上」:1
文-25	春日（駒込追分）	231号遺構			1							0	
文-44	弓町	679号遺構			1							2	「泉湊伊織」:1、Ⅱ類無刻印:1
文-59	駕籠町南遺跡	20号土坑			1							1	Ⅱ類無刻印:1
台-7	池之端七軒町	外（一括）			1							―	
渋-6	北青山	5号遺構			1							5	Ⅱ類無刻印:1、「泉湊伊織」:4
渋-7-2	千駄ヶ谷5	1150号遺構			1							0	
渋-8	千駄ヶ谷5 2次	230号遺構			1							11	Ⅱ類無刻印:1、「泉湊伊織」:4、「泉川麻玉」:1、「サカイ／泉州磨生／御塩所」:2、Ⅲ類無刻印:1、「播磨大極上」:2
豊-15	東池袋Ⅰ（簡保）	4号遺構			1							3	「泉湊伊織」:2、「大極上壷塩」:1
千-29	外神田4	外（Ⅰ区）				1						―	
文-8	東大病院（設備）	Y35-4										3	「泉州麻生」:2、「泉州磨生」:1
港-37	宇和島藩国美	BSK10					1					15	「御壷塩師／堺湊伊織」:1、「泉湊伊織」:4、「泉川麻玉」:1、「泉州麻生」:1、「サカイ／泉州磨生／御塩所」:2、「泉州磨生」:1、「泉州堺磨生」:1、Ⅲ類無刻印:1、「播磨大極上」:3
新-120	坂町	4号遺構						1				7	「泉湊伊織」:1、Ⅲ類無刻印:2、「大極上壷塩」:1、「播磨大極上」:2、「御壷塩」:1
渋-7-2	千駄ヶ谷5	0784号遺構							1			14	「泉州麻生」:1、「泉湊伊織」:3、Ⅱ類無刻印:1、Ⅲ類無刻印:7、「播磨大極上」:1、「御壷塩」:1
港-32	汐留Ⅱ（脇坂）	5K-031								1		0	
渋-7-2	千駄ヶ谷5	0921号遺構								1		4	Ⅲ類無刻印:4
渋-7-2	千駄ヶ谷5	1052号遺構								1		0	
港-40	宇和島藩-政策-	FSE1									1	1	型押し成形:1
新-65	荒木町Ⅱ	192a・b号遺構									1	0	
文-4	真砂	33号土坑									1	0	
文-25	春日（駒込追分）	311号遺構									1	0	
文-35-2	日影町Ⅱ	16号地下室									1	5	Ⅱ類無刻印:1、「泉湊伊織」:2、Ⅲ類無刻印:1、「播磨大極上」:1
文-50	真砂Ⅴ	637号									1	0	
			1	1	28	2	1	1	1	3	6		

があるだけであり、下位の分類項目に跨るものは存在しない。また刻印をもつ比率の高いエ類、オ類について同様に示したのが表12である。

　ここで、焼塩壺の蓋に見られる刻印の個々について、さらに詳しく検討する。

（2）ア類に見られる刻印

＊「いつミや/宗左衛門」（図43-1）

　ア類の中で刻印をもつ例はア類①に見られる「いつミや/宗左衛門」の1例のみであり、ア類全体の293点のわずかに0.03％にすぎない。その唯一の報告例は、東大御殿下地点［文-9］からの出土であるが、刻印部を中心とする小破片で側面を欠損しているため、厳密にいえばア類②の可能性もあることになる。刻印は隅丸方形の枠内に2行書きで記され、陽刻で表出されている。焼塩壺の身にこの刻印をもつ例は、今のところ報告されていない。

（3）イ類に見られる刻印

ⅰ）「鷺坂」の刻印をもつもの（図43-2）

　先に述べたように28例の報告があるが、これが見られるイ類ないしイ類④は、今回の集成の中でももっとも点数の多い分類項目である。その結果、この刻印のあるものはイ類全体の2,445点の1.15％、イ類④の1,003点に限ってもその2.79％を占めるにとどまる。

　この刻印については、焼塩壺の研究史の初期に位置する前田長三郎氏によってすでに着目されている。すなわち、「福岡城発見のもの丶内に壺の蓋の表面に 鷺坂 といふ極印の押された物が出た。其意味は判然せぬが焼塩の製品の内の銘かもしれない。焼塩の純白と鷺の白色なると似たる点から命名したのかもしれない。又一説には湊の西北の方に堺と連絡する鷺橋といふ橋梁がある其附近に製造家があった様にも聞いて居るから其蓋の鷺坂もそれに因んだもので、又泉州磨生は其家の焼塩壺の名残ではなからうか。……しかし一般の蓋には有銘のものは発見されない」とあり（前田1931）、拓本は示されていないものの、その命名の由来を推量するほか、根拠は示されていないが第六図としてスケッチと拓本を掲げた「サカイ/泉州磨生/御塩所」の刻印をもつ資料との類縁関係にまで考察が及ぼされている。ただし、この私家版の冊子の3年後に雑誌『武蔵野』に改めて掲載された論考では、この蓋の刻印についての記載は見られない（前田1934）。

　筆者が実見することができた範囲では、この刻印をもつ資料はいずれも胎土に金色の雲母粒子を含んでいるという共通点が認められ、呈色や形状にも強い類似性が認められる。なお、焼塩壺の身にこの刻印をもつ例は、今のところ報告されていない。

ⅱ）「御壺塩師/難波浄因」の刻印をもつもの（図43-3）

　外神田四丁目遺跡［千-29］と東大病院地点［文-8］からの2点のみの報告であり、いずれもイ類④に見られる刻印である。しかし、上で見た2種が身には見られない印文の刻印であるのに対し、同じ印文で、おそらくは同じ印体によると思われる刻印がⅡ類の壺に捺された例が存在するという点で重要である。

ⅲ）「泉州麻生」の刻印をもつもの（図43-4）

　この刻印が蓋に捺された例は宇和島藩伊達家屋敷跡［港-37］出土の1点だけであり、イ類④に見られる。千駄ヶ谷五丁目遺跡［渋7-2］出土の不詳（「泉州麻生」？）としたものを加えても2

198　第二部　各　論

表12-1　焼塩壺の蓋に見られる刻印(2)

報告書コード	遺跡名	遺構名	エ 有印			無印	オ 有印							備考
			「花焼塩」	「浪花／桃州」	その他		「花焼塩」	「浪花／桃州」	「深草／砂川／権兵衛」	「なんぎん／七度燒塩／権兵衛」	「なん者里う／七度ゞ木やき志本」	「ふか草四郎左衛門」	その他	
港－37	宇和島藩国美	BSD4	2										1	「○伊織」
新－18	内藤町	C-208号遺構	2											
港－37	宇和島藩国美	BSK10	1					6						
新－120	坂町	4号遺構	1					1						
新－6-1	三栄町	A区21号遺構	1										1	不詳
千－14	溜池―官邸―	C-33号遺構	1											
千－22	明大記念館前	324号遺構	1											
千－29	外神田4	外(B区南)	1											
港－16	西久保城山地区	67号遺構	1											
港－32	汐留Ⅱ(伊達)	外(4K-23～24F区)	1											
港－36	汐留Ⅲ(伊達)	4H-287	1											
新－6-1	三栄町	B区1-a号遺構	1											
新－39	尾張藩上屋敷Ⅰ	外(60-5L区)	1											
新－61	尾張藩上屋敷Ⅲ	61-3R-1	1											
新－61	尾張藩上屋敷Ⅲ	67-3S-1	1											
新－73	尾張藩上屋敷Ⅳ	(第9地点)	1											
新－98	尾張藩上屋敷Ⅶ	139-2V-2	1											
新－99	尾張藩上屋敷Ⅷ	29-54号石組溝	1											
新－100	市谷加賀町2Ⅱ	64号遺構	1											
文－7	東大法文(文3)	U4-3号土坑	1											
文－7	東大法文(文3)	T10-1号土坑	1											
文－8	東大病院(中診)	F33-3	1											
文－8	東大病院(設備)	AD37-1	1											
文－19	本郷追分	外	1											
文－23	諏訪町	SD11	1											
台－7	池之端七軒町	外(一括)	1											
渋－7-2	千駄ヶ谷5	0335号遺構	1											
千－15	溜池	3号土留(0582号)		1										
港－37	宇和島藩国美	GSK5		1										
新－18	内藤町	C-208号遺構			2									楕円記号
新－18	内藤町	A-53号遺構			1									楕円記号
文－35-3	日影町Ⅲ	外			1									「瓦町瓦屋金五郎」
新－98	尾張藩上屋敷Ⅶ	165-3B-1					1	1						
千－7	丸ノ内3	7号瓦溜					1							
港－16	西久保城山地区	9号遺構					1							
港－16	西久保城山地区	122号遺構					1							
新－39	尾張藩上屋敷Ⅰ	58-5J-6					1							
新－60	市谷仲之町西Ⅱ	94号遺構					1							
新－98	尾張藩上屋敷Ⅶ	139-2S-7					1							
新－111	市谷仲之町西Ⅲ	337号遺構					1							
新－112	尾張藩上屋敷Ⅸ	131-2J-1					1							
新－113	尾張藩上屋敷Ⅹ	35-4A-7					1							
新－136	南山伏町Ⅳ	119号					1							
文－8	東大病院(中診)	E22-1					1							
文－8	東大病院(中診)	E34-2					1							
文－8	東大病院(中診)	2号組石					1							
文－8	東大病院(中診)	外					1							
文－8	東大病院(設備)	Y34-4					1							
港－7	増上寺院群	外(不明)					1	2	1					
港－32	汐留Ⅱ(脇坂)	5K-186						2						
千－14	溜池―官邸―	B-247号遺構						1						
千－28	永田町2	SX98						1						
中－4	京葉線八丁堀	45号遺構						1						
港－5	白金館址Ⅰ	外						1						

点のみであるが、上記の「御壷塩師/難波浄因」と同じくⅡ類の壺に見られる、わずか2種のうちの一つである。ただし身に「御壷塩師/難波浄因」が捺された例が7点しか報告されていないのに対し、「泉州麻生」の刻印をもつ壺は729点に及んでおり、身の存在する比率を反映してはいないようである。ちなみに、本論ではこの「泉州麻生」の刻印を字体から12種に細分しているが、本例はその分類では(2)cと名づけられたものと同一の印体によるものと思われる。この(2)cが捺された身は「泉州麻生」の刻印をもつ729点のうちの93点である。なお、不詳(「泉州麻生」?)とした例は(身にかかる)突起が欠損しており、厳密にいえばイ類の中での下位分類は不明であるが、表11では便宜上イ類④としている。

第13章 焼塩壺の蓋

表12-2 焼塩壺の蓋に見られる刻印(2)

報告書コード	遺跡名	遺構名	エ 有印 花焼塩	エ 有印 浪花／桃州	エ 有印 その他	無印	オ 有印 花焼塩	オ 有印 浪花／桃州	オ 有印 深草／砂川／権兵衛	オ 有印 なん者ん七度焼塩／権兵衛	オ 有印 なん者七度／本やき志本	オ 有印 なん者里う／七度やき志本／ふか草四郎左衛門	オ 有印 その他	備考
新-52	下戸塚-早大-	外(10E区)	1											
新-53	南山伏町	392号遺構	1											
新-92	市谷田町Ⅶ	B-23号遺構	1											
新-98	尾張藩上屋敷Ⅶ	136-2Q-2	1											
文-9	東大山・御(御殿下)	255a号遺構	1											
港-23	汐留一地区-	外(グリッド)					2	1			1			
渋-8	千駄ヶ谷5 2次	230号遺構					2							
新-113	尾張藩上屋敷X	50-3W-1					1	1						
千-28	永田町2	SX51						1						
港-23	汐留一地区-	外						1						
港-32	汐留Ⅱ(伊達)	5K-131						1						
港-32	汐留Ⅱ(脇坂)	外(5K-8S区)						1						
港-37	宇和島藩国美	BSD6						1						
港-37	宇和島藩国美	CSK11						1						
新-63	四谷1	B-22号遺構						1						
新-79	払方町	538号遺構						1						
新-84	尾張藩上屋敷Ⅴ	40-4Q-2						1						
新-97	尾張藩上屋敷Ⅵ	24-5S-1						1						
新-97	尾張藩上屋敷Ⅵ	60-5C-8						1						
新-98	尾張藩上屋敷Ⅶ	139-2S-8						1						
新-99	尾張藩上屋敷Ⅷ	161-3W-2						1						
新-99	尾張藩上屋敷Ⅷ	167-3U-1						1						
新-103	牛込城址Ⅱ	18号遺構						1						
新-109	市谷本村-北-	外(1 45-5P一括)						1						
新-116	市谷甲良町Ⅱ	4b号						1						
文-37	小石川牛天神下	外(C区一括)						1						
渋-7-2	千駄ヶ谷5	外(五区南部遺構群)						1						
渋-8	千駄ヶ谷5 2次	16号遺構						1						
渋-8	千駄ヶ谷5 2次	205号遺構						1						
千-14	溜池-官邸-	A-2号遺構							1					
港-23	汐留Ⅰ(脇坂)	7J-021							1					
新-6-1	三栄町	A区18号遺構							1					
新-39	尾張藩上屋敷Ⅰ	外(62-5K区)							1					
新-97	尾張藩上屋敷Ⅵ	37-5E-3							1					
新-104	馬場下町	6号遺構							1					
新-122	水野原	B-002-244							1					
新-135	白銀(白銀西)	A013号							1					
文-4	真砂	123号土坑							1					
文-37	小石川牛天神下	C113S							1					
台-19	忍岡 法隆寺館	外(西区・Ⅳ面下)							1					
中-6	明石町	294a号遺構								1				報告書には写真掲載
千-7	丸ノ内3	26号溝H									1			
中-5	日本橋2	258号遺構									1			
港-23	汐留一地区-	114号溝									1			
新-6-1	三栄町	A区17号遺構									1			
新-40	市谷御門外橋詰・	外(4号トレンチ)									1			
文-59	駕籠町南遺跡	1号地下室									1			
千-7	丸ノ内3	外(4区最下層)										1		
新-17	市谷仲之町Ⅱ	26号遺構										1		
新-46	四谷御門外橋詰・	201号遺構										1		
新-91	四谷2	89号遺構										1		
港-29	汐留Ⅰ(伊達)	外(6J-5J)											1	「…薬師…」
合計			29	2	4	17	13	34	14	1	7	4	3	

ⅳ)「泉州岸」の刻印をもつもの(図43-5)

　この刻印が蓋に捺された例は坂町遺跡［新-120］からの1点だけであり、イ類④に見られるが、この刻印の一部と思われる隅切二重枠が認められる蓋の破片が東池袋遺跡［豊-15］から出土している。小破片のため詳細は不明であるが、蓋の分類はイ類①である。焼塩壺の身にこの刻印をもつ例は、今のところ報告されていない。なお、「州」字は実際には「刕」字が用いられている。

　これと同じ印文で、おそらくは同じ印体によると思われる刻印が、すでに愛知県名古屋城三の丸遺跡(Ⅳ)のSK101という一つの遺構から13点とまとまった量で出土したとの報告がある。報告書では「……外側上面には方重に『泉州岸』と記された刻印が押されている。この印文は確認でき

200 第二部 各　論

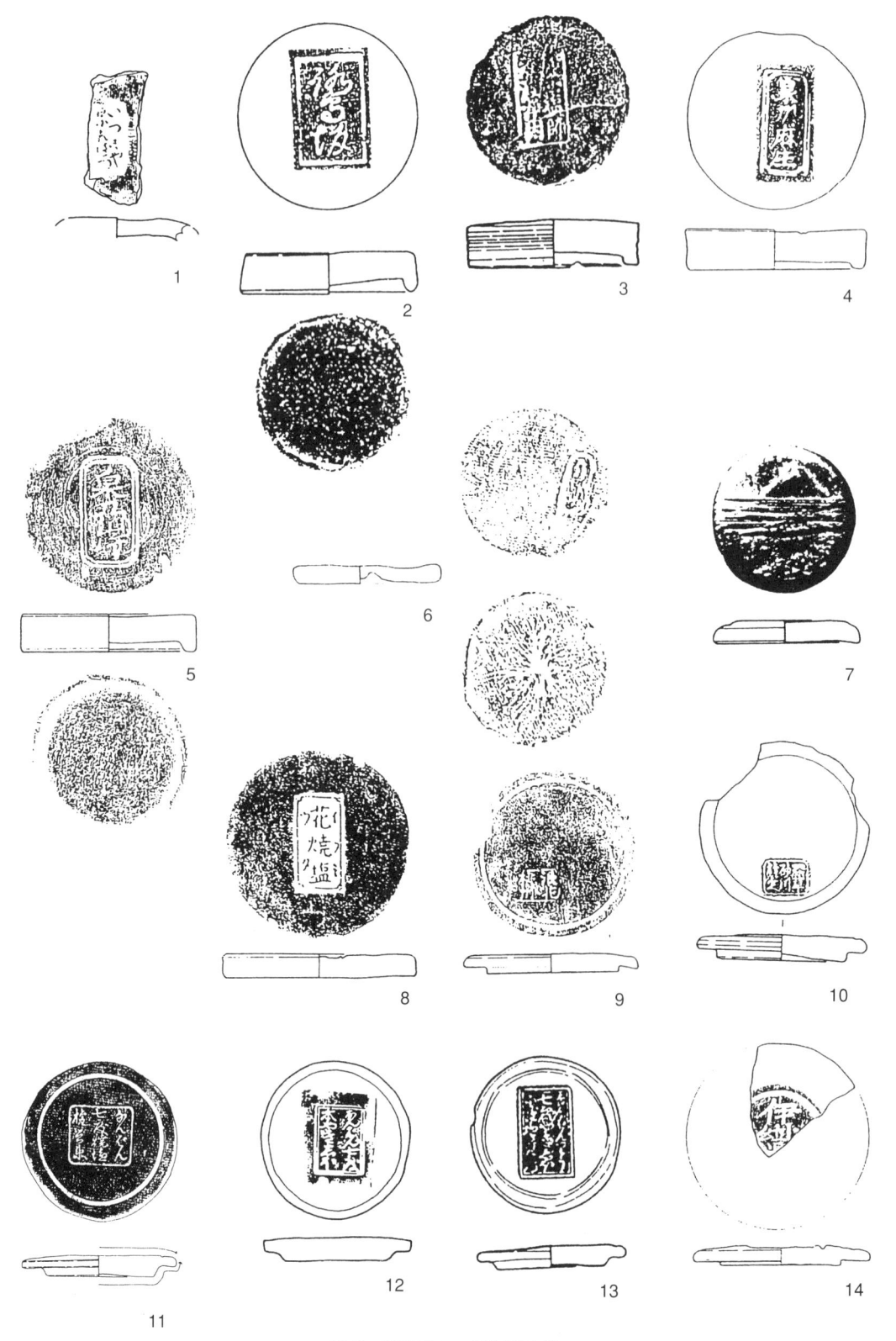

図43　刻印をもつ焼塩壺の蓋

限りでは類例が出土していないので詳細は不明であるが、『泉湊～』、『泉州麻生』などの印例を考えると『～岸』は地名である可能性が考えられる。旧和泉国津田村は『泉州麻生』・『花焼塩・イツミ・ツタ』などの印文で知られる地だが、岸和田藩領であったことを考えると興味深い」（愛知県埋蔵文化財センター1993）と述べられており、「泉州麻生」の刻印をもつ焼塩壺の故地であると、史料から推定されている岸和田の「岸」を印文の由来として推定している。なお焼塩壺の身にこの刻印をもつ例は、今のところ報告されていない。

（4） ウ類・エ類①に見られる刻印

ⅰ） 楕円記号の刻印をもつもの（図43-6）

既に述べたように、刻印をもたない割合の高いウ類①とエ類①にそれぞれ3点、例外的に見られるほとんど唯一の刻印であり、両者の合計466点中6点で、1.29％を占める。とくにエ類①では32点中3点で9.38％と、刻印をもたない割合が高いとはいえ、比較的高い比率を占めている。

刻印そのものは楕円形の中に絵とも文字ともつかない記号のようなものが入れられており、蓋の端に寄った部分に捺されている。ウ類は基本的に断面が台形であるが、これはいわゆる抜け勾配がつけられているためでもあり、刻印の捺されている広い方の面に刻印が見られることから、こちらが上面である可能性を示唆するものともなっている。なお、図43-6は千駄ヶ谷五丁目遺跡［渋-7-2］の例であるが、狭い方の面、すなわち下面には放射状の刻みが認められる。

ⅱ） 風景レリーフの刻印をもつもの（図43-7）

本例については、鈴木裕子氏が弓町遺跡第5地点［文-68］の出土例の紹介を兼ねて集成されており（鈴木2006）、さらに多くの類例が知られるほか多くの考察も加えられているので、詳細はそちらに譲ることにする。ただ、本例は台形を基調とするウ類の中では狭い方の面に風景レリーフが見られ、その結果、広い方の面が身に接する方になり、上記のウ類①とは成形時の上下と使用時の上下とが逆になる例であることをつけ加えておきたい。

（5） エ類②③・オ類に見られる刻印

ⅰ） オ類の細分

刻印のあり方の部分で見たように、刻印をもつ割合の高いエ類②③とオ類では、同一の印文の刻印が器形分類で見ると類を跨るものに捺されており、またその点数もきわめて多数に上る。またオ類の製品を詳細に見ると、下半の突起部の形状にさまざまな異同が認められる。そこで各刻印についての検討を行う前に、その下半の突起部の形状からオ類の細分を行った。

すなわち、

- -1 底面中央の突出が大きくその下面が平坦なもの
- -2 底面中央の突出が小さくその下面が平坦なもの
- -3 底面中央の突出が痕跡的でわずかに凸帯状の圏線がめぐるもの
- -4 底面中央の突出の下面が円錐状にくぼむもの
- -5 底面中央の突出の下面が凸面を呈するもの

の5種である（図44）。

なお先に呈示した新たな分類案では、オ類は①～③に下位分類されているが、それらはいずれも

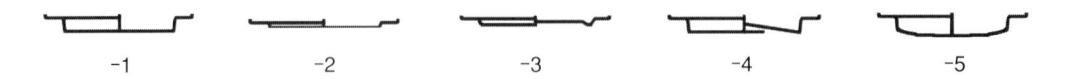

図44　オ類下半突起部の細分

表13　蓋の刻印別器形／突起部細分の対応

(1)「浪花/桃州」

器形分類＼突起部分類	エ類②	オ類②	オ類③
-1	2	15	11
-2		0	0
-3		0	0
-4		1	4
-5		0	3

(2)「深草/砂川/権兵衛」

器形分類＼突起部分類	エ類②	オ類②	オ類③
-1	0	2	4
-2		0	0
-3		0	0
-4		3	4
-5		1	0

(3)「なん者ん」を含むもの

器形分類＼突起部分類	エ類②	オ類②	オ類③
-1	0	3	3
-2		0	0
-3		0	0
-4		3	3
-5		0	0

(4) 無刻印

器形分類＼突起部分類	エ類②	オ類②	オ類③
-1		7	3
-2		0	0
-3		0	0
-4		2	3
-5		0	1

この細分とは独立した属性である蓋の上面の形状による分類である。したがってオ類の蓋の器形分類は、上面および下面の形状という2種の下位分類の組合わせで表現されることになるので、原理的には3×5の15通りが存在することになる。以下ではそれらを、上面の分類を先にして「オ類②-4」のように表記するものとする。

ⅱ)　「イツミ/花焼塩/ツタ」の刻印をもつもの（図43-8）

第14章で詳論するので、ここでは割愛する。

ⅲ)　「浪花/桃州」の刻印をもつもの（図43-9, 表13-〈1〉）

横長長方形の一重枠の中に2行書きされ、陰刻で表出されている。蓋の上面やや内側に一重の太い圏線がめぐり、刻印はそのすぐ内側に下端を圏線に接しない程度に寄せて捺されている。この刻印は全部で36点の蓋に見られ、うち2点がエ類②に捺されており、逆にエ類②はこの2点のみで他の刻印などをもつ例は存在しない。この2点を除くといずれもオ類の蓋に捺されており、オ類②が16点、オ類③が18点とほぼ同数である。突起部の形状による分類を見ると、-4が5点、-5が3点存在し、残りの26点はいずれも-1で、「浪花/桃州」の刻印をもつものの72.22％を占める。丁寧に成形されたものから下面に指頭圧痕を多く残すものまで、形態上の変異が大きいという特徴を有する。

文字と枠線の位置関係などから見て刻印には少なくとも2種類が存在するようであるが、押捺が弱くて不明瞭なものも多く、ここではこれ以上の分析は行いえない。

ⅳ)　「深草/砂川/権兵衛」の刻印をもつもの（図43-10, 表13-〈2〉）

横長長方形の一重枠の中に3行書きされ、陰刻で表出されている。「浪花/桃州」と同様、蓋の上

面やや内側に一重の太い圏線がめぐり、刻印はその内側に下端を圏線にわずかに接しない程度に寄せて捺されている。この刻印は全部で14点の、いずれもオ類の蓋に見られるが、オ類②が6点、オ類③が8点とほぼ同数である。突起部の形状による分類を見ると、-1が6点、-4が7点、-5が1点存在する。確認できる限りでは刻印は1種類と思われる。

ⅴ）印文に「なん者ん」を含む刻印をもつもの（図43-11～13、表13-〈3〉）

第15章で詳論するので、ここでは割愛する。

ⅵ）無刻印のもの（表13-〈4〉）

刻印をもつ割合の高いエ類②③とオ類の中で、少数派に属する無刻印のものについて見ておく。なお、ここでは破片資料も含んでいるため、この中に本来は刻印を有していた資料が含まれている可能性もある。これらはいずれも刻印はもたないものの、ここまで見てきた刻印をもつものと同様上面やや内側に一重の太い圏線がめぐるという共通点をもつ。器形分類はオ類②が4点、オ類③が3点と拮抗している。突起部の形状による分類を見ると、オ類②-1が7点でもっとも多く、次いでオ類③-1、オ類③-2の各3点、オ類②-2の2点という内訳である。

ⅶ）「○伊織」の刻印をもつもの（図43-14）

蓋の上面やや内側に一重の太い圏線が、その内側にさらに一重の圏線がめぐり、中央に「伊織」と大きく縦書きされている。「○泉」と同様、仮に「○伊織」と表記している。欠損部が多く、「伊織」の下に何らかの文字が入る可能性もあるが、これまで「伊織」を名乗る刻印は筆者が藤左衛門系と名づけた壺塩屋のコップ形の身にのみ見られ、オ類はもとより蓋に見られる例は知られておらず、そういう意味でもきわめて貴重な事例である。宇和島藩伊達家屋敷跡遺跡［港-37］からの1のみが知られている。報告では判然としないが、実見したところ、突出部は蓋の本体に貼りつけられており、接着効果を高めるためか接着面に条痕が連続している。器形分類はオ類③-1である。

第3節　身との対応関係

ここまで焼塩壺の蓋の器形分類と刻印について述べてきたが、ここで蓋のもつきわめて重要な要素である対応する身について検討したい。焼塩壺に限らず、身と蓋の対応関係は身との共伴、法量、器形、胎土・呈色、刻印、その他の属性によって推定される。

先に触れた焼塩壺の研究史に大きな足跡を残している前田長三郎氏は、「泉湊伊織」の刻印をもつ例について、蓋を載せた状態での写真を掲げている（前田 1934）。また、これが掲載された同じ雑誌『武蔵野』の先に見た口絵でも、身と蓋とがセットであるかのような写真を掲げているが、発掘調査による資料がなく、不時出土資料のみを対象として扱っているためか、いずれも蓋と身との対応関係を積極的に論じてはいない。

これに対し、渡辺誠氏は身と蓋の器形分類を呈示する中で、両者の対応関係をも示している。その後、松田訓氏、田中一廣氏が渡辺氏の分類に一部準拠して器形分類を行ったことについてはすでに見たとおりであり、基本的には渡辺氏の対応関係を支持している。

筆者も、身との共伴、刻印、胎土・呈色、および蓋と身の内面に共通に見られる特徴などにもとづき若干の考察を行っている（小川 1992a）。本稿でも基本的にこれを踏襲するが、新資料の増加

による補論を行いたい。

　初めに蓋に見られる刻印に着目すると、「いつミや/宗左衛門」の刻印をもつものは、第10章で「いつミ」の印文や陽刻での表出などから「い津ミ　つた/花塩屋」の刻印をもつ身に対応する可能性を示唆したが、詳細は不明である。

　「鷺坂」の刻印をもつものは、類例も多く共伴事例も豊富である。これを見ると「泉湊伊織」の刻印をもつ身との共伴例が圧倒的に多く、これに対応する蓋である可能性が高い。このことは、両者とも確認できる限りでは胎土に雲母を含むこととも矛盾しない。ただし、「泉湊伊織」の刻印をもつ身は643点の報告例があるにも関わらず、「鷺坂」の刻印をもつものは28点と、刻印をもつ蓋の中では類例が多いとはいえはるかに少なく、「泉湊伊織」の刻印をもつものの中にわずかに蓋にこの刻印が捺されていたものと考えられる。先にも見た前田氏の言及にあるように（前田1931）、同類の製品のうちに設定されたグレードの差などを表したものであろうか。

　「泉州麻生」の刻印をもつものは、単純に考えれば「泉州麻生」の刻印をもつ身の蓋であろうが、この資料は身にかかる突起が厚く低く、通常「泉州麻生」の刻印をもつ身の蓋と考えられているものとは異なる形態である。1例のみで判断するのは困難であり、胎土・呈色などを観察する機会をもつとともに類例の増加を待ちたい。

　「泉州岸」の刻印をもつものについては、先に引用した松田訓氏も述べるように、泉州岸和田の省略形の可能性が高く、その意味では「泉州麻生」の刻印をもつ身との類縁関係が考えられる。しかし、上の「泉州麻生」の刻印をもつ例ときわめて類似した器形であり、通常「泉州麻生」の刻印をもつ身の蓋と考えられているものとは異なる形態である。あるいは両者に何らかの共通点があるものとも考えられる。

　刻印をもつ割合の高いエ類②③およびオ類に分類される蓋については、鉢形焼塩壺に対応する蓋であることはほぼ間違いのないところである。このことは、細長いコップ形の焼塩壺においては刻印は目につきやすい身の胴部に捺されているのに対し、低平で刻印のない鉢形焼塩壺では蓋の上面の方が目につきやすく、したがって刻印の捺される割合の高い蓋の一群が鉢形焼塩壺に対応するものと考えられるのである。こうしたことを前提として、鉢形①類、鉢形②類、鉢形③類の3種に分類される鉢形焼塩壺との共伴関係を整理したのが表14である。これを見ると、「浪花/桃州」の刻印をもつ蓋が鉢形②類に、また「イツミ/花焼塩/ツタ」の刻印をもつ蓋が鉢形③類に対応するものであると推定できる。これ以外の「深草/砂川/権兵衛」となん者ん系の刻印をもつものでは1例ずつ

表14　蓋の刻印から見た鉢形焼塩壺の共伴遺構数

蓋の刻印＼共伴する鉢形焼塩壺	鉢形①〈半球形〉	鉢形②〈円筒形〉	鉢形③〈算盤球形〉	なし	合計
「イツミ/花焼塩/ツタ」	0	3	7	22	32
「浪花/桃州」	0	9	1	13	23
「深草/砂川/権兵衛」	0	1	0	9	10
なん者ん系	1	0	0	8	9
合　　計	1	13	8	52	74

第13章 焼塩壺の蓋 205

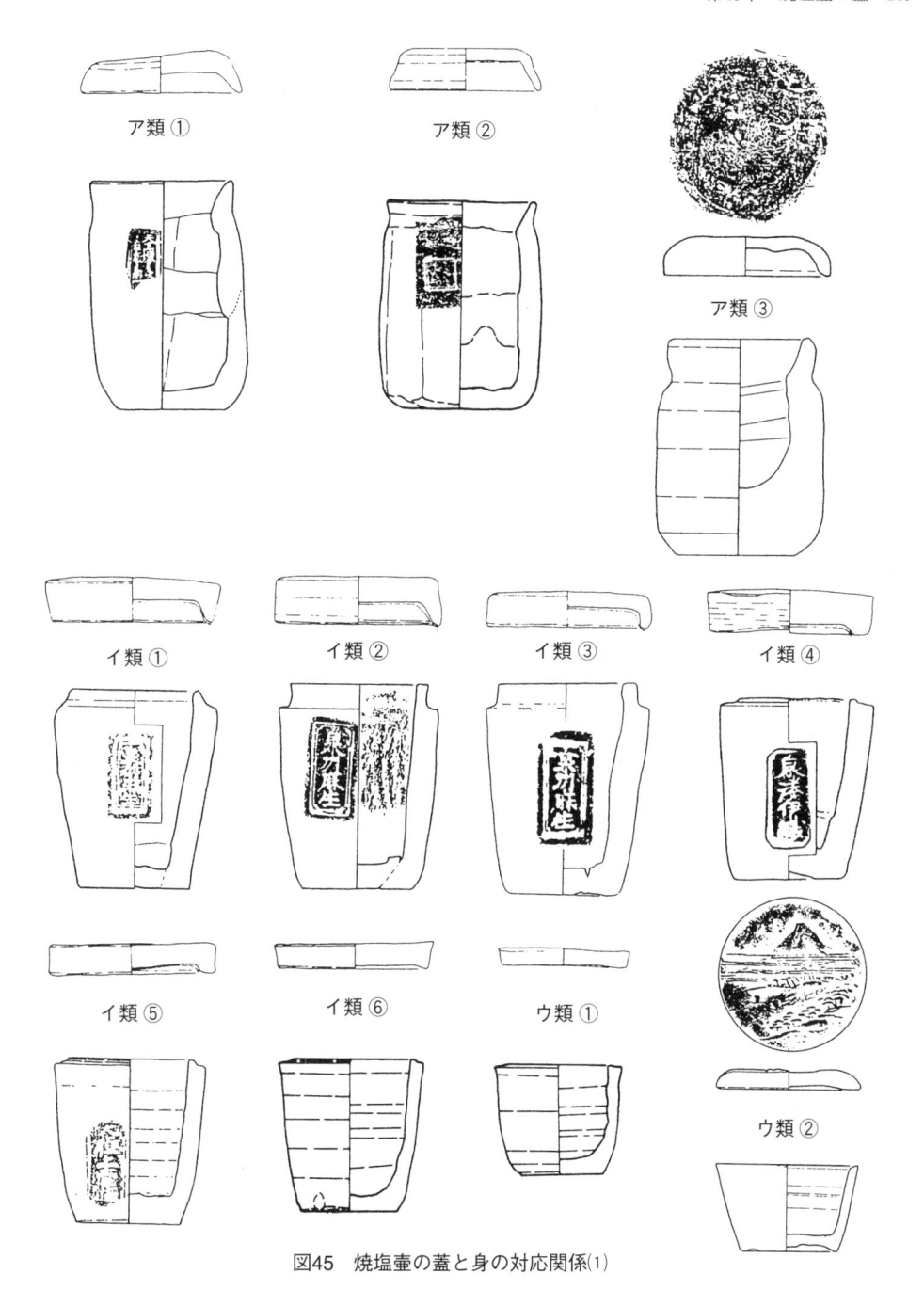

図45 焼塩壺の蓋と身の対応関係(1)

で、これだけで対応関係をいうのは困難であるが、胎土の共通性などを勘案すると、この組合わせもおおむね妥当であると思われる。

これら以外の例をふくめ、これまでの蓄積や報告例などから推定される対応関係を示したのが図45・図46である。これらは遺構における共伴例などを直接示したものではなく、あくまでも主要な焼塩壺の身と蓋の対応関係を示した概念図と考えていただきたい。

また、身の分類別の点数と、これに対応すると思われる蓋の分類別の点数を全体に対する比率と

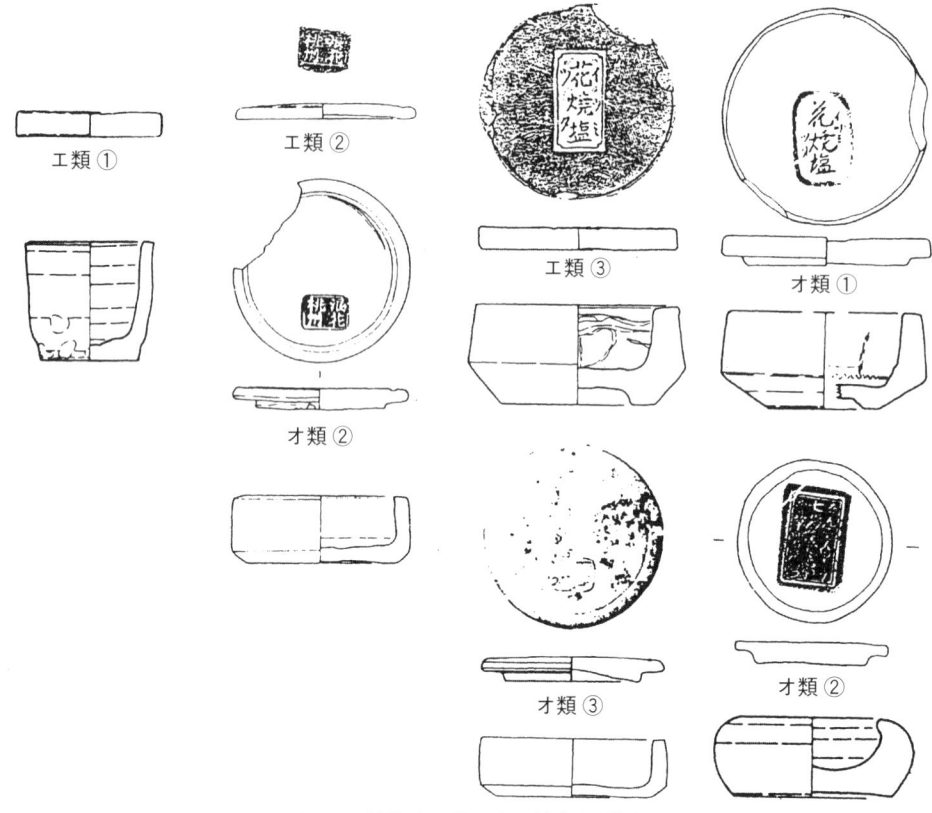

図46 焼塩壺の蓋と身の対応関係(2)

表15 蓋と身の対応関係にもとづく分類別比率

蓋		点 数	割合(%)	身	点 数	割合(%)
分 類				分 類		
コップ形	Ⅰ類	700	15.13	ア類①②	285	8.53
	Ⅱ類	2,421	52.32	イ類①～④	1,676	50.18
	Ⅲ-1類	51	1.10	ア類③	8	0.24
	Ⅲ-2類	1,275	27.56	イ類⑤⑥	769	23.02
				ウ類①	434	12.99
				エ類①	32	0.96
鉢 形	①半球形	8	0.17	エ類②	2	0.06
	②円筒形	37	0.80	オ類②③	79	2.37
	③算盤玉	61	1.32	エ類③	33	0.99
				オ類①	14	0.42
その他		74	1.60	ウ類②	8	0.24
合 計		4,627	100.00	合 計	3,340	100.00

ともに示したのが表15である。実線は一対一の関係を示し、破線は部分的な対応関係を示している。これを見ると、イ類①～④やエ類③＋オ類①では身の方もほぼ同じ比率を示しているが、それら以外ではかなりの差異が認められる。

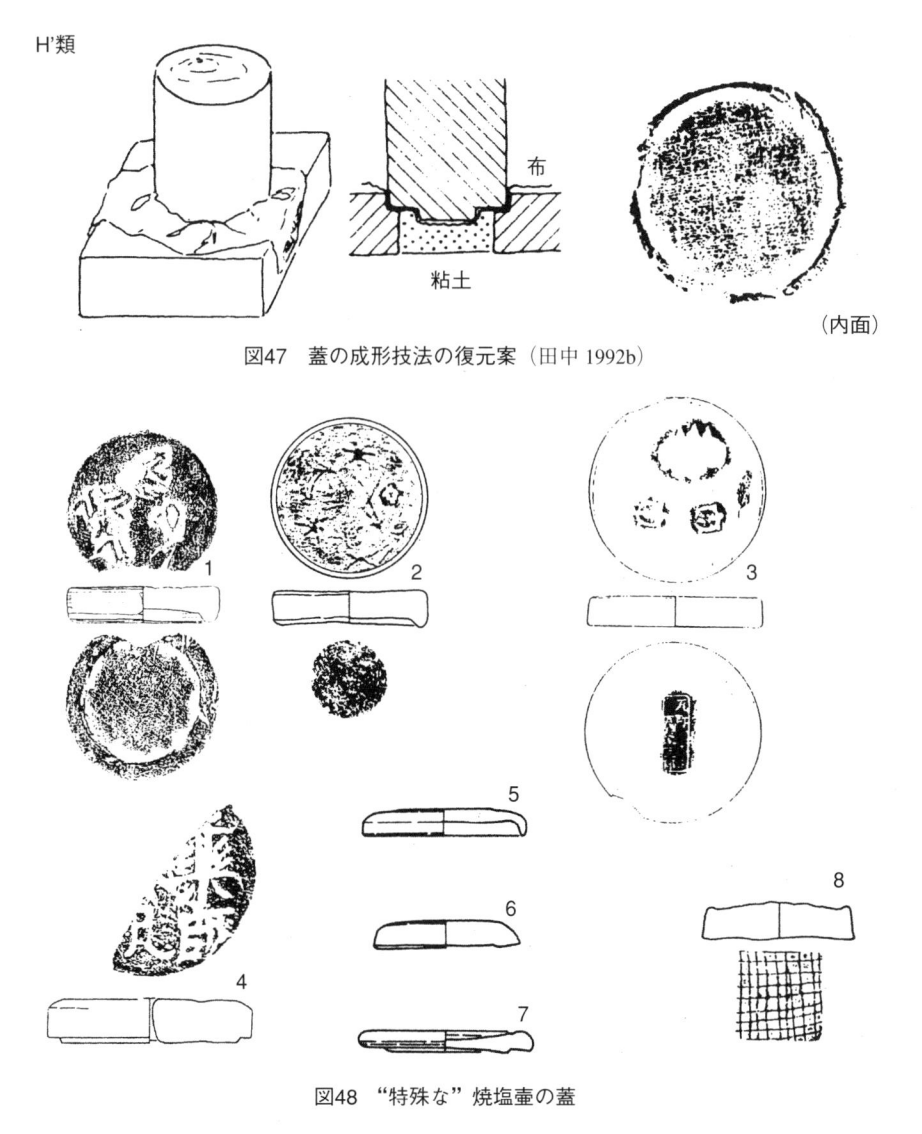

図47 蓋の成形技法の復元案（田中 1992b）

図48 "特殊な"焼塩壺の蓋

第4節 小　　結

　以上、焼塩壺の蓋に関するいくつかの問題についての整理を行ってきた。しかし、いくつもの未了の問題も残ってしまった。

　その第一が蓋の成形技法である。これについては、身に比べて比較的観察が容易なためもあってか渡辺誠氏、松田訓氏、田中一廣氏がそれぞれ器形分類に合わせるように、蓋の成形技法について言及している。また（北陸近世遺跡研究会・奥田1995）でもごく一部の蓋について成形技法の推定を示している。中でも田中氏は氏の分類によるH'類、筆者の分類でイ類にあたる蓋の推定される成形技法を図示している（図47）。これらにもとづくと、ア類①②は手づくね成形、ア類③はロクロ成形、残りは基本的に型押し成形であると考えられるが、それぞれの技法の詳細は明らかでなく、また削りや回転台上での側面や上面の処理などの整形の詳細も不明である。

　第二は、より詳細な身と蓋の対応関係の解明である。鉢形焼塩壺でも正確な対応は明らかでない

が、それにもまして、とくに身でいうとⅡ類の焼塩壺が刻印などからきわめて詳細に年代観や系譜関係の異同を追えるのに対し、蓋ではきわめてラフな分類であるといわざるをえない。

　第三は、特異な刻印を有する事例（図48-1, 2）や、焼塩壺の蓋として使用されたか否か疑わしいもの（図48-3, 4, 8）、器形分類での位置づけに苦慮せざるをえないもの（図48-5, 6, 7）の存在である。

　第四は江戸以外の地域での出土例の中に、「大佛瓦師/蒔田又左衛門」、「深草/瓦師/弥兵衛」のように稀少な印文の刻印を有する例（図49-1,2：能芝 1993）や、無刻印ながら上面中央に円錐形の突起を有する例（図49-3：能芝1993）が存在するなど、江戸では未知の身も共伴する事例のあること

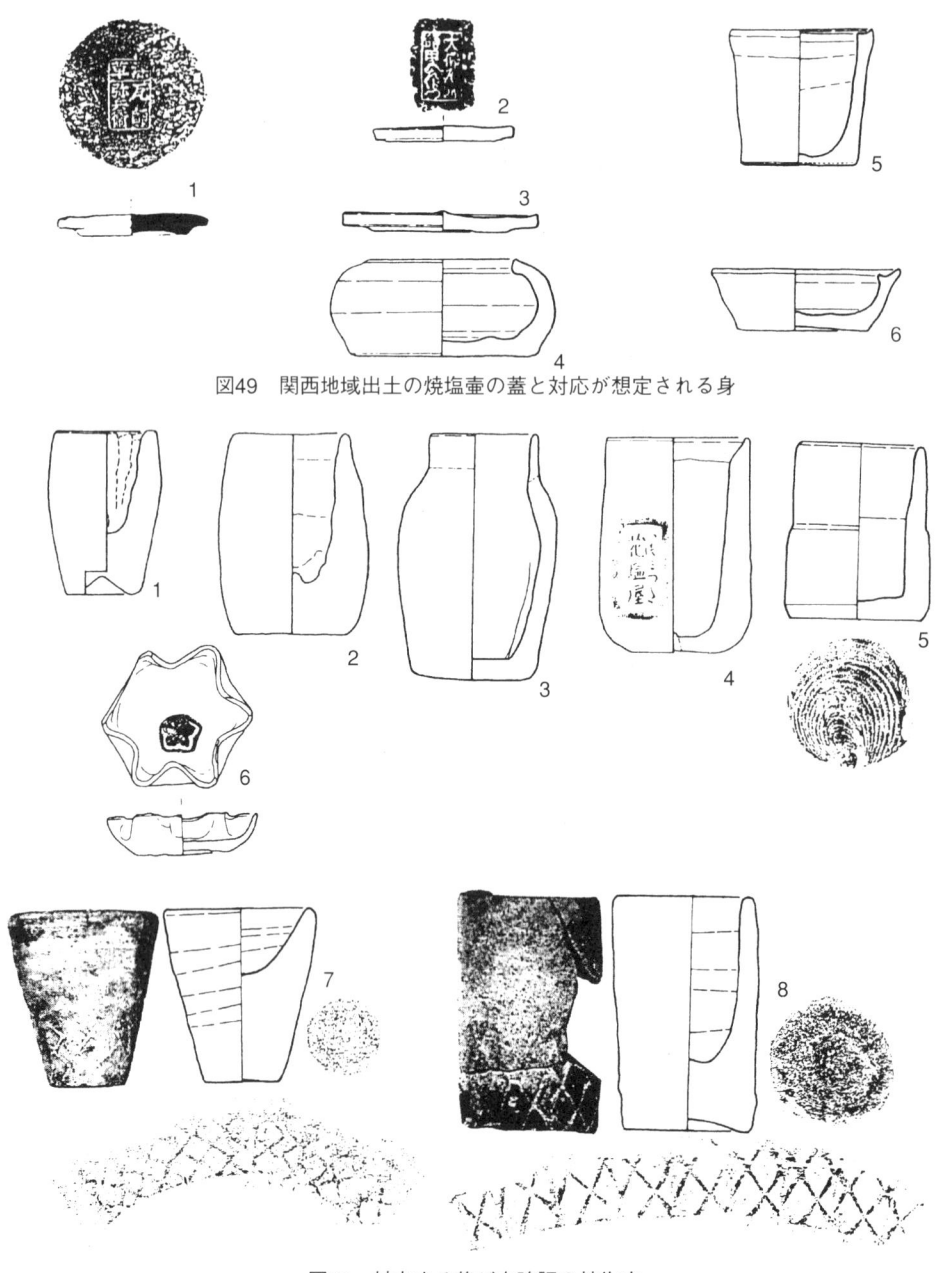

図49　関西地域出土の焼塩壺の蓋と対応が想定される身

図50　対応する蓋が未確認の焼塩壺

であり、また北陸地域では刻印の印文に、江戸では未知の「なん者ん系」の印文をもつ資料群が存在することである（北陸近世遺跡研究会・奥田 1995）。今後江戸遺跡からも検出される可能性はあるが、次項とも関連する地域的に限定された製品の存在を表すとも思われ、壺塩屋の系譜関係や系統性に関する議論の深化が必要である。

　第五は、比較的少数ではあるが、対応する蓋が未確認の身の存在（図50）であり、すべてとはいわないまでも、中には蓋を伴わない事例も存在すると考えられることである。

　第六は、田中氏が触れられたような、蓋の上下を始めとする使われ方に関する問題である（田中 1992b）。

　いずれも大きな問題であり、一朝一夕に論究するのは困難である。機会を得て再論を試みたい。

註

1) その後の論考では図でも「'」を付していない（渡辺 1988・1992）。
2) 蓋B類に関しては、（松田 1990a）と（松田 1990b）以降とでは細部が若干異なっているが、ここでは（松田 1990b）以降の表現を示した。
3) （小川 1988）と（小川 1992a）とではエ類とオ類が逆になっているが、これは後に述べるように、断面が長方形のものの中に、ウ類と共通する法量や成整形の特徴を有するものが存在したためであり、掲載された刊行物の性格から考えても、以下では細部に変更はあるものの、基本的に（小川 1992a）における分類の定義や表現を採用していくことにする。
4) 一ツ橋高校地点［千-1］の報告書には、「イツミ/花焼塩/ツタ」の刻印の拓本が掲載されているが、実測図を伴っていないため集成および集計からは除外している。ただし、（渡辺 1985a）には「東京都一ツ橋高校内遺跡出土」として、同一資料と思われる拓本と実測図が掲載されているが詳細は明らかでない。一方、報告書には写真のみが掲載されている資料について、筆者が実測・採拓して資料紹介を行った資料（小川 2004）は詳細が明らかであることから集計には含めている。さらに一部、集成後に新たに刊行された報告書掲載の資料にも本文内では言及しているが、集計には含めていない。

第14章 「イツミ/花焼塩/ツタ」の刻印をもつ焼塩壺蓋

　この刻印は、蓋にのみ見られるものである。印文は中央に「花焼塩」、右に「イツミ」、左に「ツタ」と3行書きされ、陽刻で表出された刻印である。焼塩壺の蓋については前章で述べたが、本例はきわめて重要であるため、ここに詳論する。

第1節　研究のあゆみ

　この刻印をもつ蓋については、分類案の部分で触れたように、渡辺誠氏によってすでに1985年には「花塩」「花形塩」の蓋として紹介されてはいたが、そこでは焼塩壺の蓋とは異なるものとして扱われていた。しかし、前出「鷺坂」の刻印について1931年に論じていた前田長三郎氏が後に論考を掲載した1934年発行の雑誌『武蔵野』の口絵写真には、この刻印をもつものが写っている。巻末の「口絵ほどき」と題する執筆者不詳の解説[1]では、個々の資料についての具体的な言及はなされていないものの、この雑誌が刊行された時点ではすでにこの刻印をもつ蓋の存在は知られていて、焼塩壺の蓋として認識されていたことをうかがわせる（井上？1934, 小川1999a）。

　その後、筆者は「泉州麻生」の刻印をもつ焼塩壺の生産者を論ずる中で、「イツミ/花焼塩/ツタ」の刻印をもつ蓋および「い津ミ　つた/花塩屋」の刻印をもつ身に注目し、この3者がいずれも同一の生産者（＝壺塩屋）の製品であり、「い津ミ　つた/花塩屋」の刻印をもつものが「泉州麻生」に先行して生産されたものである可能性を指摘した。その過程で「イツミ/花焼塩/ツタ」の刻印が3種存在し、遺構における共伴資料などから、胴張りの隅丸長方形で区画された中に行書体で印文が陽刻された例が、長方形で区画されその内側に二段角の枠線がめぐっている中に楷書体で印文が陽刻された2種のものに先行するとの指摘を行った（小川1991a）。ただし、同一の生産者の手になるものであると思われるにも関わらず、壺焼塩の刻印が「い津ミ　つた/花塩屋」から「泉州麻生」へと印文上の地名を変更しているのに対し、これらよりも先に生み出されたと思われる花焼塩容器の蓋に捺された刻印の印文が、その始期から終期まで一貫して「イツミ/花焼塩/ツタ」であり続けたことについての疑義も呈示しておいた。

　この論考に対して、南川孝司氏からこの疑義に対する回答ともなる史料『卜半家来之記　并系圖雜記』〔史料23〕が存在するとのご教示を得、その紹介も兼ねて新たに稿を起したが、その中でこの「イツミ/花焼塩/ツタ」の刻印をもつ蓋の器形分類と、刻印の分類も行っている（小川1993b）。

第2節　分　類

(1)　刻　印

　刻印については、（小川1991a）でも触れたように、印文が行書体で表記されるものと楷書体で表記されるものとの2種があり、後者は大塚達朗氏の指摘があるように（大塚1990）、「塩」字の

第14章 「イツミ/花焼塩/ツタ」の刻印をもつ焼塩壺蓋　211

刻印		
a	b-1	b-2

器形			
オ類①-1	オ類①-2	オ類①-3	エ類③

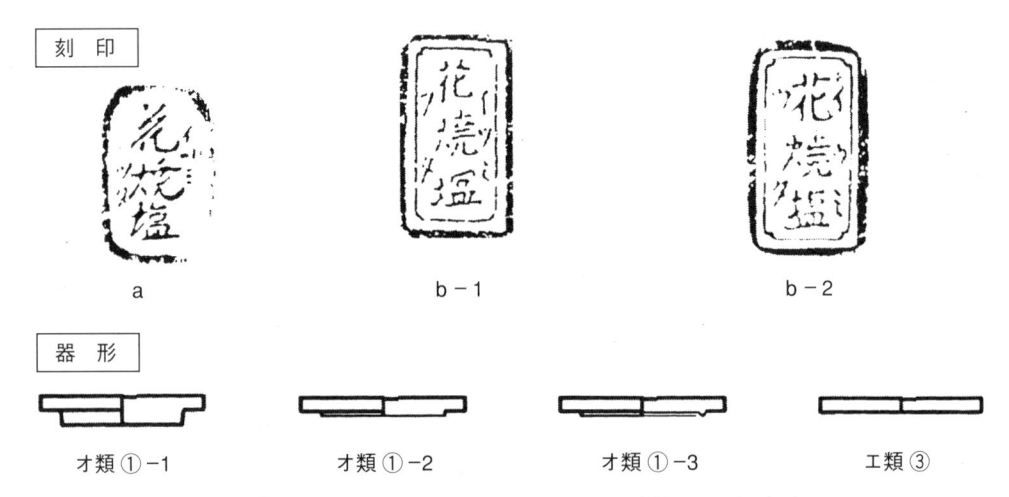

図51　「イツミ/花焼塩/ツタ」の刻印をもつ蓋の刻印・器形の細分

土偏に現れる字体の差異から、少なくともさらに二つに細分することができる。

（小川 1993b）では「『イツミ/花焼塩/ツタ』の印文が陽刻で表現されるもの」をA類とし、「①隅丸方形の枠線に縁取られ、中央の文字が行書体のもの」と「②外側は長方形、内側は四隅二段角の二重の枠線で縁取られ、中央の文字が楷書体のもの」と二分し、②をさらに「a-塩の字の土偏の下端が旁の下端とほぼ同じ高さにまで下がっているもの」「b-塩の字の土偏が旁の中央と同じ高さに位置するもの」に二分している。

　本論では①②……を器形分類に用いているためと、今後は刻印の分類にアルファベットの小文字を使うことに統一したいという筆者の意図もあって分類名称を変更し、上記①を「a」、②を「b」とする。さらに（小川 1993b）での②の下位分類「a」は「-1」、「b」は「-2」と表記することに改める（図51上）。

　このb-1とb-2については、その後の資料の増加から、土偏の部分以外でも異同を明らかにすることができた。すなわち、b-1に対しb-2では右側の行の「イ」字が上に寄って中央の「花」字に並び、右側の行の「ミ」字が下に寄って中央の「塩」字に並んでいる。また左側の行の「ツ」字が上に寄って中央の「花」字に並んでいる。枠線も、内側下左右の二段角がb-1では不明瞭で隅切状に見えるのに対し、b-2では明瞭な二段角として認められる。さらに拓本ではわかりにくいが、文字全体もb-2のほうが肉太でしっかりしている。

(2)　器　　形

　器形について（小川 1993b）では、オ類を底面の突出部で四つに細分している。すなわち「①底面中央が平坦ないし凸面を呈するもの。②底面中央がわずかにくぼむもの。③底面中央が円錐状に強くくぼむもの。④底面の突出が痕跡的で、わずかに凸帯状の圏線がめぐるもの」である。このうち「イツミ/花焼塩/ツタ」の刻印はオ類②、オ類④、およびエ類の蓋に認められた。

　本論では第13章の分類案でオ類を細分し、オ類①を「上面が平坦で、側面が直立するもの」として定義したが、「イツミ/花焼塩/ツタ」の刻印をもつ蓋はいずれも上面が平坦で側面が直立する。一方、下面については、先に述べた-1～-5の細分案のうちの-1～-3の 3 種があり、このほか突出部

がないものもある。したがって、この上面と下面の組合わせから、結果的にオ類①-1、オ類①-2、オ類①-3、エ類③の4者が存在することになる。なお、(小川 1993b) でオ類②とした、突出部の下面がわずかにくぼむものはオ類①-1に含めた。

(3) 組　列

蓋に捺された刻印と蓋の器形はそれぞれ独立した（＝相関しない）属性であると考えられるので、横に器形分類を、縦に刻印を配した表を作成して、その両属性を有する製品の点数を示したのが図52である。これを見ると、刻印aは器形分類オ類①-1、オ類①-2、オ類①-3に、刻印b-1は器形分類オ類①-3とエ類③に、刻印b-2は器形分類エ類③にのみ見られることがわかる。刻印aが器形分類オ類①-1に捺されたものを「a＋オ類①-1」のように表すことにすると、遺構における共伴資料から「a＋オ類①-1」が「b-2＋エ類③」に先行するものであることはすでに述べたとおりであり、それとこの表とを比較すると、刻印がa⇒b-1⇒b-2、器形がオ類①-1⇒オ類①-2⇒オ類①-3⇒エ類③と変遷を遂げたと推定することができる。また、この「a＋オ類①-1」から「b-2＋エ類③」に至る6段階の組列が得られたことにより、かつて「他系統の模倣の可能性も捨てきれない」（小川 1991）とした刻印aをもつ蓋も、同一の壺塩屋による一連の製品の中に位置づけられることになる。

(4) 年　代　観

それらの具体的な年代については、最古の段階に位置づけられる「a＋オ類①-1」が、共伴する焼塩壺などから17世紀第三四半期頃、「b-2＋エ類③」がもっとも古いもので1730年代、新しいもので19世紀半ばまでとされ、「a＋オ類①-1」から「b-1＋エ類③」までが比較的短い間に変遷を遂げ、「b-2＋エ類③」の段階が長期に及んだと推定している（小川 1993b）。

(5) 特異な報告例

なお、ここで「イツミ/花焼塩/ツタ」の刻印に関連する報告例に触れておきたい。

図53-1は西久保城山地区［港-16］での報告例である。刻印はaで、器形は実測図を見ると、下面の突起がなくエ類③に分類されそうである。しかし、報告書での記載を詳しく見ると、表の備考欄に「下面周縁部約8mm幅ケズリ」とあり、オ類①-2に分類されるものであることがわかる。まっ

器形分類 刻印分類	オ類①-1	オ類①-2	オ類①-3	エ類③
a	 1	2	2	0
b-1	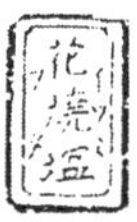 0	0	9	7
b-2	 0	0	0	22

図52 「イツミ/花焼塩/ツタ」の刻印をもつ蓋の器形/刻印別の点数

図53　「イツミ/花焼塩/ツタ」の報告例

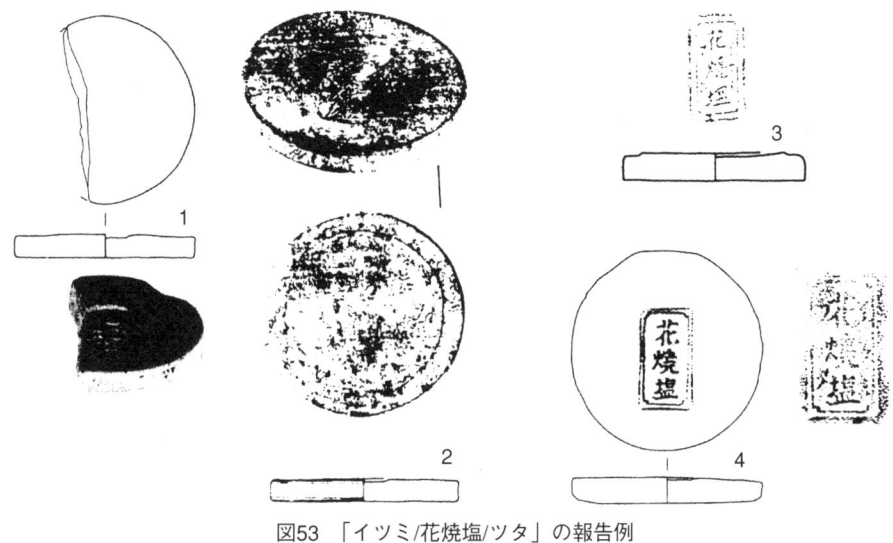

たく同様の例として、江戸遺跡ではないが堺環濠都市遺跡SKT39地点における報告例がある（堺市教育委員会 1991d　図53-2）。実測図では下面の突起がなくエ類③に分類されそうであるが、写真を見ると下面中央がわずかに突出しているのである。一方、図53-3は増上寺子院群［港-7］での報告例であり、実測図では下面でなく、刻印のある上面に突起があるように報告されている。しかし、これも写真で確認すると、実測図が上下を誤っていることがわかる。さらに、後の刊行であったため【集成】には含めなかった新宿六丁目遺跡［新-144］の報告例は、拓本を見る限りでは刻印中央の「花焼塩」はあるが、その右の「イツミ」と左の「ツタ」とが見られない（図53-4）。未知の刻印かもしれないので、東京都教育委員会のご好意により実見させていただき、採拓も行うことができた。実測図の右に示した拓本がそれで、縮尺は2分の1である。これを見ると、左右の文字は存在しており、おそらくは器面が荒れていたために拓本が不鮮明で、画像処理をして汚れと思われる部分を取り除いた際に、誤って左右の文字を消してしまったものと考えられる。

このように、なぜか「イツミ/花焼塩/ツタ」の刻印をもつ蓋報告に際しての過誤が多く見られる。わずかな差異も重要な意味をもちかねない資料であるだけに、慎重に実測・採拓・報告されることが望まれる。

註

1) 渡辺誠氏の引用するところによると、井上清なる人物を執筆者として紹介されているが、その根拠は明示されていない（渡辺 1985b）。

第15章 「なん者ん/七度焼塩/権兵衛」の刻印をもつ焼塩壺蓋

第1節　印文に「なん者ん」の文字を含む焼塩壺蓋[1]

【集成】に含まれる刻印のある蓋のうち、印文に「なん者ん」の文字を含む例は ⅰ)「なん者ん/七度焼塩/権兵衛」、ⅱ)「なん者ん七度/本やき志本」、ⅲ)「なん者ん里う/七度やき志本/ふか草四郎左衛門」の3種類がある。いずれも蓋の上面やや内側に一重の太い圏線がめぐり、刻印は蓋の中央に捺されている。ⅰ)「なん者ん/七度焼塩/権兵衛」がやや横長の一重の隅丸長方形を呈する枠線をもつのに対し、ⅱ)「なん者ん七度/本やき志本」とⅲ)「なん者ん里う/七度やき志本/ふか草四郎左衛門」は縦長の二重の長方形を呈する枠線をもつ。3者とも印文、枠線とも陰刻で表出されている。

　ⅰ)「なん者ん/七度焼塩/権兵衛」については次節で述べる。

　ⅱ)「なん者ん七度/本やき志本」の刻印をもつ蓋は7点で、器形分類はオ類②が4点、オ類③が3点とほぼ同数である。

　ⅲ)「なん者ん里う/七度やき志本/ふか草四郎左衛門」の刻印をもつ蓋は4点で、器形分類はオ類②、オ類③とも2点ずつである。

これらを第13章で提示した突起部の形状による分類を見ると、オ類②-1、オ類②-2、オ類③-1、オ類③-2のいずれも3点ずつと同数になっている。

第2節　明石町遺跡での報告例

　江戸遺跡からはⅰ)の「なん者ん/七度焼塩/権兵衛」の刻印をもつ蓋は、明石町遺跡［中-6］より報告された1点のみが知られている（図54-10）。

　この明石町遺跡では、これに伴うと考えられる身がセットで出土している。報告書では「……土器の焼塩壺には身と蓋がセットになるものが見られ、蓋には『なんばん/七度焼塩/権兵衛』と印刻印が押さ（れ）ている。『なんばん/七度焼塩』という製造法と『権兵衛』という製造業者名が記されたものであるが、これまで両者が併記された資料は知られていない。『権兵衛』は、慶長年間から京都伏見で焼塩、花塩を製造していた。本資料はその製造法が『なんばん/七度焼塩』であることを直接的に示すものである」と述べられている。

　蓋は筆者の分類でオ類③とした断面が凸字形を呈し、底面中央がわずかにくぼむもので、最大径7.2cm、突出部の直径5.4cm、厚さ0.9cm である。胎土は精良で、やや鼠色がかった灰褐色を呈する。上面には隅丸長方形の一重枠の中に3行にわたつて「なん者ん/七度焼塩/権兵衛」の文字が配された陰刻の刻印が捺され、その外側に沈線による一重の圏線がめぐっている。上面は刻印と沈線が施される以前に丁寧にミガかれている。下面の突出部は中央がわずかにくぼむ円錐台形を呈し、下面

第15章　「なん者ん/七度焼塩/権兵衛」の刻印をもつ焼塩壷蓋　215

ミガキ
タール付着
タール付着
ミガキ

0　　5cm

図54　「イツミ/花焼塩/ツタ」の報告例

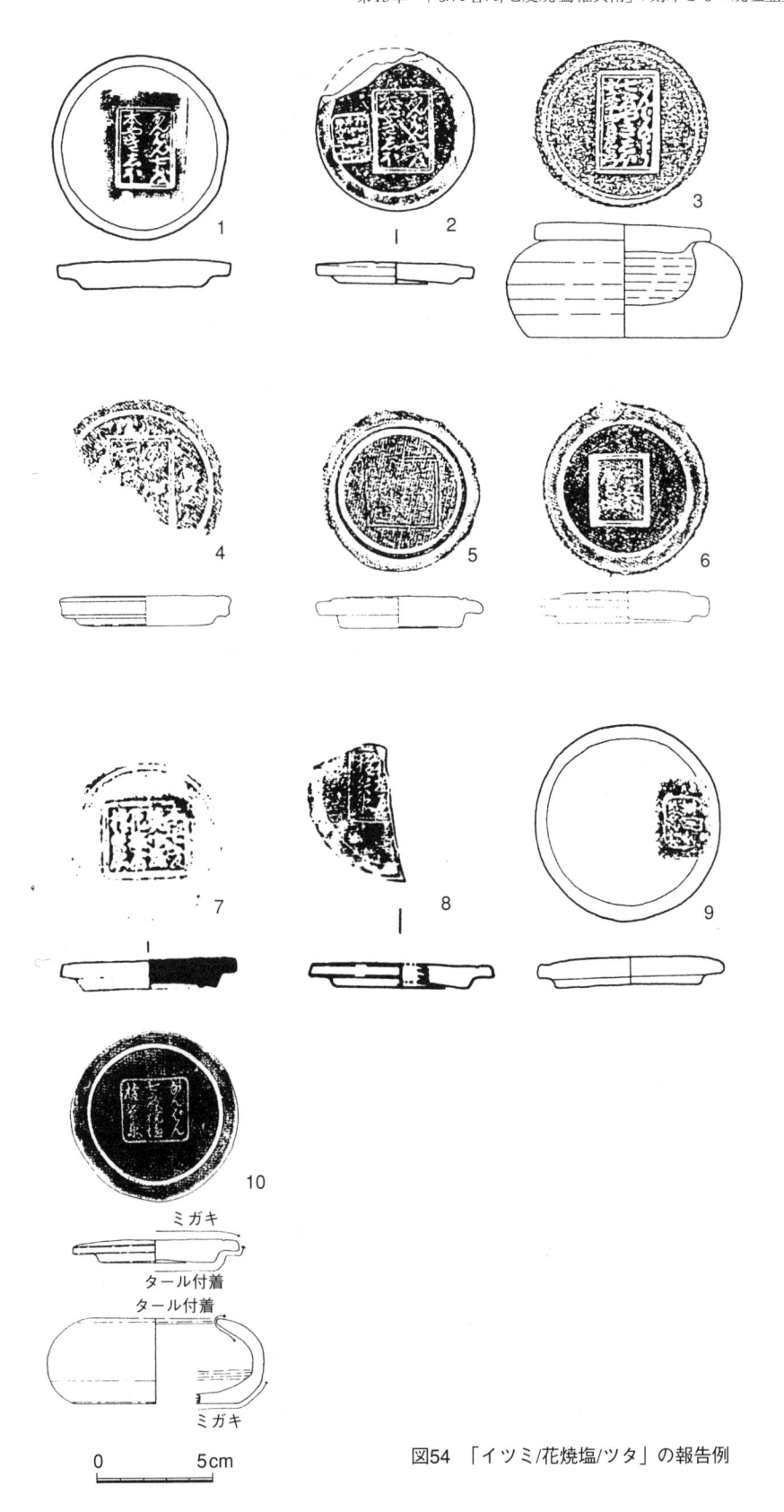

全体にはタールの付着が認められる。

　身は鉢形①類の断面外形が弧を描くものであるが、器壁は薄く、体部中央の最大径9.2㎝、底径7.1㎝、口径5.3㎝、器高3.6㎝である。底面と外面下半はミガかれており、ロクロ（回転台）上で調整されたと思われるが、壺全体の成形はロクロ水挽きではなく、型によって成形したものを上下から合わせ、中央の合わせ目の内外に調整を加えたものと思われる。使用痕として、口唇部外面から内面にかけてタールの付着が観察されるが、これは身と蓋とが何らかの火に関わる道具に転用されたことをうかがわせ、また両者のセット関係をうかがわせるものとなっている。

第3節　関連資料

　この資料の刻印とまったく同じ印文をもつものは知られていないが、「なん者ん（里う）」「七度（焼塩）」「権兵衛」の部分は、他の鉢形焼塩壺の蓋と思われる製品の印文の中に類似したものがある（表16）。上で見た「なん者ん七度/本やき志本」「なん者ん里う/七度やき志本/ふか草四郎左衛門」や、「深草/砂川/権兵衛」もその例であるが、江戸遺跡以外ではⅳ）「なん者ん里う/七度やき志本」の刻印をもつもの（図54）が京都市富小路竹屋町（能芝1993）や石川県安江町遺跡（2次）（北陸近世遺跡研究会ほか1995）から、ⅴ）「七度/本やき/志本」の刻印をもつものが石川県下本多町遺跡や石川県安江町遺跡（1次）（北陸近世遺跡研究会ほか1995）から、ⅵ）「七度本/屋き塩」の刻印をもつものが石川県木ノ新保遺跡や石川県下本多町遺跡ほか（北陸近世遺跡研究会ほか1995）から、ⅶ）「本七度/焼御塩/花塩屋/権兵衛」の刻印をもつものが京都市下京区岡崎天王町（能芝1993）や愛知県名古屋城三の丸遺跡（Ⅱ）（愛知県埋蔵文化財センター1990）から報告されている。またⅱ）「なん者ん七度/本やき志本」に「深草/かわら町/かぎや/仁兵衛」の刻印が加えられた例が愛知県吉田城遺跡（愛知県埋蔵文化財センター1992）から報告されているが、この「深草/かわら町/かぎや/仁兵衛」の部分は江戸遺跡でも類例のある「深草/砂川/権兵衛」の刻印に類似した小形で横長の刻印で、押捺の位置が中央を外れているところも共通している。

　またⅴ）、ⅵ）は管見の限りでは石川県金沢城下でのみ報告されている製品であるが、いずれも胎土に含まれる砂礫構成の肉眼観察による分析によって「加賀北部で製作されたもの」と見なされている（北陸近世遺跡研究会・奥田1995）。

　なお、明石町の報告書では「これまで（「なん者ん/七度焼塩」という製造法と「権兵衛」という製造業者名の：引用者註）両者が併記された資料は知られていない」とあるが、ⅶ）では「なん者ん」はないものの「（本）七度/焼（御）塩」と「権兵衛」が併記されている。

第4節　小　　結

　この「権兵衛」については、すでに第一部でも触れたが、渡辺誠氏（渡辺1984・1985・1992など）や山中敏彦氏（山中2001）によって、『本朝陶器攷證』〔史料17〕の記載から伏見騒動に連座して獄死した「焼塩屋権兵衛」との関連が追究されている。

　一方、ここで見た類例を見る限りでは、「なん者ん/七度焼塩」という製造方法は「権兵衛」のみがうたった独自の製造法ではなかったようであるが、「権兵衛」という名もけっして珍しいもので

表16 「なん者ん/七度焼塩/権兵衛」に類する刻印をもつ資料

	印　文	出　土　地	出　典	図54
ⅰ)	「なん者ん/七度焼塩/権兵衛」	中央区明石町遺跡	明石町遺跡調査会2003	-10
ⅱ)	「なん者ん七度/本やき志本」	新宿区三栄町遺跡 愛知県名古屋城三の丸遺跡（Ⅱ） 石川県安江町遺跡（2次）　ほか	新宿区教育委員会1988 愛知県埋蔵文化財センター1990 北陸近世遺跡研究会ほか1995	-1
ⅱ)	「なん者ん七度/本やき志本」 ＋ 「深草/かわら町/かぎや/仁兵衛」	愛知県吉田城遺跡	愛知県埋蔵文化財センター1992	-2
ⅲ)	「なん者ん里う/七度やき志本/ふか草四郎左衛門」	京都市伏見奉行前遺跡 石川県安江町遺跡（2次）	渡辺1984 北陸近世遺跡研究会ほか1995	-3
ⅳ)	「なん者ん里う/七度やき志本」	京都市富小路竹屋町 石川県安江町遺跡（2次）	能芝1993 北陸近世遺跡研究会ほか1995	-4
ⅴ)	「七度/本やき/志本」	石川県下本多町遺跡 石川県安江町遺跡（1次）	北陸近世遺跡研究会ほか1995	-5
ⅵ)	「七度本/屋き塩」	石川県木ノ新保遺跡 石川県下本多町遺跡　ほか	北陸近世遺跡研究会ほか1995	-6
ⅶ)	「本七度/焼御塩/花塩屋/権兵衛」	京都市下京区岡崎天王町 愛知県名古屋城三の丸遺跡（Ⅱ）	能芝1993 愛知県埋蔵文化財センター1990	-7 -8
ⅷ)	「深草/砂川/権兵衛」	新宿区三栄町遺跡 港区増上寺子院群　ほか	新宿区教育委員会1988 港区芝公園一丁目遺跡調査団1988	-9

はなく、そういう意味でも、またコップ形の製品に多く見られる刻印の模倣という観点から見ても、まずは考古資料の分析を念頭において、史料上の「焼塩屋権兵衛」の製品であるのか否かを考察すべきであろう。

　上述した以外に鉢形焼塩壺の蓋とされる製品には、江戸遺跡では既述の「イツミ/花焼塩/ツタ」や「浪花/桃州」があるが、江戸遺跡以外では第13章でも触れた「大佛瓦師/蒔田又左衛門」（隅丸方形一重枠・陰刻）、「深草/瓦師/弥兵衛」（隅丸方形一重枠・陰刻）などの印文をもつ刻印が知られている。さらに伝世資料についての報告もあり（田中1994）、さらなる検討が必要である。

註
1)「者」は「は」の変体仮名で、濁点が付されているが、繁雑になるので、濁点を除いて表記する。このほかの例に見られる「里」＝「り」、「志」＝「し」、「本」＝「ほ」、「屋」＝「や」なども変体仮名である。

第三部　特　　論

第1章　壺塩屋の系統

　ここでは、これまで第一部で見た考古資料としての焼塩壺、史料およびそこから導き出される壺塩屋の系譜や沿革、そして第二部で見た個別資料の分析とを総合して、とくに壺塩屋の系統を軸に整理する。

第1節　藤左衛門系の壺塩屋

(1)　史料・聞き取りから

　藤左衛門系は『堺鑑』〔史料7〕などの史料に見られる壺塩屋の系統である。『堺鑑』では天文年間（1532～1555）に和泉国湊村で壺焼塩を創出した藤太夫（〔史料7〕には「藤太郎」と誤記）という名の土器製造者を祖とすることなどが記されている。

　年代と称号に関する記載として「承応三年甲午ニ、女院御所ヨリ天下一ノ美号不苦トアリ、時ノ奉行石河氏是ヲ承リ頂戴ス、又延宝七年ノ比ニハ、鷹司殿ヨリ折紙状アリ、呼名伊織ト号ス」とあり、朝廷系の権威から承応3年（1654）に「天下一」の号を許され、延宝7年（1679）には折紙状を賜り、その際「伊織」と名乗るようになったとされる。

　一方「天下一」の号については、その後天和2年（1682）に禁令〔史料5〕が出されているが、その禁令の実効性が高かったことは、禁令の発布が1回のみであったことと、戸田茂睡の随筆『御当代記』天和2年8月の条の記載〔史料6〕からもうかがわれる。

　また九代目の壺塩師伊織藤左衛門は元文3年（1738）に掛軸を奉納しているが、その裏面に見られる『船待神社菅公像掛軸裏面願文』〔史料13〕には元祖藤太夫慶本から八代目の伊織までの名が記され、焼塩壺のものに酷似した「御壺塩師/泉湊伊織」の印が捺されており、少なくともこの時点まで壺焼塩の生産を行っていたことが推定される。

　さらに、この系統の末裔である弓削弥七氏からの聞き取りから、八代目休心の頃には摂津国難波に支店を設け、湊村に所在した本店の系統が絶えた後も難波屋の名で第二次世界大戦前まで続いていたとされる（前田1934）。

　ちなみにこの弓削弥七氏については、明治36年（1903）に大阪で開催された内国勧業博覧会の出品者の中に、その名が記されているという（渡辺1985a）。

(2)　印文との対比から

　上記の内容を印文に対比させると、「ミなと」「三名戸」「天下一」「伊織」「湊」「難波」「藤左衛門」などが含まれる「ミなと/藤左衛門」「ミなと/宗兵衛」「三名戸/久兵衛」「三なと/久左衛門」「三なと/作左衛門」「三なと/平左衛門」「天下一堺ミなと/藤左衛門」「天下一御壺塩師/堺ミなと伊織」「御壺塩師/泉湊伊織」「堺本湊焼/吉右衛門」「堺湊塩濱/長左衛門」「泉湊伊織」「泉湊備後」「御壺塩師/難波浄因」「難波浄因」「摂州大坂」の刻印をもつものが、この系統の壺塩屋の製品である

可能性をもつ。

このうち、「三名戸/久兵衛」「三なと/久左衛門」「三なと/作左衛門」「三なと/平左衛門」については、第二部第1章で見たように、印文後半の人名部分と刻印の形状がまったく異なることから、「ミなと/藤左衛門」の模倣と考えられる。同様に「堺本湊焼/吉右衛門」、「堺湊塩濱/長左衛門」も「湊」は共通であるが、印文後半の人名部分と刻印の形状が異なることから、「御壺塩師/堺湊伊織」の模倣と見なされ、「泉湊備後」は類例が1点のみであるが、印文後半の人名と思われる部分や刻印の字体が異なることから、「泉湊伊織」の模倣と見なされる。

残りの①「ミなと/藤左衛門」、②「ミなと/宗兵衛」、③「天下一堺ミなと/藤左衛門」、④「天下一御壺塩師/堺ミなと伊織」、⑤「御壺塩師/堺湊伊織」、⑥「泉湊伊織」、⑦「御壺塩師/難波浄因」、⑧「難波浄因」、⑨「摂州大坂」については、刻印の印文や字体などを見る限りでは、藤左衛門系の製品である可能性が高い。このうち、少なくとも印文を見る限りでは⑦「御壺塩師/難波浄因」、⑧「難波浄因」、⑨「摂州大坂」は難波に出した支店の所産であろう。

それぞれの年代については、「天下一」の拝領を伝える上述の史料との対比から、①②が1654年以前であることが推定される。また、「天下一」の禁令から⑤以下が1682年以降に位置づけられると考えられる。すると、「天下一」を印文にもつ③と④が天下一を拝領してから禁令が出るまでの年代の製品であることになるが、③には①と同じ「藤左衛門」の名があって「伊織」の名がなく、④は⑤⑥と同じ「伊織」の名があって「藤左衛門」の名がない。このことから、③が④に先行するものであることが推定される。

(3) 器形・成形技法から

これらの刻印はいずれもコップ形の身に見られるが、成形技法から見ると、①「ミなと/藤左衛門」、②「ミなと/宗兵衛」、③「天下一堺ミなと/藤左衛門」、④「天下一御壺塩師/堺ミなと伊織」はⅠ-3類、⑥「泉湊伊織」、⑦「御壺塩師/難波浄因」、⑧「難波浄因」、⑨「摂州大坂」はⅡ類の壺にのみ捺されており、⑤「御壺塩師/堺湊伊織」はⅠ-3類、Ⅱ類の両者に見られる。

第二部第2章で論じたように、このⅠ-3類とⅡ類の両方に同一の刻印が押捺される例の存在によって、藤左衛門系の壺塩屋にあっては、初めⅠ-3類の壺が採用されていたが、⑤「御壺塩師/堺湊伊織」の刻印が用いられていた時期にⅠ-3類のものからⅡ類のものへと移行したこと、つまり成形技法と刻印が同時に変更されたのではなく、壺の成形技法の方がやや遅れて変更されたことが確認される。

さらにこのことから、これら一連の刻印をもつ製品を作り出した壺塩屋が、一つの系統に属するものであることが裏づけられる。逆にいえば、こうした刻印と成形技法のような独立した要素が跛行的に移行していく関係を見出すことのできる複数の焼塩壺こそが、一つの系統の壺塩屋によって作られ、時間の推移に伴って移り変わっていった一連のものであると認定することを可能にするのである。

(4) 「御壺塩師/堺湊伊織」に後続する焼塩壺

⑤「御壺塩師/堺湊伊織」と⑥以下との間には、壺自体を見る限りではいくつもの相違が見られる。すなわち、⑥以下には胎土に金色の雲母粒子が多量に見られるという際立った特徴が見られる

が、⑤ではこれが認められない。また⑥以下ではいずれも内面には布目もしくは条痕が見られ、下1/3ほどの部分に布目や条痕のない平滑な部分が見られるという共通点もある。

このうち⑦「御壺塩師/難波浄因」、⑧「難波浄因」、⑨「摂州大坂」が難波で作られたものであることは、「難波」や「摂州大坂」などの印文から推定される。壺自体は筆者の分類でⅡ-2類a(6)であるが、「摂州大阪」にちなんで「大坂タイプ」と通称するもので、両角まり氏によって「C1-d-ホ系土師質塩壺類」と命名されたものである（両角1996）。体部が直線的に立ち上がり、蓋受けも薄く、同じⅡ類ではあるが⑤「御壺塩師/堺湊伊織」の焼塩壺との間に器形的な相違点が多い。このタイプの壺には、ほかに「泉州麻王」「泉州磨生」「泉州麻生」の刻印をもつものが少数ながら存在する。これらは難波に所在した藤左衛門系による模倣と考えられ、とくにこの壺に見られる「泉州磨生」と「泉州麻生」は同文異系刻印と考えている。

また⑥「泉湊伊織」の刻印をもつ資料も、印文から見る限りでは間に前述の〔史料13〕に捺された「御壺塩師/泉湊伊織」を挟んで、⑤「御壺塩師/堺湊伊織」から無理なく移行するようにも見えるが、壺自体は筆者の分類でⅡ-1類a(6)であり、連続性は認めにくい。同形の壺には、ほかに「泉川麻玉」の刻印をもつものが存在する。これは「泉湊伊織」とほぼ併行して存在するようであるが、上記の「泉州麻王」「泉州磨生」「泉州麻生」の刻印をもつものとは刻印の形状や壺の器形などにおいて若干の差異があり、その壺塩屋および壺屋の系統性に関しては、今後検討の余地がある。

さて⑤「御壺塩師/堺湊伊織」の「堺湊」が、上述の掛軸裏の願文に捺された印のみが確認される「御壺塩師/泉湊伊織」や⑥「泉湊伊織」へ移行したことは、「湊村が堺町奉行所付の村々からはずされ、和泉国大鳥郡の一村になったことを意味する」（渡辺1985）との解釈もあるが、いずれも壺塩屋の系譜関係の連続性を示唆するにすぎない。

このように、⑤「御壺塩師/堺湊伊織」の焼塩壺から、これに後続するであろう焼塩壺との間には一定のhiatusが存在する。おそらくは八代休心の時代の難波への進出と関連するものであろうが、今のところその具体的な時期やその後の湊村の本店の動向は不明である。

（5）刻印押捺開始前の様相

第二部第1章でも触れたように、②「ミなと/宗兵衛」の刻印をもつ製品の①「ミなと/藤左衛門」との関係や時期的な位置づけは、資料が稀少であることからほとんど明らかにできないが、刻印の様相や壺の形態から両者はほぼ同時期に並存していたものと思われる。

先に見たように、大坂城三の丸遺跡の元和元年（1615）から元和6年（1620）の間に廃絶された溝からは、これらと同一の器形で無刻印の製品が出土しており、江戸遺跡でも同様の製品は港区№19遺跡［港-9］38号遺構や紀尾井町遺跡［千-3］、丸の内三丁目遺跡［千-7］、丸の内一丁目遺跡［千-18］などで報告されている。これらが安定的に存在することから、少なくとも元和元年（1615）から寛永6年（1629）までの間に藤左衛門系の壺塩屋では刻印が押捺されるようになったこと、それ以前には同一の器形で無刻印の製品が作られていたことが推定される。

刻印が押捺されるに至った経緯としては、おそらく他の業者による類似品が作られるようになり、その差異化を目的としたものと思われるが、これを具体的に裏付ける資料は江戸地域では極めて限られているのが現状である。わずかに丸の内三丁目遺跡［千-7］52号土坑でⅠ-3類の無刻印の製品

に、無刻印の「手づくね成形」と報告された、筆者の分類でⅣ-1類の製品が伴う例が見られ、またこの52号土坑より古く位置づけられる48号土坑に無刻印のⅢ-1類が伴う例（成瀬・長佐古 1998）が見られるのみである[1]。

（6）　無刻印化後の様相

一方、「御壷塩師/堺湊伊織」に後続すると考えられる⑥「泉湊伊織」および⑦「御壷塩師/難波浄因」、⑧「難波浄因」、⑨「摂州大坂」の刻印をもつ焼塩壺には、それぞれほぼ同形で刻印のない一群が存在する。いずれも法量は、刻印をもつものに比べて小さいという特徴を有する。金色の雲母粒子を含む胎土が用いられていること、内面に見られる離型材としての布の跡が下1/3ほどの範囲で段をなして平滑な部分に移行していることなど、胎土・成形技法・器形に多くの共通点が見出され、藤左衛門系の壺塩屋に壺を供給していた壺屋によって「泉湊伊織」などの後に作られたものと見ることができる。したがって、そのそれぞれを作った壺屋には二系統の存在が考えられるが、後者の類例が少ないこともあって、その詳細は今後の課題である。

（7）　年代的位置づけ

最後に藤左衛門系の個々の刻印をもつ製品の推定継続年代をまとめておく。

江戸遺跡は、その性格から17世紀初頭をさかのぼる資料が得られないが、焼塩壺の故地である大阪府堺市の堺環濠都市遺跡SKT3地点では、天文22年（1553）の大火面から焼塩壺が出土しており（堺市教育委員会 1982）、現在年代が確認されている最古の例である。成形技法や器形的に藤左衛門系の製品に連なるものと思われ、藤左衛門系の祖が天文年間（1532～1555）に京都畠枝から来住して壺焼塩を創始したとする『堺鑑』〔史料7〕の記載と矛盾しない。したがって、史料からも出土資料からも、藤左衛門系の創始時期を16世紀中葉とすることができる（森村 2000）。

焼塩壺はこの創始の時期には無刻印であったが、元和元年（1615）から寛永6年（1629）までの間に刻印をもつようになる。ちなみに、この刻印押捺の開始は他の生産者による参入に対応して差異化を図ったものと考えられ、この時期以前に競合状態が開始されていたことがうかがわれる。

押捺開始の刻印は「ミなと/藤左衛門」の印文をもち、「ミなと/宗兵衛」の印文をもつものも存在した可能性がある。その後、承応3年（1654）に「天下一」の号、延宝7年（1679）に「折紙状」を拝領したのを機に「伊織」を名乗るようになり、刻印は「天下一堺ミなと/藤左衛門」、「天下一御壷塩師/堺ミなと伊織」と変化する。さらに天和2年（1682）の「天下一」の禁令で「御壷塩師/堺湊伊織」の刻印へと変わるが、それからあまり下らない時期に、それまでのⅠ-3類からⅡ類へと壺の成形技法に変化が見られる。これは壺屋が技術革新を行ったのではなく、藤左衛門系の壺塩屋が、それまで壺を作らせていた壺屋から別の壺屋へと壺の発注先を変更したものと考えられる。

それ以後1720年代後半までのおよそ30～40年間は、「御壷塩師/堺湊伊織」の刻印をもつものが作られ続けるが、底部の粘土紐の太さや有無といった成形技法の細部や刻印の印体は変遷を遂げ、Ⅰ-3類の段階をを含めると6期に区分することが可能である。

1720年代後半までには八代目の休心が摂津国難波に支店を出すが、そこでまた壺の成形技法に変化が現れる。それまで底部の粘土塊を内側から入れていたのが、外側から挿入するようになるという粘土塊の挿入方向の変化もさることながら、金色の雲母粒子が含まれる胎土を採用するようにな

るのである。これが壺屋の変更によるものかどうかは未確認であるが、この時期までに「御壺塩師/堺湊伊織」の刻印をもつものが終焉を迎えることと無関係ではないと思われる。

一方、1720年代から30年代にかけて、Ⅱ-2類a(6)（3ピース）の壺に「御壺塩師/難波浄因」「難波浄因」「摂州大坂」「泉州麻生」「泉州磨生」「泉州麻王」の刻印をもつもの、Ⅱ-1類a(6)（2ピース）の壺に「泉湊伊織」「泉川麻玉」の刻印をもつものなどが乱立するかのように見られ、1例のみであるがⅡ-2類a(6)（3ピース）の壺に「泉湊伊織」の刻印が捺された例も見られる。これらがいずれも藤左衛門系の壺塩屋の製品であるかどうか、またその壺屋との関係など明らかでないことが多いが、刻印の印文の差異をすべて異なった壺塩屋の製品とするわけにはいかない。むしろ泉州麻生系など他の系統との競合により、模倣などの方策が模索された結果と考えられよう。

1730年代以降、Ⅱ-2類a(6)の壺はわずかに見られる無刻印のものを除けばほとんどその姿を消し、藤左衛門系の製品としてはⅡ-1類a(6)の壺に「泉湊伊織」「泉川麻玉」の刻印をもつもののみが認められるようになる。

1740年代に入ると「泉湊伊織」の刻印をもつもののみが認められるが、壺は小型化し、内面の布目が見られなくなってⅡ-1類a(2)へと移行する。その後、1760年代頃には無刻印化し、1800年までには完全にその姿を消す。

第2節　泉州麻生系の壺塩屋

(1)　史料から

史料によれば、この系統の壺塩屋は本来花焼塩を生産していた業者であり、一時的に副業として壺焼塩を生産していたものであることが知られる。すなわち、『和泉國村々名所旧跡付』〔史料4〕や『卜半家來之記　并系圖雜話』〔史料23〕によって丹羽源兵衛正庵（塩屋源兵衛）という者が正保元年（1644）、もしくは寛永19年（1642）に和泉国（泉州）津田村で花焼塩を創始し、後に貝塚へと移転したこと、延宝元年（1673）もしくは寛文11年（1671）以降の一時期、花焼塩と並んで壺焼塩を製造していたことが知られる。このうち花焼塩の創始が正保元年ないし寛永19年になることは、〔史料2〕の「津田の花焼塩……卜半様より……」という記載が慶安元年（1648）の条であることとも矛盾しない。

また『弓削氏の記録』〔史料31〕には「壺印麻生なるもの」は「泉州貝塚塩屋治兵衛」が延宝～享保年間に伊織の技法を盗もうとしたものであるとの記載があるという（前田 1934）。壺焼塩の製造されていた期間に関する記載がほぼ一致することや、「泉州貝塚」の地名から、この「塩屋治兵衛」は「塩屋源兵衛」の意図的ないしは過失による誤記と考えられ、「壺印麻生」の記載から、この系統の製品の刻印が「麻生」であることがうかがわれる。なお『改正増補　難波丸綱目』〔史料16〕、『難波丸綱目』〔史料17〕には「御膳焼塩師　高津坂の下」として「難波治兵衛」の名が見えているが、この「高津」の地名については『摂陽奇観』〔史料21〕、『摂津名所図絵大成』〔史料25〕にも見えるほか、〔史料28〕の看板の図には「天下一」「伊織」の文字も見え、これらとの関係についても検討を要する。

この泉州麻生系の生産の終焉について記す史料等は存在しないが、文政2年（1819）成立で、お

そらくは文化13・14年（1816・1817）以降に書かれたと推定される『拾遺泉州志』〔史料22〕の中の「……塩屋源兵衛にて、今も貝塚に住みて花塩を製す」の記載にもとづけば、この系統の壺塩屋は少なくとも19世紀の初頭までは存続していたことになる。また一方で、すでにその由来が明確でなくなっていたことから、「泉州麻生」の刻印をもつ壺焼塩の生産はすでに行われなくなっていたことになる。

(2) 印文との対比から

上記の内容を印文に対比させると、「ツタ」「つた」「花焼塩」「花塩」「麻生」などが含まれる①「イツミ/花焼塩/ツタ」、②「い津ミ　つた/花塩屋」、③「泉州麻生」の刻印をもつものが、この系統の壺塩屋の製品である可能性をもつ。

これらの刻印は①「イツミ/花焼塩/ツタ」が蓋に、②「い津ミ　つた/花塩屋」、③「泉州麻生」がコップ形の身に見られることと、その印文から、①「イツミ/花焼塩/ツタ」の刻印をもつ蓋は花焼塩の容器のものであり、②「い津ミ　つた/花塩屋」と③「泉州麻生」の刻印をもつ身は壺焼塩に用いられたものと考えられる。

さらに「泉州麻生」は"和泉国の麻生郷"という実在する地名を表しているのに対し、先に「泉州麻生類」としたものの残りの「泉州麻王」「泉川麻玉」などの類似刻印および「泉州磨生」「サカイ/泉州磨生/御塩所」などには該当する地名が存在しないと思われることから、「泉州麻生」の印文を模倣したものと考えるべきであろう。

一方、④「いつミや/宗左衛門」という刻印をもつ蓋は、①や②の印文の前半と表記こそ違え「いつミ」を共有することから、この系統の製品である可能性がある。このことは、この④「いつミや/宗左衛門」も、また「いつミ」を共有する①「イツミ/花焼塩/ツタ」、②「い津ミ　つた/花塩屋」の刻印の表現方法も、いずれもきわめて稀な陽刻であることからも示唆される。

史料によってすでに先後関係が確認されている藤左衛門系の製品との共伴関係から見て、②「い津ミ　つた/花塩屋」の刻印をもつものが③「泉州麻生」の刻印をもつものに先行し、かつ③「泉州麻生」の刻印をもつものの中では長方形二重枠に縁取られたものが、内側二段角枠に縁取られたものに先行することが確認されている。これは泉州津田村で花焼塩を創始した業者が、それによってすでに一定の評価を得ていたがゆえに、途中から壺焼塩を始めた当初は「花塩屋」を名乗る刻印を焼塩壺の胴部に捺したものと考えられる。

この刻印の印文に見られる地名が和泉国津田村を表す「い津ミ　つた」から「泉州麻生」に変ったのは、その所在地を津田村から貝塚へと変更したことに伴うものであるが、花焼塩の容器の蓋の刻印の印文は、その所在地の変更後も「イツミ/花焼塩/ツタ」のままである。その理由は〔史料23〕の「但花塩乃銘ハ津田と可致由、岸和田ぉ被仰候故、今ニ津田と銘を書き申し候」のくだりから明らかである。

一方、このような許可を得られなかった壺焼塩の方は、やむなく刻印の印文から津田村を表す「つた」を削るが、そのとき新たな所在地である「貝塚」としなかったのは、花焼塩との関係を誇示し続けるためにも、伝統ある津田村からの移転の事実を隠蔽しようとしたためであり、そのために津田村と貝塚の両方をその中に包摂する古代・中世からの地名である「麻生」を採用することに

したものと考えられる。

　このことは、結果的に後世の研究者に誤解を与えることになってしまった。つまり筆者がこの〔史料23〕の存在を知り、その分析からこの結果を得るまでは、中盛彬以下の研究者は、津田村が旧麻生郷内にあるがゆえに、「泉州麻生」は津田村を表すものと見ていたのである。

　ちなみに、貝塚寺内町は岸和田城のわずか西の大阪湾に面した部分に位置し、現在の大阪府貝塚市の一角にあたる。なお、この旧貝塚寺内町の北半分には現在の地名表示で北町、北、中があり、このうち中に願泉寺が現存する。また北の北小学校体育館建設地と北町の帝国産業（現テザック）貝塚工場から、かつて「泉州麻生」の刻印をもつ焼塩壺（コップ形）が出土したといわれる（南川1977，清水1994）。また岸和田城と貝塚寺内との間には津田川が南北に流れ、その河口の両側に津田村が所在している。一方、麻生という地名は古代の荘名であり、南北の２ヵ所に分かれるが、このうち北側の部分が麻生郷とも呼ばれていたようである。そして津田村も貝塚寺内町も、この旧麻生荘の麻生郷内に位置していたことになる（図55，図56）。

(3)　器形・成形技法から
①花　焼　塩

　泉州麻生系の最初の製品である花焼塩の容器は、いずれも「イツミ/花焼塩/ツタ」の刻印をもった蓋と、鉢形②類-2bないし鉢形③類の身とからなり、蓋・身とも多くの階梯を経て変化を遂げていることが確認されている。

　このうち、より細かな変遷が追えるのは刻印をもつ蓋の方であり、刻印＋器形で表すと、「a＋オ類①-1」「a＋オ類①-2」「a＋オ類①-3」「b-1＋オ類①-3」「b-1＋エ類③」「b-2＋エ類③」の６段階の組列が得られる。

②壷　焼　塩

　泉州麻生系が途中から産み出した製品である壷焼塩の容器は、はじめ「い津ミ　つた/花塩屋」の刻印をもち、Ⅱ類であるがⅠ-3類に似た器形で、粘土塊を外側から挿入するものであった。これが所在地の移転に伴い、「泉州麻生」の刻印をもち、蓋受けのある器形で粘土塊を内側から挿入するものに変化する。この両者の間には、印文・器形・成形技法の３点において大きく変化を遂げている。しかし現在のところ、この両者をつなぐ位置を占める資料は知られていない。

　印文の変化は所在地の変化に伴うものであるが、このとき、器形と成形技法が同時に変化した理由は明らかでない。少なくとも蓋受けを作り出す必要上、逆位において操作する必要のない内側からの挿入方法が選択されたものとも考えられる。

(4)　年代的位置づけ（図57）
①花　焼　塩

　花焼塩の創始時期、すなわち泉州麻生系の創始時期は正庵が津田村へ来住して塩屋の名跡を継いだときと考えられる。その年代の下限は〔史料23〕では宣勝の死去した寛文８年（1668）になるが、これは〔史料４〕の記載から知られる正庵の花焼塩の創始時期、すなわち正保元年（1644）と矛盾しない。そこで、正庵が津田村へ来て塩焼屋の名跡を相続したのは1640年前後のことと考えられる。より細かく年代が追える「イツミ/花焼塩/ツタ」の刻印をもつ蓋で見ると、最古の「a＋オ類①-1」

228 第三部 特　論

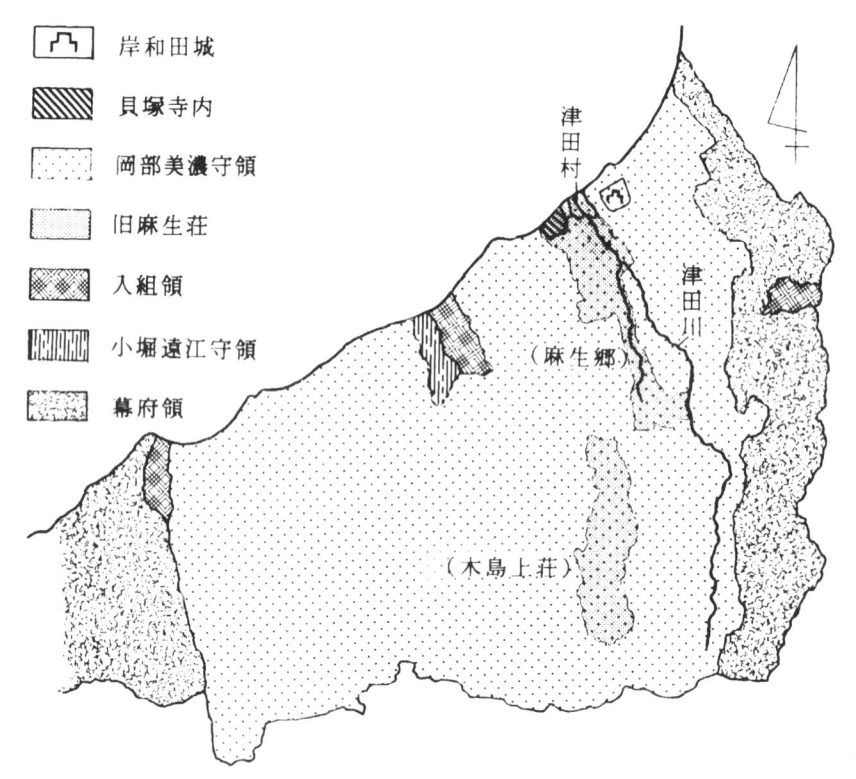

凡例:
- 岸和田城
- 貝塚寺内
- 岡部美濃守領
- 旧麻生荘
- 入組領
- 小堀遠江守領
- 幕府領

津田村
津田川
(麻生郷)
(木島上荘)

図55　正保2年(1645)泉南地方所領配置図（熊取町教育委員会1986より作成）

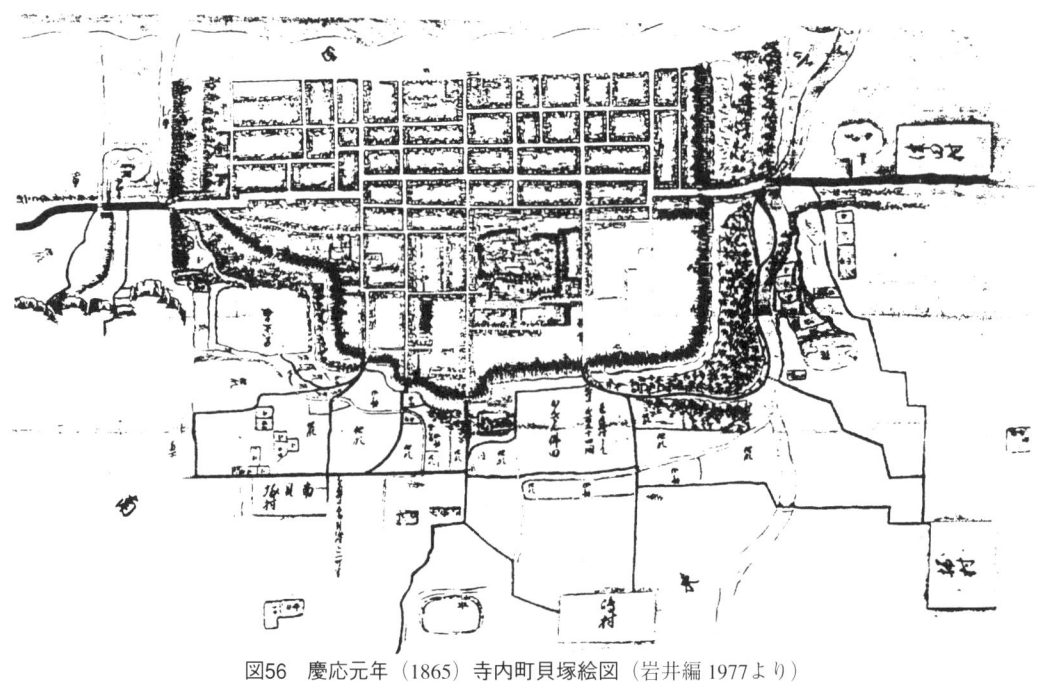

図56　慶応元年(1865)寺内町貝塚絵図（岩井編1977より）

の年代が、共伴する焼塩壺などから17世紀第三四半期頃と見られ、ほぼこの年代に符合する。

泉州麻生系の花焼塩の終期については、「イツミ/花焼塩/ツタ」の刻印をもつ蓋に対応する身がもっとも新しいもので、19世紀前半以降に位置づけられると考えられている。このことは文政2年（1819）成立の〔史料22〕に「塩屋源兵衛にて、今も貝塚に住みて花塩を製すと」とあることから見ても無理なく首肯できよう。

②壺焼塩

泉州麻生系の壺焼塩の始期は〔史料4〕や〔史料8〕から、寛文11年（1671）もしくは延宝元年（1673）と考えられる。このことは〔史料31〕の記載「延宝年間から享保年間にわたり……」ともほぼ符合する。したがって、その終期を享保年間（1716〜1736）とすることもできそうである。

考古資料では、泉州麻生系の壺焼塩の最古の例と思われる「い津ミ　つた/花塩屋」の刻印をもつものが長方形二重枠の「天下一堺ミなと/藤左衛門」と共伴し、その年代から上限が1654年で下限が1679年になり上記と矛盾しないこと、類例がきわめて稀少なことから、「い津ミ　つた/花塩屋」の刻印が用いられていた時期は1671年ないし1673年からわずかな期間と考えられる。その後、先にも触れた東大温室地点〔文-30〕SK27からは長方形二重枠「泉州麻生」の刻印が1類の壺に捺された製品が、「天下一」の部分を削り取った「天下一御壺塩師/堺見なと伊織」の焼塩壺と共伴する例が存在する（成瀬・堀内・両角 1994）。このことから、1a期は天和2年（1682）の天下一の禁令の時点までは継続したことが知られる。一方、1b期の製品である長方形二重枠「泉州麻生」の刻印が、3類の壺に捺された製品は東大病院地点〔文-8〕のF31-1から出土しているが、この遺構は同じ天和2年の八百屋お七の火事で廃絶したとされ、1a期から1b期への移行、すなわち1類の壺から3類の壺への変化はこの年に生じたと考えられる。ちなみに天下一の禁令はこの年の5月であり、火事は12月に起きている。

これ以降、すなわち2期以降の具体的な年代を論ずるに足る資料はほとんどないが、内側二段角枠「泉州麻生」でa1、a2に細分される刻印が捺された2c期の代表的な遺構である東大病院地点のF34-11が、1680年代後半から90年代前半付近に位置づけられ、2c期の終期は明らかでないものの、1b期から2c期までが1682年から1690年頃の約10年の中に位置づけられることになる。

一方、泉州麻生系の壺焼塩の終期は、〔史料31〕から享保年間（1716〜1736）になると述べたが、考古資料では遺構における共伴例などから1740年代後半に位置づける意見もある。

第3節　その他の系統

前2節で見た藤左衛門系と泉州麻生系以外の系統の壺塩屋に関しては、史料が乏しいこともあって多くを語ることはできない。

(1)　泉州磨生系

年次不明ながら『弓削氏の記録』〔史料31〕に、壺印磨生は「堺九間町奥田利兵衛」による製品で、正徳3年（1713）に伊織の秘法を盗んだとの記載が見られる。また安永6年（1777）刊行の『難波丸綱目』〔史料17〕にも「花塩師　九けん丁　奥田利兵衛」として現れている。この史料での「九けん丁」は〔史料31〕の「堺九間町」に相当するものと思われる。さらに渡辺氏の紹介する近

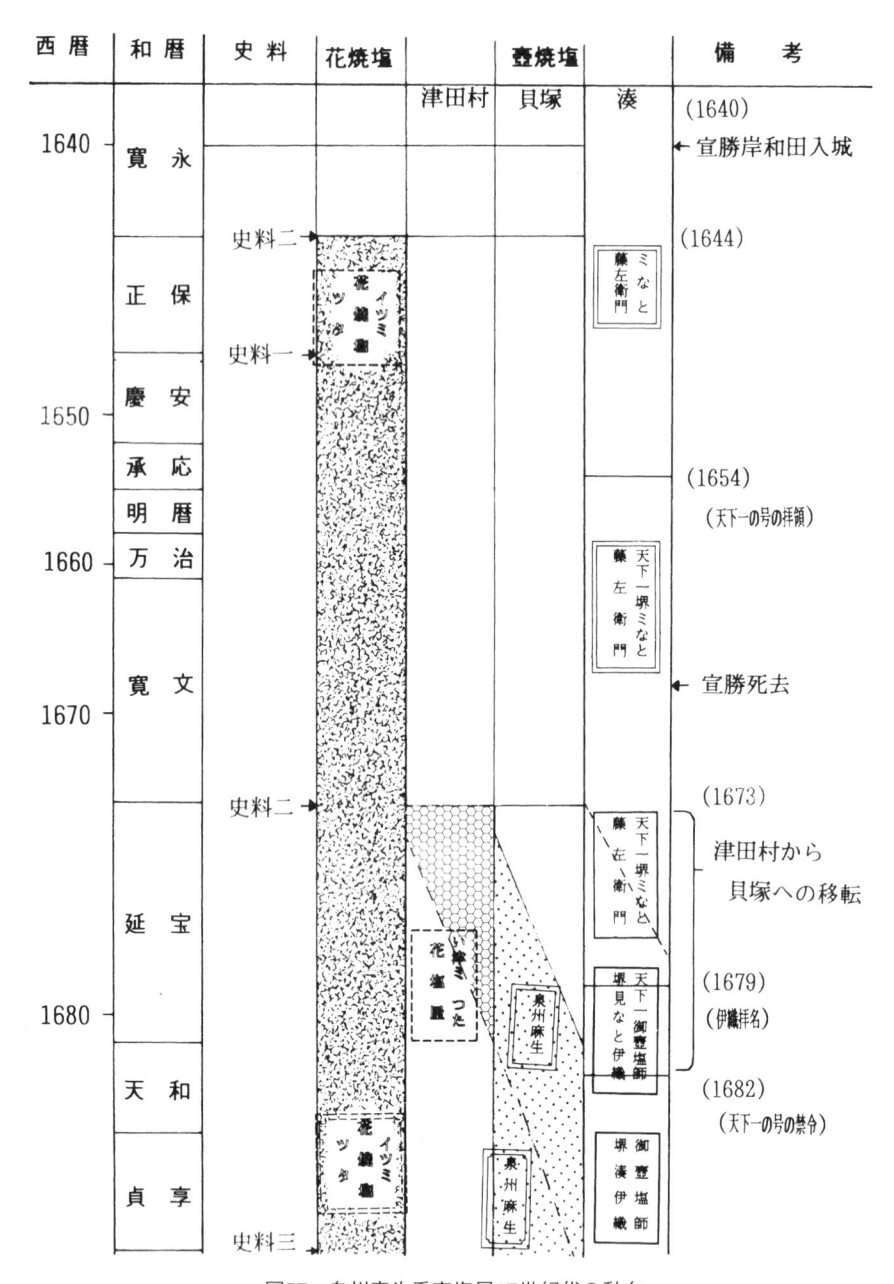

図57 泉州麻生系壺塩屋17世紀代の動向

代の史料にも奥田利吉の名が見られることから、この奥田利兵衛に連なる壺塩屋の系統が明治期まで命脈を保った可能性がある。

　考古資料から見ると、印文に「麿生」を用いる刻印は「泉州堺麿生」のみであるが、類例が6例ときわめて少なく、多くを語ることができない。一方、これに類するものとして、他に「泉州磨生」の刻印を有するものと「サカイ/泉州磨生/御塩所」の刻印を有するものとの2種が存在する。「泉州磨生」の刻印を有するもののうち、b類とした刻印をもつものは藤左衛門系の製品と見なされるが、「泉州磨生」a類や「サカイ/泉州磨生/御塩所」の刻印を有するものは、この系統の壺塩屋の製

品である万能性が高い。

その年代は、前者が1720年代、後者が1740年代〜50年代に位置づけられ、両者の間に時期的なブランクがある。また、これに後続すると考えられる資料は今のところ知られていないが、あるいは無刻印の焼塩壺の一部がこの系統に属するものであるとも考えられる。

(2) 権兵衛系

安政4年（1857）成立の『本朝陶器攷證』〔史料27〕には京都深草の砂川に焼塩屋権兵衛がおり、「播州の奥田氏もしくは平田氏を先祖とし、文禄年間（1592〜1596）に来住し、慶長年間（1596〜1615）に焼塩や花形塩を土器細工と共に始めた」ことを記す寛延2年（1749）の紀年の入った口上書を所持していることなどが見える。渡辺氏によれば、この焼塩屋権兵衛は天明7年（1787）に伏見騒動に連座して獄死したとされるが（渡辺1985a）、この〔史料27〕の存在から、その事件以後も幕末までは少なくとも土器生産者として家系が存続したことがわかる。

考古資料では、「権兵衛」の名を印文にもつものとして「深草/砂川/権兵衛」「なん者ん/七度焼塩/権兵衛」、それに江戸遺跡ではないが「本七度/焼御塩/花塩屋/権兵衛」の刻印をもつ鉢形焼塩壺の蓋が存在する。またこれらに見られる「七度焼」を印文にもつもの、「深草」を印文にもつものが複数存在し、同一の系統に属する製品である可能性がある。

それらはいずれも、18世紀中葉以降から19世紀初頭と比較的新しい年代が想定されており、慶長期はもとより17世紀代にさかのぼると思われるものは、現在のところ知られていない。

(3) その他の系統

これ以外では、刻印の印文と史料が整合する例は上述の『本朝陶器攷證』〔史料27〕に見える湊焼の土器師に「火鉢屋吉右衛門」がおり、これが「堺本湊焼/吉右衛門」と同じ系統を示すものである可能性が指摘される程度である。

しかしながら、出土する焼塩壺のヴァリエーションを考えたとき、対応する史料は現時点では確認されていないが、これら以外にも壺塩屋の系統が複数存在した可能性が高い。

一部の地域やそこに領地をもつ大名屋敷でのみ出土する地域性の強い焼塩壺のあり方や、その一つでもある江戸在地系の土器生産者の所産と考えられるロクロ成形による焼塩壺なども含め、壺塩屋の系統を整理し、さらにはそれにもとづいて壺自体を供給していた壺屋の系統を解き明かしていくことが必要である。

註

1) 小倉上新馬場跡（北九州市芸術文化振興財団埋蔵文化財調査室2004）のA区1号井戸から、ともに輪積成形であるが明らかに2種類の無刻印の製品が出土している。報告では1類とされた一群は器壁が厚く、2類とされた一群は器壁が薄く、器形等にも差異が指摘されている。蓋も厚薄二種認められるとされる。管理者のご好意で実見したところ、前者が胎土に雲母を含むのに対し、後者は雲母を含まないという明瞭な差異も認められ、器形、成形技法と併せ後者が藤左衛門系の製品と考えられる。前者のような製品も、他業者による模倣の一例とも思われる。なお、この事例については改めて別稿で論じる予定である。

第2章　時期別の様相

(1) 時期設定

これまでの研究史的蓄積からコップ形の焼塩壺の身は、とくにその刻印の存在からきわめて細かく時期設定がなされ、場合によっては2、3年のオーダーで生産された時期が推定しうるものもある。一方、蓋や鉢形の身は刻印をもたなかったり、器形の変化が乏しかったりして時期的な変化が追いにくい資料である。そこで、両者の比較も可能になるように、1600年から1880年までを以下のように大まかに4期に区分した（図58）。

その基準は資料の大半を占めるコップ形の身とア類、イ類、ウ類の蓋であり、イ類は主に受けの相対的な深さで区分される。これ以外の鉢形やエ類、オ類の蓋はこれまでの知見で適宜判断している。また当然ではあるが、境界的な位置づけのものも存在するため、それらは共伴資料なども加味して判断される。

　　　　　　　　　　コップ形の身　　　　　　　蓋
　Ⅰ期（1600〜1680）：Ⅰ類・Ⅲ-1類　　　──ア類
　Ⅱ期（1680〜1740）：Ⅱ類中心　　　　　──イ類（深）中心
　Ⅲ期（1740〜1800）：Ⅱ類とⅢ-2類の共存──イ類（浅）中心
　Ⅳ期（1800〜1880）：Ⅲ-2類　　　　　　──ウ類

(2) Ⅰ期

Ⅰ期は近世の初頭、1600年代から1680年頃までの時期である。身ではコップ形のⅠ類が主流の時期で、蓋もほとんどア類で占められるが、わずかに泉州麻生系のオ類が存在する。ただし江戸遺跡では、この時期のオ類に対応する鉢形焼塩壺の報告例はない。

森村氏は大阪における資料等にもとづき、より古く中世にまでさかのぼる段階を設定しているが（森村2000）、江戸遺跡での出土資料では確認されないため、ここではその可能性を言及するにとどめる。

コップ形の焼塩壺は当初無刻印であるが、1620年代頃より「ミなと/藤左衛門」に始まる一連の刻印を有する藤左衛門系の製品が主流である。ただし、1620年代から40年代までの一時期、おそらくは江戸在地の系統と考えられるⅢ-1類が現れる。それらには「ミなと/藤左衛門」の刻印に類似した印文の刻印が捺されている。また、わずかながらこのいずれにも属さないものも存在する。この時期の終わりごろ、1670年代になって「い津ミ　つた/花塩屋」の刻印をもつ泉州麻生系の製品が出現する。

既に述べたように、藤左衛門系の壺塩屋の製品に関してはいくつかの実年代の定点となる資料が存在する。まず、史料では中世末、天文年間（1532〜1555）に創始されたとされるこの系統の壺塩屋の製品は、大坂城三の丸の出土資料から、少なくとも元和元年（1615）から元和6年（1620）の

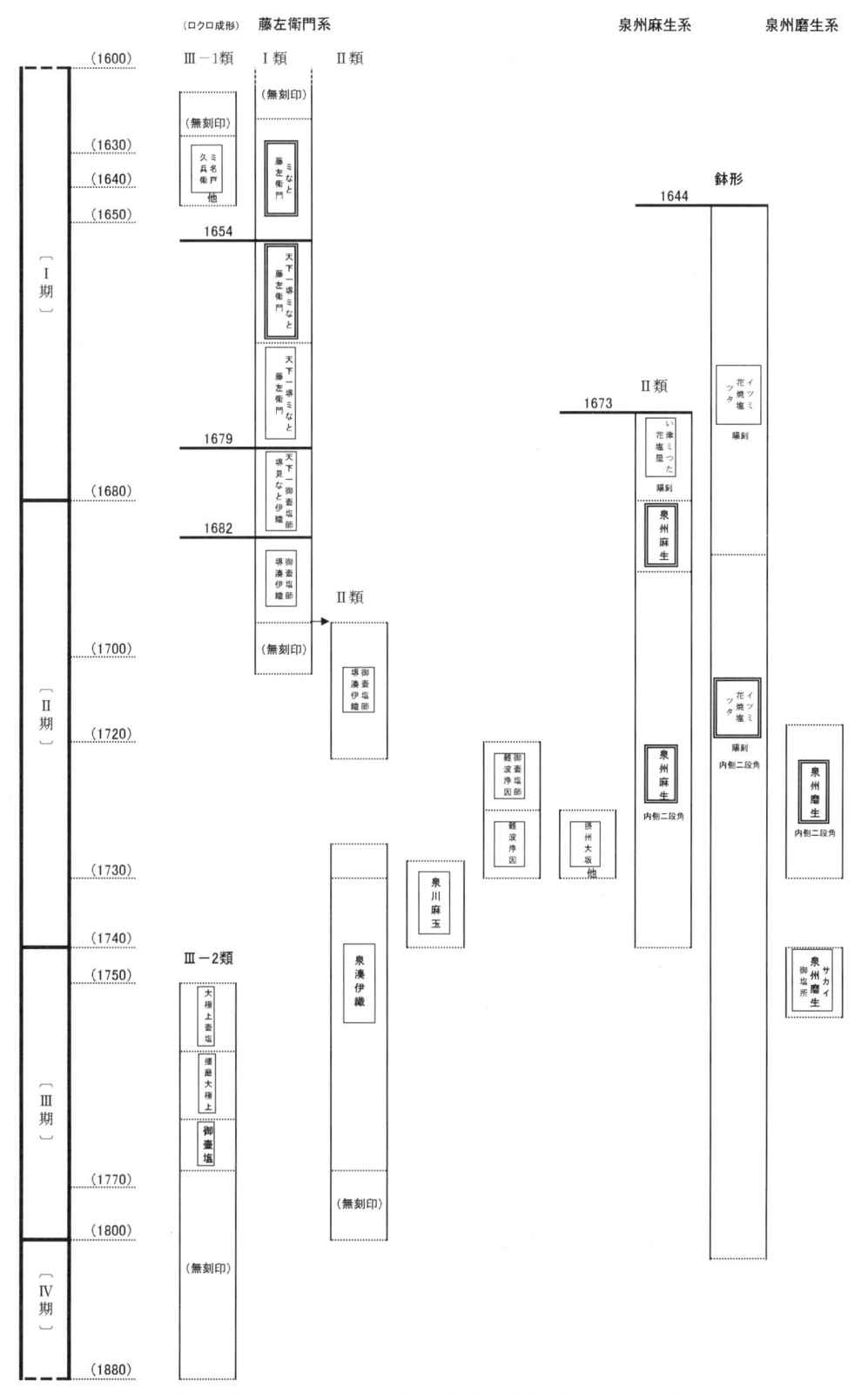

図58 主要3系統とロクロ成形の製品の推定年代による時期設定

間には無刻印の製品が出現したことが明らかとなっている。その後寛永6年（1629）の紀年銘資料の共伴する東大病院地点［文-8］「池」遺構例より、この時点までには「ミなと/藤左衛門」の刻印をもつようになったことが確認されている。今のところ「ミなと/藤左衛門」に先行する刻印は知られておらず、また無刻印資料の一部と「池」遺構例とが器形的に類似することから、この両者が継起して出現したことはほぼ間違いない。また、無刻印の資料は初め小形であったものが、次第に器高・口径とも大形化していくが、これが「ミなと/藤左衛門」の刻印をもつようになると、器高はさらに大きくなるものの、口径の方は変わらないか、むしろ小さくなり、全体として細長い器形を呈するようになる。

その後承応3年（1654）には天下一の号を許されたことが史料から知られているが〔史料4・5など〕、これに相応するように「天下一堺ミなと/藤左衛門」の刻印をもつものが存在している。したがって、その始期は1654年以降であることは明らかであり、この間に位置すると考えられる刻印は知られていないことや、印文の連続性から「ミなと/藤左衛門」は少なくともこの1654年まで存続したと考えられる。

17世紀前半の藤左衛門系の製品は、刻印から見ると無刻印のものと「ミなと/藤左衛門」の刻印をもつものとであるが、前者には小形のものとやや大形のものとが存在し、後者にはやや大形のものと細長いものとが存在することから、器形によってさらに細分が可能である。

また、東大病院地点「池」遺構例以外ではⅢ-1類の実年代を明瞭に示す資料はないが、この資料は小片であり、また混入の可能性も完全に否定しきれない。一方、丸の内三丁目遺跡［千-7］を始めとする遺跡の層準から、これらが17世紀第2四半期を中心とする時期の製品であることが明らかになっている。しかし、Ⅲ-1類の製品が藤左衛門系の製品と共伴を示している遺構はきわめて限られており、それもほとんどが溝における共伴である。さらにそこでは、藤左衛門系の製品において時間幅のある複数の製品を含んでいて、信頼しうる資料に乏しい。藤左衛門系の製品との対比の上から、このⅢ-1類の製品のより具体的な年代的位置づけを得るにはまだ資料不足である。

ただ既に述べたように、刻印の存在そのものを複数の業者による競合の結果と考えたとき、「ミなと/久兵衛」その他の刻印の出現は、「ミなと/藤左衛門」のそれとはなはだしくずれていたとは考えられず、その点から見ても、このⅢ-1類の製品のうち少なくとも刻印をもつものは、17世紀第2四半期を中心とする時期の所産と考えることは妥当である。

Ⅲ-1類で無刻印の製品については、「元和年間頃（おおむね1610年代～1620年代前半頃）」とされる丸の内三丁目遺跡52号土坑よりも古いと考えられる遺構群のうちの48号土坑から出土が確認されているのが唯一の例である。口縁部を欠損しているものの、刻印のあるべき部分は全周しており、無刻印と確認される。

また丸の内三丁目遺跡の報告では、このⅢ-1類の系譜を筆者の分類でのⅥ-1類に相当する「手づくね成形」に求めて、「……輪積み成形の焼塩壺とは明らかに異なり、底部の厚さが厚く、本遺跡出土の手づくね成形の焼塩壺にその特徴が似ている。現段階では、この轆轤成形（大）の焼塩壺の出土例は少なく、明確なことはいえないが、手づくね成形の焼塩壺に続くもので、輪積み成形で『ミなと藤左エ門』とほぼ同じ時期の焼塩壺と考えられる」としている［千-7］。

一方、長佐古氏は蛍光X線による主成分元素組成を用いた胎土分析を行うにあたり、Ⅲ-1類をも対象に含めており（長佐古1994）、その結果をもとに両角氏も論じているが（両角1996b）、そこではこのⅢ-1類の焼塩壺がⅣ-1類の製品ときわめて近い関係にあり、さらにⅠ-3類やⅡ類の焼塩壺に近いとの結論に至っている。この胎土分析の結果から見れば、Ⅲ-1類の焼塩壺はⅣ-1類の製品に後続するもので、関西に所在した壺屋の製品であり、刻印の印文から見てもおそらくは関西に所在した壺塩屋によって製造・販売された壺焼塩の容器であったと考えるのが妥当であろう。
　しかし現在のところ、Ⅳ-1類の製品は大阪でも類例が報告されているが、Ⅲ-1類は江戸でしか報告例が存在しない。調査事例の多寡によるものであるのか、あるいは他の要因が存在するのかは、現在の資料では判断しえない。また関西はかわらけなどを見てもロクロ成形の伝統の乏しい地域であり、仮に手づくね成形からロクロ成形へと転化したのだとすれば、その技術的背景にいかなる要因が存在したのか興味深いところではある。
　東大病院地点「池」遺構よりのⅠ-1類は「ミなと/藤左衛門」の刻印をもつ焼塩壺と共伴しているのに対し、京都市内の類例が無刻印のⅠ-3類と共伴しており、若干「池」遺構例のほうが新しく位置づけられる。そのためであろうか器形もやや異なっているが、いずれにせよ薄手で小さく窄まった直立する口縁部を有するこの種の製品は、これ以外の焼塩壺とは性格を異にするものである可能性も考えなくてはなるまい。江戸においてはこの1例のみの出土であり、きわめて特殊な状況でもたらされた製品であるとも考えられる。
　江戸では、汐留遺跡［港-29・32・36］のみで検出されている体部下位に段を有するロクロ成形の製品（Ⅲ-3類）は、仙台城二の丸、三の丸で出土が見られるものであるところから、本国の製品が江戸表までもたらされたものであることは明らかである。この汐留遺跡では外面斜格子たたき目をもつ製品（Ⅲ-4類）も出土し、時代はやや下るが、やはり仙台城三の丸跡（仙台市教育委員会1985）より出土しているほか、上野館跡（宮城県教育委員会1993）など仙台藩領内のみで出土が報告されている。地域的に存在する焼塩壺の使用形態や、本国と江戸表との物資の流通という観点からも興味が惹かれる。
　丸の内三丁目遺跡の調査の結果、Ⅲ-1類というロクロ成形の焼塩壺が、比較的古い段階から多量かつ多様に存在していたことが明らかになったことは、その故地の追究もさることながら、ロクロ技術の系譜という、江戸地域における土器生産に関する議論の中では重要な課題に、新たな一石を投ずるものとなろう。さらに、この製品にいくつもの種類の刻印が存在し、それが藤左衛門系の製品に見られる刻印の印文に類似しているということは、より下った時期に「泉州麻生」に類似する印文の刻印が多種多様に出現した時期を彷彿とさせるものである。これが模倣であるのかどうか、あるいは模倣であるとするならどちらがどちらを模倣したものであるのか、さらにはまったく異なった源からそれぞれが派生したものであるのか、といった形での検討など、多くの解決すべき課題が残されている。
　一方では、きわめて狭小な地域での分布を示す焼塩壺が雨後の筍のごとく各地で成立し、その一方であるいはその中から藤左衛門系のような（疎密の差はあれ）汎列島的様相を示すようになる壺塩屋の製品が展開していくという状況は、近世都市「江戸」成立期という時代にあって、一つのシ

ステムが確立していく過程を映し出しているとも解することができよう。

(3) Ⅱ　期

Ⅱ期は1680年頃から1730年代末までの時期で、身ではコップ形のⅠ類に代わりⅡ類が主流となる時期である。これに応じて、蓋もほとんどがイ類であるが、泉州麻生系のオ類、エ類が変遷を遂げつつ存在する。またこの間に「泉州麻生」の刻印をもつ泉州麻生系の製品が現れ、一時市場を席巻するが、この時期の終わり頃にその姿を消す。藤左衛門系はⅠ類の壺を廃しⅡ類の壺を採用するようになる。その刻印は「御壺塩師/堺湊伊織」「御壺塩師/難波浄因」「摂州大坂」「泉川麻玉」などが時に並列しながら継起し、1730年前後から「泉湊伊織」もわずかに見られる。また、「泉州麻生」「泉州磨生」のような元来別系統に見られる印文をもつものも用いられる。さらに1720年代から30年代にかけて、「泉州磨生」の刻印をもつ泉州磨生系の製品が出現する。この系統でも、「泉州麻生」のような別系統に見られる印文をもつものが用いられる。このほか、おそらくはこの時期に属するものとして「堺本湊焼/吉右衛門」「大極上上吉改」などの希少な印文の刻印をもつものもあるが、その系譜関係等は未確認である。

したがって系統別にいうと、藤左衛門系、泉州麻生系、泉州磨生系の主要な壺塩屋の系統の製品は、この期間常に存在していたわけではない。藤左衛門系は多様な刻印を産み出しつつ全期間存在していたと考えられるのに対し、泉州麻生系は1730年代まで、磨生系は1720年代の終わりには一旦その姿を消すと考えられるわけであるから、3者が同時に覇を争うといった期間は1720年代から1730年代に及ぶわずかな期間にすぎなかったと思われる。

(4) Ⅲ　期

Ⅲ期は1740年代から1800年頃まで、コップ形の身では藤左衛門系の「泉湊伊織」が主流となる時期から、刻印を失ってその後消滅するまでの時期である。

泉州麻生系はすでにその姿は見られないが、これに入れ替わるように泉州磨生系の新たな製品と考えられる「サカイ/泉州磨生/御塩所」の刻印をもつ焼塩壺が登場する。しかし、これも間もなく消滅するが、その前に無刻印化したわずかな期間を有する可能性もある。

1750年代以降には、江戸の在地産と思われるⅢ-2類の製品が現れる。それらの中には1770年ごろまでは刻印をもつ製品も見られるが、以降無刻印化する。

(5) Ⅳ　期

Ⅳ期は1800年頃から1880年頃までで、コップ形の身ではⅡ類消滅後在地産のⅢ-2類のみが見られる時期にあたる。いずれも刻印をもたないが、器形は変化に富み、複数の系統の存在が考えられる。蓋はほとんどウ類で占められ、わずかにオ類が存在する。これに対応するように鉢形焼塩壺は鉢形②類がわずかに見られる。

東大御殿下地点［文-9］の7号遺構からは、Ⅲ-2類の焼塩壺が多量に一括廃棄された状態で出土している。共伴資料には、明治10年（1877）以降普及した人工呉須を使用した磁器や型紙印判刷りの製品が見られるが、明治20年（1887）以降に普及したとされる銅板刷りの製品は見られず、また明治15年（1882）から明治34年（1901）にかけて存在した東京第一医院の誤記と考えられる「東京第一病院」の墨書された急須が含まれていたことなどから、この遺構の遺物は明治10年以降明治20

年ごろまでに位置づけられるものと思われる。

　焼塩壺の点数は蓋89点、身97個体分で、近世にあっても見られないほどの量が一括で廃棄されていることがわかる。あるいは生理食塩水のような、必要に応じて調達された病院特有の焼塩壺であったとも考えられ、この時期の焼塩壺や塩の消費のあり方の一端を垣間見ることのできる資料であるかもしれない。

　同時に廃棄された2号遺構と合わせ、この時期の代表的な遺構といえようが、この7号遺構出土のⅢ-2類の身にはさらに「赤穂　鹽」と墨書された資料も含まれており、この時期における焼塩壺の位置づけを考えるうえでもきわめて貴重な資料となっている（小川1992）。

第3章　焼塩壺の空間分布①——江戸市中における分布

　ここまで述べてきた焼塩壺に関しては、これまで必ずしも確認はされていないいくつかの性格が想定され、あるいは前提とされてきた。その筆頭にあげられるのは、高価な焼塩壺は初め身分（社会的階層）の高い武家や公家、寺院で用いられたものであり、庶民のものではなかったというものである。またこれに関連するが、第二にこのような社会的階層による偏在は後に解消され、庶民の間にも広まったとするものである。さらに第三に、特定の刻印や器形をもつ焼塩壺が特定の藩邸から出る例のあることから、焼塩壺の分布には何らかの商業活動と結びついた偏在があり、また一部の藩では江戸表と国許という強い結びつきがそうした偏在の要因となっている、というものである。

　本章では、焼塩壺にまつわるそのような想定や前提を検証する作業の一環として、江戸遺跡における焼塩壺のあり方について、身の成形技法、刻印などによる系統性や年代観にもとづき整理・検討を加える。

第1節　焼塩壺の存否

（1）遺跡種別[1]

　焼塩壺が武家や公家、寺院など社会的に高い階層に偏在していたとする前提を検証するために、始めに遺跡種別ごとの焼塩壺の存否を見ることにする。ここでいう遺跡種別は、基本的に近世における居住者の性格や利用形態にもとづくもので、「大名屋敷」「旗本屋敷」「下級武士」「寺社地」「町人地」「その他」の6種に分類した。

　「大名屋敷」としたのは、上屋敷・中屋敷・下屋敷および抱屋敷を含む大名藩邸であり、最大の大名である将軍家の居住する城郭である江戸城や御殿、それに陪臣ではあるが、紀州・水戸などの大藩の附家老の屋敷地を含む。大名屋敷の中で上屋敷・中屋敷・下屋敷の各拝領屋敷はそれぞれ役割が異なっていたことが知られているが、火災などにより下屋敷が上屋敷にされるなどの変更もあって一貫しない場合があるため、これらを一括した。また抱屋敷は大きく性格が異なる購入地ではあるが、報告によってはこうした差異が表記されていない場合もあるので、大名の所有する屋敷として一括した。なお、屋敷の設けられない抱地は百姓地であるため、これには含まず、「その他」の農村や田畑に分類した。

　「旗本屋敷」としたのは、将軍の直属家臣のうち禄高1万石以下で、かつ御目見以上の旗本の居住した屋敷地であり、大身の者から中・下級旗本に至るまで屋敷の規模もさまざまであるが、独立した屋敷地を構えている点で次の「下級武士」と異なる。

　「下級武士」としたのは、将軍の直属家臣のうち御目見以下の御家人が集団居住した大縄地と称される組屋敷であり、持弓組、先手組、鉄砲百人組、書院番などの組屋敷の調査例がある。

「寺社地」としたのは、寺院および神社の建物や境内であり、増上寺などの大寺院の拝領した屋敷地や寺院に付属する墓地なども含まれる。江戸遺跡における調査例では大半が寺院址である。

「町人地」としたのは、文字どおり町人の居住した土地であり、植木職人の居住地なども含むが、郊外の農村は含んでいない。

「その他」としたのは、上記のいずれにも属さない土地であり、台場跡や馬場、火除地、街道、上水、農村、田畑などである。

これらの区分については、たとえば抱屋敷の位置づけや拝領者以外の地借り人、あるいは拝領町屋敷の町人への賃貸など、厳密にいえばさらに詳細な検討を要するものではあるが、報告書から読み取れない部分もあり、また本論の趣旨から外れるので、ここでは便宜的に上記のいずれかに区分している。

(2) 集計方法の検討

遺跡種別に対して、焼塩壺の出土の比率が異なっているとすれば、焼塩壺が社会的階層によって偏在している、との前提を何らかの形で傍証することができよう。ところがそこには、遺跡数をどのように集計するかという問題がある。すべての遺跡が近世を通じて大名屋敷、大縄地、町人地などいずれかの性格をもち続けていたのであれば、それぞれについて単純に集計すればよいが、実際には初め町人地であった場所に大名屋敷が置かれたり、寺院が移転してその跡地が大縄地として拝領されたりといった改変は多く見られ、そのままでは出土の有無を遺跡の居住者と結びつけることは困難である。

そこで、以下の三つの方法で集計を行い、それを比較することで集計方法によって結果が大きく変わるものであるかの確認を行った。

① 大名屋敷優先の集計

とくに焼塩壺が社会的に高い階層によって用いられていたとすれば、たとえば町人地から大名屋敷、あるいは大名屋敷から町人地になった遺跡から出土した焼塩壺は、大名屋敷の時代に遺された遺物である可能性が高い。そこで大名屋敷であった時期をもつ遺跡をすべて「大名屋敷」にカウントし、次いで残りの遺跡の中から旗本屋敷であった時期をもつ遺跡をすべて「旗本屋敷」にカウントするという順に、大名屋敷→旗本屋敷→下級武士→寺社地→町人地→その他と優先順位をつけてカウントする方法である。

② 単独のみの集計

複数の遺跡種別にまたがる遺跡を除外し、近世を通じて単独の種別に属する遺跡のみを集計する方法である。この場合、同じ大名屋敷であって途中で拝領者が換わる場合や、拝領換えの間に収公されている期間をもつものも含む。

③ 延べ数での集計

上記②の単独のみの集計とは逆に、複数の種別にまたがる遺跡を述べ数でカウントし、集計する方法である。たとえば大名屋敷から大縄地を経て町人地になった遺跡は、「大名屋敷」にも「下級武士」にも「町人地」にもカウントする。

（3） 遺跡種別と存否の対応

　以上のように遺跡種別と手順を設定して集計を行った結果がグラフ14である。ここでは集計方法①～③のそれぞれについて、遺跡種別ごとに遺跡数の積上げグラフと百分比のグラフを作成した。これを見ると、積上げグラフでの数値が集計方法によって異なることは当然であるが、百分比はほとんど同様の形状を示しており、集計方法による大きな差異のないことがわかる。大名屋敷の調査事例数が圧倒的に多いことにもよるが、こうした結果を踏まえて以下では基本的に大名屋敷優先の集計を行う。

　焼塩壺を出土する遺跡数の百分比を見ると、大名屋敷（81.2％）、旗本屋敷（86.5％）、下級武士（82.7％）と、武家地のいずれにおいても焼塩壺の出土する遺跡の比率は80％以上を占めるのに対し、寺社地では50.0％、町人地では61.7％、その他33.3％であり、少なくとも焼塩壺を出土する遺跡の数という点から見る限り、武家地での比率の高さが際立っていることが確認された。

　ここで視点を変えて、焼塩壺の有無に関わらず遺跡数という点から見ると、大名屋敷における発掘例が165例（39.5％）、これに旗本屋敷の52例（12.4％）、下級武士の52例（12.4％）を加えた武家地における発掘例は269例と、全体（418例）の64.4％を占める。延べ数で見ても、大名屋敷が165例（32.3％）、旗本屋敷82例（16.0％）、下級武士70例（13.7％）で武家地における発掘例は317例、62.0％を占めている。これに対し、これらの武家地の遺跡から出土した焼塩壺の身の数は3,956点で、江戸遺跡全体（4,634点）の実に85.4％を占めており、遺跡数の占有率に比して焼塩壺の出土数が多いこともわかり、上記の結論とも合致する結果となっている。もちろん、大名屋敷における発掘調査は、概して大規模な場合が多い。これは明治維新期に大名屋敷が収公された際に、政府機関などの公共施設が置かれたためであると考えられる。陸軍士官学校や大本営陸軍部などを経て防衛庁市谷駐屯地になった尾張藩上屋敷（市谷邸）や、文部省用地や東京医学校などを経て東京（帝国）大学となった金沢藩上屋敷（本郷邸）などはよく知られた例である。したがって、本来は1遺跡あたりの調査面積や遺構の数、容積という要素も加味した分析も行うべきであるが、遺構の総数や調査面積が明示されていない発掘調査報告書が多く存在することなどの理由により、今回は行っていない。

　ただし、この結果についていくつかの問題点も指摘できる。すなわち、第一に大名屋敷よりも旗本屋敷のほうがわずかではあるが焼塩壺出土の比率が高いのはなぜか、第二に大名屋敷や旗本屋敷において、焼塩壺の出土する比率が高いとしても、同じ武家のうち組屋敷に居住するような御家人クラスの遺跡から、大名屋敷を上回るような比率で焼塩壺が検出されているのはなぜであろうか、第三に寺社地よりも町人地において焼塩壺の出土する遺跡の比率が高いことはどのように考えるべきか、の3点である。

　これらは、次に触れる時期的な問題も関わっていようが、遺跡における調査地点と遺物の廃棄の問題も深く関与していると考えられる。

　第一の問題であるが、江戸城を含めた大名屋敷は旗本屋敷に比して広大であるため、庭園部分や石垣部分など生活に関わる遺物の廃棄のない部分で発掘調査が行われた場合、あるいは抱屋敷のように大名屋敷とはいっても、実態は農村地帯であるような地点で発掘調査が行われた場合なども一

第 3 章　焼塩壺の空間分布①――江戸市中における分布　241

①大名屋敷優先の集計

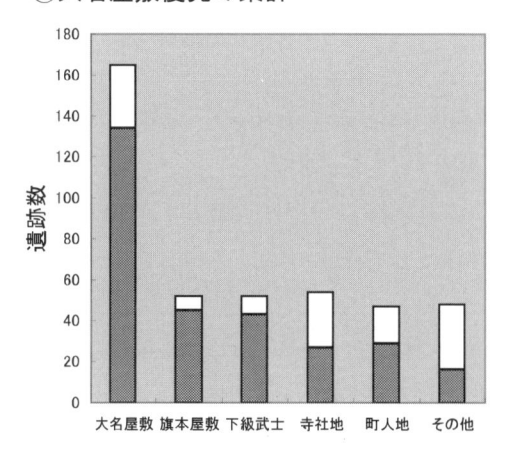

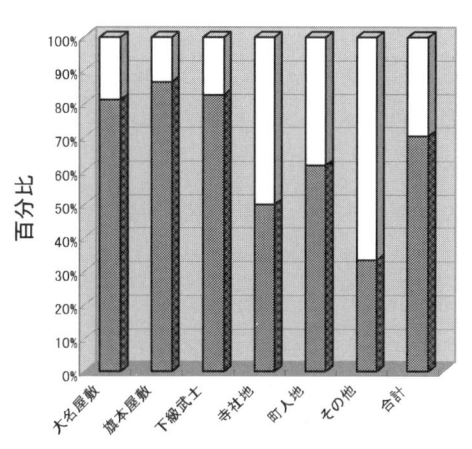

②単独のみの集計

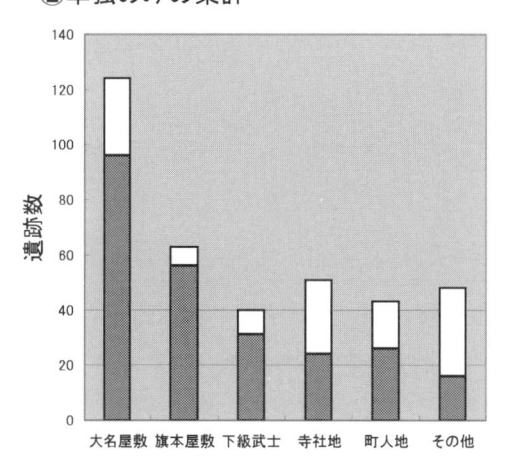

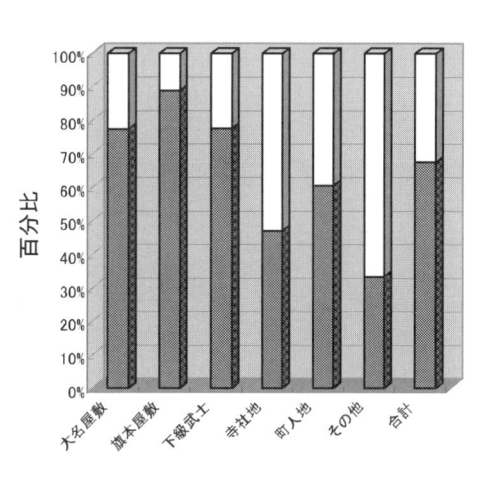

③延べ数での集計

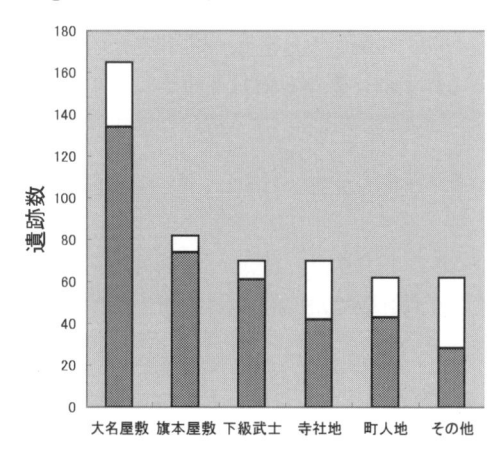

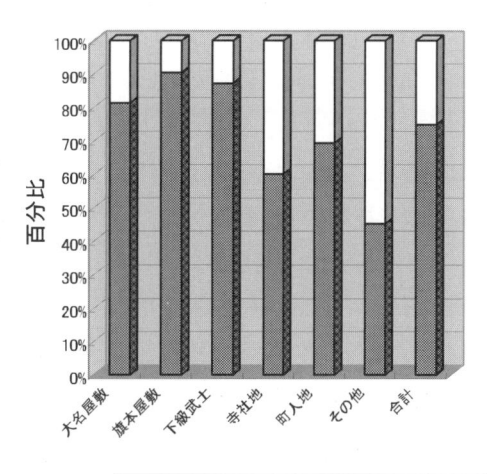

■出土あり　□出土なし

グラフ14　焼塩壺を出土する遺跡の数と比率

つの遺跡としてカウントされる。これに対し旗本屋敷は、中・下級の旗本では数十坪〜200坪程度のものもあり、一つの調査地点で屋敷地全体が被覆される場合もあるため、屋敷地内における廃棄場所が一つの調査地点の範囲に被覆される率が高いためと考えられる。

　第二の問題は、遺跡種別で下級武士とされた調査地点で検出された焼塩壺が、必ずしもそこに居住地を有していた御家人クラスの者によって使用・廃棄されたとは限らないためであろう。坂町遺跡［新-120］のように、組屋敷が単に下級の御家人の居住に供されただけではなく、他の、おそらくはより上位の大名や旗本クラスの屋敷からの廃棄の場として利用されていたことをうかがわせる例がある（小川祐司 2003）。

　このことは第三の問題にも関わり、町人地の中にも（対価を得るため）武家地からの廃棄の場とされた場合もあったと考えられる。これに対し、寺社地に分類される遺跡の中には調査区が墓地を対象としている場合も多く含まれ、墓の副葬品として焼塩壺が伴う例は自證院遺跡［新-2］などごくわずかであり、その一方で武家地からの廃棄の場とされることもなかったためと思われる。いずれにせよ、上は将軍菩提寺のような格式の高い寺院から下は庶民の寺までの幅広い階層にわたっている寺社地は、大名屋敷同様格式などに応じた整理が必要かもしれない。

第2節　成形技法別のあり方

(1)　焼塩壺の成形技法

　次に、江戸遺跡において焼塩壺が初めは身分の高い階層のものであったが、次第に庶民にも広がっていったという前提について検討したい。もちろん可能であれば、すべての遺跡について遺構ごとの年代を求め、遺跡種別と焼塩壺の存否を確認して集計すべきであろうが、実際には膨大な作業量になるだけでなく、報告のされ方などによる限界もあってほとんど不可能である。そこで、かつて江戸郊外を含めた地域で梅村氏が試みた方法を応用して（梅村 2000）、焼塩壺の成形技法を手がかりに検討を行ってみることにする。

　ここまでの整理でも明らかになったように、江戸遺跡から出土する焼塩壺の身の大半を占めるⅠ-3類、Ⅱ類、Ⅲ-2類はおおむねこの順に出現する。もっとも、この3者は継起して出現するわけでなく、Ⅰ-3類とⅡ類、Ⅱ類とⅢ-2類は相互に重複する時期をもつが、Ⅰ-3類とⅢ-2類との間には50年以上の隔たりがあると推定される。なお以下ではⅠ-3類を「Ⅰ類」と略記する。

(2)　成形技法と遺跡種別の対応

　ここで各成形技法の焼塩壺を出土する遺跡を遺跡種別ごとに集計し、整理したのがグラフ15である。始めに成形技法別の遺跡数を見ると、Ⅱ類を出土する遺跡の総数がもっとも多く、次いでⅢ-2類であり、Ⅰ類を出土する遺跡の数はもっとも少ない。

　次に重複なく前後関係を示すと考えられるⅠ類とⅢ-2類とを比較すると、Ⅰ類の時期には61.4％を占める大名屋敷が、Ⅲ-2類の時期には51.9％と相対的にその比率を減少させ、逆に下級武士では5.3％から14.6％へと増加していることが確認され、身分の高い階層に偏在していた焼塩壺が、後により低い階層にも広がったようにも見える。しかし、旗本屋敷ではⅠ類の時期には9.6％であるものがⅢ-2類の時期には15.7％と増加しており、武家地の合計では76.3％から82.2％へと増加している。

①成形技法別の種別構成比（遺跡数）

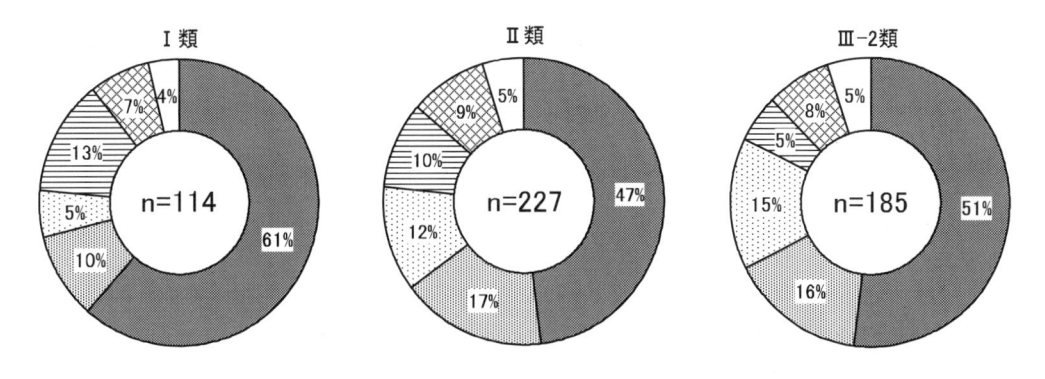

②成形技法別の遺跡数

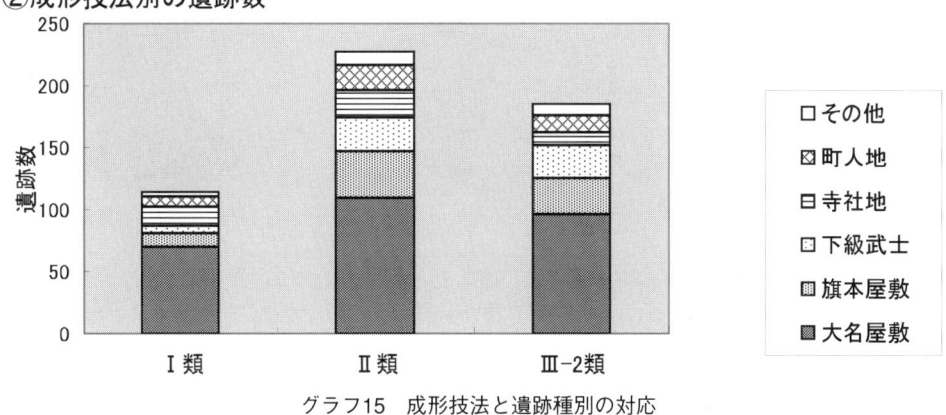

グラフ15　成形技法と遺跡種別の対応

また前節でも見たように、下級武士の居住する遺跡に大名屋敷や旗本屋敷からの廃棄がなされたと思われる例もあり、これをもって先の前提が傍証されたことにはならない。この問題については、今後新たな視点をもってさらに追究していく必要があろう。

第3節　壺塩屋の系統別の様相

(1)　大名屋敷におけるⅡ類の焼塩壺

江戸遺跡における系統別の出土点数を、Ⅱ類の壺のうち系統の推定しうる主要な三系統、すなわち藤左衛門系、泉州麻生系、泉州磨生系の所産と考えられる刻印をもつものについて整理したのがグラフ16およびグラフ17である。①は江戸遺跡全体の1,902点、大名屋敷であった時期をもつ遺跡（大名屋敷優先）の1,200点、およびそれ以外の遺跡の702点のそれぞれについて系統別の比率を表している。これを見ると、藤左衛門系は大名屋敷で50.8％、大名屋敷以外で51.7％、泉州麻生系は同じく38.3％と37.5％、泉州磨生系は同じく8.6％と8.7％と、三つの系統ともほぼ等しい比率を示しており、このため江戸遺跡全体でも藤左衛門系は51.2％、泉州麻生系は38.0％、泉州磨生系は8.6％とほぼ同様の値を示している。

このことは、大名屋敷の内外を問わず、都市江戸全体で三つの系統が押しなべて同じ比率であっ

244　第三部　特　　論

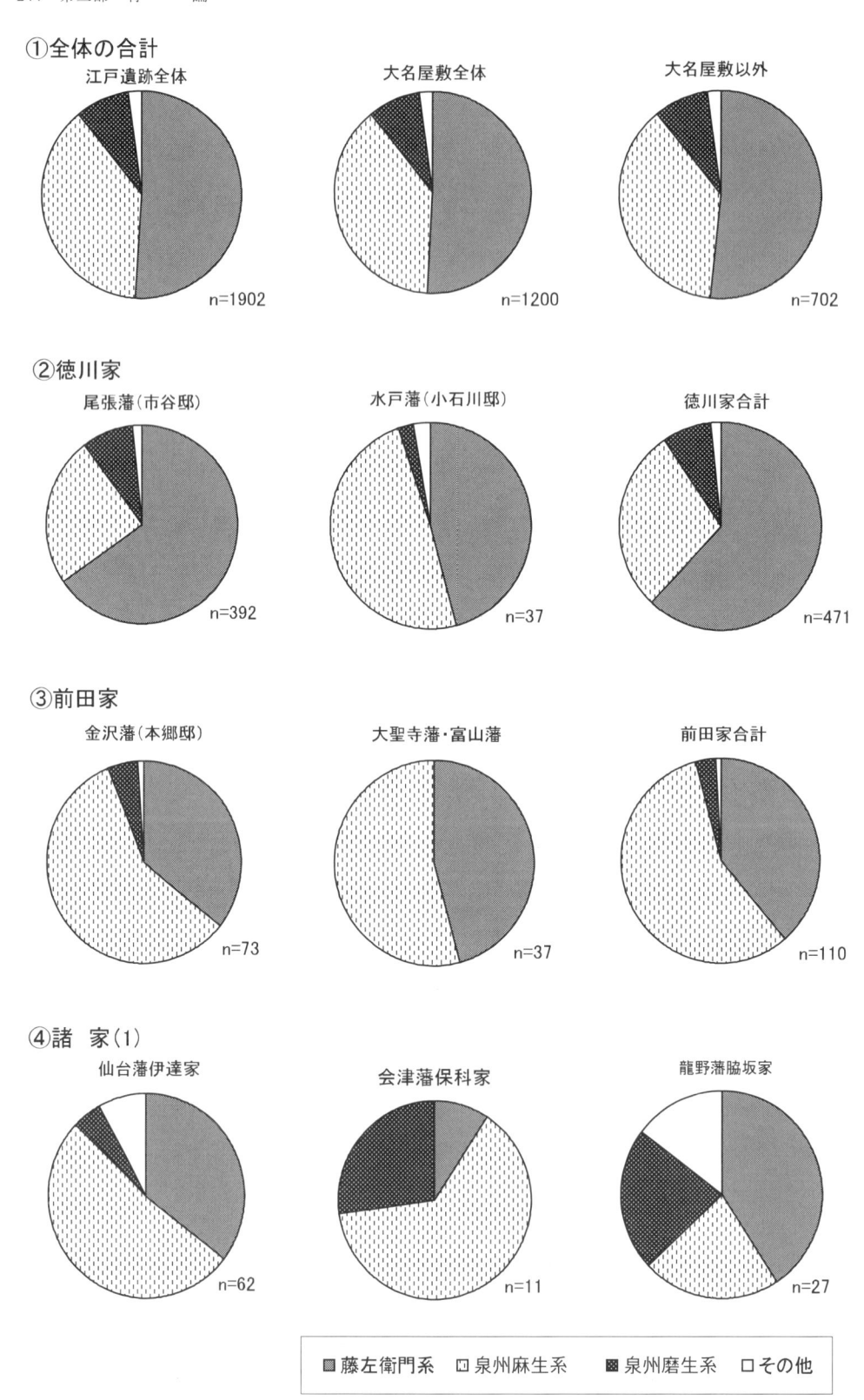

① 全体の合計

江戸遺跡全体　n=1902

大名屋敷全体　n=1200

大名屋敷以外　n=702

② 徳川家

尾張藩(市谷邸)　n=392

水戸藩(小石川邸)　n=37

徳川家合計　n=471

③ 前田家

金沢藩(本郷邸)　n=73

大聖寺藩・富山藩　n=37

前田家合計　n=110

④ 諸　家(1)

仙台藩伊達家　n=62

会津藩保科家　n=11

龍野藩脇坂家　n=27

■藤左衛門系　□泉州麻生系　▨泉州磨生系　□その他

グラフ16　Ⅱ類焼塩壷の系統別割合（点数）(1)

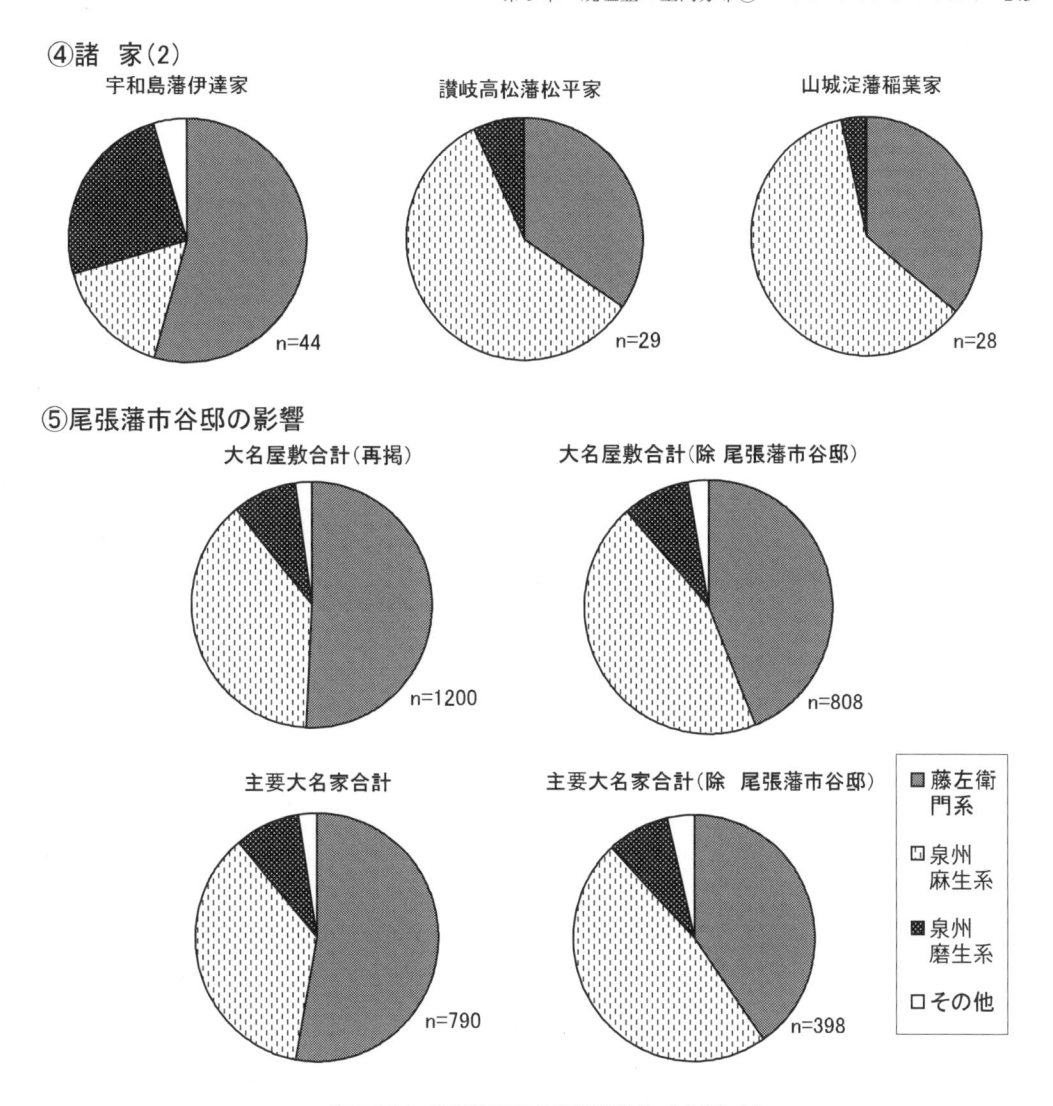

第 3 章　焼塩壺の空間分布①——江戸市中における分布　245

④ 諸　家（2）

宇和島藩伊達家　n=44

讃岐高松藩松平家　n=29

山城淀藩稲葉家　n=28

⑤ 尾張藩市谷邸の影響

大名屋敷合計（再掲）　n=1200

大名屋敷合計（除 尾張藩市谷邸）　n=808

主要大名家合計　n=790

主要大名家合計（除 尾張藩市谷邸）　n=398

凡例：藤左衛門系／泉州麻生系／泉州磨生系／その他

グラフ17　Ⅱ類焼塩壺の系統別割合（点数）（2）

たことを意味するのであろうか。それとも、単に三つの系統における継続期間の差が現れたものであろうか。

　これについて一つの見通しを得るために、焼塩壺がまとまった量出土し、また居住者の変更の記録のない大名屋敷について同様の整理を行った。②は徳川家の屋敷、③は前田家の屋敷、④は諸家としておおむねⅡ類で刻印をもつ焼塩壺が遺跡から25点以上出土した大名屋敷である（表17）。

　なお、調査地点によってはごく一部の面積や時期で、他藩の屋敷や組屋敷が置かれている部分を含むものもあるが、これを正確に除外するのは困難であること、その影響も小さいと考えられることから、一つの藩邸として扱っている。

　②では尾張藩市谷邸、水戸藩小石川邸・本郷邸、将軍家（江戸城と御殿）・尾張藩麹町邸・紀州藩麹町邸・紀州藩附家老・水戸藩附家老を含めた徳川家全体の合計という3側面から整理した。

表17 江戸遺跡における主要大名屋敷

大名家	大名屋敷	区	報告書名		調査主体	刊行年
徳川家	江戸城	千代田区	竹橋門	[千-4]	東京国立近代美術館遺跡調査団	1991
		千代田区	江戸城跡 和田倉遺跡	[千-9]	千代田区教育委員会	1995
		千代田区	丸の内一丁目遺跡	[千-18]	千代田区丸の内1 40遺跡調査会	1998
		千代田区	江戸城跡北の丸公園地区遺跡	[千-21]	江戸城跡北の丸公園地区遺跡調査会	1999
	将軍御殿	中央区	浜御殿前遺跡	[中-1]	浜御殿前遺跡調査会	1988
		文京区	白山御殿跡ほか	[文-48]	文京区遺跡調査会	2003
	〔尾張藩(愛知県)〕麹町邸(上屋敷)	千代田区	尾張藩麹町邸跡	[千-6]	紀尾井町6 18遺跡調査会	1994
		千代田区	尾張藩麹町邸跡Ⅱ	[千-16]	紀尾井町6 34遺跡調査会	1997
	〔尾張藩(愛知県)〕市谷邸(上屋敷)	新宿区	尾張藩上屋敷跡Ⅰ	[新-39]	東京都埋蔵文化財センター	1996
		新宿区	尾張藩上屋敷跡Ⅱ	[新-51]	東京都埋蔵文化財センター	1997
		新宿区	尾張藩上屋敷跡Ⅲ	[新-61]	東京都埋蔵文化財センター	1998
		新宿区	尾張藩上屋敷跡Ⅳ	[新-73]	東京都埋蔵文化財センター	1999
		新宿区	市谷本村町遺跡Ⅳ	[新-80]	新宿区市谷本村町遺跡調査団	1999
		新宿区	尾張藩上屋敷跡Ⅴ	[新-84]	東京都埋蔵文化財センター	2000
		新宿区	尾張藩上屋敷跡Ⅵ	[新-97]	東京都埋蔵文化財センター	2001
		新宿区	尾張藩上屋敷跡Ⅶ	[新-98]	東京都埋蔵文化財センター	2001
		新宿区	尾張藩上屋敷跡Ⅷ	[新-99]	東京都埋蔵文化財センター	2001
		新宿区	市谷本村町遺跡 尾張藩上屋敷跡－市ヶ谷北地区－	[新-109]	東京都埋蔵文化財センター	2002
		新宿区	市谷本村町遺跡 尾張藩上屋敷跡－市ヶ谷西地区－	[新-110]	東京都埋蔵文化財センター	2002
		新宿区	尾張藩上屋敷Ⅸ	[新-112]	東京都埋蔵文化財センター	2002
		新宿区	尾張藩上屋敷Ⅹ	[新-113]	東京都埋蔵文化財センター	2002
		新宿区	尾張藩上屋敷Ⅺ	[新-115]	東京都埋蔵文化財センター	2002
	〔紀州藩(和歌山県)〕麹町邸(上屋敷)	千代田区	紀尾井町遺跡	[千-3]	千代田区紀尾井町遺跡調査会	1988
	〔紀州藩(和歌山県)〕附家老(下屋敷)	新宿区	水野原遺跡	[新-122]	財団法人新宿区生涯学習財団	2003
	〔水戸藩(茨城県)〕小石川邸(上屋敷)	文京区	春日町遺跡Ⅰ	[文-12]	文京区千川幹線遺跡調査会	1991
		文京区	諏訪原遺跡	[文-23]	文京区遺跡調査会	1996
		文京区	春日町遺跡第Ⅴ地点	[文-24]	文京区遺跡調査会	1996
		文京区	小石川牛天神下〔都立文京盲学校地点〕	[文-37]	都立文京盲学校遺跡調査班	2000
		文京区	春日町遺跡第Ⅵ地点	[文-40]	文京区遺跡調査会	1999
		文京区	春日町遺跡第Ⅲ・Ⅵ地点	[文-49]	文京区遺跡調査会	2000
		文京区	春日町遺跡第Ⅶ地点	[文-55]	文京区遺跡調査会	2004
	〔水戸藩(茨城県)〕中屋敷	文京区	東京大学構内遺跡調査研究年報4 －2001・2002・2003年度－	[文-56]	東京大学埋蔵文化財調査室	2004
		文京区	東京大学構内遺跡調査研究年報1 －1996年度－	[文-30]	東京大学埋蔵文化財調査室	1997
	〔水戸藩(茨城県)〕附家老	新宿区	白銀町西遺跡・白銀町遺跡Ⅱ	[新-135]	テイケイトレード株式会社埋蔵文化財事業部	2004
前田家	〔加賀金沢藩(石川県)〕市谷邸	新宿区	市谷加賀町二丁目遺跡Ⅱ	[新-100]	加藤建設株式会社埋蔵文化財調査部	2001
	〔加賀金沢藩(石川県)〕本郷邸(上屋敷)	文京区	東京大学本郷構内の遺跡 理学部7号館地点	[文-6]	東京大学理学部遺跡調査室	1989
		文京区	東京大学本郷構内の遺跡 法学部4号館・文学部3号館建設地遺跡	[文-7]	東京大学遺跡調査室	1990
		文京区	東京大学本郷構内の遺跡 山上会館・御殿下記念館地点	[文-9]	東京大学埋蔵文化財調査室	1990
		文京区	本富士町遺跡	[文-14]	文京区遺跡調査会	1992
		文京区	本郷追分	[文-19]	東京大学構内雨水調整池遺跡調査会	1994
		文京区	龍岡町遺跡	[文-20]	文京区遺跡調査会	1995
		文京区	東京大学構内遺跡調査研究年報4 －2001・2002・2003年度－	[文-56]	東京大学埋蔵文化財調査室	2004
	〔大聖寺藩(石川県)〕(上屋敷)〔富山藩(富山県)〕(上屋敷)	文京区	東京大学本郷構内の遺跡 医学部附属病院地点	[文-8]	東京大学遺跡調査室	1990
伊達家	〔仙台藩(宮城県)〕(上屋敷)	港区	汐留遺跡Ⅰ	[港-29]	東京都埋蔵文化財センター	1997
		港区	汐留遺跡Ⅱ	[港-32]	東京都埋蔵文化財センター	2000
		港区	汐留遺跡Ⅲ	[港-36]	東京都埋蔵文化財センター	2003
松平家	〔讃岐高松藩(香川県)〕(上屋敷)	千代田区	飯田町遺跡調査報告	[千-12]	飯田町遺跡調査会	1995
	〔讃岐高松藩(香川県)〕白金館	港区	白金館址遺跡Ⅰ	[港-5]	白金館址(特別養護老人ホーム建設用地)遺跡調査団	1988
		港区	白金館址遺跡Ⅱ	[港-6]	白金館址(亜東關係協會東京辨事處公舎等建設用地)遺跡調査団	1988
脇坂家	〔龍野藩(兵庫県)〕(上屋敷)	港区	汐留遺跡Ⅰ	[港-29]	東京都埋蔵文化財センター	1997
		港区	汐留遺跡Ⅱ	[港-32]	東京都埋蔵文化財センター	2000
保科家	〔会津藩(福島県)〕(上屋敷)	港区	汐留遺跡Ⅲ	[港-36]	東京都埋蔵文化財センター	2003
伊達家	〔宇和島藩(愛媛県)〕(上屋敷)	港区	宇和島藩伊達家屋敷跡遺跡 －新国立美術展示施設－	[港-37]	東京都埋蔵文化財センター	2003
		港区	宇和島藩伊達家屋敷跡遺跡 －政策研究大学院大学－	[港-40]	東京都埋蔵文化財センター	2003
稲葉家	〔山城淀藩(京都府)〕(下屋敷)	渋谷区	北青山遺跡	[渋-6]	北青山遺跡調査会	1997

③では尾張藩などにも匹敵する大藩で、加賀藩ともいわれる金沢藩本郷邸・市谷邸、その支藩である大聖寺と富山藩の合計、この3者を加えた前田家全体の合計という3側面から整理した。

④では仙台藩伊達家、龍野藩脇坂家、会津藩保科家、宇和島藩伊達家、讃岐高松藩松平家、山城淀藩稲葉家のそれぞれについて同様の整理を行った。このうち会津藩保科家は11点であるが、龍野藩脇坂家、仙台藩伊達家とともに汐留遺跡として調査されていることから、比較のために加えたものである。

これらを見ると、尾張藩市谷邸と宇和島藩伊達家を除くと藤左衛門系が半数を超える屋敷は尾張藩市谷邸を含む徳川家だけであり、あとはほとんどの屋敷でむしろ泉州麻生系が卓越しており、その例外は龍野藩脇坂家だけである。このように、藤左衛門系のほうが継続期間は長いにも関わらず、泉州麻生系のほうが高い比率を示す大名屋敷が多いことから、競合している時期にあっては泉州麻生系の方が藤左衛門系よりもシェアにおいて上回っていた可能性が指摘できる。

尾張藩市谷邸の母数はn＝392と他の大名屋敷よりもはるかに大きい。すると①で見た、藤左衛門系が泉州麻生系・泉州磨生系を上回る比率を占めている現象は、この1ヵ所が全体に大きく影響している可能性が高い。そこで尾張藩市谷邸の影響を見るために、先に見た大名屋敷全体と②〜④で整理した主要な大名屋敷のデータを合計したものから、尾張藩市谷邸のデータのみを除いた結果を⑤に示した。これを見ると、泉州麻生系は藤左衛門系と等しいかやや上回っており、母数の大きな尾張藩市谷邸の数値が全体の結果に大きく影響していたことが示された。

(2)　Ⅱ類の焼塩壺の刻印別の様相

次に、上で見たような系統別の偏りをより詳しく検討するために、Ⅱ類の焼塩壺の刻印別の様相を観察する。グラフ18では、藤左衛門系が高い比率を示す尾張藩市谷邸と宇和島藩伊達家のそれぞれと、これら以外の大名屋敷、それに比較のために大名屋敷以外の種別の合計、の4者について刻印別の百分比を示した。

これを見ると、尾張藩市谷邸でも宇和島藩伊達家でもとくに「泉湊伊織」が多く、これによって藤左衛門系の比率が高まっていること、宇和島藩伊達家の泉州磨生系の卓越は「サカイ/泉州磨生/御塩所」が多いためであることが確認された。この二つの刻印はともに、ほとんど「泉州麻生」が

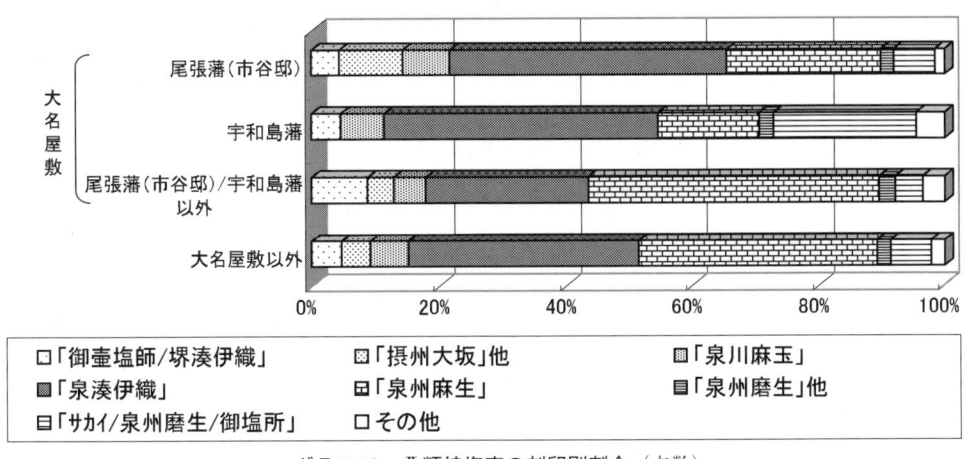

グラフ18　Ⅱ類焼塩壺の刻印別割合（点数）

衰退・消滅し始める1730年代後半から1740年代頃に出現しており、尾張藩市谷邸・宇和島藩伊達家に見られる比率の特殊性は時期的な要因である可能性も否定できない。このことは、藤左衛門系のⅡ類の焼塩壺ではもっとも古い段階に見られる「御壺塩師／堺湊伊織」が相対的に少ないことからもうかがわれる。そこで次では、さらに限定された時期における刻印の様相を観察することにする。

ちなみに、この二つの大名屋敷を除く大名屋敷の合計が、大名屋敷におけるⅡ類の時期の一般的な様相であるとするならば、これに比して大名屋敷以外の種別の合計で「泉湊伊織」が多いという事実は、江戸時代後半になって焼塩壺が社会的階層による偏在から脱したとの見方を補強するものではある。

(3) 大名屋敷におけるⅡ期の焼塩壺のあり方

藤左衛門系のⅠ類の製品に見られるように、一つの系統に属する焼塩壺はその刻印の印文や枠線のスタイルなどを頻繁に変更する場合があり、また泉州麻生系の内側二段角枠の製品では、印文は同じ「泉州麻生」でも、字体が変更されていることが観察される。したがって、一つの系統に属する一連の焼塩壺では相対的な先後関係を追いやすい。

しかし、今回のような検討を行うためには、大まかではあっても複数の系統にまたがる時期設定が必要となる。そこで、第2章で提示したコップ形の身の成形技法を基準にした時期区分を用いることにする。

この時期区分に従えば、Ⅱ類の焼塩壺のうち「泉湊伊織」と「サカイ/泉州磨生/御塩所」以外の刻印をもつもののほとんどがⅡ期に属するものということになる。そこで、先に検討した主要な大名屋敷や大名家別の出土焼塩壺数からこの二つの刻印をもつものを除き、母数が20点以上の大名家5例について系統別の焼塩壺の数と百分比を示した（グラフ19①）。

これを見ると、徳川家以外では藤左衛門系が20％前後であるのに対し、徳川家のみ40.2％に達していることがわかる。そこで大名屋敷単位で見ると（グラフ19②〜⑤）、尾張藩市谷邸で藤左衛門系が45.0％と高い比率を示しているのに対し（②）、尾張藩市谷邸以外の徳川家の合計では22.0％にとどまり（③）、同様の比較を主要藩邸の合計で行っても、藤左衛門系の比率が尾張藩市谷邸によって高められていることが確認される（④、⑤）。このことから尾張藩市谷邸のみで藤左衛門系の焼塩壺を多く出土しているという傾向が、単に時期的な偏りにあるのではないことをうかがわせる。

泉州麻生系では尾張藩市谷邸で50.8％を占める（②）以外は、市谷邸を含めた主要藩邸の合計で64.0％（④）、市谷邸を除く徳川家で76.0％（③）、市谷邸を除く主要藩邸の合計で75.2％と圧倒的多数を占めている。一方、泉州磨生系について見れば、50年強にわたるⅡ期の中の10年間程度を占めているにすぎないためか、その比率は相対的に低いが、尾張藩市谷邸のみではやや高く、これもⅡ類全体で見た傾向に一致している。逆にいえば、Ⅱ類全体でもあるいはⅡ期に限ってみても、尾張藩市谷邸のみで泉州麻生系の比率が相対的に低いということになる。

第4節 小　結

以上、江戸遺跡から出土する焼塩壺について、(1)焼塩壺には社会的階層に伴う偏在がある、(2)こうした偏在は後に解消される、(3)何らかの商業活動や江戸表と国許という関係に結びついた偏在も

第3章 焼塩壺の空間分布①——江戸市中における分布 249

①主要大名家

(点数)
- 徳川家合計 n=239
- 前田家合計 n=87
- 仙台藩伊達家 n=42
- 讃岐高松藩松平家 n=20
- 山城淀藩稲葉家 n=23

(百分比)
- 徳川家合計
- 前田家合計
- 仙台藩伊達家
- 讃岐高松藩松平家
- 山城淀藩稲葉家

②尾張藩市谷邸 n=189

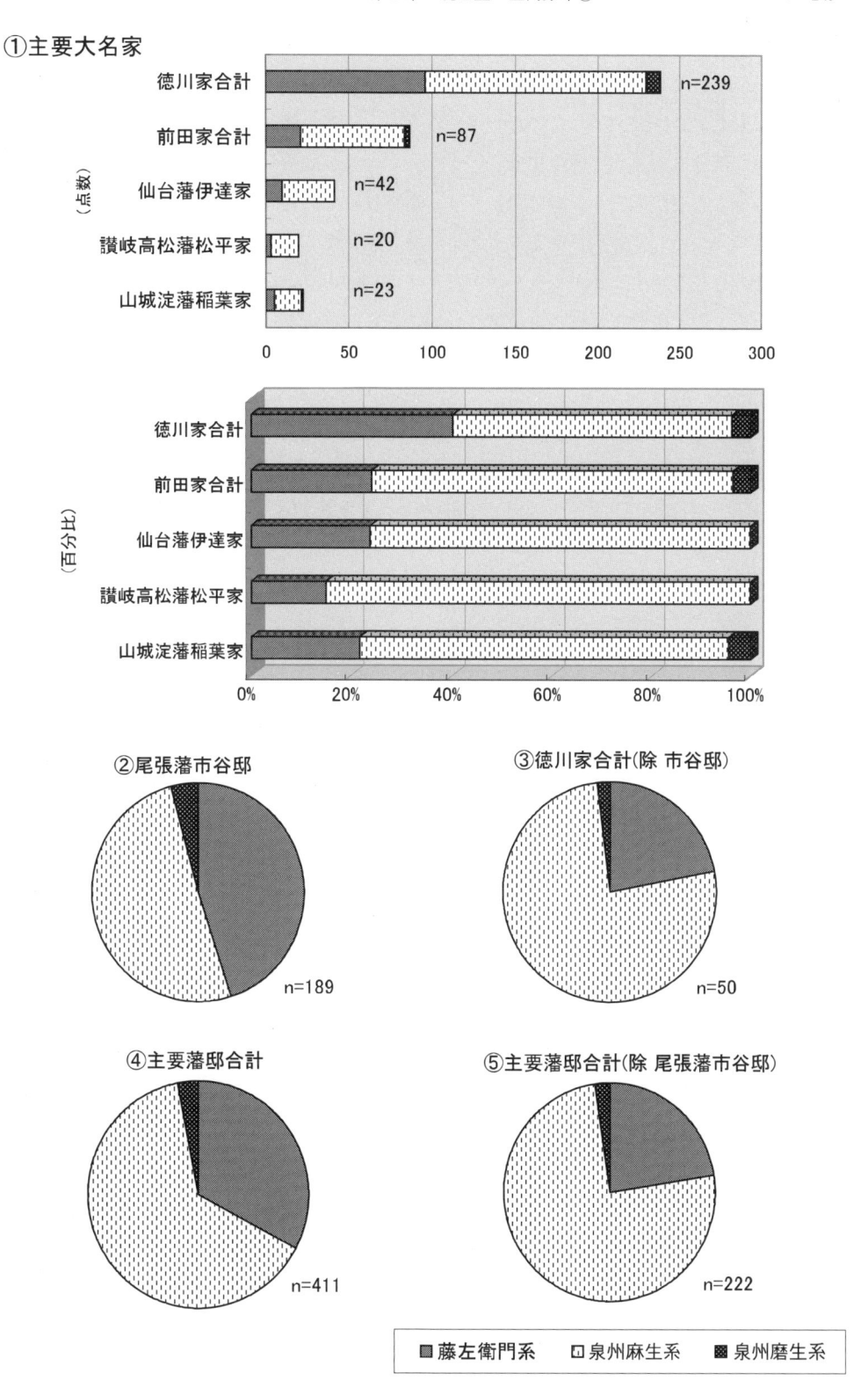

③徳川家合計(除 市谷邸) n=50

④主要藩邸合計 n=411

⑤主要藩邸合計(除 尾張藩市谷邸) n=222

凡例：■藤左衛門系　□泉州麻生系　■泉州磨生系

グラフ19　大名家・藩邸のⅡ期刻印をもつ焼塩壺出土数

存在する、という3点についてさまざまな角度から検討を行ってきた。

(1)に関しては、廃棄にまつわる問題があるものの一定の偏在を確認することができたが、大名屋敷といっても大名だけが生活していたわけではなく、下級の御家人に匹敵するような下級の藩士が生活していた部分もあり、単純な比較はできない。今後、調査地点の屋敷内での位置など遺跡内での分析をも行う必要があろう。(2)に関しては、遺跡種別の設定方法などに多くの問題が残されており、可能性の一つとして提示されるにとどまった。(3)に関しては、特定の系統の製品に対する偏倚を示す藩邸の存在を示すことができたが、たとえば刻印の詳細な観察から可能になる、より細かな時期設定を用いて、主要3系統のシェアについてさらに詳細な検討を行う必要があろう。今後の大きな課題としておきたい。

註

1) 序章でも述べたように、本論では「江戸遺跡」という場合を除き、「遺跡」の語をほぼ「調査報告の単位となる地点」と同義に用いている。したがって遺跡識別という場合も、調査の単位となった地点における分類であり、概ね報告書における記載にもとづいている。

第4章　焼塩壺の空間分布②──汎列島的分布

　本章では前章での検討の延長として、より広い日本列島全体での分布の様相を概観することにしたい。

第1節　研究史と資料

(1) 先行研究

　現時点において、焼塩壺の広汎な地域を対象とした「分布」について検討を加えた例は、わずかに渡辺誠氏の論考におけるものがあるにすぎない（渡辺 1985a）。そこではまず、その時点での出土例のある189遺跡を都府県別に一覧表にし、その百分比を示している。それによれば、189遺跡の48.1％が京都府、25.4％が東京都であり、これ以外では大阪府の9.0％を最高にごくわずかであることが示されている。これにもとづき、渡辺氏は「約二分の一が京都市内、約四分の一が東京都内より出土している。他の四分の一も大阪府下や福岡県下等、西日本に多く出土している」と述べられている。また、「出土遺跡の階層性」についても検討し、「京都市内の場合……公家や武家の屋敷跡、寺社跡や料亭跡に集中し……地方の場合も……圧倒的に城跡に集中している」と述べられている。

　さらに身と蓋の形態ごとの比率を示し、A～D類が圧倒的に多く、そのほとんどが氏によって難波屋と呼ばれている藤左衛門系の製品であることから、この系統の比重が高いと断じている。これをまた都府県別に整理し、筆者の分類でⅠ-3類に相当するA類が東京・京都を中心に青森県から熊本県まで、筆者の分類でⅡ-2類の一部に相当するB類が東京都から福岡県まで、筆者の分類でⅡ-1類の一部に相当するC類が東京都から兵庫県まで、筆者の分類でⅡ-1a類の一部に相当する無刻印のD類が滋賀県から福岡県にまでわたっているとしている。

　これに対し、氏が泉州麻生と播磨産とする他の系統の製品は「関東から東にかたよって出土している」とし、とくに筆者がⅢ-2類とするロクロ成形の製品については、「京都市内では少なく、東京都内に多い傾向がある」としている。現時点で見ると、産地や系統性に関しては異論がないとはいえないが、今から20年以上も前のきわめて限定された資料にもとづいて、こうした汎列島的な分布状況についての見通しを得ていたことには一驚を禁じえない。

(2) 資料上の限界

　このような優れた成果がある以上、屋上屋を架するおそれはあるものの、本論では前章での検討方法の一部を全国に敷衍して分析に年代的様相を加え、またより詳細な系統的整理によりその地理的分布や市場占有率（シェア）の様相を明らかにすることによって、渡辺氏の得た結論を確認することとしたい。

　ただし渡辺氏は触れていないが、こうした操作には前章でも直面した資料上の制約が課せられている。すなわち、調査主体ごとの調査・報告における精粗である。江戸遺跡ではさほど顕著ではな

252　第三部　特　　論

いとしても、地域によっては近世を対象とした発掘調査に対する認識が低く、このため遺構や遺物が出土していてもまったく調査されなかったり、あるいはそこにより古い時代の遺跡が存在した場合に限って調査されたり、城跡・寺院址などの史跡クラスの部分だけが調査対象になったり、あるいはその場合でも特定の大火層より下だけが調査されたりと、まちまちのようである。

　また、これに伴って報告も完形品だけが提示されたり、数量にばらつきがあるにも関わらず各種

表18①　江戸以外の焼塩壺出土例

領域	府県名	遺跡名	地点名	出典 刊行主体・著者名	刊行年	コップ形の身の点数
A	青森	弘前城	北の郭	弘前市教育委員会	2002	0
	宮城	仙台城	三ノ丸跡	仙台市教育委員会	1985	0
			二の丸第5地点	東北大学埋蔵文化財調査委員会	1993	2
			二の丸第6地点	東北大学埋蔵文化財調査委員会	1994	0
			二の丸第9地点	東北大学埋蔵文化財調査委員会	1997	0
			二の丸北方武家屋敷第4地点	東北大学埋蔵文化財調査委員会	2000	0
			二の丸第17地点	東北大学埋蔵文化財調査委員会	2005	0
	福島	泉城	泉藩陣屋跡	いわき市教育委員会	1992	13
B	群馬	高崎城	三の丸	高崎市教育委員会	1994	45
	千葉	佐倉城	椎木曲輪	国立歴史民俗博物館	2004	11
	神奈川	小田原城下	慈眼寺旧境内遺跡Ⅰ	小田原市教育委員会	2004	1
C	新潟	新発田城	第8地点	新発田市教育委員会	1997	3
			第12地点	新発田市教育委員会	2001	0
	長野	松本城	二の丸	松本市教育委員会	1985	13
D	愛知	名古屋城	三の丸（Ⅰ）	愛知県埋蔵文化財センター	1990 a	37
			三の丸（Ⅱ）	愛知県埋蔵文化財センター	1990 b	48
			三の丸（Ⅲ）	愛知県埋蔵文化財センター	1992	132
			三の丸（Ⅳ）	愛知県埋蔵文化財センター	1993	68
			三の丸（Ⅴ）	愛知県埋蔵文化財センター	1995 a	20
			三の丸（Ⅵ）	愛知県埋蔵文化財センター	2003	9
			三の丸（Ⅶ）	愛知県埋蔵文化財センター	2005	19
		吉田城	Ⅰ	愛知県埋蔵文化財センター	1992	2
			Ⅱ	愛知県埋蔵文化財センター	1995 b	12
E	奈良	奈良奉行所	奈良女子大学構内	奈良女子大学	1989	3
	京都	平安京	左京一條三坊九町	古代学協会	1983 b	42
			左京三条三坊十一町	古代学協会	1984 a	11
			左京四条三坊十三町	古代学協会	1984 b	4
			左京五条二坊十六町	京都府京都文化博物館	1991	9
			左京北辺四坊（御所）	京都市埋蔵文化財研究所	2004 a	198
			右京三条一坊二町跡	京都市埋蔵文化財研究所	2004 b	1
			三条西殿跡	古代学協会	1983 a	2
			高倉宮・曇華院跡	古代学協会	1987	6
		同志社校地	静和館地点、新島会館別館地点	同志社	1994	18
			今出川校地ほか	同志社大学校地学術調査委員会	1976	5
			女子中・高黎明館	同志社大学校地学術調査委員会	1983	1
			同窓会館・幼稚園	同志社大学校地学術調査委員会	1988 a	11
			大本山相国寺境内	同志社大学校地学術調査委員会	1988 b	15
			徳照館地点・新島会館地点	同志社大学校地学術調査委員会	1990	23
			学生会館・寒椿館地点	同志社大学歴史資料館	2005	27
	兵庫	有岡城	伊丹郵便局増築	伊丹市教育委員会	1988	3
			第Ⅱ期	伊丹市教育委員会	1997	3
		明石城	武家屋敷	兵庫県教育委員会	1992	12
F	大阪	大坂城	三の丸Ⅰ	大手前女子大学史学研究所 大坂城三の丸跡調査研究会	1982	4
			三の丸Ⅲ	大手前女子大学史学研究所 大坂城三の丸跡調査研究会	1988	10
			Ⅲ	大阪市文化財協会	1988	10
			2B・2C・2D調査区	大阪文化財センター	1992	2
		堺環濠都市	SKT14	堺市教育委員会	1984	2
			SKT19	堺市教育委員会	1984	10
			SKT20	堺市教育委員会	1984	4
			SKT21	堺市教育委員会	1984	4
			SKT39	堺市教育委員会	1991 d	9
			SKT47	堺市教育委員会	1987 a	7
			SKT52	堺市教育委員会	1989 c	3
			SKT57	堺市教育委員会	1986	37
			SKT60	堺市教育委員会	1985 a	5
			SKT61	堺市教育委員会	1985 b	2
			SKT74	堺市教育委員会	1986	1
			SKT75	堺市教育委員会	1985 a	3
			SKT78	堺市教育委員会	1985 a	1
			SKT79	堺市教育委員会	1987 b	7
			SKT80	堺市教育委員会	1985 b	4
			SKT82	堺市教育委員会	1990 a	7

第4章 焼塩壺の空間分布②——汎列島的分布　253

のものが1点ずつ報告されたりと、数量的な検討が不可能な場合も存在するのである。

したがって、こうした汎列島的な分析がいかほど当時の実態を反映したものであるかはいささか心許ないが、一つの傾向を把握する一助となるものと考える次第である。

(3) 分析対象

本論では、汎列島的な傾向を分析するにあたり、焼塩壺が報告されている遺跡の報告書に加えて

表18②　江戸以外の焼塩壺出土例

領域	府県名	遺跡名	地点名	出典		コップ形の身の点数
				刊行主体・著者名	刊行年	
F			SKT84	堺市教育委員会	1990 a	5
			SKT94	堺市教育委員会	1990 a	5
			SKT94	堺市教育委員会	1990 b	1
			SKT112	堺市教育委員会	1989 a	9
			SKT150	堺市教育委員会	1990 b	8
			SKT151	堺市教育委員会	1990 b	13
			SKT153	堺市教育委員会	1990 c	17
			SKT169	堺市教育委員会	1989 c	22
			SKT179	堺市教育委員会	1990 b	1
			SKT179	堺市教育委員会	1990 g	1
			SKT180	堺市教育委員会	1990 b	5
			SKT180	堺市教育委員会	1990 g	1
			SKT181	堺市教育委員会	1990 b	1
			SKT182	堺市教育委員会	1990 g	3
			SKT183	堺市教育委員会	1990 b	4
			SKT182	堺市教育委員会	1990 f	4
			SKT187	堺市教育委員会	1989 b	1
			SKT202	堺市教育委員会	1989 e	9
			SKT214	堺市教育委員会	1992 a	3
			SKT230	堺市教育委員会	1991 c	3
			SKT240	堺市教育委員会	1990 e	5
			SKT243	堺市教育委員会	1990 c	0
			SKT245	堺市教育委員会	1991 a	1
			SKT246	堺市教育委員会	1991 b	5
			SKT261	堺市教育委員会	1990 h	1
			SKT270	堺市教育委員会	1990 h	4
			SKT292	堺市教育委員会	1991 c	1
			SKT294	堺市教育委員会	1991 a	1
			SKT300-2	堺市教育委員会	1988	1
			SKT309	堺市教育委員会	1991 b	1
			SKT313	堺市教育委員会	1991 g	2
			SKT315	堺市教育委員会	1991 e	1
			SKT322	堺市教育委員会	1991 g	2
			SKT331	堺市教育委員会	1992 c	7
			SKT334	堺市教育委員会	1991 f	0
			SKT336	堺市教育委員会	1992 c	2
			SKT344	堺市教育委員会	1992 b	2
			SKT356	堺市教育委員会	1992 d	5
			SKT421-6	堺市教育委員会	1998	1
			SKT528	堺市教育委員会	1998	3
			SKT561	堺市教育委員会	1997	3
			大道筋キャブシステム	堺市教育委員会	1990 d	6
		中百舌鳥遺跡	NAN15	堺市教育委員会	1989 d	1
G	広島	広島城	県庁前地点・太田川河川事務所地点	福原茂樹	2006	22
	岡山	岡山城	本丸中の段・二の丸他	乗岡 実	2000	14
	山口	萩城	外堀Ⅰ	山口県埋蔵文化財センター	2002	40
			外堀Ⅱ	山口県埋蔵文化財センター	2004	24
			外堀Ⅲ	山口県埋蔵文化財センター	2006	13
H	徳島	徳島城	城ノ内・新蔵町一丁目ほか	日下正剛	2000	23
	愛媛	松山城	県民館跡地	土井光一郎	2000	6
	香川	高松城	松平大膳家中屋敷跡	高松市教育委員会	2002	1
			松平大膳家上屋敷跡	高松市教育委員会	2004	29
			西の丸町地区Ⅱ	香川県教育委員会	2003 a	16
			西の丸町地区Ⅲ	香川県教育委員会	2003 b	9
I	福岡	小倉城	御蔵跡	北九州市教育文化事業団埋蔵文化財調査室	1999	16
			御花畑跡・新馬場跡	北九州市教育文化事業団埋蔵文化財調査室	2005	18
	大分	府内城	三の丸（共同庁舎）	大分県教育委員会	1993	3

県単位での出土の状況を整理した論考という2種のデータにもとづいた分析を行う（表18）。これは全国でこれまでに刊行されたすべての報告書を渉猟することが事実上困難なためであるが、報告書に関しては上で述べたような制約によって平安京跡や堺環濠都市を除くと、その大半が城跡に偏していることは事実である。なお、表は基本的に報告書単位で示したが、堺環濠都市に関しては1冊の報告書で複数の調査地点を報告したものがほとんどであるため、地点ごとに示した。

　この表を見ると、北海道・沖縄県を除く本州・四国・九州で北は青森県から南は大分県まで出土が見られる。図59、図60においてアミ掛けとなっているのが、焼塩壺の出土の報告を確認できた府県であり、九州南部の県からの出土は確認できなかった。

　ただし今回の分析では、時期や系統が把握しやすいコップ形の身に限った。また時期別の分析を行う必要もあるため、所属時期が確認できない地域性の強いと思われる特殊な例を除外し、藤左衛門系、泉州麻生系、泉州磨生系壺塩屋の主要な3系統の製品およびロクロ成形による製品（便宜的にロクロ系と略称する）に限った。

　このため、焼塩壺が出土していても表の右端の欄に示したように、蓋や鉢形およびローカルな製品などは出土していても、上記4系統のコップ形の身の報告例が0点であるため、分析の対象から外れてしまった県や調査地点もある。

　また分析の結果は、府県単位を基準として提示する。これは渡辺氏の顰に倣う意味もあるが、現在の都府県の境界が近世における国境に比較的一致する部分の多いことにもよる。ただし、上記のような例も含め出土点数のきわめて少ない県も多く、一方で1府県での出土例の多い県も存在し、単純な比較はきわめて困難である。そこで表19～表21および図59、図60に示したような領域を便宜的に設定した。今後の資料の増加等により、さらに細分ないし変更の必要が生じる可能性もある。

第2節　コップ形の身の地域的・時期的様相

（1）　領域別の出土点数

　前節で述べたように、今回は時期や系統が把握しやすいコップ形の身のみを対象として、第3章で行ったのと同様の分析を試みる。

　始めに領域ごとのコップ形の身の出土点数を江戸地域を含め比較する（表19、グラフ20）。江戸地域については【集成】にもとづいたものであり、これまでに報告されたほとんどすべての資料が集成されているため、資料の集積密度が他の地域に比べて圧倒的に高く、またロクロ系の製品はいわば江戸地域のローカルな製品であると考えられるため単純な比較はできないが、江戸の3,886点に対し、江戸以外はすべて合計しても1,366点にとどまり、少なくともコップ形の焼塩壺の身に関していえば、全体の4分の3近くが江戸地域からの報告例で占められている。

　江戸以外の地域ではD愛知県、E大阪府を除く近畿、F大阪府が多いが、これはそれぞれ名古屋、京都、大坂といった大都市の存在によるものであろう。ただし、F大阪府での報告例303点の大半は堺環濠都市遺跡からの出土例であり、大坂城からの報告例は28点にとどまるのに対し、D愛知県では347点の報告例のほとんどである333点が名古屋城三の丸からの報告例であり、残り14点も吉田城からの報告である。またE大阪府を除く近畿からの報告例394点のうちの3点が奈良県、18点が

表19 時期別のコップ形焼塩壺出土点数

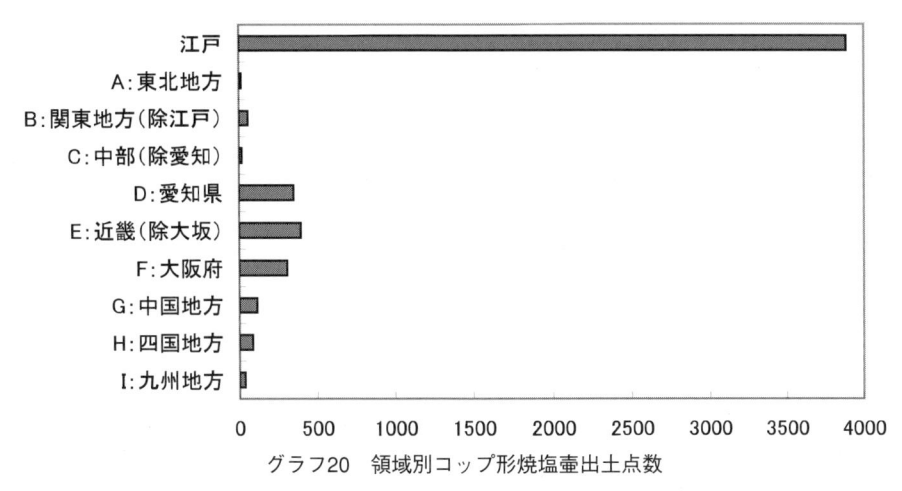

領域 \ 時期区分	Ⅰ期	Ⅱ期	Ⅲ期	Ⅳ期	合計
A：東北地方	6	4	5	0	15
B：関東地方（除江戸）	2	9	28	18	57
C：中部（除愛知）	1	0	15	0	16
D：愛知県	203	40	103	1	347
E：近畿（除大阪府）	252	75	65	2	394
F：大阪府	273	12	18	0	303
G：中国地方	44	56	13	0	113
H：四国地方	37	14	27	6	84
I：九州地方	33	2	2	0	37
江戸以外合計	851	212	276	27	1366
江戸	807	1044	997	1038	3886
全国合計	1658	1256	1273	1065	5252

グラフ20 領域別コップ形焼塩壺出土点数

兵庫県で、残り373点は京都府よりの出土ではあるが、その過半は京都御所内の左京北辺四坊の調査地点からの198点で占められている。

このように、同じ大都市からの報告例でもその調査地点の性格は異なっていることに留意する必要があろう。

(2) 時期別の出土点数

次に、これらの焼塩壺の所属する時期について検討する。第3章においては、主にⅡ類の刻印をもたないものの中に含まれているであろう刻印部分をもたない破片資料を時期別に分離するのが困難であったため、各分類別に集計して時期別の様相に準ずるものとして検討を行ったが、今回江戸以外の地域では全体の点数が少ないこともあって、個々に判断して所属時期を推定することができた。そこで、本章では第2章での検討にもとづき、全体をⅠ期～Ⅳ期の4期に区分してその様相を見ることにする。

なお第2章ではⅠ期については1600年から1680年を想定しているが、第1章でも触れたように、堺環濠都市遺跡では16世紀半ばにさかのぼると考えられる資料も報告されている。したがって、江戸地域におけるよりもその始期はやや古く考える必要がある。

また第二部第2章で見たように、Ⅰ-3類の無刻印の製品の中には、Ⅰ-3類の「御壺塩師/堺湊伊織」より新しく、藤左衛門系の壺塩屋に供給されなくなってから後に作られたⅡ期に属する製品が含ま

れている可能性が高い。しかし、実測図の表現方法の差異や破片の部位によって、指頭圧痕の有無や口縁部の形状はさまざまに表現されるため、実見することなく報告書の実測図のみで、これをⅠ期の製品と分離することは事実上不可能である。そこでやむをえず破片であるか否かを問わず、いずれもⅠ期に含めている。したがって、Ⅰ期は実際よりも若干多く、Ⅱ期は若干少なくなっている可能性が高いが、Ⅰ期の資料全体の数と比較すれば、その量は結果を大きく左右するほどのものとは考えられない。

その結果をまとめたのが表18およびグラフ21である。このうちグラフ21では、領域ごとに総数のばらつきが大きいため、比較しやすさを考慮して各時期ごとの製品の数を百分比で表した。これを見ると、江戸およびB江戸を除く関東地方においては20％以上、またわずかではあるがH四国地方にⅣ期の製品が存在する以外は、Ⅳ期の製品は認められない。これはロクロ成形を除き、ローカルな製品を除外した結果によるものと考えられる。そこで試みにⅣ期の製品を除外して同様にグラフ化したのがグラフ22である。

これらを見ると、G中国地方・H四国地方を除くD愛知県以西でⅠ期の比率がきわめて高く、なかでもF大阪府とⅠ九州地方では約9割がⅠ期の製品で占められている。母数は前者が303点であるのに対し後者が37点であるが、比率のみでは両者はきわめて類似している。

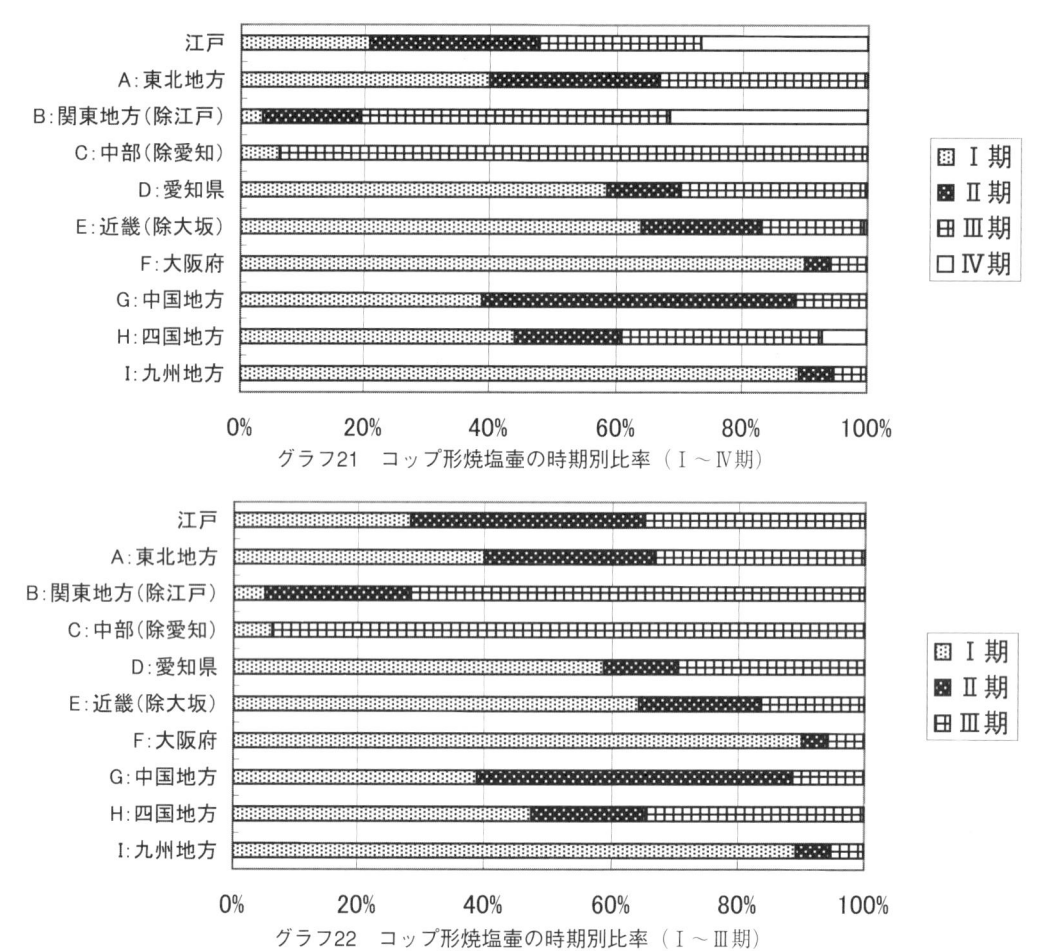

グラフ21　コップ形焼塩壺の時期別比率（Ⅰ〜Ⅳ期）

グラフ22　コップ形焼塩壺の時期別比率（Ⅰ〜Ⅲ期）

こうしたⅠ期の製品が卓越するという様相は、とくに前述したような堺環濠都市遺跡よりの出土数が圧倒的多数を占める大阪府の資料の性格に由来するものと考えられる。すなわち、中世に日明貿易の拠点として繁栄し、環濠や自治体組織など独自の発展を遂げた堺も、豊臣秀吉の大坂城建設に際して多くの住民が強制移住させられて衰え始め、とくに鎖国後は貿易都市としての性格も失って衰退の一途をたどっている。したがって寛永16年（1639）以降は経済的にも社会的にも衰微しており、このことがⅡ期以降の製品の激減につながっていると考えられる。今回はⅠ期にまとめたため具体的な数を示しえないが、273点のⅠ期の製品でも刻印を有するものはわずかであったことも、これを裏づけているといえよう。

　これに対しB江戸を除く関東地方とC愛知県を除く中部地方ではⅠ期の比率がきわめて低い一方、Ⅲ期の比率がきわめて高くなっている。とくに前者は都市江戸の成立後、江戸からの経済的影響のもとに次第に発展を遂げた過程を現すものと考えられる。

　このように、歴史的な背景等によって各期の比率は領域ごとにかなり異なっているが、その中にあって江戸ではⅠ期・Ⅱ期・Ⅲ期がほぼ同数存在しており、A東北地方もこれに類似する比率を示している。しかし、母数は前者が3,886点であるのに対し後者はわずかに15点で、母数の違いが大きく、その類似性は検討の余地が大きい。このことは、Ⅳ期の製品をも含めたグラフ21を見ると、江戸ではⅠ期からⅣ期までがほぼ同数ずつ存在するのに対し、A東北地方にはⅣ期の製品が存在していないことからもうかがわれよう。また今回は検討の対象から除外しているが、仙台城を始めとする遺跡からは格子状のたたき目をもつなどの特異な、おそらくはローカルな製品が比較的多数存在しており、その年代的位置づけの検討によっては、その比率は大きく様相を異にするものとなろう。

（3）　系統別の出土点数

　系統別の様相については、初めにⅠ期からⅣ期までの藤左衛門系、泉州麻生系、泉州磨生系、それにロクロ系を加えた資料を対象に、その比率を領域ごとに整理して検討を加えた。その結果をまとめたのが表20と図59である。

　愛知県以西の領域では藤左衛門系の比率が相対的に高くなっているが、これは前項で述べたように、これらの領域ではⅠ期の焼塩壺の比率が高く、これを反映したものと考えられる。その中で、泉州磨生系は常に一定量の比率を保っており、この量は江戸やB江戸を除く関東地方においてもほぼ同様である。これに対し泉州麻生系の比率は、領域ごとに大きく異なっていることが看取できる。またA東北地方とC愛知県を除く中部地方では、Ⅰ期の比率は低かったものの、藤左衛門系の比率が愛知県以西と同様に高くなっているが、これはⅡ期、Ⅲ期の藤左衛門系の製品の卓越を反映したものであると考えられる。また藤左衛門系以外の製品ではA東北地方では泉州麻生系が、C愛知県を除く中部地方ではロクロ系が残りのすべてを占めている。ただし母数はA東北地方が15点、C愛知県を除く中部地方が16点と他に比べてきわめて小さく、この結果をもって積極的に何かを論ずるのはいささか困難であるかもしれない。

（4）　Ⅱ期における系統別の比率

　上で見たように、系統別の様相は単純にそのシェアを反映したものではなく、時期的な偏りに大

258　第三部　特　　論

表20　系統別のコップ形焼塩壺出土点数

領域＼系統	藤左衛門系	泉州麻生系	泉州磨生系	ロクロ系	合計
A：東北地方	13	2	0	0	15
B：関東地方（除江戸）	28	5	1	23	57
C：中部（除愛知）	13	0	0	3	16
D：愛知県	330	5	8	4	347
E：近畿（除大阪府）	344	31	14	5	394
F：大阪府	296	0	6	1	303
G：中国地方	109	0	4	0	113
H：四国地方	71	3	4	6	84
I：九州地方	36	0	1	0	37
江戸以外合計	1240	46	38	42	1366
江戸	1675	727	164	1320	3886
全国合計	2915	773	202	1362	5252

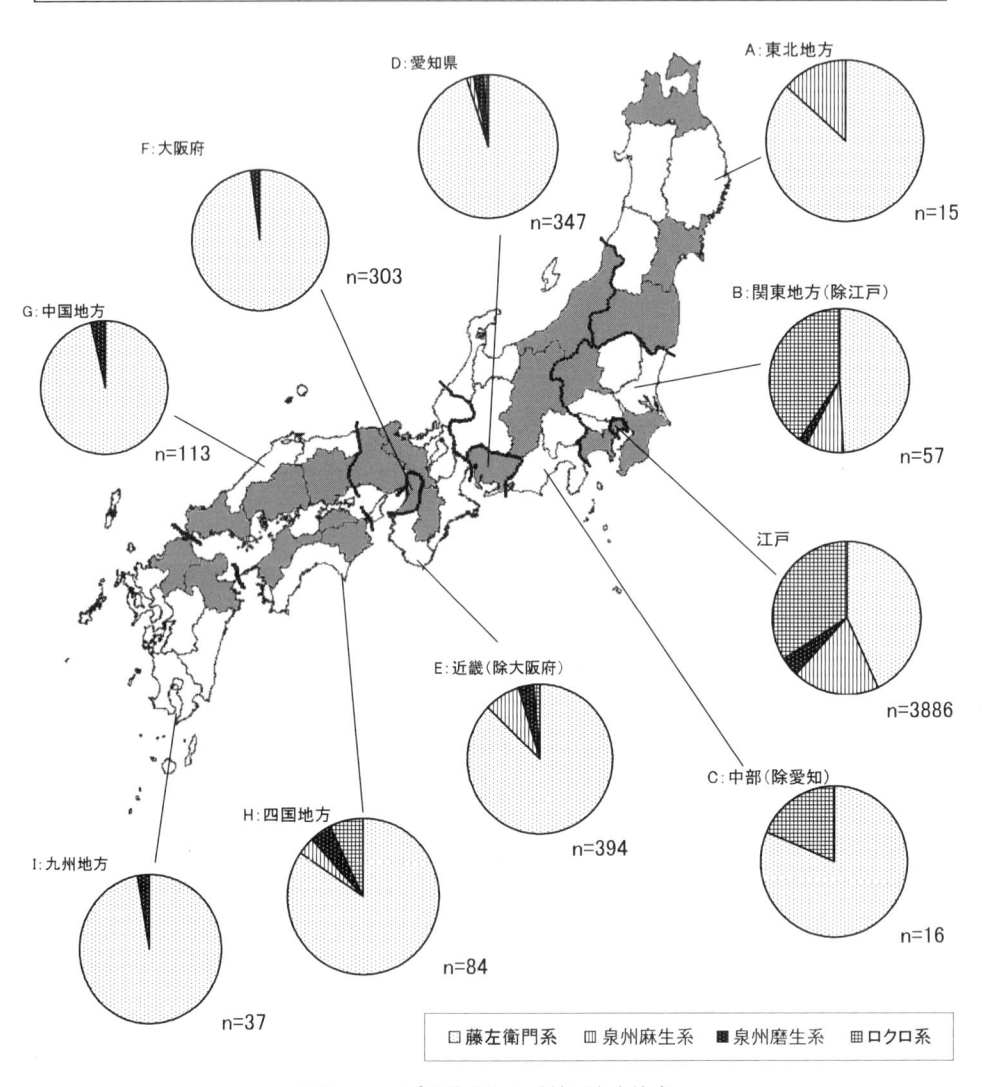

図59　コップ形焼塩壺の系統別出土比率

きく左右されていることがうかがわれる。そこで、第3章で行ったのと同様、複数の系統が鎬を削っていたⅡ期に焦点を当て、藤左衛門系、泉州麻生系、泉州磨生系の主要3系統における系統別の様相について検討を加えた。その結果をまとめたのが表21と図60である。資料数の限界から、第3

表21 系統別のⅡ期コップ形焼塩壺出土点数

領域＼系統	藤左衛門系	泉州麻生系	泉州磨生系	合計
A：東北地方	2	2	0	4
B：関東地方（除江戸）	4	5	0	9
C：中部（除愛知）	0	0	0	0
D：愛知県	34	5	1	40
E：近畿（除大阪府）	40	31	4	75
F：大阪府	9	0	3	12
G：中国地方	55	0	1	56
H：四国地方	11	3	0	14
I：九州地方	2	0	0	2
江戸以外合計	157	46	9	212
江戸	327	671	46	1044
全国合計	484	717	55	1256

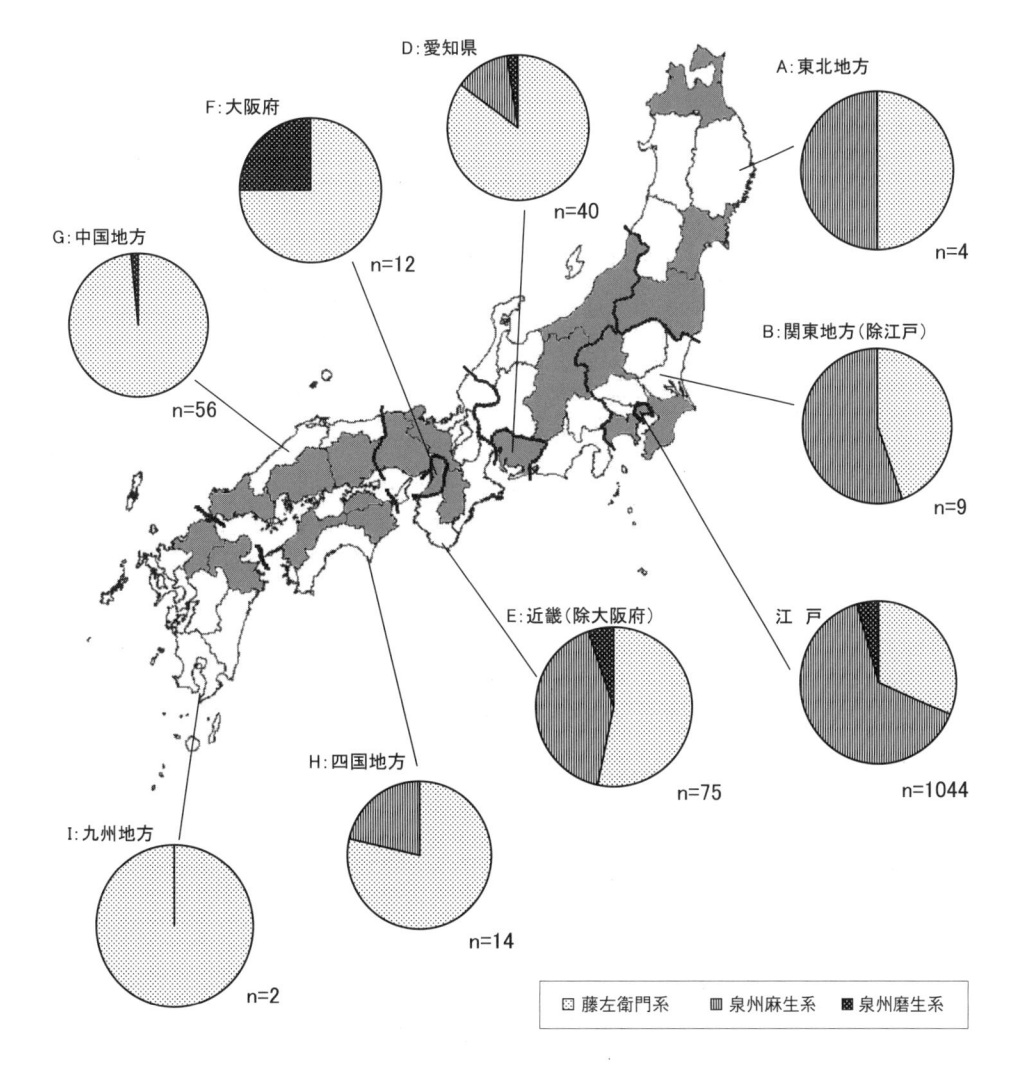

図60 Ⅱ期コップ形焼塩壺の主要3系統別出土率

章における同様の操作よりもやや対象となる資料を広げた。すなわち藤左衛門系にはⅠ-3類やⅡ類の「御壺塩師/堺湊伊織」から「御壺塩師/難波浄因」などを経て「泉川麻玉」の刻印をもつものまでが含まれ、「泉湊伊織」の刻印をもつもののうち、3ピースないしこれとほぼ同時期と思われる

ものを含めている。泉州麻生系は内側二段角枠の「泉州麻生」、泉州磨生系は「泉州磨生」「泉州堺磨生」の刻印をもつものが対象となる。

　それでも時期と系統を限定したため対象となる資料数は少なくなり、このためC愛知県を除く中部地方では母数は0点となり、検討の対象から外れてしまった。またI九州地方は2点、A東北地方は4点、B江戸を除く関東地方も9点と母数は一桁にとどまり、江戸の1,044点と比較すると極端に少ない点数であることは否めない。

　こうした限界を念頭に置きつつ図60を見ると、愛知県以西ではやはり藤左衛門系が過半を占め、E大阪府を除く近畿地方以外では4分の3以上に達している。一方、A東北地方、B江戸を除く関東地方では江戸と同じく泉州麻生系が過半を占め、東国と名古屋を含む西国とでははっきりとした地域差が現れているようである。また、母数が40点以上の領域（江戸およびD愛知県、E大阪府を除く近畿地方、G中国地方）では泉州磨生系が一定割合含まれていることもわかる。

　1680年から1740年に設定されるⅡ期のうち、藤左衛門系は全期にわたって生産が行われていたと考えられるのに対し、泉州麻生系では1690年代から1730年代まで、泉州磨生系では1720年代から1730年代に生産されていたと考えられる資料のみが対象となっており、こうした継続期間の差も当然存在するであろうが、そうした時期的な偏りを含めても、東国とくに江戸における泉州麻生系の優越は歴然としている。

第3節　小　　　結

　以上、筆者が身の回りで手にすることのできた報告書にもとづく、きわめて限られた資料によるものではあるが、焼塩壺の汎列島的なあり方についての分析を行ってきた。あくまでも各府県の報告書を渉猟した感触ではあるが、これまで全国で出土が報告された焼塩壺をすべて収集しえたとしても、おそらくは【集成】に掲げたような江戸での報告数を上回ることはないと考えられるし、仮に報告されたものが全部集積されても、調査の範囲や精粗の差異からそれが全出土数を反映しているとは限らないわけであるが、今回の集計は何がしかの意義はあるものと考えられる。

　今回の整理では、①予想以上にⅠ期に属する資料が愛知県以西で多く報告されていたこと、このことと関連して、②藤左衛門系の比率がとくに愛知県以西では高かったこと、さらに③Ⅳ期の資料が江戸のほかでは中部・関東地方にほとんど限られること、④泉州麻生系の比率が地域によって大きく異なること、⑤泉州磨生系は地域によらず一定比率を占めていること、⑥Ⅱ期に限ってみると、関東以北では泉州麻生系が卓越し、愛知県以西では藤左衛門系が卓越するという対照的な様相がうかがわれたこと、の6点が指摘できた。

　これらのことはまた、少なくとも筆者にとっては当然と思われた江戸の様相が、実は特殊なものであったことを浮彫りにしている。とくに時期別の点数を示すグラフ21、グラフ22を見ると、江戸ではⅠ～Ⅳ期ないしⅠ～Ⅲ期の各期がほぼ同じ比率を占めているが、他の領域ではほとんどでいずれかの時期に偏っている。

　一方で、このこととも関連するが、ローカルな焼塩壺の位置づけが問題になる。今回の検討では、他の領域における詳細な分析を経ていないため、それぞれにおいて地域性が高いと思われるローカ

ルな焼塩壺は集計から除外せざるをえなかった。例をあげれば、仙台城周辺でのたたき目のあるロクロ成形の製品（Ⅲ-4類）であり、名古屋城や大坂、京都で多く見られる抉り成形の製品（Ⅳ-1類）である。これらはごくわずかではあるが江戸の大名藩邸で検出される例もあることから、江戸と国許との関係をうかがわせる興味深い資料でもあり、今後積極的に検討していきたい。また逆に、Ⅲ-1類やⅢ-2類に分類したロクロ成形の製品は江戸およびその周辺でのみ高い比率を示すことから、江戸におけるローカルな製品と位置づけられるが、これと中部、四国を始めとする地域で多少見られるロクロ成形の製品との関連も検討されねばならない。

　主要3系統に属さない刻印をもつ製品の位置づけを含め、江戸以外の地域での資料の蓄積が、今後ますます重要になろう。

第5章　墨書を有する焼塩壷

　本章では、焼塩壷の表面に墨書を有するものについて検討を加える。
　ここでいう墨書は、紙や木簡といった文字を書くための対象として作られた素材以外の土器や木製品などに文字などが墨で書かれたもの、あるいはその行為をさす用語である。中でも土器に墨書されたものが大部分であり、墨書された土器はとくに墨書土器と呼ばれる。近世以前の墨書土器は古墳時代前期と思われる例もあるが、一般には飛鳥時代から見られ始め、古代（奈良～平安時代）の類例がきわめて多く、土師器、須恵器、灰釉陶器の杯、碗、皿、盤などの食器に多く見られる傾向がある。また、東海地方を中心に中世（鎌倉～室町時代）の山茶碗の碗や小皿に墨書された出土例も増加している。これはあくまでも筆者の見聞しえた範囲でのことではあるが、これらの墨書はほとんどが何らかの文字が記されたものであり、わずかに呪術的な記号の類を表したものや絵画の類があるようである。
　これに対して近世の遺物に見られる墨書は、多くが陶磁器類の底部などの無釉部分や土器に見られ、その遺物の年代や地名、所有者に関する情報源として注目され、また土師質皿、いわゆるかわらけに書かれた特徴的な墨書は、地鎮・胞衣埋納を始めとする特殊な営為を反映したり、宴席におけるかわらけの使用方法を反映したりするものとして、とくに議論の対象となっている（井汲1995など）。
　一方、焼塩壷という特殊な遺物に書かれた墨書に関しては、管見の限りではこれを中心に据えた研究は見られないが、焼塩壷のもつ特殊性を反映してか、遺物一般に見られる墨書とは一線を画すような特異な性格をもったものが多く見られるようである。したがって、焼塩壷に見られる墨書について追究することは、焼塩壷の使用形態やこれに対する何らかの意識をうかがわせるものであるばかりか、墨書という行為そのものを検討するうえでも貴重な資料となりうると考えるのである。
　本章では、こうした観点から墨書をその種類や内容にもとづいて分類し、その比率や時期的様相の変遷について種々検討を試みるものである。

第1節　集成と整理

(1) 集　成

　表22は【集成】のうちから墨書を有するものを集成したものである。「器形」の欄は成形技法などにもとづく筆者の分類を基本的に採用している。「時期」の欄は、第2章での検討にもとづいている。「墨書」の項の「種類」については次節以下で述べる。
　この集成にもとづき、以下ではいくつかの視点に従って整理を試みる。

(2) 墨書の有無から

　始めに墨書がどのぐらいの頻度で見られるのかについて検討する。グラフ23に示したのは焼塩壷

第 5 章 墨書を有する焼塩壺

表22① 墨書を有する焼塩壺

No.	報告書コード	遺跡名	遺構名	報告No.	身/蓋	器形	刻印	時期	墨書	
									墨書部位	種類
1	千—7	丸ノ内3	1号溝	21	蓋	イ	—	Ⅱ	上面	文字
2	千—7	丸ノ内3	10号木組遺構	67	身	Ⅱ	御壺塩師/堺湊伊織	Ⅱ	側面	文字
3	千—7	丸ノ内3	26号溝G	137	蓋	イ	—	Ⅱ	上下面	模様
4	千—7	丸ノ内3	26号溝H	145	身	Ⅱ	泉州麻生	Ⅱ	側面	文字
5	千—7	丸ノ内3	外(3区)	325	蓋	イ	—	Ⅱ	上面	文字
6	千—9	和田倉	8号遺構	98	身	イ	—	Ⅱ	側面	文字
7	千—9	和田倉	8号遺構	103	身	Ⅲ-2	—	Ⅳ	側面	文字
8	千—14	溜池—官邸—	外(A区)	33	身	イ	—	Ⅲ	上面	文字
9	千—24	四番町	134号遺構	1	身	Ⅱ	泉湊伊織	Ⅲ	側面	文字
10	千—26	飯田町—再—	1450号遺構	87	身	Ⅲ-2	—	Ⅲ	側面・底面	絵画
11	千—28	永田町2	SX69	13	蓋	イ	—	Ⅲ	上下面	絵画
12	千—29	外神田4	外(C区)	19	身	Ⅰ	—	Ⅰ	側面	文字
13	千—29	外神田4	外(E〜F区)	22	身	Ⅱ	泉湊伊織	Ⅱ	側面	文字
14	千—29	外神田4	外(E〜F区)	28	身	Ⅱ	泉州麻生	Ⅱ	上面	絵画
15	千—29	外神田4	外(L区)	26	蓋	イ	—	Ⅱ	側面	その他
16	千—29	外神田4	外(M区)	19	身	Ⅲ-2	—	Ⅳ	側面	絵画
17	港—2	麻布台一丁目	N44P	—	蓋	イ	—	Ⅳ	上面	絵画
18	港—6	白金館址Ⅱ	161P	133	蓋	イ	—	Ⅲ	上面	絵画
19	港—7	増上寺子院群	外	28	身	Ⅲ-1	—	Ⅰ	側面	文字
20	港—8	旧芝離宮庭園	外	11	身	Ⅱ	御壺塩師/堺湊伊織	Ⅱ	底面	文字
21	港—8	旧芝離宮庭園	外	53	身	Ⅱ	泉州麻生	Ⅱ	側面	文字・記号
22	港—8	旧芝離宮庭園	外	77	身	Ⅲ-2	—	Ⅳ	側面	記号
23	港—8	旧芝離宮庭園	外	81	蓋	ウ	—	Ⅳ	上面	記号
24	港—29	汐留Ⅰ	6K-0102	12	身	Ⅲ-2	—	Ⅳ	底面	文字
25	港—29	汐留Ⅰ	外(6Jグリッド)	5	蓋	イ	—	Ⅱ	上面	絵画
26	港—29	汐留Ⅰ	6J-025	6	蓋	イ	—	Ⅱ	上面	文字
27	港—29	汐留Ⅰ	脇坂拡張埋立層	7・8	身	Ⅱ	泉州麻生(長)	Ⅱ	側面	文字・絵画
28	港—32	汐留Ⅱ	4K-030	26	身	Ⅱ	御壺塩師/堺湊伊織	Ⅱ	側面	文字
29	港—32	汐留Ⅱ	6I-落ち込み3	27	蓋	イ	—	Ⅱ	上面	文字
30	港—32	汐留Ⅱ	5K-186	22	蓋	エ	イツミ/花焼塩/ツタ	Ⅱ	上面	文字・記号
31	港—32	汐留Ⅱ	5K-384	24	蓋	イ	—	Ⅲ	上下面	文字
32	港—32	汐留Ⅱ	5K-404	20	身	Ⅱ	泉湊伊織	Ⅲ	側面	絵画
33	港—32	汐留Ⅱ	5L-139	17	身	Ⅱ	—	Ⅲ	側面・底面	絵画
34	港—32	汐留Ⅱ	境堀	9	身	Ⅱ	泉湊伊織	Ⅲ	側面	文字
35	港—32	汐留Ⅱ	境堀	19	蓋	ウ	—	Ⅳ	上下面	文字
36	港—36	汐留Ⅲ	3I-271	12	身	Ⅳ	—	Ⅰ	側面	文字
37	港—36	汐留Ⅲ	4I-155	4	身	Ⅱ	泉湊伊織	Ⅲ	側面	その他
38	港—36	汐留Ⅲ	4I-659	16	蓋	イ	—	Ⅲ	上面	文字
39	港—36	汐留Ⅲ	外(4Iグリッド)	17	蓋	イ	—	Ⅲ	下面	記号
40	港—36	汐留Ⅲ	5G-308	19	身	Ⅲ-2	大極上壺塩	Ⅲ	側面	文字・記号
41	港—36	汐留Ⅲ	外(4Iグリッド)	10	蓋	ウ	—	Ⅳ	上面	文字
42	港—36	汐留Ⅲ	5I-264	6	身	Ⅱ	—	Ⅱ	側面	文字・絵画
43	港—36	汐留Ⅲ	外(5Iグリッド)	30	身	Ⅲ-2	—	Ⅳ	側面	絵画・模様
44	港—36	汐留Ⅲ	5J-597	4	蓋	イ	—	Ⅱ	上面	文字
45	港—36	汐留Ⅲ	外(5Jグリッド)	17	蓋	イ	—	Ⅱ	上下面	文字・記号
46	港—36	汐留Ⅲ	4G-0777	10	身	Ⅰ	天下一・堺ミなと/藤左衛門(二重)	Ⅰ	側面	文字
47	港—37	宇和島・国美	BSK10	3	身	Ⅱ	泉州堺磨生	Ⅲ	側面	文字
48	新—11	四谷三丁目	24号遺構	7	身	Ⅲ-2	—	Ⅳ	側面	模様
49	新—11	四谷三丁目	25号遺構	3	蓋	イ	—	Ⅲ	上面	文字
50	新—18	内藤町	A-50号遺構	510	蓋	イ	—	Ⅱ	上面	文字
51	新—18	内藤町	A-145号遺構	512	蓋	イ	—	Ⅱ	上下面	模様
52	新—25	南町	102号遺構	5	身	Ⅱ	泉湊伊織	Ⅱ	側面	文字
53	新—37	住吉町	99号遺構	7	身	Ⅱ	泉州磨生?	Ⅱ	側面	文字
54	新—37	住吉町	99号遺構	6	蓋	イ	—	Ⅱ	上面	その他

表22② 墨書を有する焼塩壺

No.	報告書コード	遺跡名	遺構名	報告No.	身/蓋	器形	刻印	時期	墨書部位	墨書種類
55	新－38	若松町	90号遺構	D71	蓋	イ	－	Ⅲ	上下面	その他
56	新－39	尾張藩上屋敷Ⅰ	61-5K-5	19	蓋	イ	－	Ⅲ	上面	文字
57	新－39	尾張藩上屋敷Ⅰ	61-5K-5	23	蓋	イ	－	Ⅲ	上面	模様
58	新－39	尾張藩上屋敷Ⅰ	61-5M-6	11	蓋	イ	－	Ⅱ	上下面	文字
59	新－39	尾張藩上屋敷Ⅰ	外（62-5K区）	11	身	Ⅱ	泉州麻生	Ⅱ	側面	その他
60	新－47	南町Ⅱ	3号遺構	61	身	Ⅱ	泉湊伊織	Ⅲ	側面	文字
61	新－51	尾張藩上屋敷Ⅱ	71-4C-1	10	蓋	イ	－	Ⅲ	下面	模様
62	新－51	尾張藩上屋敷Ⅱ	73-4C-1	17	蓋	イ	－	Ⅲ	上面	文字
63	新－53	南山伏町	191-a号遺構	3	蓋	イ	－	Ⅱ	上下面	文字
64	新－67	市谷薬王寺Ⅱ	254号遺構	1	身	鉢②	－	Ⅲ	底面	文字
65	新－74	信濃町	356号遺構	51	身	Ⅰ	天下一堺ミなと/藤左衛門（一重）	Ⅰ	側面	文字
66	新－82	河田町	C-362号遺構	12	身	Ⅱ	－	Ⅲ	側面	文字
67	新－84	尾張藩上屋敷Ⅴ	38-4Q-2	9	蓋	イ	－	Ⅱ	上面	文字・記号
68	新－84	尾張藩上屋敷Ⅴ	40-4Q-2	16	蓋	イ	－	Ⅲ	上面	模様
69	新－91	四谷2	61b号遺構	31	蓋	イ	－	Ⅱ	上下面	文字
70	新－97	尾張藩上屋敷Ⅵ	34-5F-1	15	蓋	イ	－	Ⅲ	上面	文字
71	新－98	尾張藩上屋敷Ⅶ	136-2Q-2	19	蓋	イ	－	Ⅱ	上面	文字
72	新－99	尾張藩上屋敷Ⅷ	163-3W-1	6	蓋	イ	－	Ⅱ	上面	模様
73	新－107	南伊賀町	52号遺構	15	身	Ⅱ	泉湊伊織	Ⅲ	側面	文字
74	新－107	南伊賀町	52号遺構	16	身	Ⅱ	泉湊伊織	Ⅲ	側面	文字
75	新－117	神楽坂4	外（表土）	1	身	Ⅱ	－	Ⅱ	側面	文字
76	新－120	坂町	4号遺構	261	身	Ⅱ	泉湊伊織	Ⅱ	側面	文字
77	新－120	坂町	4号遺構	262	身	Ⅲ-2	－	Ⅲ	側面	文字・記号
78	新－120	坂町	4号遺構	269	蓋	イ	－	Ⅲ	上下面	模様
79	新－122	水野原	A-001-102A	165	蓋	イ	－	Ⅱ	上下面	その他
80	新－122	水野原	B-001-444	600	蓋	イ	－	Ⅱ	上面	その他
81	新－122	水野原	C-002-64	856	蓋	イ	－	Ⅱ	上面	文字
82	文－8	東大病院（中診）	I29-1	2	蓋	イ	－	Ⅱ	上面	記号
83	文－9	東大御殿下	7号遺構	－	身	Ⅲ-2	－	Ⅳ	側面	文字
84	文－10	真砂Ⅲ	1号遺構	写真	蓋	イ？	－	Ⅲ？	上面？	絵画
85	文－25	春日（駒込追分）	128号遺構	19	身	Ⅱ	大上上吉改	Ⅱ	側面	絵画
86	文－25	春日（駒込追分）	128号遺構	20	身	Ⅱ	泉湊伊織	Ⅱ	側面	絵画
87	文－25	春日（駒込追分）	244号遺構	59	蓋	イ	－	Ⅱ	上下面	文字
88	文－30	東大1（家畜病院）	SK09	42	蓋	イ	－	Ⅱ	上面	模様
89	文－31-1	小石川駕籠町Ⅰ	69号土坑	080117	身	Ⅱ	泉湊伊織	Ⅱ	側面	文字
90	文－31-1	小石川駕籠町Ⅰ	133号土坑	080166	身	Ⅱ	泉湊伊織	Ⅱ	側面	文字
91	文－35-2	日影町Ⅱ	2号溝	7	蓋	イ	－	Ⅱ	下面	文字
92	文－35-3	日影町Ⅲ	256号土坑	36	蓋	イ	－	Ⅱ	上面	その他
93	文－37	小石川牛天神下	B113S	558	身	鉢③	－	Ⅱ	側面	模様
94	文－37	小石川牛天神下	C113S	642	蓋	オ	－	Ⅲ	下面	絵画
95	文－41	指ヶ谷町	25号遺構	9	蓋	イ	－	Ⅱ	上下面	文字
96	文－50	真砂Ⅴ	950号	14	蓋	イ	－	Ⅲ	上下面	文字
97	文－55	春日町Ⅶ	外（表採）	11	身	Ⅱ	泉州麻生	Ⅱ	側面	文字
98	台－1	白鴎	遺構外	1	蓋	ア	－	Ⅰ	上面	絵画
99	台－7	池之端七軒町	70号遺構	38	蓋	イ	－	Ⅱ	側面	模様
100	台－7	池之端七軒町	外（Ⅲ層一括）	13	身	Ⅱ	泉州麻生	Ⅱ	底面	文字
101	台－7	池之端七軒町	外（一括）	44	蓋	イ	－	Ⅱ	上面	文字
102	墨－3	錦糸町駅北口Ⅰ	54号遺構	20	身	Ⅱ	泉州麻生	Ⅱ	側面	文字
103	渋－7-2	千駄ヶ谷5	0218号遺構	1	身	不明	－	？	側面	その他
104	豊－2	染井Ⅱ	20号遺構	806	身	Ⅲ-2	－	Ⅳ	側面	その他
105	豊－13	染井Ⅴ	36号遺構	306	蓋	ウ	－	Ⅳ	上面・側面	その他
106	豊－15	東池袋Ⅰ（簡保）	18号遺構	218	身	Ⅲ-2	－	Ⅳ	側面	文字
107	豊－15	東池袋Ⅰ（簡保）	81号遺構	425	蓋	イ	－	Ⅱ	上面	文字
108	豊－23	雑司ヶ谷	外（Ⅱ-8層）	－	身	Ⅱ	泉州麻生	Ⅱ	側面	文字

グラフ23 墨書の有無

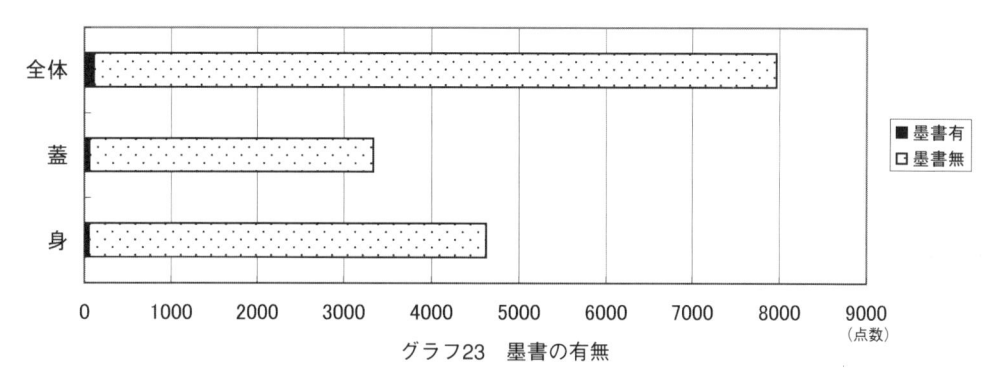

の出土総点数に対する墨書を有する焼塩壺の点数である。焼塩壺全体と蓋、身のそれぞれについて棒グラフにした。その結果、江戸主要部の遺跡で出土が報告された焼塩壺全7,970点のうち、墨書を有するものは108点で[1] 約1.36％を占める。蓋では3,343点中56点で約1.68％、身では4,627点中52点で約1.12％と、蓋の方が墨書の比率は高いことがわかる。もっとも、墨書を有するという特徴があるために、多くの遺物の中からそれが選び出されて報告されることは十分に考えられる

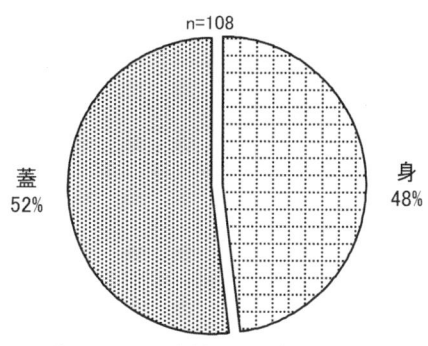

グラフ24 墨書焼塩壺の身と蓋の割合

ことであり、したがってこの比率が実際の出土数の比率を反映したものとは限らない。また同様に、刻印などの特徴を多くもつ身の方が、そうした特徴に乏しい蓋に比べて報告されやすい可能性があり、それが蓋と身の総点数の差になっているために、相対的に身における墨書の比率が低くなっていることも考えられる。このことは、墨書を有するもののみの点数や比率（グラフ24）で見ると、蓋と身とではさほど差がないことからもうかがわれる。

（3） **墨書される部位から**

次に墨書が焼塩壺のどの部分になされるかについて見ると、基本的な形状の違いから蓋と身とでは様相がまったく異なっていることは当然であるが、蓋にあっては上面のみと上下面に墨書されたものが大半で、下面のみに墨書されたものは上下面に墨書されたものよりもはるかに少ない。これに対し上面にあたる部位をほとんどもたない身にあっては、墨書の大半は側面に集中している（グラフ25）。これを具体的な数値で見ると、墨書のある蓋56点のうち、墨書が上面のみに見られるものは35点の62.5％、上下面に見られるものは15点の26.7％であり、両者を合わせると50点で89.2％

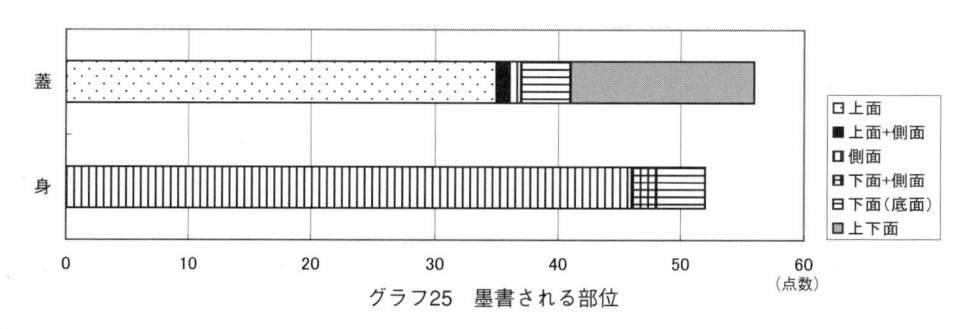

グラフ25 墨書される部位

を占める。また墨書のある身52点ののうち、墨書が側面のみに見られるものは46点の88.5％、側面と下面に見られるものは4点の7.7％であり、両者を合わせるとやはり50点で96.2％に達する。

　器形にもよるが、円盤を基調とする蓋にあって側面の占める面積そのものが少なく、また曲面であることを考慮に入れると、側面の少なさは当然ではあろうが、上面と下面とでは面積にさほど差がないにも関わらず、上面の墨書が圧倒的に優越することは、注目すべき様相である。

　一方、身の内面に墨書を施すことは物理的に困難であることを考慮して、これを除いて考えても、側面に対する底面の面積比よりもはるかに底面の墨書が少ない。もっとも容器としての焼塩壺の身の底面は、正立して置かれたときには接地しているために目に触れることのない部分であり、蓋の下面と同列に論ずることはできない。

（4）　墨書の種類から

　次に焼塩壺の表面に書かれた墨書そのものに目を向けることにする。表22の「墨書」の欄の下の「種類」欄は、墨書されたのが文字であるか絵であるかなどの大まかな分類であり、文字・記号・模様・絵画・その他の5種のいずれかに大別した。「文字」は判読できるか否かを問わず、明らかに何らかの内容を担った漢字や仮名と思われるもの。「記号」は何らかの内容を象徴的に表したと思われる印や家紋などで、文字か記号かの区別がつかないものも含む。「模様」は一定のパターンで面を埋めるもので、次の「絵画」よりも抽象性の高いもの。「絵画」は具体的な対象物の形状を写した具象画の類。「その他」は以上4種のいずれにも分類しえない単なる線や点などから構成されるもので、墨が面的に塗布されたものや単に墨が付着した可能性のあるものも含む。以下、これらの種類の墨書を「文字墨書」「絵画墨書」のように呼ぶことにする。また文字墨書、模様墨書、絵画墨書についてはさらに下位分類を行って分析を試みたが、それらについては次項以下で詳論する。

　こうした種類ごとの構成比をグラフ26に示した。なお、総数116点は複数の種類の墨書を別々にカウントしたのべ数である。これを見ると、文字墨書が59％と圧倒的多数を占め、わずかに絵画墨書が多いものの、残りの約40％がほぼ4等分されていることがわかる。次いで、これを蓋と身のそれぞれについてグラフ化したのがグラフ27である。これを見ると、記号墨書と絵

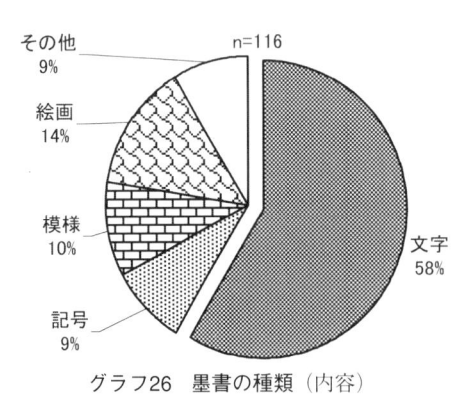

グラフ26　墨書の種類（内容）

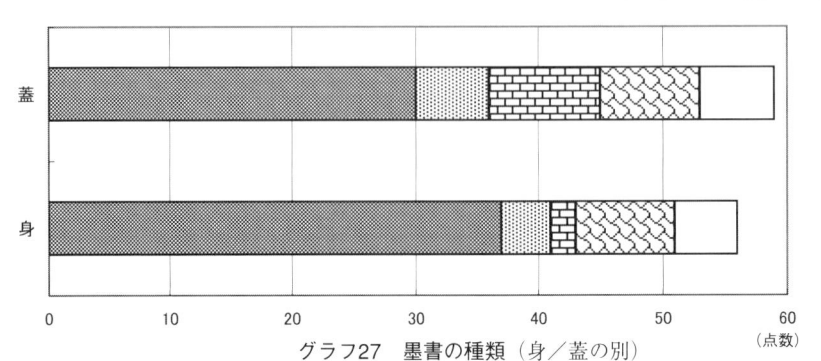

グラフ27　墨書の種類（身／蓋の別）

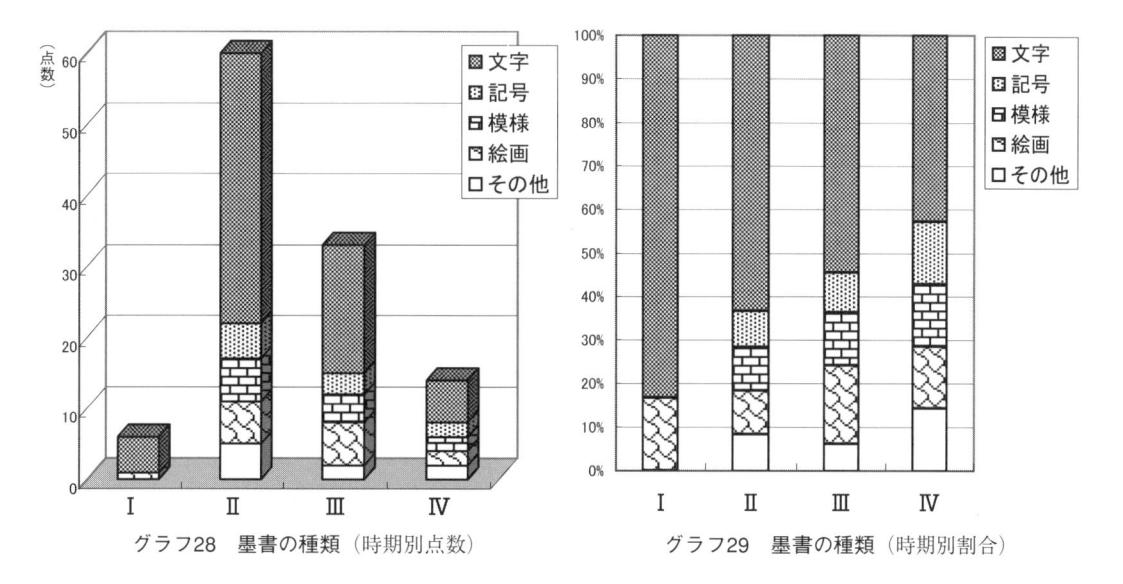

グラフ28　墨書の種類（時期別点数）　　グラフ29　墨書の種類（時期別割合）

画墨書は両者ともほとんど差がなく、蓋と身との差は模様墨書と文字墨書の部分に現れていること、それも蓋で模様墨書の多い分だけ身で文字墨書が多くなっていることがわかる。

　次に墨書の種類の時期的な様相を見る。まずⅠ～Ⅳ期までの各時期の墨書の種類を点数ベースで示したのがグラフ28である。各期ごとの総点数で見るとⅠ期は6点と少なく、それがⅡ期に60点と10倍に増加し、Ⅲ期は32点、Ⅳ期は14点と各期ごとにほぼ半減している。各期ごとの墨書のないものも含めた焼塩壺の総点数を求めていないので、この傾向が墨書のある焼塩壺に限ったことであるのか焼塩壺全体の傾向であるのかは判然としないが、これまで焼塩壺に携わってきた経験にもとづく感触からすると、おおむね焼塩壺全体の点数を反映したものと思われる。このグラフ28を時期ごとの構成比に直したものがグラフ29である。これからは、①Ⅰ期にはなかった模様墨書と記号墨書がⅡ期以降出現して次第に微増すること、②絵画墨書は各期を通じて一定量を占めること、③文字墨書が時期を追うごとに次第に減少していくことの3点が読み取れる。

（5）　文字墨書から

　ここで墨書の過半を占める文字墨書は、相対的に身の方に多く見られるものであることについては前項で述べた。それらのうち、側面に書かれたものは例外なく、身を円筒形として見たときの回転軸に平行となるように、そして口縁から底部に向かって身を正立した状態で置いたように縦書きされている。

　次に墨書された文字の内容についての検討を行う。これらの文字墨書は、内容に応じて「日付」「数値」「人名」「地名」「権威」「塩」「刻印」「その他」の8種類に細分し、文字であることはほぼ間違いないが判読できないものは検討から除外した[2]。

　内容別の比率を見ると、「塩」「権威」がやや卓越するが、際立って多数を占めるものはなく、内容が多岐にわたり、かつ多寡のばらつきが少ないことがうかがえる（グラフ30）。

　「日付」は漢数字に「月」や「日」「年」などの文字が添えられたものと、元号と思われる文字を記したものであり、7点見られる。「六月……丑寅」（No.5：図61-1）、「七月十日」（No.34）などの月

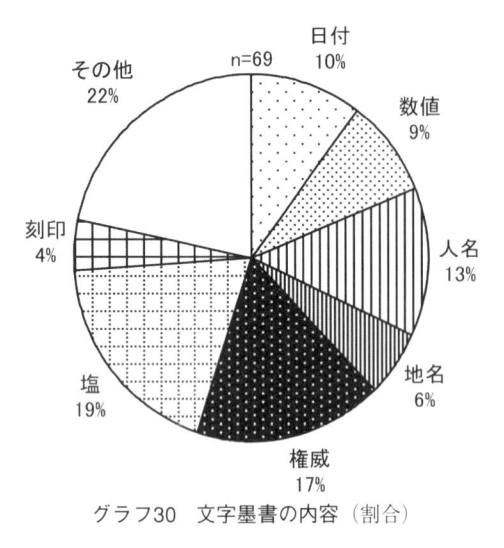

グラフ30 文字墨書の内容（割合）
n=69
日付 10%
数値 9%
人名 13%
地名 6%
権威 17%
塩 19%
刻印 4%
その他 22%

や日だけのものは年代を特定できないが、「安永二年」（No.6）、「明和九年壬辰」（No.66：図61-2）、「宝永」（No.108：図61-3）はそれぞれ西暦1773年、1771年、1704～1711年に対比され、焼塩壺の年代を特定する資料ともなることはいうまでもない。

「数値」は「匁」、「～つ」など日付であげた以外の助数詞の添えられたものと助数詞を伴わない漢数字で、6点見られる。このうち半数の3点は「匁」と思われる助数詞（単位）を伴っており、2点は「十八匁」（No.108：図61-3）・「拾八匁」（No.81）、1点は「十六匁」（No.107）であり、匁のつくものは近似の数値である。このほか匁はつかないが両数の間に位置する「十七」（No.100）もあり、何らかの関連があるのかもしれない。ちなみに、匁はわが国固有の重量単位で3.75ｇに相当し、また銀貨の貨幣単位としても10両＝銀1枚＝43匁として用いられた。このほか金1両を洒落て1匁ということもあったという。出土の頻度から考えても、焼塩壺1個の価格が金18両はもちろん、銀18匁にあたる3両近くもしたとは思われず、18匁＝67.5gという重量を表したものと考えるべきであろう。

「人名」は「金村」（No.60：図61-7）や「喜左衛門/川郷(弥)左衛門」（No.8：図61-4）などの姓や名と思われるものと、「大黒屋」（No.77：図61-6）のように屋号と思われるもので、都合9点見られる。なお「～門」のように人名の一部と思われるもの（4点）は表23には「？」を入れてあるが、以下の分析ではカウントしていない。このうち姓は4点、名は6点で、名の方が量的にやや優越する。

「地名」は国名を始めとする地名や寺社名と思われるもので、4点見られる。これらは上の人名とは異なり具体的な対象が比定しやすいので、詳しく見ておくことにする。「伊勢國」と墨書された例（No.75：図61-8）が出土した神楽坂四丁目遺跡［新-117］は、江戸時代においては小規模な旗本の屋敷地と考えられており、伊勢国との積極的な関連は見られない。これに対して明治期に属する資料であるが、東大御殿下地点［文-9］出土の「赤穂」と墨書された例は、その左に「鹽」の文字が見られ（No.83：図61-9）、実際に赤穂産であるか否かは別にして、塩の産地に対する言及と考えられる。また「一乗院……」と墨書された例（No.31）は紀伊国高野山一乗院を意味するものと考えられるが、出土地点は汐留遺跡（Ⅱ）［港-32］の龍野藩脇坂家屋敷跡部分である。龍野藩は播磨国揖東郡・揖西郡を中心に領する藩であり、高野山との積極的な関係はうかがわれない。一方、同じ寺社名の「増上寺」と墨書された例（No.19）は、増上寺子院群［港-7］遺構外よりの出土であり、現在のところ墨書と出土地点とが直接結びつけられる唯一の例である（両角 1992）。

「権威」は「上」のように権威そのものを象徴する文字（ただし「増上寺」を除く）と、「御」、「殿」などの権威に関する接頭辞や接尾辞を含む墨書のあるもので、13点見られる。内訳は「上」が3点、「御」が9点、「殿」が1点で、「御」が圧倒的に多い。このうち「上え……」（No.71：図61-12）、「御次」（No.26）、「御膳」（No.29：図61-11）と墨書されたものには、それぞれ「焼塩」「塩

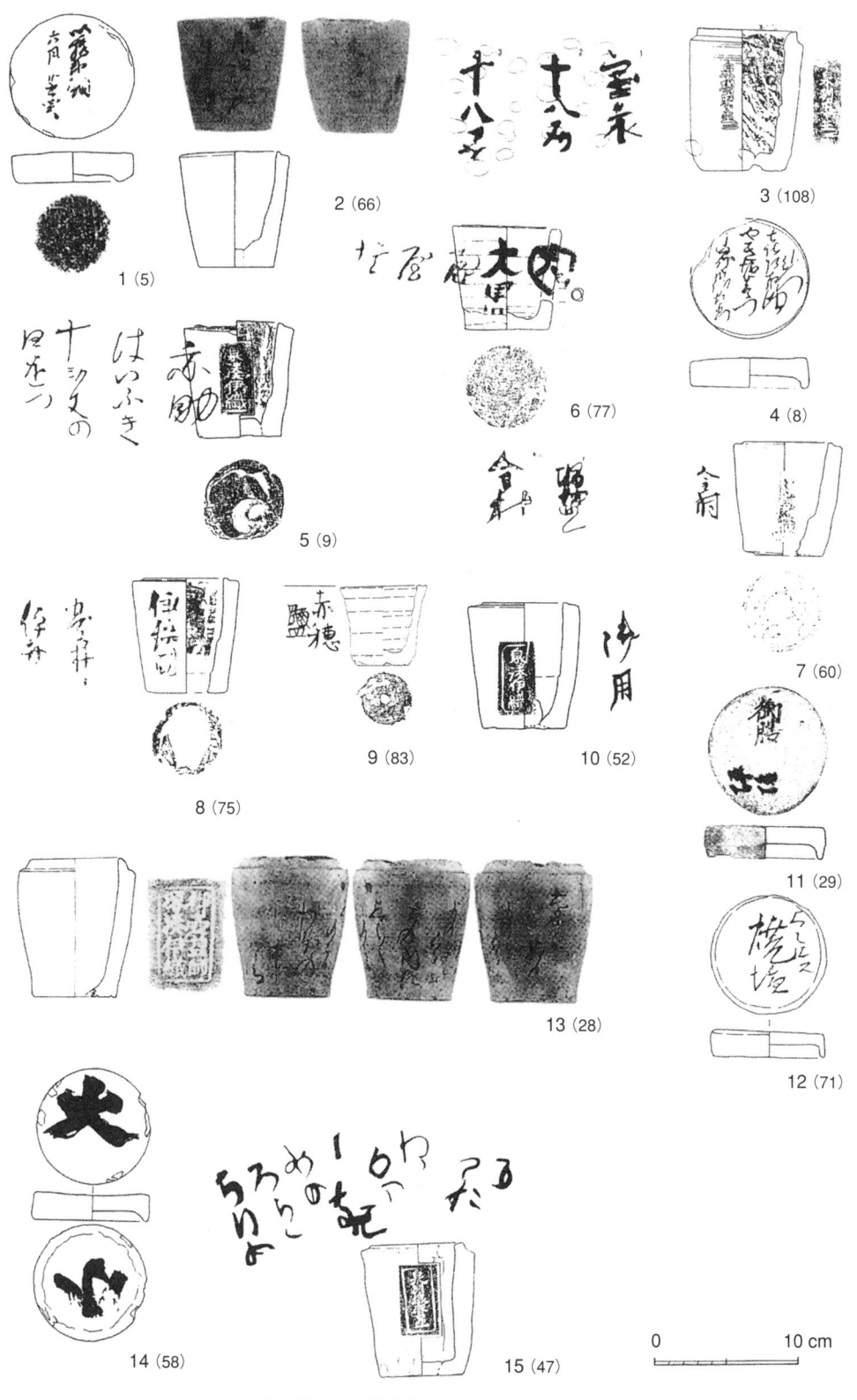

図61　墨書を有する焼塩壷(1)（文字）

表23 文字墨書を有する焼塩壷

	遺跡名	遺構名	身/蓋	時期	墨書内容	日付	数値	人名	地名	権威	塩	刻印	その他	備考
5	丸ノ内3	外(3区)	蓋	Ⅱ	「…/…六月…壬寅」	○		?						
6	和田倉	8号遺構	蓋	Ⅲ	「安永二年/…」	○								
34	汐留Ⅱ	境堀	身	Ⅱ	「七月十日/けち」	○							○	
46	汐留Ⅲ	4G-0777	身	Ⅰ	「…/七月/七/…」	○								
66	河田町	C-362号遺構	身	Ⅱ	側面「明和九年壬辰」「ちり」	○							○	
107	東池袋Ⅰ(簡保)	81号遺構	蓋	Ⅱ	「三月/十六匁/亥」	○	○							
108	雑司ヶ谷	外(Ⅱ-8層)	身	Ⅱ	「宝永」「十八匁?」「十八匁?」	○	○							
81	水野家	C-002-64	蓋	Ⅱ	「拾八(匁)」		○							
100	池之端七軒町	外(Ⅲ層一括)	身	Ⅱ	「十七」		○							
8	溜池一官邸一	外(A区)	蓋	Ⅱ	「衛門/喜左衛門/やき塩壱つ/山郷(弥)左衛門」		○	○		○				
9	四番町	134号遺構	身	Ⅲ	「赤助/はいふき/十弐文/旬をつ」		○	○					○	
45	汐留Ⅲ	外(5Jグリッド)	蓋	Ⅱ	「小平」「伝兵衛/庄助」・@			○						記号あり
70	尾張藩上屋敷Ⅵ	34-5F-1	蓋	Ⅲ	「中嶋/中…」			○						
76	坂町	4号遺構	身	Ⅲ	「かん蔵/白佐藤/菩…」			○						
77	坂町	4号遺構	身	Ⅲ	「○大/大黒/屋/屋/…」			○						記号あり
89	小石川駕籠町Ⅰ	69号土坑	身	Ⅱ	「…/富公」			○						
90	小石川駕籠町Ⅰ	133号土坑	身	Ⅱ	「五/四郎…」			○						
60	南町Ⅱ	3号遺構	身	Ⅲ	「金村/塩壷/金村」			○		○				
2	丸ノ内3	10号木組遺構	身	Ⅱ	「…たん…門」			?						
24	汐留Ⅰ	6K-0102	身	Ⅳ	「松」			?					○	
36	汐留Ⅲ	3I-271	身	Ⅰ	「…門…」			?						
63	南山伏町	191-a号遺構	蓋	Ⅱ	上面「…」下面「…八」			?						
31	汐留Ⅲ	5K-384	蓋	Ⅲ	上面「一乗院寺納…/…」下面「保…」				○					
75	神楽坂4	外(表土)	身	Ⅱ	「伊勢國/…井/…」				○					
19	増上寺寺院群	外	身	Ⅰ	「獨?」「増上寺」「殿?」「離」				○	○			○	
83	東大御殿下	7号遺構	身	Ⅳ	「赤穂/鹽」				○		○			
38	汐留Ⅲ	4I-659	蓋	Ⅲ	「御平　御平　御平御平」					○				
52	南町	102号遺構	身	Ⅱ	「御用」					○				
56	尾張藩上屋敷Ⅰ	61-5K-5	蓋	Ⅲ	「…/…/御…」					○				
91	日影町Ⅰ	2号溝	蓋	Ⅱ	「御守」					○				
101	池之端七軒町	外(一括)	蓋	Ⅱ	「上」					○				
102	錦糸町駅北口Ⅰ	54号遺構	身	Ⅱ	「上」					○				
26	汐留Ⅰ	6J-025	蓋	Ⅱ	「御次」「塩入」					○	○			
29	汐留Ⅱ	6I-落ち込み3	身	Ⅱ	「御膳」「坪塩」					○	○			
71	尾張藩上屋敷Ⅶ	136-2Q-2	蓋	Ⅲ	「上え/焼塩」					○	○			
95	指ヶ谷町	25号遺構	蓋	Ⅱ	上面「…/御塩壷/…」下面「…」					○	○			
21	旧芝離宮庭園	外	身	Ⅱ	「粕入/@/御…方/御…九」					○			○	記号あり
1	丸ノ内3	1号溝	蓋	Ⅱ	「焼塩」						○			
41	汐留Ⅲ	外(4Iグリッド)	蓋	Ⅳ	「焼鹽瓶」						○			
42	汐留Ⅲ	5I-264	身	Ⅱ	「…/御壷塩/…」・陽物?					○	○	○		絵画あり
64	市谷薬王寺Ⅱ	254号遺構	身	Ⅲ	「花塩」						○			
65	信濃町	356号遺構	身	Ⅰ	「焼塩」						○			
69	四谷2	61b号遺構	蓋	Ⅱ	上面「志…つ本」、下面「塩壷」						○			
4	丸ノ内3	26号溝H	身	Ⅱ	「泉州麻」							○		
27	汐留Ⅰ	脇坂拡張埋立層	身	Ⅱ	「泉州泉」・桜・鳥							○		絵画あり
20	旧芝離宮庭園	外	身	Ⅱ	「食?カ?」								○	
28	汐留Ⅱ	4K-030	身	Ⅱ	「…とぬる/よのまくら/この内に/志く志く/のこる/つ不の中/から」								○	
35	汐留Ⅱ	境堀	蓋	Ⅳ	上面「…」下面「嵐」								○	
49	四谷三丁目	25号遺構	蓋	Ⅲ	「…根/…根」								○	
58	尾張藩上屋敷Ⅰ	61-5M-6	蓋	Ⅱ	上面「大」、下面「小」								○	
67	尾張藩上屋敷Ⅴ	38-4Q-2	蓋	Ⅱ	「@ふて所/使ま…/@」								○	記号あり
96	真砂Ⅴ	950号	蓋	Ⅱ	上面「度嶂/…」下面「財?」								○	
106	東池袋Ⅰ(簡保)	18号遺構	身	Ⅳ	「…むら(雲)/花も…」								○	
30	汐留Ⅱ	5K-186	蓋	Ⅱ	「や」・@(塗布)								○	
7	和田倉	8号遺構	身	Ⅳ	「…」									
12	外神田4	外(C区)	身	Ⅰ	「…」									
13	外神田4	外(E～F区)	身	Ⅱ	「…」									
14	外神田4	外(E～F区)	身	Ⅱ	「…」									
40	汐留Ⅲ	5G-308	身	Ⅲ	「…」									記号あり
44	汐留Ⅲ	5J-597	蓋	Ⅱ	「…」									
47	宇和島・国美	BSK10	身	Ⅲ	「…」									
50	内藤町	A-50号遺構	蓋	Ⅲ	「…」									
53	住吉町	99号遺構	身	Ⅱ	「…」									
62	尾張藩上屋敷Ⅱ	73-4C-1	蓋	Ⅱ	「…」									
73	南伊賀町	52号遺構	身	Ⅲ	「…」									
74	南伊賀町	52号遺構	蓋	Ⅲ	「…」									
87	春日(駒込追分)	244号遺構	蓋	Ⅱ	上面「…」、下面「…」									
97	春日町Ⅶ	外(表採)	身	Ⅱ	「…」									

入」「坪塩」の文字が伴っており、「御塩壺」「御壺塩」「御塩」とともに、何らかの権威が「塩」に及んでいることを示唆するものとなっている。

「塩」は「塩」ないし旧字体の「鹽」の文字を含むものである。上の「権威」と同数の13点見られ、また上述したように「権威」と「塩」とが同一資料に見られるものは、このうち5点と高い比率を示す。また「焼塩」のように「焼」「やき」を頭に伴うものは5点、「塩壺」のように「壺」、「坪」（№29）、「つ本（＝つぼ）」（№69）を前後に伴うものも5点見られ、これらを伴わないものの方がむしろ少ない。また、「壺」については立項はしなかったが、上述の「塩壺」・「壺塩」に相当する語のほか、これに類する語として「焼鹽瓶」（№41）、「塩入」（№26）、「つ不（＝つぼ）」（№28：図61-13）も見られる。後述するように「つ不」は和歌のように長々と書かれたものの一部であるので除外するとしても、こうした（塩の）容器を表す語の多いことは注目される。

「刻印」は焼塩壺の刻印の印文と共通する文字列を含むもので、上述した「壺塩」の類を除く全部で3点見られるが、このうち「御壺塩」としたもの（№42）は無刻印のⅡ類の身に墨書されたものであり、「御壺塩」という刻印がⅢ-2類の壺に見られることを考えると、単なる一般名称である可能性が高い。一方、「泉州麻」の墨書（№4）は「泉州麻生」（内側二段角枠）の刻印をもつ身に、「泉州泉」（№27）は「泉州麻生」（長方形二重枠）の刻印をもつ身に見られるもので、刻印との対応関係が指摘できる。とくに後者は刻印の上をなぞるように墨書され、刻印を縁取る枠も墨でなぞられている[3]。文字墨書の範疇には含まれないが、刻印の枠が墨でなぞられている例は他にも見られる（№40）ほか、刻印の一部が墨で塗りつぶされた例（№30・32）もあり、墨書が行われる際に刻印が強く意識されたことをうかがわせるものとなっている。

「その他」は判読できるものの上記7項目のいずれにも属さないもので、15点を数える。このうち蓋の上面に「大」、下面に「小」がそれぞれ1字ずつ大きく墨書された例（№58：図61-14）は、かわらけの底部外面に見られるものを髣髴とさせるものではあるが、かわらけでは通常1字のみであるのに対し、この例では両面に頭をそろえて対処されている。また、一連の語が数行にわたって記されたものの中には「亦助／はいふき／十弐文の／句をつ」（№9：図61-5）、「……とぬる／よのまくら／この内に／志く志く／のこる／つ不の中／から」（№28：図61-13）のように俳句や和歌といった詩の類を思わせるものも存在する。前者の中の「はいふき」は『誹風柳多留』（浜田・佐藤監修 1987）の、焼塩壺を灰吹に転用する工夫を描いたとされる「切りおとし　やき塩つぼハ　あんじなり」（九篇15丁）の川柳を想起させ興味深いし、後者の「つ不（＝つぼ）」は焼塩壺という対象への墨書として即興的に作られたものであろうか。このほか、ほとんど判読できないが「……ちりぬ」の部分が読め、「いろはなどを習字したと見られる」と報告された例（№47：図61-15）も存在する。

これら文字墨書の時期的な様相を見ると、Ⅰ～Ⅳ期までの各時期における文字墨書の点数の動向は、墨書全体の時期別点数の動向とほぼ一致している（グラフ31）。またこのグラフを時期ごとの構成比に直したものがグラフ32である。これらからはとくに、①「日付」と「権威」がⅠ期からⅢ期まで一定割合存在しているのに対し、Ⅳ期には存在しないこと、②「地名」はⅠ・Ⅲ・Ⅳ期には一定割合存在するのに対し、文字墨書の絶対量がもっとも多いⅡ期には1点も存在しないこと、③「塩」は各時期にわたって一定割合存在する一方、「刻印」はⅡ期にのみ存在すること、の3点が読

272 第三部 特　　論

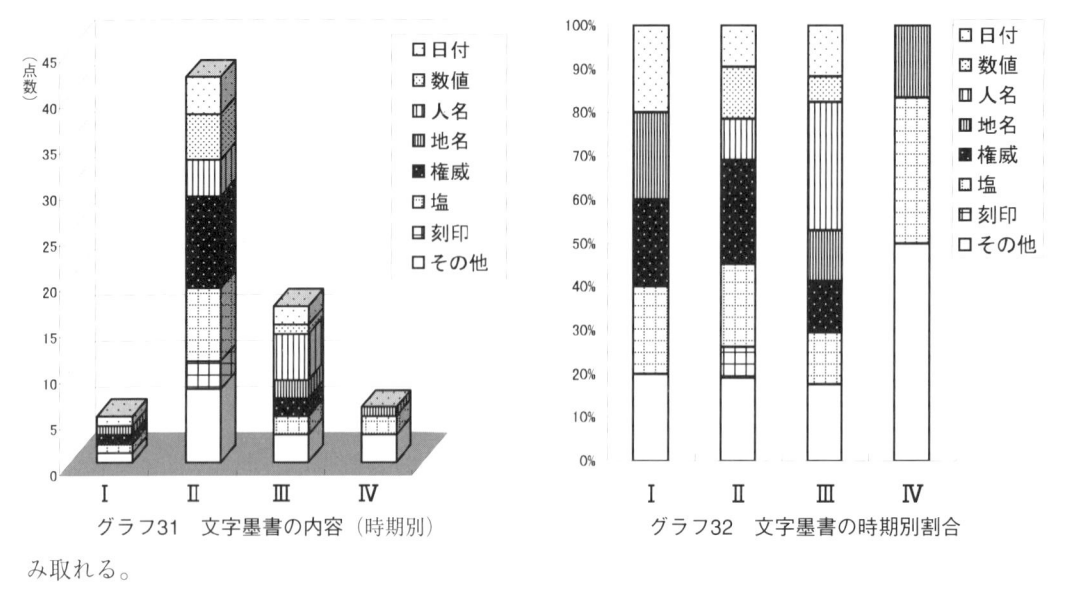

グラフ31　文字墨書の内容（時期別）

グラフ32　文字墨書の時期別割合

み取れる。

(6)　絵画墨書から

　身と蓋とで占める割合が文字墨書と対照的な絵画墨書は、描かれていると思われるものの内容から「人間」「動物」「植物」「器物」「他」の5種類に細分した。総点数が文字墨書の4分の1にも満たない数であるため、描かれている内容が明らかでないものは「他」と一括して扱った。

　「人間」は人体の一部を描いたと思われるもので、もっとも多く8点見られる。そのうち人面のみを描いたものは6点、焼塩壺の身全体を人間の頭部に見立てたもの（№10：図62-4）が1点、陽物を描いたと思われるもの（№42）が1点と、ほとんどが人間の顔を描いていることがわかる。その中には奴と思われる人物の顔を写実的に描いたもの（№25：図62-1）もあるが、多くは戯画的なものである。

　「動物」は猿（№17）、馬（№32）、鳥（№27）、海老（№43）の4点である。このうち馬、鳥、海老は対象物の全体の姿を描いているのに対して、猿は顔面のみが描かれており、上述した「人間」の様相と共通している。また、猿は蓋の上面に戯画化されて描かれているが、残りは身の側面に比較的写実的に描かれているという相違もある。

　「植物」の1点は、鳥とともに風景の一部として、おそらくは桜の枝や花が写実的に描かれたものであり（№27）、次に述べる模様墨書に分類した「花弁」とは異なるものである。

　「器物」は「剣」（№15：図62-6）と「箍（たが）」（№43）の各1点の合計2点のみである。「剣」は蓋の上面に、雲を始め意図の明らかでない絵とともに円弧状に配されている。これらの中央には湾曲する太い線が長短2本接するように書かれ、その脇に楕円形がやはり太い線で描かれている。これらは、それぞれ刀身の通る孔（＝中心櫃）と小柄の通る孔（＝小柄櫃）を描いた刀の鍔のようにも見え、蓋全体を丸形の「鍔」に見立てたものとも思われる[4]。後者には前項の「海老」や次項の「青海波紋」もともに描かれているが、箍を表現することで、これが描かれた焼塩壺の身全体を「酒樽」に見立てたものと思われるものである。鉢形はもちろん、Ⅰ類、Ⅱ類、Ⅲ-1類といった他の焼塩壺ではなく、Ⅲ-2類の器形が酒樽に類似していることによるものであろう。

第 5 章 墨書を有する焼塩壺 273

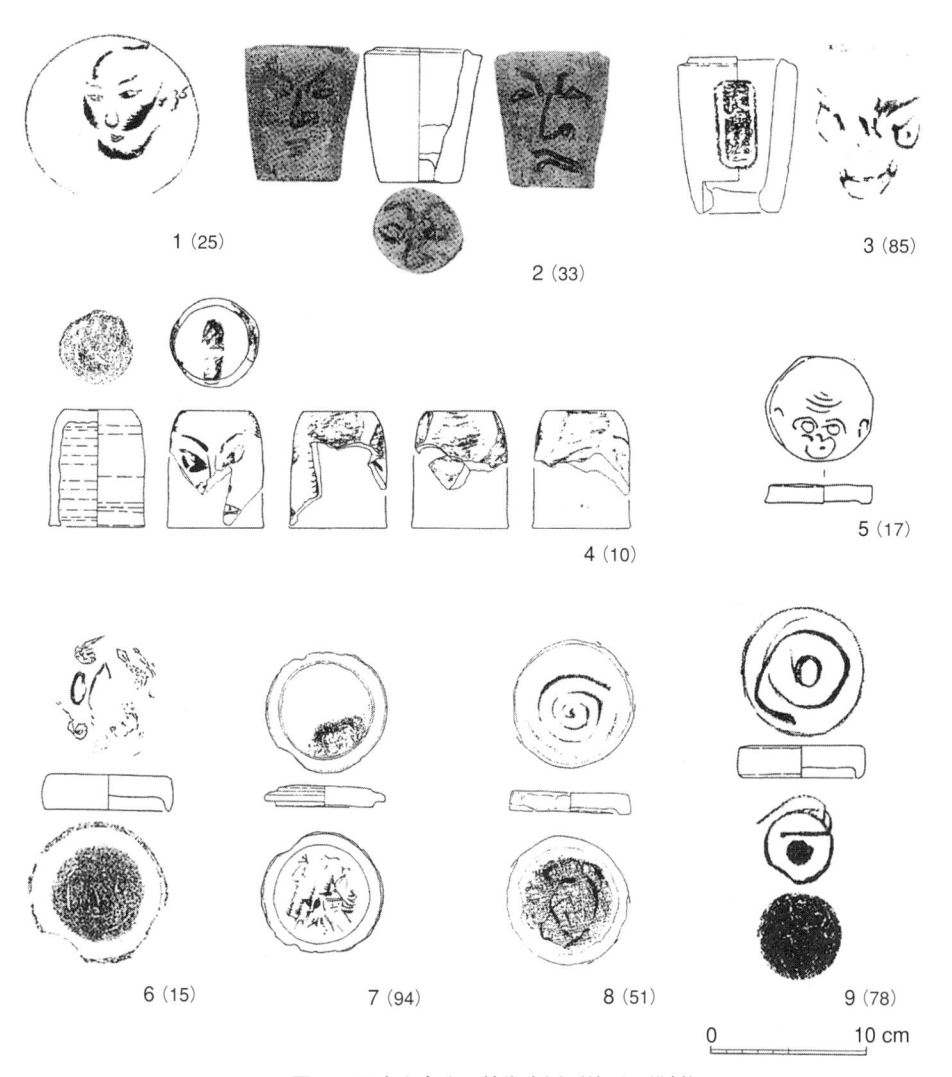

図62 墨書を有する焼塩壺(2)（絵画・模様）

　「他」および不明は 3 点のみであるが、その中には山水画風の、まさに絵画と呼べるようなものも見られる。なお、絵の一部とも見えるため文字にはカウントしなかったが、この山水画の上部には文字とも思える部分がある（№94：図62-7）。
　絵画墨書は、文字墨書に次ぐ数ではあるものの、総点数は18点と少なく多くのことは述べられないが、内容別の割合を見ると（グラフ33）、「人間」が44％と圧倒的に多く、これに「動物」の22％が次ぐことが指摘できる。このほか文字が伴う例が 2 点、模様が伴う例が 1 点ある。Ⅰ～Ⅳ期までの各時期に

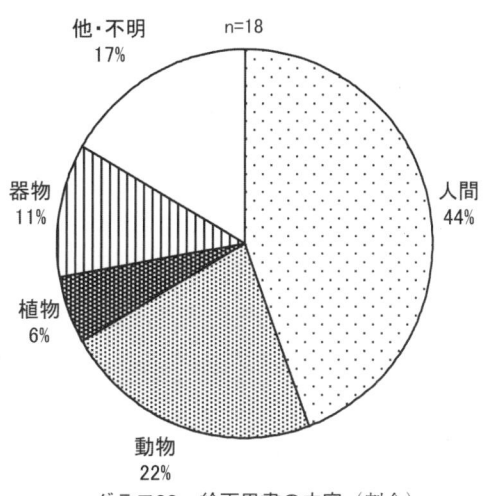

グラフ33　絵画墨書の内容（割合）

274　第三部　特　　論

グラフ34　絵画墨書の内容（時期別）

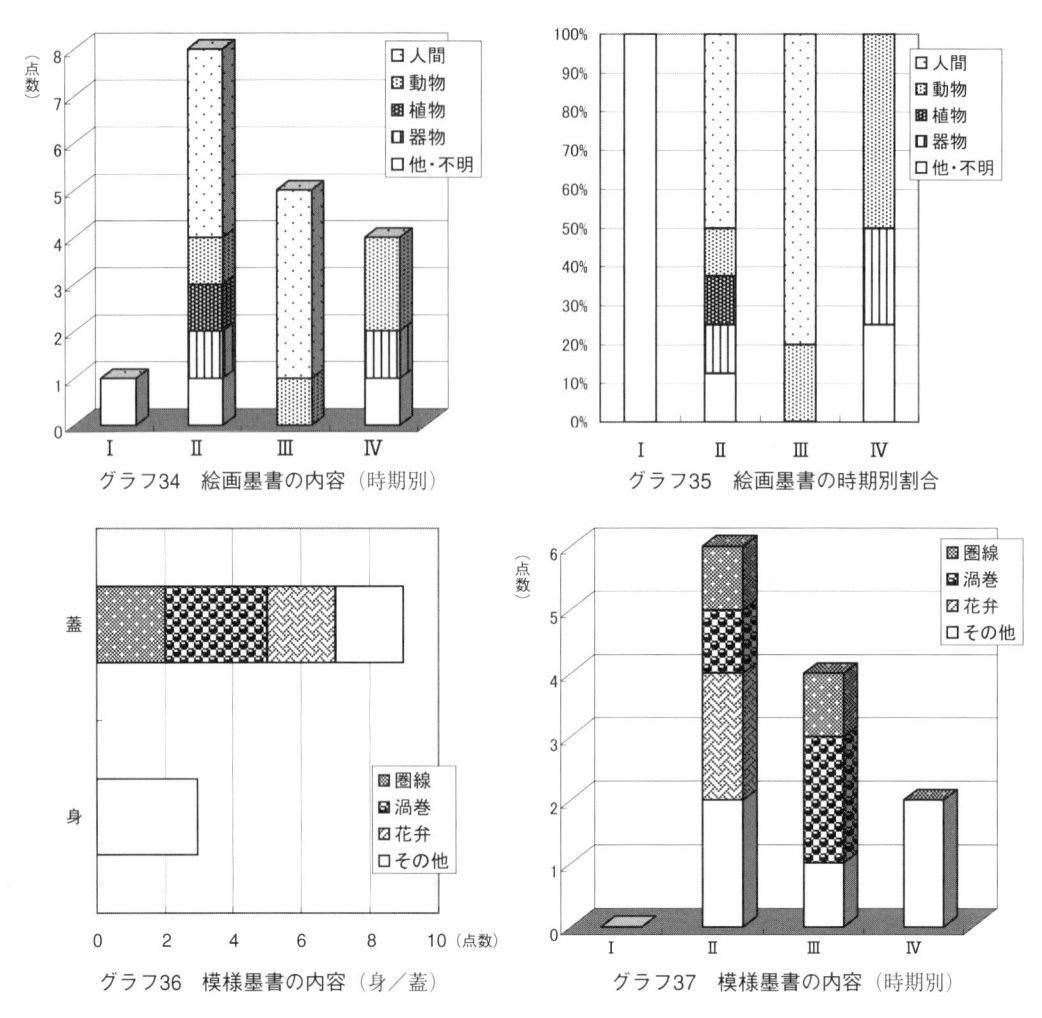

グラフ35　絵画墨書の時期別割合

グラフ36　模様墨書の内容（身／蓋）

グラフ37　模様墨書の内容（時期別）

おける絵画墨書の点数の動向は、文字墨書と同じく墨書全体の時期別点数の動向とほぼ一致している（グラフ34）。このグラフおよびこれを時期ごとの構成比に直したグラフ35を見ると、①「人間」はⅡ期で50％、Ⅲ期で80％と高い比率を示すにも関わらず、Ⅰ期・Ⅳ期にはまったく見られないこと、②「動物」の比率はⅠ期0％、Ⅱ期12.5％、Ⅲ期20％、Ⅳ期50％と次第に増大していることの2点が指摘できる。

（7）　模様墨書から

　模様墨書に分類される例は、絵画墨書に比べてもさらに少ない12点であり、内容は「圏線」「渦巻」「花弁」「他」の4種類に細分できる。

　「圏線」は一重の円形を基本とする線で、2点ある。「渦巻」は螺旋を描くように中心から外周に向かって、あるいは外周から中心に向かって径を狭めていく円弧状の線で、3点ある（№51：図62-8・№78：図62-9）。「花弁」はその名のとおり花びらを表した放射状の曲線で、2点ある。「他」は斜格子文などで、5点ある。

　これら模様墨書の蓋と身との点数と種類を見ると（グラフ36）、蓋9点に対して身が3点と蓋が圧倒的に多く、また「圏線」「渦巻」「花弁」はいずれも蓋に見られることがわかる。また、時期

表24 絵画・模様等の墨書を有する焼塩壺

No.	遺跡名	遺構名	身/蓋	時期	種類	内容
11	永田町2	SX69	蓋	Ⅲ	絵画	人面
25	汐留Ⅰ	外(6Jグリッド)	蓋	Ⅱ	絵画	人面
33	汐留Ⅱ	5L-139	身	Ⅲ	絵画	人面
84	真砂Ⅲ	1号遺構	蓋	Ⅲ?	絵画	人面
85	春日(駒込追分)	128号遺構	身	Ⅱ	絵画	人面
86	春日(駒込追分)	128号遺構	身	Ⅱ	絵画	人面
10	飯田町―再―	1450号遺構	身	Ⅲ	絵画	人の頭部(逆位)
17	麻布台一丁目	N44P	蓋	Ⅳ	絵画	サルの顔
15	外神田4	外(L区)	蓋	Ⅱ	絵画	雲・剣
32	汐留Ⅱ	5K-404	身	Ⅲ	絵画	馬
94	小石川牛天神下	C113S	蓋	Ⅲ	絵画	山水画
18	白金館址Ⅱ	161P	蓋	Ⅲ	絵画	二重枠状
98	白鴎	遺構外	蓋	Ⅰ	絵画	不明
43	汐留Ⅲ	外(5Iグリッド)	身	Ⅳ	絵画・模様	籠、海老、青海波紋
27	汐留Ⅰ	脇坂拡張埋立層	身	Ⅱ	絵画・文字	「泉州麻」・桜・鳥
42	汐留Ⅲ	5I-264	身	Ⅲ	絵画・文字	「…/御壷塩/…」・陽物
61	尾張藩上屋敷Ⅱ	71-4C-1	蓋	Ⅲ	模様	圏線
72	尾張藩上屋敷Ⅷ	163-3W-1	蓋	Ⅱ	模様	圏線
51	内藤町	A-145号遺構	蓋	Ⅱ	模様	渦巻
68	尾張藩上屋敷Ⅴ	40-4Q-2	蓋	Ⅲ	模様	渦巻
78	坂町	4号遺構	蓋	Ⅲ	模様	渦巻
3	丸ノ内3	26号溝G	蓋	Ⅱ	模様	花弁
88	東大1(家畜病院)	SK09	蓋	Ⅱ	模様	花弁
48	四谷三丁目	24号遺構	身	Ⅳ	模様	斜格子文
57	尾張藩上屋敷Ⅰ	61-5K-5	蓋	Ⅲ	模様	放射状平行線
93	小石川牛天神下	B113S	身	Ⅱ	模様	連弧文
99	池之端七軒町	70号遺構	蓋	Ⅱ	模様	山形+平行線
22	旧芝離宮庭園	外	身	Ⅳ	記号	＠・塗布
23	旧芝離宮庭園	外	身	Ⅳ	記号	(丁字状)
39	汐留Ⅲ	外(4Iグリッド)	蓋	Ⅲ	記号	結綿紋
40	汐留Ⅲ	5G-308	身	Ⅲ	記号	(刻印枠縁取り)
82	東大病院(中診)	I29-1	蓋	Ⅱ	記号	梅鉢
21	旧芝離宮庭園	外	身	Ⅱ	文字・記号	「粕入/＠/御…方/御…九」
30	汐留Ⅱ	5K-186	蓋	Ⅱ	文字・記号	「や」・＠(塗布)
45	汐留Ⅲ	外(5Jグリッド)	蓋	Ⅱ	文字・記号	「小平」「伝兵衛/庄助」・＠
67	尾張藩上屋敷Ⅴ	38-4Q-2	蓋	Ⅱ	文字・記号	「＠ふて所/使ま…/＠」
77	坂町	4号遺構	身	Ⅲ	文字・記号	「○大/大黒/屋/屋/…」
16	外神田4	外(M区)	身	Ⅳ	その他	(へ状)
37	汐留Ⅲ	4I-155	身	Ⅲ	その他	平行線、曲線
54	住吉町	99号遺構	蓋	Ⅱ	その他	列点
55	若松町	90号遺構	蓋	Ⅲ	その他	コ字状
59	尾張藩上屋敷Ⅰ	外(62-5K区)	身	Ⅱ	その他	塗布
79	水野原	A-001-102A	蓋	Ⅱ	その他	列点
80	水野原	B-001-444	蓋	Ⅱ	その他	直線
92	日影町Ⅲ	256号土坑	蓋	Ⅱ	その他	直線
103	千駄ヶ谷5	0218号遺構	身	?	その他	不明(図・記載無)
104	染井Ⅱ	20号遺構	身	Ⅳ	その他	塗布
105	染井Ⅴ	36号遺構	蓋	Ⅳ	その他	塗布

別の点数の動向を見ると(グラフ37)、Ⅰ期は0点であるが、基本的には墨書全体の時期別点数の動向と一致していることがわかる。また「圏線」や「渦巻」はⅡ期とⅢ期に見られるが、「花弁」はⅡ期にのみ見られることも指摘できる。

(8) 記号墨書から

文字墨書に準ずる記号墨書については表24に掲載した。表中では言葉で説明しづらい記号については「＠」で表してある。全部で10点あるが、「その他」に分類されるようなものから、模様に相当

するものまで多様である。このうち半数の5点が文字とともに墨書されているという特徴がある。
　なお、家紋と思われるものも2点（No.39・No.82）あるが、このうちNo.82の梅鉢は前田家の家紋であり、出土地点の加賀前田家との関係が想定できる。

第2節　考　　察

(1)　整理の結果から

　ここまで見てきた整理の結果にもとづくと、墨書の有無において蓋が身に比べて墨書を有する比率が高いことは、蓋の方が墨書しやすい平面を広くもっていることによるものであるものと考えられる。また墨書される部位として、蓋では上面が下面に比べて圧倒的に多いことは、内容物の入った状態、つまり蓋をした状態の焼塩壺にあっては、蓋の上面がもっとも目につきやすい部位であることを反映したものであろう。また身では、わずかの例外を除けば側面に縦に（正立した状態で）書かれていることは、ものを書くという行為の習慣に関連しているものと思われる。すなわち現在のわれわれにとっては、円筒の側面に文字を記す機会はきわめて少ないと考えられるが、このような姿勢はちょうど巻紙に書状をしたためるときと同じであることから、当時の人にとっては日常的な所作の一つであったと考えられるのである。これに対して墨書の種類において、蓋で絵画墨書が多く、また模様墨書の多い分だけ身で文字墨書が多くなっていることは、上述したことと関連しており、文字が巻紙に書かれることもあるのに対し、絵画は通常机上で平面に書かれるのが普通であるということを反映しているのかもしれない。

　Ⅰ期にはなかった模様墨書と記号墨書がⅡ期以降出現して次第に微増することは、文字墨書が時期を追うごとに次第に減少していく傾向の裏返しであり、これは、冒頭で述べた近世以前の墨書のあり方と重ね合わせてみると、きわめて興味深い。つまり、土器などに施される墨書というものが、近世以前の段階ではほとんど文字であり、近世に入っても初めは文字の占める比率が高く、これが次第に減少していく、という状況がうかがわれたわけであり、筆によって書くという行為そのものにおける文字の比重の相対的な低下を反映したものとも思われるのである。

　文字墨書の中で「塩」や「壺」、あるいは「焼塩」などの語が卓越することは、焼塩壺に対する墨書であるから、ある意味では当然であろうが、逆に「焼塩壺である」とか「塩の容器である」と一見してわかるものに、あえてそういう意味の墨書がなされるということの意味を問うべきであろう。

　絵画墨書の中では「人間」、とくにその顔を戯画的に描いたものが多いということは、墨書に限らず、何らかの絵画を描くときにも通有の傾向を表していると思われる。

　模様墨書が身に比べて蓋に多く見られるという結果については、それらが円形を基調とする「圏線」や「渦巻」、「花弁」といった、円形の画面に展開しやすいもので占められていることとも関連し、空白（の画面）を埋めようとする心理を反映したものといえるかもしれない。

(2)　焼塩壺に見られる墨書のもつ性格

　ここまで見てきたように、他の遺物と同様、焼塩壺においても墨書の中でもっとも多いのは文字墨書であった。しかし冒頭でも述べたように、陶磁器の墨書が使用者や使用場所、購入した時期な

どを記した"覚え"であり、またかわらけの墨書が宴席での位置づけや、あるいは地鎮・胞衣埋納といった営為に関わるもので、いずれも実用的な目的でなされたものであるという特徴をもっている。これに対し、焼塩壷に見られる文字墨書には「権威」に分類された「御膳」のように使用者・所有者に関わるもの、年号・日付など実用的な墨書の可能性のあるものも存在するとはいえ、戯れ歌の類や同一の語句を繰り返し綴ったものなど、実用とは思われないものも数多く存在する。「いろは歌」と思われる文字墨書も、「いろはなどを習字したと見られる」と報告されてはいるものの、実用的な要素はむしろ少ないと考えられる。実用であるか非実用であるかを内容や書体などから峻別するのは困難ではあるが、焼塩壷に見られる文字墨書に非実用的な要素をうかがわせるものが多いことは、その大きな特徴として指摘できよう。

さらに絵画墨書も含めると、焼塩壷に対するいわば「見立て」が行われていることも、墨書焼塩壷の特徴である。文字墨書では明瞭な例は少ないが、蓋の上下面に「大」・「小」の文字を記したものは、あるいは月の大小を示すのに用いられた大小暦（=「柱暦」「大小の額」、あるいは単に「大小」ともいう）に見立てたものとも思われる[5]。一方、絵画墨書に分類したものの中には焼塩壷の身を逆位において人間の頭部に見立て、顔や髷、月代を表現したもの（№10：図62-4）や、酒樽に見立てて箍などを墨書したもの（№43）、あるいは蓋を刀の鍔に見立てたと思われるもの（№15：図62-6）などがある。これらも実用に供することを目的としたものではない、非実用的な墨書であろう。

このように見ると、一概に「遊び」=非実用とはいえないが、焼塩壷は他の器物に比べてはるかに「遊び」心が横溢した墨書のカンバスであったといえる[6]。そしてその要因は、宴席に置かれ使い捨てにされたといわれる焼塩壷のもつ性格と不可分のものであったであろう（渡辺 1993）。また、同じく宴席で用いられ使い捨てにされたといわれるかわらけには、こうした非実用的な墨書が少ないことは、式正の宴席のみで用いられるという性格の差、あるいは目に触れる上面の部分には飲食物が満たされるという、形状や使用方法の差によるものであるかもしれない。

もちろん、焼塩壷がこうした性格をもつ遺物であるという見解に対しては、疑義も唱えられてはいるが（山中 2002）、逆にこうした墨書の分析が焼塩壷やかわらけのもつ性格の解明に寄与する可能性も指摘できよう。

（3）　墨書研究の意義

墨書というきわめて限られた属性のみを通じて、実用であるか非実用であるか、あるいは「遊び」であるのか否かといった、書いた人の考えや心理、状況を読み取るのは困難である。しかし通常、文字や記号、模様、絵画といったものは特定の目的で書かれたり描かれたりしている。中でも文字や記号は何らかの「意味」を担っており、器物に対する墨書はその所有者や内容物を表示したり、購入時期を記録したりするなど、将来の自分をも含めた他者へのメッセージである場合がほとんどであろう。そのまま地中に埋めてしまう地鎮具や胞衣埋納用のかわらけの場合でも例外ではなく、超自然的な存在に対する何らかのメッセージを担っているといえよう。

ところが焼塩壷の墨書の中には、こうした目的的なメッセージという側面だけでは解釈しえないものが多く見られることから、宴席での座興として焼塩壷を何かに見立て、あるいは焼塩壷にちな

む狂歌の類を即興で作るなどして、焼塩壺に墨書したという状況が想定できそうである。

　これらは、いわば「その場限り」のものではあっても、他者に示すことを意識したものであるが、一方で無意識的な墨書も想定できる。われわれも日常生活の中で電話をしながらメモをとっていて、無意識のうちにテーマとなっている言葉やそこから連想された文字や絵、記号などを書いたり、その文字の周りに奇妙な枠線を書いたりしていることに気づくことがある。それが焼塩壺であることは一見してわかるにも関わらず、「焼塩」「壺塩」に類する語句が墨書されている資料を見るとき、そのような無意識の行為を思い起こしてしまう。その場で話題となっている人物の名や、焼塩壺という特異なモノの存在に触発された刻印の印文なども、こうした状況で墨書されたと考えることもできよう。

　このように考えると、文字を書くという行為が日常においてどのような意味をもつものであるかを問い直さざるをえない。「筆を執る」「筆が立つ」などという言葉に代表されるように、「筆」はけっして絵画ではなく文字を書く行為の象徴である。焼塩壺の社会的階層との関係や宴席におけるあり方については議論のあるところではあるが、日常生活の中で身近に筆があったり、矢立のような形で筆をもち歩いたりしているような生活のあり方は、識字率とは別に墨書という行為に深く関与していることは間違いあるまい。

　また、まったく異なる観点であるが、墨書を詳細に観察すると、使用時における焼塩壺の状態を知ることができる。壺そのものの焼成と壺塩の生産とで二度焼きされる焼塩壺は、その表面が剥落していることがあるが、こうした剥落は廃棄後地中にあったためであるのか、あるいは使用される以前からそのような状態であったのかについては明らかでなかった。ところが汐留遺跡（Ⅰ）［港-29］の全面に墨書がなされた資料（No.27）においては、墨書が器面の剥落した部分とそうでない部分にまたがっているのを観察することができた。このことによって、当時表面が剥落した状態で使用されていた、ということを知ることができるのである。墨書の種類や内容のみならず、墨書の対象物としての焼塩壺も改めて観察する必要があると思わせる資料である。

第3節　小　　　結

　生産や流通にかかる営為や意図の反映である刻印や成整形の痕跡とは異なり、墨書は使用痕や加工痕とともに、あくまでも焼塩壺を利用に供した者の営為や意図の反映であり、また使用時の状態をもうかがい知ることができる貴重な情報源である。しかしながら、発掘調査報告書の中には実測図として示すことなく、写真のみで報告している場合が多く、また文字墨書については単に「墨書あり」と観察表に記すのみで、読み下すことをしないものもあり、墨書のもつ重要性が看過されているといわざるをえない。本章での試みを通じて、詳細な観察と報告がなされることを希望したい。

　今回は江戸遺跡出土資料に限った分析を行ってきたため、ここでの結論はあくまでも都市江戸における様相の分析にとどまっている。今後は他の地域における同様の分析を試みるとともに、かわらけ、火鉢などの土器類、あるいは陶磁器、石製品といった他器種・他素材に見られる墨書、あるいは中世や近代など、他の時代おける墨書のあり方を対比する必要もあろう。また、円筒形の対象物の側面に、平面と同様巧みに文字を記すといった"所作"という観点からも、墨書という行為を

第 5 章　墨書を有する焼塩壺　279

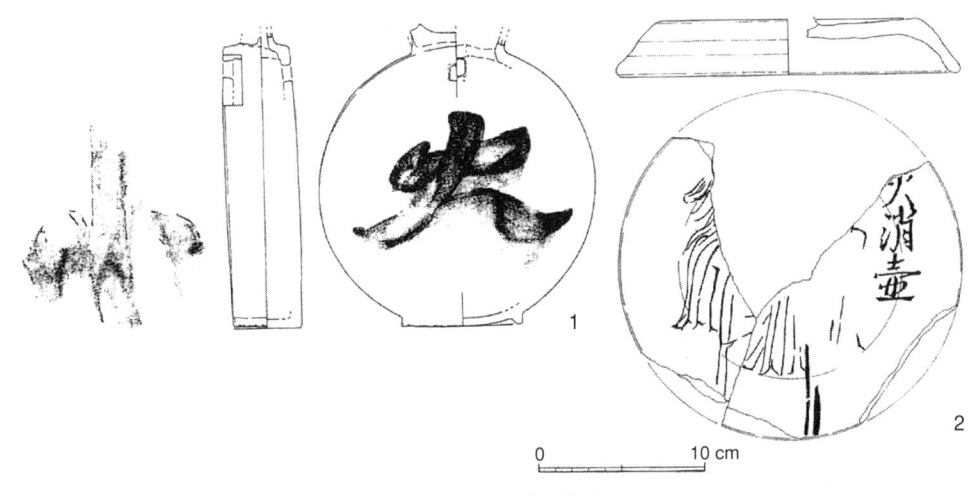

図63　墨書関連資料

見直し、墨書という属性の分析を深化させていきたい。

註
1) 焼塩壺は、報告書に実測図の掲載されたものをカウントしている。したがって、写真のみの掲載や文章のみ記載のものは除外している。また総数には含んでいないが、墨書を有する焼塩壺については報告書以外の媒体のみによる紹介（2例）をも含んでいる。
2) 読み下しは基本的に報告書のものを採用したが、読み下しの書かれていないものについては、筆者が判読を試み、また一部については蛭田廣一氏のご教示を得た。
3) 報告書の写真図版では判然としないが、東京都埋蔵文化財センター池袋分室にて実見して確認している。
4) 脇の楕円形の一部が膨らんでおり、笄が通る笄櫃のようにも見えるが、笄櫃であれば膨らみが外側に向いているはずである。
5) 円形で両面に「大」・「小」の文字を記した掛花生が、南山伏町遺跡［新-53］で出土している（図63-1）。報告では「胴部の正面観が扁壺状に円形を呈し、胴部両面ともに上部には方形の孔を持つことから掛花生けと捉えられる。胴部両面には『大』『小』字が鉄絵で描かれ、全体に御深井釉が施されている。陰暦の大の月、小の月を表す木製の大小文字盤を写したものと考えられる」とあるが、両面に孔をもつことから実用に供せられていたと思われる。
6) 焼塩壺以外の遺物になされた非実用的な墨書としては、小形の土師質皿である、いわゆるかわらけなどに人面を描いたものが稀に見られるほか、真砂遺跡第3地点［文-10］出土の火消壺の蓋として使用されたと思われる蓋形製品の内側（下面）に「火消壺」と墨書し、その傍に火消の纏と思われる絵を描いたものがある（図63-2）。後者の例を紹介した筆者は、「(纏と思われる絵は) 火消し組と火消し壺の『火消し』という言葉に掛けた何らかの戯画」であり、「『火消壺』という墨書はいわば戯画の絵解きをするキャプションの役割をしていた」と考えている（小川1993d）。墨書によって、蓋形製品の使用形態が推定された例であるとともに、近世における墨書というものの多様な性格の一端を垣間見ることのできる例でもある。

第6章　焼塩壺の使用形態

　これまでの研究では、焼塩壺の流通や消費に至る具体的な様相が今一つ充分とはいえなかった。ところが、染井遺跡（Ⅴ）［豊-13］35号遺構から出土した遺物の中に、焼塩壺の結束・梱包方法を知るうえ重要な痕跡と思われる「火だすき」を明瞭に残すものが存在する。本章では、焼塩壺の流通や消費に関する研究に一石を投ずると考えられる資料として、関連すると考えられる絵画資料と併せて論ずるものである。

第1節　「火だすき」のある焼塩壺（図64-1）

　本資料の法量は口径約 6.2 cm、底径約 5.6 cm、器高約 6.7 cmを測る。無刻印のⅢ-2類で口唇部がやや外反し、底部直上は縮約される。底面には左回転の糸切痕が認められる。体部外面は赤色で、内面はススが一面に付着している。18世紀後葉に位置づけられる。

　外面には「火だすき」と思われる黒色化した部分がある。縦方向には 7 本がほぼ等間隔に走り、横方向には底面から約 3 cm上に 1 本、約 4 cm上にさらに 1 本の都合 2 本が体部をめぐるが部分的に重なる部分がある。底面には縦方向の 7 本が放射線状に見られる。とくに一方から強く火を受けたように、「火だすき」の一部分およびその内側はより黒色を呈する。

　類例としてはほかに、麻布市兵衛地区武家屋敷跡遺跡［港-14］からⅢ-2類の身に伴うと考えられるイ類⑤の蓋（図64-2：伊藤 1995）、および麻布台一丁目遺跡［港-2］からⅢ-2類の破片が 1 点報告されている（図64-3）。

第2節　焼塩に関連する絵画資料について

　筆者は焼塩に関連する絵画資料について宮崎勝美氏よりご教示を受けたが、その一部が上述の資料にも関連すると思われるので、ここで併せて紹介する。

　図65は東京藝術大学芸術美術館に柴田是眞『写生帖・縮図帖』として登録されている資料のうちの一葉であり、同美術館のご厚意によってここに掲載するものである。『写生帖・縮図帖』は残念ながら現在その全容を見ることはできないが、『柴田是眞の図案手本』（小町谷ほか 1980）には「諸国名産意匠」として同趣の図が多く収録されている。そこには諸国の産物の包装紙そのものに描いたものや、図中にラベルを張りつけたものも含まれており、是眞がそうした産物の包装や商標に関心をもって収集し、スケッチしていたことがうかがわれる。

　この図の画面左上方にあるものも、産物に付されていたラベルと思われる。これには中央にやや大きく縦に「御焼鹽」とあり、その右と左にそれぞれ「播州赤穂」「名産秘方」、下には右から「潮曜堂」と二段角になった二重の枠で囲まれた文字が見える。また中央の「御焼鹽」と右の「播州赤穂」の間には隅丸の枠で囲まれた「角形」の文字が見えるが、これは原図では赤色であり、捺印さ

第 6 章　焼塩壺の使用形態　281

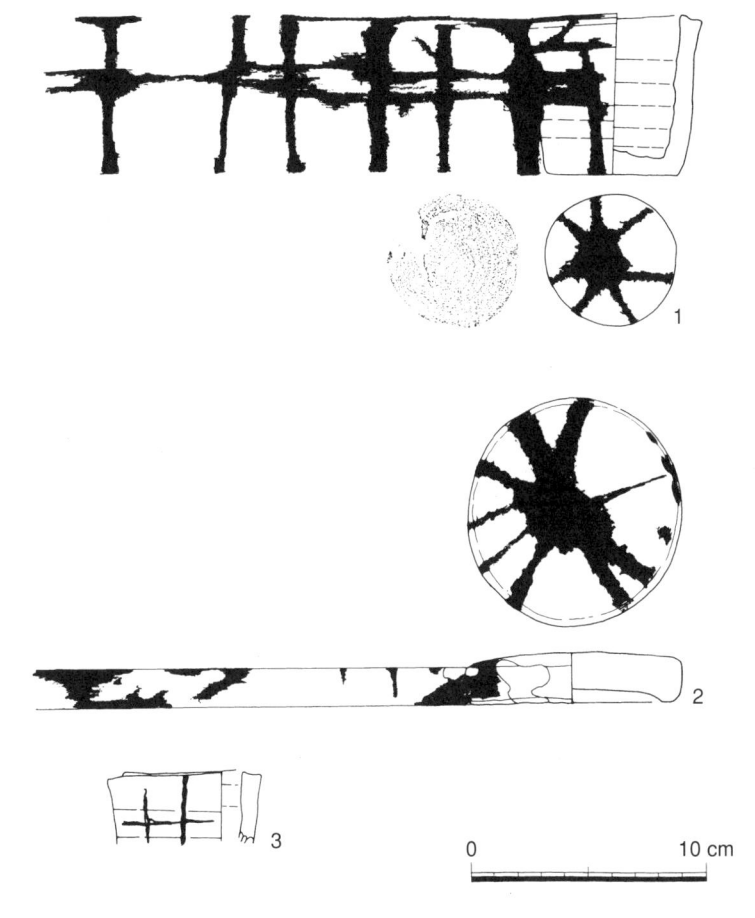

図64　火だすきのある焼塩壺

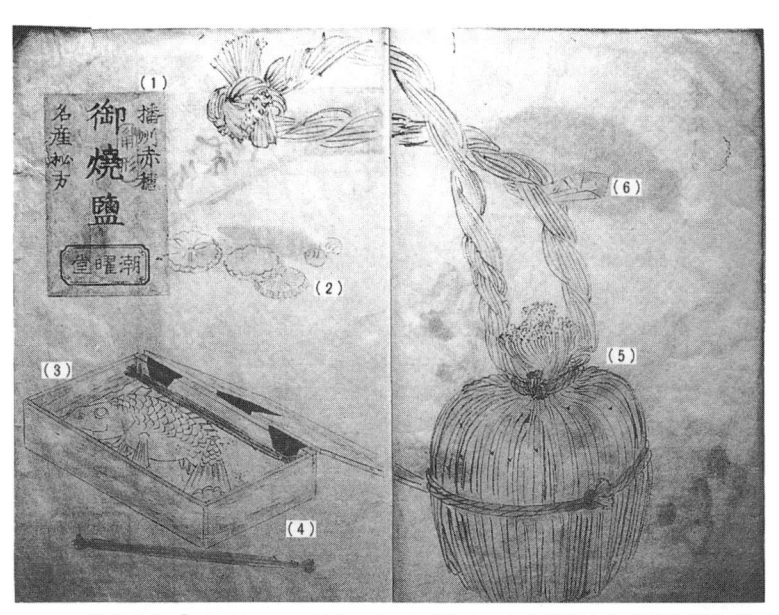

図65　柴田是真『写生帖・縮図帖』より（原資料：東京藝術大学芸術美術館蔵）

堺湊塩壺古印

図66　和泉の古印
（和泉文化研究会 1952）

れたものであろう。このラベルの右には断面が台形で、縁が輪花状になり、上面に放射状の模様のあるやや厚みのあるコインのようなものや、小型の貝殻状のものが描かれている。またその下には平たい直方体の木箱に入った鯛が頭を左にして描かれている。このコイン状・貝殻状のものとこの鯛は白色であり、おそらくはともに焼塩製品であると思われる。このコイン状のものが第一部第2章で見た「花焼塩」（ないし花塩）に相当するものと考えられる。

なお、この箱および内容物に相当すると思われる図が、『赤穂義士随筆』〔史料26〕の挿図「名産花形塩の図」（図67）にあり、ほぼ同様のラベルも見られる。これらを参考にすると、その内容についての疑問が生じる。すなわち箱の蓋はちょうど本の扉のような形で箱の縁とつながっていて、右側に開かれている。他の産物の絵や上述の史料の挿図を参考にすると、上のラベルはこの蓋の表に貼りつけられていたことがわかるが、「角形」の文字と中の鯛とはそぐわないことも事実である。また、この箱の下方に何やら棒のようなものが横たえてあるが、原図では黄色に彩色されている。よく見ると箱の中の鯛の背鰭側の縁にも同様のものが見える。両端が房状に開いており、全体に螺旋状に細い紐のようなものが巻きつけてあって、両端を結んだ藁に細紐を巻いたもののようである。梱包材の一種とも思われるがはっきりとはわからない。

これらの右側には、藁で包まれたうえ細い紐縄で結束され、藁縄が提げ手のようにつけられたものが描かれている。前掲書の図の解説には「……藁でできた焼塩の包み……」とあり、この藁の包みが焼塩の包みであることを知ることができる。今回この図を紹介するのは、上記出土資料の火だすきのつき方がこの図に見られる包み方を彷彿とさせるからである。もっともこの図では、細い紐は蓋の中央の藁の末端の結束と胴部の結束とに用いられているのみであり、出土資料の火だすきのように蓋の中央から放射状に体部側面を通り、底部に至る複数の紐は見られない。両資料における時期・産地の相違に対応したものとも考えられる。

なお、ここで注意したいことは、上記の提げ手のような藁縄に熨斗紙が挟み込まれていることである。前掲書の別頁の「中山こんにゃく」の図にも同じように紐に熨斗紙が挟み込まれた様子が描かれており、こちらには届先の住所を記入した紙も結びつけられているところから見ても、これらが贈答品であったことがうかがわれる。現在の簡略化された熨斗紙や熨斗袋の原型を見るようであるが、江戸初期の史料から見て、かつては壺焼塩が社会的に上層の人々の間での贈答品であったことを考えると、興味深いことではある。

ここで、この絵画資料の来歴を知るために、これを描いた柴田是眞について触れておく。是眞は文化4年（1807）に生まれ、明治24年（1891）に没している。したがって62歳までが江戸時代、以後85歳までの23年間が明治時代に属し、幕末から明治にかけての19世紀という時代を生きた人物である。10歳で蒔絵師に、11で画家に入門している。明治6年（1873）のウィーン万博に「富士田子浦蒔絵額面」を出品するなど、画家というよりも漆芸家として知られている。

画家としては俳味のある略画が有名であるとされるが、この『写生帖・縮図帖』に示されるように、工芸家としてパッケージデザインや図案意匠に関心をもって記録の目的で写生も行っており、そうした際の絵画の手法はデフォルメの少ない写実的なものであると思われる。

問題の絵画資料を含む『写生帖・縮図帖』がいつごろ描かれたものかについては、記録などから

知ることはできなかったが、同様の図の中に36歳頃の東北地方への旅行の際に描かれたと思われるものがあり、この絵画資料も明治以前の幕末期に描かれたものと思われる。

第3節　小　　結

　ここで、今回見た2種類の資料について若干の検討を行っておきたい。

　まず出土資料についてであるが、第二部第9章において、Ⅲ-2類に対し、器高・口径・底径の法量分布によるグルーピングを試みているが、そのグラフ中に今回の資料を落とすと、わずかに外れるもののA群と名づけられる領域に含まれていることがわかる（グラフ38）。この領域中には「播磨大極上」の刻印をもつものも含まれている。第4章で見たように、汎列島的なロクロ成形の製品の分布等を参照しても、刻印に「播磨」とあることが播磨産のものであることを直接意味するものではないことが確認されているが、上記の絵画資料中に「播州赤穂」とあることや、東大御殿下地点［文-9］の「赤穂鹽」と墨書された資料（図61-9）の存在とを併せ考えると、興味深い事実である。刻印は中に入れられた塩の産地のみを示すものとも思われるが、「塩といえば赤穂」といった意識が当時の人々に共有されていたとも思われ、商標のもつ別の側面をもうかがわせるものとなっている。

　もちろん出土資料に見られる火だすきから推定される紐のかかり方と、絵画資料に見られるそれとがやや異なっている点については、産地の違いを含め、時期差や同一産地における壺塩屋の違いなどの可能性を念頭において検討していかなくてはならないし、そもそも図の藁の包みの中に、はたして焼塩壺に入れられた焼塩が入っていたのかという本質的な問題が未解決であるともいえる。

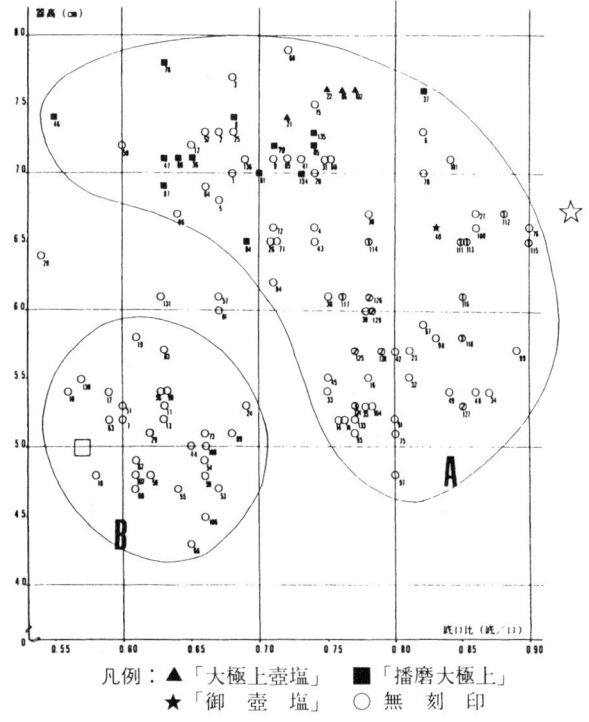

グラフ38　ロクロ成形の焼塩壺の法量分布（小川1991Cに加筆）

このように見てくると、不明な点が多く検討すべき課題があまりにも多いが、表向でない郊外の抱屋敷からこれが出土したことを含め、この幕末期になってからの焼塩ないし壺焼塩というものが、当時の生活の中でどのように位置づけられていたのかという点についての問題提起と可能性を提示しえたものと思う。

渡辺氏の紹介する大阪の難波屋の事例では、花焼塩の製法はまず粗塩を臼で搗いて粉砕し、これを梅や桜の花や鶴、亀、それに大きな鯛などの木型に入れて、手のひらでたたき、板の上に出して天日で乾燥させた後、素焼きの重箱状の平箱に入れ、窯の中に積み上げて焼くものであるという（渡辺 1985a）。

一方、ここでは角形のものについては触れられていないが、『奉行石河氏から伊織家への書状』〔史料30〕には「尚々拙者方にも角塩二つ……」「…不相替角塩一箱……」とあり（前田 1931）、また昭和27年（1952）の『和泉志』第7号には「堺湊塩壺古印」として「角塩」の印文をもつ円形の印影が掲載されている（図66）。いずれも赤穂以外の地域の事例ではあるが、上記の絵画資料中に示されたものやラベルに見られる「角形」の印を考えるうえでも注目すべきものである。

まとめ―結論に代えて―

　かつて古泉弘氏は、近世考古学に関する記念碑的著作『江戸を掘る』の中で、近世考古学を"藪山"と呼んだ。縄文時代や古墳時代の研究のような日本考古学の華やかな研究分野を名のある高峰とすると、近世考古学は、登るのに高度な技術も特殊な用具も必要のない、人々の関心から忘れられていた、ごく身近にある丘に喩えたのである。

　今回筆者が目指したのもそうした藪山の一つである。しかし、「焼塩壺」と名づけられたこの山は分け入ってみると、その面白さ奥行きの深さに引き込まれてしまう、きわめて魅力に満ちた藪山であった。そしてまた容易に到達できそうに見えても、その頂に達するのが困難であることをも思い知らされる不思議な山であった。

　ここではこの拙い論考を終えるにあたり、この山を攻略すべく筆者がたどってきた道筋の概略を示し、果たしえなかった山頂へと至る課題と展望を示して、結論に代えたい。

＊

　本論では近世江戸遺跡出土の焼塩壺を論ずるにあたり、その全体を三部構成とした。

　第一部「総論」は、議論の枠組みとなる前提事項の提示を主とした。第1章で焼塩壺の研究略史を回顧し、第2章で焼塩壺に関する史料を提示した。第3章と第4章では遺物としての焼塩壺について、分類および刻印の2側面から整理し、第5章でこれらを解きほぐす要となる「焼塩壺の生産者」というものについて、「壺屋」と「壺塩屋」の相互関係、壺塩屋の系統別のあり方、そして壺塩屋間の相互関係を示すと考えられる「模倣」について、その考え方の大枠を提示した。

　第二部「各論」は、個別具体的な分析を主とした。第1章から第10章まではコップ形の身の大半について個々の刻印や特定の成形技法といった単位において、第11章では鉢形の製品について、第12章では特殊な製品について、第13章から第15章までは蓋について、その各々のあり方を分析した。

　第三部「特論」では、これらの分析を総合する形での分析を主とした。始めに、壺塩屋の系統ごとの動向を整理したうえで、これを縦軸として、それらを横断的にとらえた時期的な様相も整理した。次いで焼塩壺の分布について、都市江戸内でのあり方と汎列島的なあり方について、時期的・系統的様相の整理と分析を行い、最後に墨書や火だすきを有するものの性格のような、ここまでとはまったく異なった角度からの分析を加えた。

　したがって、本論の中心をなすのは第二部であり、個別資料の分析を結節点とし、これに縦糸たる壺塩屋の系統、横糸たる時期的様相をもって近世における焼塩壺像の再構成を紡ぎ出そうとしたものである。

　こうした分析にあってもっとも重要な役割を果たすのは、何を措いても刻印である。刻印は遺物の上に印体によって押捺されたものであり、したがって、その印文は焼塩壺という遺物と一体となった史料としての側面をもつ。のみならず遺物としての焼塩壺には、出土状況や共伴資料、胎土、

成形技法、器形、あるいは二次焼成や墨書といった考古資料としての側面もあり、この両側面からのアプローチが可能になるという、特異な遺物である。

したがって、この刻印をもつ遺物であるという性格を最大限に活用することなしには、焼塩壺の考古学的研究は行いえないといっても過言ではあるまい。

一方で、焼塩壺の研究に際して欠かすことのできない史料は、これ以前の時代を対象とする考古学的研究では考えられないほど豊富に残されている。しかしそれとても、その大半は特定の遺物の生産者やその系統を具体的に物語るものではない。刻印の印文があって初めて史料と遺物との両者がダイレクトに結びつけられるのであるし、刻印も、それについて触れた史料が遺されていなければ、それによって得られるものは限られてしまう。

しかしながら、時として史料上の記載と刻印の印文とを操作するのみで、遺物の年代が明らかにされる場合がある。なるほど刻印は史料としての価値をもつとはいえ、単に文字資料をもって分析するのでは、けっして考古学的研究と名乗ることはできない。時には意図的に事実と異なることが書き込まれたり、歪曲されたりすることがないわけではないからである。こうした史料批判を行って史料の正当性を評価する作業は、当然刻印の印文に対しても行う必要がある。

そういう点では、類似刻印や同文異系刻印というものを刻印の印文に対する「紛い物」や「模倣」という側面から識別する作業は、単なる系統性の分別という以上の意味もある。こうした「紛い物」や「模倣」が行われるといった焼塩壺の刻印の印文をめぐる状況は、いわゆるブランド、商標価値というものの確立が当然前提にあるわけであるし、それに対するコピー商品の登場は、いわば必然ですらあったのかもしれない。また、江戸で繰り返しローカルなロクロ成形の焼塩壺が出現する背景には、ロクロ技術をもって都市江戸の需要に応えていた土器生産者集団の動向というものがあったことは疑いえない。

焼塩壺はそうした当時の社会・経済的な状況の一端を垣間見せるものでもある。

*

本論の成果としては、遺物としての焼塩壺に系統性を見出し、そのうち史料との対比が可能な主要3系統とでもいうべき一群（藤左衛門系、泉州麻生系、泉州磨生系）を抽出しえたことである。史料の記載内容を前提とし、これに遺物を対比させるという、近世考古学においてまま見られる過誤を避けるため、遺物は刻印と成形技法とを独立した要素として分類・分析し、けっして刻印の印文をもって遺物の所属を決めるという方法をとらなかった。

このことによってまた、焼塩壺が産み出されるにあたってこれに関与した2種類の存在、すなわち焼塩壺を用いて壺焼塩を生産する「壺塩屋」と、これに壺を供給した「壺屋」とが明確に弁別しうることになる。もちろん、大規模な資本の蓄積を前提に窯を築造して陶磁器を焼成する生産者に比して、土器である壺の生産にはさほど大きな資本も要しなかったであろうし、それゆえ「壺屋」に関する史料も皆無である。あるいはまた「壺塩屋」が「壺屋」と一体であったり、下請けのような形で強固に結びついたりする場合がほとんどであったかもしれないが、それでも中には以前の「壺塩屋」を離れて独自の動きを示した壺屋も存在するようである。

また分析を加えた焼塩壺の中には、刻印と成形技法をうかがわせる痕跡の詳細な観察によって段

階設定を行い、時には数年のオーダーで年代を推定できるようになったものもある。そして、その相互の遺構における共伴関係にもとづき、それが出土した遺構の年代をも細かく推定することも可能になった。こうした研究によって、これまでの印文と史料の対比によって行われてきたのとは比較にならないほど、焼塩壺の年代の物差としての精度を高めるものとなったことは確かである。

本論ではさらに、こうして得られた系統性や年代観を前提に、焼塩壺の空間分布や使用形態にも論を及ぼした。とくに江戸市中における壺塩屋の系統ごとの製品の出土比率を分析することによって、たとえば特定の大名屋敷における特定の系統の製品が優越するといったシェアの実態にも踏み込むことができた。

その一方で、限られた数の資料しか扱いえなかったものの汎列島的な様相についても検討を加えたが、その結果はむしろ近世における江戸という都市の特異性を浮かび上がらせるものともなった。つまり、江戸遺跡において見られる①近世を通じて一定数の焼塩壺が存在すること、②その多寡の差はあるものの、複数の系統の製品が多様なヴァリエーションを示していること、③時期的な偏差はあるものの、武家地に限らず江戸市中の至るところで出土が見られること、などの様相が、他地域ではまったくといって見られないのである。

こうした研究成果が得られた一方で、あまりにも多くの課題が遺された結果ともなった。その主なものをあげると、その第一は刻印という要素に注目したあまり、Ⅲ-2類の大部分や18世紀後半以降のⅡ類の製品を始め、鉢形製品の身、コップ形製品の蓋など刻印をもたない製品に関する議論がおろそかになったこと、第二はこれにも関連するが、刻印によって表象される壺塩屋に対して、壺屋の位置づけや動向が明確に示しえなかったこと。第三は主要3系統の製品ではなく、かつ類例の少ない製品の位置づけがまったくといって行いえなかったこと、そして第四として廃棄に関する議論についての深化がほとんどなしえなかったこと、第五に江戸を取り巻く近郊地域での様相が明らかにしえなかったこと、第六に焼塩壺の使用形態に関しては断片的な議論しかなしえなかったことである。

したがって今後は、第一、第三の課題としてあげた資料の分析を進める一方で、第二の課題である壺屋の動向を明らかにする方法の模索を試みたい。さらに第四の廃棄に関しては、年代観や段階設定にも大きく関連する「遺構における共伴事例」の評価にも関わることであり、焼塩壺の空間分布の一環として、一遺構に多数一括廃棄された資料や遺構間接合資料、遺構内における層位別の調査例などを用いて議論を進めてきたい。また第五の問題は焼塩壺の空間分布の問題として、汎列島的な様相の中でその特殊性が示された江戸について、これを取り巻く近郊地域を江戸の経済的後背地として位置づけして分析したうえで、より多くの資料を収集して汎列島的な様相の分析をも精緻化していきたい。

そして何よりも第六の問題として掲げた焼塩壺の使用形態をさまざまな角度から分析することで、江戸時代における塩の生産や流通全体の中で「焼塩壺とは何であったのか」という、究極の命題にも迫ってみたい。

成 稿 一 覧

ここにはその主要なものを掲げた。また、既発表論文はいずれも収録に際し大幅に補訂を加えている。

序　章：新稿
第一部　総　論
　第1章　焼塩壺研究略史
　・1991「ロクロ成形の焼塩壺に関する一考察―法量分布と組成から見た「系統」について―」(『江戸在地系土器の研究』Ⅰ, 江戸在地系土器研究会) の一部に加除筆。
　・1993「中盛彬『拾遺泉州志』と焼塩壺研究」(『江戸在地系土器研究会通信』33, 江戸在地系土器研究会)
　第2章　史料上の焼塩壺：新稿
　第3章　焼塩壺の分類：新稿
　第4章　焼塩壺の刻印：新稿
　第5章　焼塩壺の生産者とその相互関係
　・1996「焼塩壺の"生産者"に関する一考察―『泉州磨生』の刻印をもつ焼塩壺を例として―」(『古代』101号, 早稲田大学考古学会) の一部に加除筆。
第二部　各　論
　第1章　「ミなと」類の刻印をもつ焼塩壺
　・1998「江戸における近世初頭の焼塩壺様相」(『江戸在地系土器の研究』Ⅲ, 江戸在地系土器研究会) の一部に加除筆。
　・2006 (共著)「港区№149〈遺跡〉(環状2号線新橋・虎ノ門地区) 出土の焼塩壺2例」(『江戸在地系土器の研究』Ⅵ, 江戸在地系土器研究会) の一部に加除筆。
　・2006「『ミなと/宗兵衛』の刻印をもつ焼塩壺に関する続論」(『江戸在地系土器研究会通信』93, 江戸在地系土器研究会)
　第2章　「御壺塩師/堺湊伊織」の刻印をもつ焼塩壺
　・1994「『御壺塩師／堺湊伊織』の刻印をもつ焼塩壺について」(『江戸在地系土器の研究』Ⅱ, 江戸在地系土器研究会)
　第3章　「泉州麻生」の刻印をもつ焼塩壺
　・1994「『泉州麻生』の刻印をもつ焼塩壺に関する一考察」(『日本考古学』創刊号, 日本考古学協会)
　・2003「技術の系統から見た焼塩壺の生産単位―成形技法と刻印を読み解く―」(『メタアーケオロジー』4号, メタアーケオロジー研究会) の一部に加除筆。
　・2007「類例の希少な『泉州麻生』の一例」(『江戸在地系土器研究会通信』94, 江戸在地系土器研究会)
　第4章　「泉州磨生」「サカイ/泉州磨生/御塩所」の刻印をもつ焼塩壺
　・1996「焼塩壺の"生産者"に関する一考察―『泉州磨生』の刻印をもつ焼塩壺を例として―」(『古代』101号, 早稲田大学考古学会) の一部に加除筆。
　第5章　「泉湊伊織」の刻印をもつ焼塩壺
　・1995「『泉湊伊織』の刻印をもつ焼塩壺について―法量分布による若干の考察―」(『東京考古』13, 東京考古談話会)

第6章　「堺本湊焼/吉右衛門」の刻印をもつ焼塩壺
・2000　「『堺本湊焼/吉右衛門』の刻印をもつ焼塩壺―「御壺塩師／堺湊伊織」との系譜関係を中心に―」(『江戸在地系土器の研究』Ⅳ，江戸在地系土器研究会)

第7章　「○泉」の刻印をもつ焼塩壺
・2006　「港区No.107遺跡出土の『○泉』の刻印をもつ焼塩壺」(『江戸在地系土器の研究』Ⅵ，江戸在地系土器研究会〔毎田佳奈子と共著〕)の筆者担当分に加除筆。

第8章　「大極上上吉改」「大上々」の刻印をもつ焼塩壺
・2005　「いわゆる『大極上上吉改』の刻印をもつ焼塩壺」(『江戸在地系土器研究会通信』91，江戸在地系土器研究会)

第9章　Ⅲ-2類の焼塩壺
・1991　「ロクロ成形の焼塩壺に関する一考察―法量分布と組成から見た『系統』について―」(『江戸在地系土器の研究』Ⅰ，江戸在地系土器研究会)の一部に加除筆。

第10章　「い津ミ　つた/花塩屋」の刻印をもつ焼塩壺
・1991　「泉州麻生を生みだした『花塩屋』について」(『江戸在地系土器研究会通信』22，江戸在地系土器研究会)
・1993　「鉢形焼塩壺類と花塩屋―考古資料と文字資料の検討から―」(『東京考古』11，東京考古談話会)の一部に加除筆。

第11章　鉢形焼塩壺
・1993　「鉢形焼塩壺類と花塩屋―考古資料と文字資料の検討から―」(『東京考古』11，東京考古談話会)の一部に加除筆。

第12章　特殊な焼塩壺：新稿

第13章　焼塩壺の蓋
・2006　「焼塩壺の蓋―江戸遺跡出土資料を中心に―」(『江戸在地系土器の研究』Ⅵ，江戸在地系土器研究会)の一部に加除筆。

第14章　「イツミ/花焼塩/ツタ」の刻印をもつ焼塩壺蓋
・1993　「鉢形焼塩壺類と花塩屋―考古資料と文字資料の検討から―」(『東京考古』11，東京考古談話会)の一部に加除筆。
・2006「焼塩壺の蓋―江戸遺跡出土資料を中心に―」(『江戸在地系土器の研究』Ⅵ，江戸在地系土器研究会)の一部に加除筆。

第15章　「なん者ん/七度焼塩/権兵衛」の刻印をもつ焼塩壺蓋
・1993「鉢形焼塩壺類と花塩屋―考古資料と文字資料の検討から―」(『東京考古』11，東京考古談話会)の一部に加除筆。
・2004「中央区明石町遺跡出土の鉢形焼塩壺」(『江戸在地系土器研究会通信』87，江戸在地系土器研究会)

第三部　特　論
第1章　壺塩屋の系統：新稿
第2章　時期別の様相：新稿
第3章　焼塩壺の空間分布①――江戸市中における分布
・2006「焼塩壺の遍在と偏在―江戸遺跡出土資料の分析―」(『生業の考古学』，東京大学考古学研究室)
第4章　焼塩壺の空間分布②――汎列島の分布
・2007「続・焼塩壺の遍在と偏在―汎列島的様相―」(『國學院大學考古学資料館紀要』第23輯，國學院大學

考古学資料館）

第5章　墨書を有する焼塩壺

・2006「墨書を有する焼塩壺―江戸遺跡出土資料から―」(『メタアーケオロジー』5号, メタアーケオロジー研究会)

第6章　焼塩壺の使用形態

・1994（共著）「『火だすき』のついた焼塩壺と絵画資料」(『東京考古』12, 東京考古談話会）の筆者担当分に加除筆。

焼塩壷関連史料

> ○ここでは、焼塩壷に関連すると思われる史料を成立年代順に呈示した。
> ○成立年代の明らかでないものは末尾に置いた。
> ○書名・史料名を『　』に入れ、その後に成立年代を西暦とともに示した。
> ○史料名が明らかでないものについては[　]に入れた。
> ○出典は＊の後に〔　〕に入れて示した。
> ○原文の縦書きを横書きに改めた。

〔史料1〕『毛吹草』　寛永5年（1628）

　巻三　和泉　湊壷鹽

　巻四　湊壷鹽　同土物鹽壷蛸壷等當所ニテヤク也

〔史料2〕『了珍法師日記』　慶安元年（1648）

　九月二十三日条

　津田之花焼鹽五ツ入壱折ト半様より清滝寺様へ、音信書状有

　　＊〔貝塚市史 1958〕

〔史料3〕[堺妙國寺の僧　日逐の記録]　明暦2年（1656）

　「壷屋藤左衛門の祖は猿丸太夫という。山城国より堺の湊村に祖父の時に移住し、始めて製塩の業を始む」

　　＊〔平野 1966〕

〔史料4〕『和泉國村々名所旧跡附』　延宝9年（1681）

　一、花焼鹽　　　　麻生之郷内　　津田村

　　是は三拾七年以前より正庵といふもの焼出す。又八年以前より壷焼鹽も焼出し諸國へ商之。

　一、壷焼鹽　　　　大鳥郡　　湊村

　　是は嵯峨辺にて土器いたし候者この所へ参り焼始出。二十五年以前、堺町奉行石河土佐守殿より公方様え指出され、天下一を御赦免、又その二年後に、禁中え指上げ、その時伊織と改名すなり。

　　＊〔小谷方明（校訂）1936〕

〔史料5〕『正宝事録』天和2年（1682）の条

　　　　覚

　一、町中ニ而、諸事天下一之字書付彫付鋳付候儀、自今以後御法度候間、向後何によらす、天下一之字付申間敷候、勿論、只今迄有来候かんはん鋳形板木書付等迄、早々けつり取可申候、若違背仕者於有之ハ、急度曲事ニ可申付者也

　　　戌七月

　　　右は七月十七日御触、町中連判

　　　　覚

　一、町中諸商人諸職人之かんはん、金銀之箔を押、蒔絵なし地金ふんめつきかなもの無用ニ致、木地之かんはんニ墨ニ而書附、かな物鉄銅之外ハ一切仕間敷候、并見世ニ金銀之張付金銀之唐紙、同所金銀之屏風立立候儀、向後御停止ニ候間、無用ニいたすへし、若相背者於有之ハ、急度可為曲事者也

　　　戌七月

294 焼塩壺関連史料

　　　右は七月廿八日御触、町中連判
　　＊〔近世史料研究会 1994〕

〔史料6〕『御当代記』　天和2年（1682）　戸田茂睡著
　八月になりて、金銀のはくを以てこしらへたるかんばん御法度、ならびに天下一の書付無用なり、金銀の屏
　風もっともはりつけも無用ニ可仕よし被仰出候に付、俄かんばんをこしらへ、金銀のはく、けっこうなるか
　なものうちたるかんばんをこはして火に焼、黒塗木地のかんばんにハ天下一と云文字を消し、あるひハ紙に
　てはりかくす、諸人のいはく、天下かくれ天下消、いまいましといふ、落書に
　　かけておくはくのかんばん無用ぞと　天下一同これぞきんせい
　　＊〔塚本（校注）1998〕

〔史料7〕『堺鑑』　貞享元年（1684）　衣笠一閑宗葛著
　巻下　土産の部
　湊壷鹽
　　今ノ壺鹽屋先祖ハ昔年ハ藤太郎トテ、猿丸太夫ノ末孫ト云ヘリ、花洛上鴨畠枝村ノ人也シニ、天文年中ニ、
　　當津湊村ニ來住居シテヨリ以來、紀州雜賀鹽ヲ求、土壷ニ入テ焼反、諸國へ商売シテ壺鹽屋藤太郎ト号シ、
　　世ニ廣用故ニ、今ニ至迄其子孫相続ス、承応三年甲午ニ、女院御所ヨリ天下一ノ美号不苦トアリ、時ノ奉
　　行石河氏是ヲ承リ頂戴ス、又延宝七年ノ比ニハ、鷹司殿ヨリ折紙状アリ、呼名伊織ト号ス

〔史料8〕『和泉史料叢書　農事調査書』（元禄元年〈1688〉頃の写本）
　　　（＝『泉州志　乾』正保・慶安期〈1644～1652〉成立か）
　大鳥郡湊村
　　壷鹽嵯峨辺にかわらけ致候者此所へ参り焼初る。三拾二三ヶ年以前石河土佐守殿公方様へ被差上其時天下
　　一御赦免也。二年目に禁中へ被差上其時伊織と言う名を被下さる。
　麻生郡津田村
　　花鹽、焼鹽也。近年焼始め夥しく売出す。今は貝塚にあり。
　　＊〔出口 1968〕

〔史料9〕『本朝食鑑』　元禄8年（1695）
　一　種有焼鹽者用白鹽再入瓦器掩口炭火焼過則色白如雪形軽味淡性亦柔惟不足助醤豉之味也
　一　種有花鹽者用白鹽極細研入盤亦研于水中百回而後水飛于日景久而小花泛于水上次第花大為状此鹽一升水
　　　一升而好是号花鹽而凝白透明其味亦淡美俱可供上饌也

〔史料10〕『泉州志』　元禄13年（1700）
　一　湊村　壷焼鹽　堺榔外ニ在リ
　四　泉南郡
　　花鹽　出津田村
　　津田村有正菴者近來焼花形鹽所賞于世津田花鹽是也

〔史料11〕『倭漢三才圖會』　正徳2年（1712）
　巻七六　和泉國土産の部
　　湊紙　壷焼鹽
　　花鹽　津田
　巻一〇五　鹽
　　花鹽　焼如小梅花形以供上撰泉州堺所造角鹽為始
　　壷鹽　盛小壷再焼成者天文年中泉州堺湊村始焼出之

〔史料12〕『和泉志』　享保21年（1736）

一之三　　土産製造之部
　　　壷鹽　　湊村
　　四之五　　土産製造之部
　　　花鹽　　津田村出団鹽為花様

〔史料13〕『船待神社菅公像掛軸裏面願文』　元文3年（1738）〈図14〉
　　大乗妙法奉開会天満神社之御影狩野古法眼元信筆
　　慈眼視衆生福聚海無量
　　　　　　　　　元祖藤太夫慶本　　　二世慶円　　　伊　織㊞　　｜御壷鹽師　｜
　　南無妙法蓮華経　三世宗慶　四世宗仁　五世宗仙　　壷鹽師　　　｜泉湊伊織　｜
　　　　　　　　　六世円了　七世了賛　八世休心　　　藤左衛門㊞
　　受持法華名者福不可量
　　泉州堺湊村神宮寺為神寶者也旹元文第戊午祀十月良辰日

〔史料14〕『近代世事談』　享保18年（1733）菊岡沾涼著
　　五ノ一
　　　天文年中、洛上鴨畠枝村藤太郎と云もの、泉州湊村に住居し、おほけなくて紀州雑賀鹽を土壷に入て焼かへし、諸州へ出す。壷塩屋藤太郎と号す。承応三年甲午、女院御所より、おほけなくも天下一の号を、時の奉行石河氏に命じて賜はる。又延宝七年鷹司殿下より折紙を給ふ。呼名は伊織と号す。猿丸大夫の末裔といひ伝ふ。
　　　＊〔『日本随筆大成』二期 1974〕

〔史料15〕［日潮の記録］　寛保2年（1742）
　　「その祖は泉南の人、藤太郎」
　　　＊〔平野 1966〕

〔史料16〕『改正増補　難波丸綱目』　延享5年（1748）
　　和泉部
　　　角塩
　　　　焼て明礬のことくにかたまりたる塩なり、此所の何某焼初て諸方におもむく、又類なきものなり。
　　　湊壷焼塩
　　　　今の壷塩屋先祖ハ藤太朗とて、花洛上鴨畠枝村の人なり、古へ猿丸太夫の末孫といへり、天文年中に當津湊村に来り、住居して紀州より雑賀塩を求め土壷に入て焼反し其名を称シ諸国へ商売し、世に広く用るゆへに今に其子孫相続す。承応甲午に女院御所より天下一の美号を頂戴す。又延宝七年の頃、鷹司殿より折紙状有、呼名伊織ト号す。
　　下之一
　　　御膳焼塩師　高津坂の下　難波伊織
　　　＊〔野間(鑑修) 多治比・日野(編) 1977〕

〔史料17〕『難波丸綱目』　安永6年（1777）
　　巻之四
　　　御膳焼塩師　高津坂ノ下　難波治兵衛　一竿(カ)代二十文　大花形代八文
　　　　　　　　此外所々
　　巻之七
　　　花塩師　九けん丁　奥田利兵衛
　　　＊（野間(鑑修) 多治比・日野（編） 1977）

〔史料18〕『正事集』寛政3年（1791）の条
　　　　　亥三月廿三日
右（左）之品々直段書付置売出候様可申渡旨、諸色掛り名主　通有之
一　赤穂塩　　壱升ニ付　　　　一　地廻り塩　壱升ニ付引下
　　　　　　引下ケ拾四文　　　　　　　　　　　拾弐文
一　こんにゃく　引下ケ七文　　一　麩　　　十ヲ　　廿五文
一　鰹節　　上々壱節ニ付　　　一　切餅　　十ヲ　　廿五文
　　　　　　同　六拾文
一　歯磨　　壱袋ニ付　　　　　一　焼塩　但百文ニ付六百目
　　　　　　同　五文　　　　　　　　　　　一盃ニ付引下ケ七文
　　（以下略）
　　＊〔近世史料研究会1998〕

〔史料19〕『和泉名所圖會』　寛政8年（1796）
　巻一
　　湊紙　湊壺鹽　共に當津の南、湊村より出る

〔史料20〕『摂津名所図絵』　寛政10年（1798）
　…あるは花塩黒焼店ありて…
　　＊〔南川2000〕

〔史料21〕『摂陽奇観』　文化・文政年間　（1804～1829）
　巻之六
　　名にしをふ　高津の浦を打みれば　心春めく　なみの花しほ　　梅好
　　神匂ふ　塩や高津の　梅の花　　　　　　　　　　　　　　　　猪十
　　＊〔南川2000〕

〔史料22〕『拾遺泉州志』＝『かりそめのひとりごと』　文政2年（1819）　　中盛彬著
過し文化卯のとし七月、荏戸奥平大膳大夫侯が、汐留のかみやしきに泉水をほりて、鹽壺いつゝ、むつを得ぬ。その後同じ川岸をほりて、又壺に銘あるものをえつ、文政寅のとし元年八月中の七日、松平宮内少輔侯が、かみやしき中奥の庭をほりて、同し壺ふたつをえたり。泉州麻生、また泉湊伊織と銘あり。このごろ、岸和田楽齋のぬしがもとにて、このうつしをみき、楽齋がいへるは、今泉州に湊村ちふ里二村、ひとつは、大鳥郡みなと村にて、湊紙・湊陶又鹽壺の名産なれど、昔より郷名もしれず。ひとつは、日根郡中通の湊村、こは中の庄さのよりの分村にして、ふるからず。又麻生郷に、みなとちふ里、今はなけど、おもふに、津田村の古称にや、この村の海浜に、湊崎ちふところあり。又鹽焼納屋ちふあざの田もあり。むかしこの里にて鹽を焼しものゝ末は、鹽屋源兵衛にて、今も貝塚に住て花鹽を製すと。やつがれ又ふかく図によりて、おもふに、泉州志に、津田の花鹽とはしるしたれど、つばらならず。又このさと、むかし湊村といへりし証もえず。ましてみなとは水戸ちふことばにて、海浜にいと多し。吹飯のみなと、田川のみなと、などもあるをや。又世事談に、天文年間、洛の上鴨畠枝村、藤太郎ちふもの、泉州湊村に住居して、紀州雑賀鹽を土壺にいれ焼かへして諸州にひさぐ、壺屋藤太郎と号す。承応三年甲午、女院御所より天下一の号を、時の奉行石河氏に命じて下し賜ふ。又延宝七年、鷹司殿下より折紙をたまふ。呼名伊織という。猿丸大夫の裔末なりと、いひつたふとあり。こは堺の南、大鳥郡の湊村のことにて、泉湊伊織と銘せるものは、この手にいでし壺なるべし。又泉州麻生と銘せるものは、麻生郷津田村に出しものにて、鹽屋源兵衛が手になれるなるべし。さらでは、いかで泉州麻生と印せるうへに、また泉湊とはしるすべき、壺のかたちも大同小異あるをや。（図2-1・2）
　　＊〔文化年間（1804～1818）の成立：和泉文化研究会1967〕

〔史料23〕『卜半家來之記　并系圖雜話』　天保11年（1840）

丹羽源兵衛正庵先祖ハ丹羽勘介ト云壱万石取也　正庵尾張大納言殿ニて知行三百石ニて奉公後浪人して岸和田へ來り　夫より津田村乃鹽屋乃名跡相續也　正庵事岸和田城主岡部美濃守宜勝殿へ茶湯之事ニて御出入申候　願事有之候者、可聞届由被仰候時正庵事地子御免許御願申候所即津田村正庵家屋敷五百坪御免許被成候　其後第二女を中与左衛門六才之時受取ゟ置後中与左衛門女卜半了匂へ婚礼之節彼女を附ケて罷越候　其以後彼女了匂妾と成夫故正庵を貝塚へ呼寄せ屋敷五百坪之地子免許志て被遣源兵衛も了匂家來ニ成る　但花鹽乃銘ハ津田と可致由岸和田ゟ被仰候故今ニ津田と銘を書き申し候　泉州志ニ津田乃花鹽ハ正庵より初而と云ハ誤里也　正庵妻妙玄祖母乃曾伯父ハ明智日向守光秀也ト云又二代目乃源兵衛従弟ニ五百石位乃旗本衆有之由語里傳ふ　泉州卅六人衆乃内沼村川崎紋兵衛事大坂門跡攻之時信長公乃命を蒙ふ里河州泉州乃勢を催して行住吉ニて神木をき里陣取す　其神罪ニて流矢ニあた里死す　紋兵衛子孫沼村庄屋源太夫と云　源太夫仕損し有之候て沼村を立退申候　源太夫男源兵衛事丹羽正庵名跡相續す

（系図）

丹羽勘介末葉
　　　　　正庵
丹羽源兵衛
　　　　室妙玄但江戸出生

　　　　江戸住
─女子　後ゑひ屋藤左衛門室
　　　　正恵

─女子　卜半了匂妾

　　　　實ハ　室沼村　川崎源太夫男
─源兵衛
　　　　室正庵第三女ムロ法名妙智

─傳作　長門殿へ行

　　　　山田丹立室
─女子　ミ子
─善次
　　　　室宅次郎兵衛室了知女

─女子　岸和田松屋佐次兵衛室

─式部　河内観心寺　本院第子行年廿歳

─女子　多治米屋伊右衛門室

　　内畑　寺　　幼名 六三郎
─長光・権大僧都一道乗難法印

　　　　ヲ　幼名 弥四郎又直次
─源兵衛伴部
　　　　室岸和田木岡順盛女

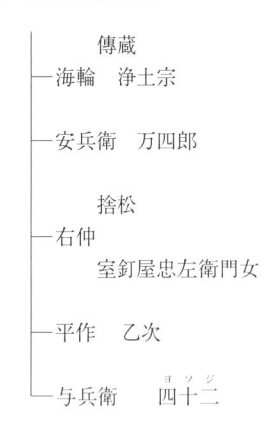

```
          ┌ 傳蔵
     ├ 海輪　浄土宗
     │
     ├ 安兵衛　万四郎
     │
     │      捨松
     ├ 右仲
     │      室釘屋忠左衛門女
     │
     ├ 平作　乙次
     │
     └ 与兵衛　四十二
                    (ヨソジ)
```

〔史料24〕『天野正徳随筆』　天保14年（1864）頃

○焼塩壷

おのれが弟子堺景敬〔割註〕通称岩次郎。」がすめる処は、江戸本所御竹蔵の後一町東の方の横町也。其邸宅の裏を掘れば焼塩壷いづ。此地はむかし間部侯〔割註〕越前守。」のなり所なりとぞ。此焼塩壷に銘ありて、泉湊伊織といふ印有を、おのれに贈られたり。景敬の話に、謙斎随筆といふものに、天文年中、洛の上鴨畠枝村の藤太郎といふ者、泉州湊村に移りて、紀州雑賀の塩を土のつぼに入て焼かへして諸州に出す。壷屋藤太郎と号すと見ゆといへり。後、堺鑑といふ書を見るに、巻の下に、壷塩屋藤太郎と号し世に広く用ゐる故に、今に至て其子孫相続す。承応三年甲午に、女院の御所より天下一の美号不苦と有。堺奉行石川氏是を承り頂戴す。又延宝七年の比には、鷹司殿より折紙状にて呼名を伊織と号す。

　＊〔日本随筆大成編輯部 1977〕

〔史料25〕『摂津名所図絵大成』　安政年間（1854～1859）

巻之四

名産花塩

高津社の西坂すぢにありいにしへより名産として種々の花の形を焼塩とす其美なること賞すべし

　＊〔南川 2000〕

〔史料26〕『赤穂義士随筆』　安政2年（1855）　山崎美成編　橋本玉蘭画

赤穂塩浜ならびに塩の製造

赤穂の塩浜は、その広さ一町より七八反に至る。これを一軒まへと云ふ。一畝の間に塩水を垂るゝ穴一づゝありて、一軒まへに惣て百穴あり。その穴の上に砂を入るゝところを築く。大さ三尺四方ばかり、上下に筵を敷て、これに潮を沃ぎ入れば、おのづから砂をこして垂壺に溜るなり。○潮を取るには、いにしへは藻塩たく、藻塩かきあつむなど、歌にもよみて、藻をかきあつめて、それに入れたる潮を焼たるなり。中ごろよりはこれをやめて、砂の上へ潮をまきて日に干たり。それも又かはりて、今はその仕方最便なり。かの塩浜の四方に渠をほりて、それへ海より潮を引き入れて、常に湛へあるに、又その広き間には、幾筋も地面の中に溝を掘りて、四方の潮を通はせ引き、地の底よりおのづから潮水入り上りたるを、日に晒してかきあつめ、かの垂れ壺の上へ塩砂をうつし、その上へ潮水を汲みて沃ぎかけ、彼砂の塩をあらひ落す意なり。かく垂れたる砂を、又晩方になりて取出し、地へ撒き耡をもてかきならし、柄をもておしつけ、一夜を経れば同じく鹵気この砂に吸ひあげたるを、昼過るまでよく日にさらせば、鹵気いよいよ上に浮くなり。これを集めて垂ること前にいふところの如し。毎日かくの如くするなり。○垂るゝ所の一穴の潮、毎日一斗五升にて百穴十五石なり。一釜に煮るところ一石二斗にして、一昼夜の間に、百穴の潮を十五六釜に煮尽せり。但し夏三月の間は、潮多くして二日一夜に煮るなり。○塩は水一升を煮て五合を

得るなり。一釜に得るところ六斗、昼夜に十石ばかりなるべし。○釜は小石を石灰にて堅めたるものなり。その大さ一間に二間ばかりの角にて、深さ三寸ばかりなり。竈はその広さ一ぱいに築あげ、焚口狭く明たり。まづ此釜を造るには、釜の大さの板をへついの上に置き、その上に河石二寸ばかりなる薄きをならべ、土を粘し擣爛したる藁と、松葉の灰とを和して塗りかため、又その釜の底へかけて、鉄の釣手を六所かけ置き、その釣り手ともに灰にて堅むるなり。かくて、上より火を焚き乾かし、よきほどを候ひて、下の柱を抜きとり、又下よりも焚き乾かす。是すべて火の加減大事なりとす。釜は用ゆる日数およそ二十日ばかりにして崩して、また新に造る。焚くこと昼夜絶えず。甚だ鹹しこれを差塩とす。○塩を煮て釜底に残りたるを、にがりと云ふ。冷して、煮る中に加ふれば、塩甚だ鹹し。是を差塩といふ。魚肉の塩にし、又温かなるを加ふれば、味和らかなり。西浜これを製す。古浜といひて上品なり。味噌、醤油につくりてよし。東浜は俵に五斗を納るゝはこれを江戸俵といふ。西浜は一斗二三升にて小俵なり。

国産塩焼　あつかふの図

狂歌

塩は早よきほどなれや　鍋が島　杓子の内へ入れて　ミつれは

　　　　　　　　　細川幽斎

名産花形塩の図

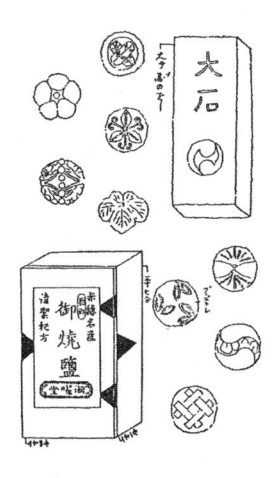

＊〔日本随筆大成編輯部1975〕

〔史料27〕『本朝陶器攷證』　安政4年（1857）

　土器師　火鉢屋吉右衛門

　　右之者数代湊焼陶器渡世、子孫連綿と罷在候、根元焼始は、慶安年中之頃、京洛北御室村辺より引移り、湊焼を相始め候、元何人何れ之産其外巨細難相分候。當時吉右衛門は瀬戸物商人ニ御座候。窯之義ハ自宅裏ニ昔より一ケ所有之。品柄之義は土瓶其外俗器類又ハ盃、湯吞、重物、其外何品にても注文次第仕り、色ハ卵色、空色、好次第仕るべきよし。由緒書其承り傳ハ無御座候よし。

　焼鹽屋権兵衛

　　一山城國深草陶器之儀左ニ

　　伏見領伏見砂川九町目　　焼鹽屋権兵衛子六十才斗リ

　　右権兵衛方先年より累代　禁裏并御堂上方へ左之品

　　鼓土器一枚　口指渡し二寸八分斗リ

　　是は鼓之如き形にて土器なり

　　　土器三枚同断

　　　茶盌三同断

　　右三品を一組と唱へ代四匁斗りいづれも素焼之物之由

　　右調進御用勤來り、例年十二月烏丸之上、町名不分、奥野九十九様方へ向ケ當時に持参す、右土ハ深草村領之内、字筆ケ坂岡倉ケ谷、此二ケ所之土を取造リ、窯ハ自宅ニ所持仕リ、同人方ニ左之旧書所持

　　「就御尋口上書

　　一先祖出生並伏見え來住、土細工、焼鹽商売、職方之義、年暦左ニ記奉差上候

　　先祖出生は、播州何之郡西方村（＊但郡付不分明姫路より十里斗西のよし）

　　右先祖は其辺奥田村と申所にて住居仕候、仍之奥田氏又平田氏とも申候

　　伏見御城御用ニ付、先祖義文禄二癸巳年播州より、伏見田町へ罷越住居仕候、年暦今年迄百五十八年ニ相成申候

　　慶長年中深草山之内、則今之瓦町之地ニ居所相極リ候、焼鹽并花形鹽、同土細工商売渡世仕候者、右瓦町ニ住居之節より不絶仕來リ、今年迄凡百三十餘年ニ相成候

　　二代目権兵衛寛永十九壬年瓦町より海道筋へ出、當宅ニ住居仕、今年迄凡百五年ニ相成申候

　　禁裏様公方様御屠蘇之具、土細工一式、寛永年中より右御用被仰付、則今大路道三様へ是迄御吉例之通、一ケ年も無滞、累代差上來リ、今年迄凡百四年ニ相成申候

　　大嘗会御用之義は、往古より相勤來リ、吉田御家之累代差上候処、元文三戊午年　禁裏様にて大嘗会被為遊御行候節、寛延元戊辰年　禁裏様にて大嘗会被為遊御行候節、右両度とも、御堂上藤浪様え奉差上候

　　御即位御用之義も、前々より被為仰付、先祖より累代不絶相勤來候

　　右之通ニ御座候

　　　寛延二己巳年権助組真違橋九町目

　　　　　　　　　　焼物師　権兵衛印　」

　　右之書付所持仕候迄にて、根元來由等不詳、権兵衛方於深草村、中奥より子孫連綿と罷在者ニ御座候、於深草郷は前書土器、其外人形茶器様之類、焼出し候者、當時一之無、権兵衛方之外は不残、瓦焼にて有之候

　　右之趣相聞え、深草焼初発來由之訳、前文之外承り伝居候者も無御座候、尤焼物に付　御朱印又は由緒書等、所持仕候者一切無御座候

〔史料28〕『花の下影』　元治元年（1864）前後

　高津下　焼塩

御免根源天下一　御膳焼塩所　窯元　伊織

＊〔南川 2000〕

〔史料29〕『壺鹽屋伊織が女院御所から賜った奉書』船待神社所蔵　年次不明

　なおなお女院御所様一たんと御きけんよく御さなされ候ま、御心やすく候へく候めてたくかしこ

　女院御所様へはましほ十つほ進上候日路う申入候御めつらしき物ようそようそ志ん上候ひとしほ御きけんの

　事にてなかめ入らせられ候よし心候て申せとの事にて候へく候あらあらかしこ

　　　　　　　　　　　　　　　　　　　　　　　　　　　　　　　　　　　　右衛門佐

　　　　　いしこ

　　　　　　　　とさの守とのへ

＊〔前田 1931〕

〔史料30〕『奉行石河氏から伊織家への書状』船待神社所蔵　年次不明

　尚々拙者方にも角鹽二つ被掛御意御心入之段不浅忝存候　以上

　御礼致拝見候御新春之御慶不可有休期日目出度申納候

　彌御無為御越年之由珍重被存候

　仍而年頭之為御祝儀不相替角鹽一箱被遣之趣由聞候満足に被存候

　右御礼宣申進候様にと被申付　恐惶謹言

　　　　　　　　　　　　　　　　　　　　　　　　石河土佐守

　　　　　　　　　　　　　　　　　　　　　　　　小森忠兵衛

　　　　　三月二十三日　　　　　　　　　　　　　　忠緒（華押）

　　　　　　浪　花

　　　　　　　伊　織様

　　　　　　　作兵衛様

＊〔前田 1931〕

〔史料31〕『弓削氏の記録』　年次不明

　壺印麿生なるものは正徳三辰年より堺九間町當時在住奥田利兵衛なるもの（堺海船鳥屋長兵衛子）伊織方下

女つまと馴合奥田利兵衛の女房となり伊織が秘法を盗み盛に妨害せり云々。

壷印麻生なるものは、延宝年間より享保年間にわたり、泉州貝塚鹽屋治兵衛なる人伊織方へ表面視察といふ様にして細縄にて竃の寸尺を窺い勘帰し跡にて其偽なるを知り即時追掛け細縄を取戻し云々と採録せり。

＊〔前田 1934〕

〔史料32〕『要眼寺横井氏文書』　年次不明

（前略）予が母は當地（貝塚）丹羽源兵衛方の娘にて、源兵衛方先祖はもと奥州二本松より來る九代目に御三人の御子あり、一人長男嫡子は御家を納め残る二人の御兄弟の弟三男は紀州様へ御預け。第二男の弟子（おとど）は故あって岸和田岡部様へ御預けにて、丹羽源兵衛と御客分にて御取立に相成り泉州津田浦に罷り有り候処、其後御當地卜半様と御縁組に相成り候節、貝塚に御引取りの時五百坪の地面を賜り在住せし源兵衛の娘にて當寺に嫁す。然る処常照は右源兵衛方の孫にて當寺に於て住職致し、四十有余の年令まで當地北野浜にて内職に舟商売いたし傍らに水精鹽と申し先祖八幡太郎より一子相伝の焼鹽をいたし住居し候得共、文政第二之頃他郡致し云々　（後略）

＊〔北村 1964〕

引用参考文献

①論文・資料紹介

青木正至　1994　荒木町遺跡出土の塩壺類『荒木町遺跡』，荒木町遺跡調査団

秋岡礼子　2002　新宿区三栄町遺跡出土の焼塩壺『江戸在地系土器の研究』Ⅴ，江戸在地系土器研究会

新屋隆夫　1985　『堺陶芸文化史』，同朋社刊

井汲隆夫　1995　市谷仲之町遺跡第3次調査における「かわらけ溜」に関する考察『市谷仲之町遺跡Ⅲ』，新宿区遺跡調査会

池田悦夫　2000　江戸出土の焼塩壺と考古学的一考察『シンポジウム　焼塩壺の旅－ものの始まり堺－』，(財)小谷城郷土館，関西近世考古学研究会

和泉文化研究会（編）1952　和泉の古印　其十二　『和泉志』7

　　　　　　　　（編）1967　『和泉史料叢書　拾遺泉州志　全』

伊藤さやか　1999　豊島区雑司が谷遺跡出土の墨書のある焼塩壺について『東京考古』17，東京考古談話会

伊藤末子・小川　望　1994　「火だすき」のついた焼塩壺と絵画資料『東京考古』12，東京考古談話会

伊藤末子　1995　「火だすき」のついた焼塩壺と蓋『東京考古』13，東京考古談話会

井上　清（？）1934　口絵ほどき『武蔵野』21-3，武蔵野会

岩井宏美（編）1977　『江戸時代図誌18　畿内二』，筑摩書房

梅村久美　2000　御府内外における焼塩壺の様相－ロクロ成形を中心に－『江戸在地系土器の研究』Ⅳ，江戸在地系土器研究会

江戸遺跡研究会（編）2001　『図説　江戸考古学研究事典』，柏書房刊

大塚達朗　1988　考古学的視点からの焼塩壺の検討『東京の遺跡』19，東京考古談話会

　　　　　1990　焼塩壺の考古学的視点からの基礎的研究『東京大学本郷構内の遺跡　法学部4号館・文学部3号館建設地遺跡』，東京大学遺跡調査室

　　　　　1991a　焼塩壺研究の新展望『中近世土器の基礎研究』Ⅶ，日本中世土器研究会

　　　　　1991b　焼塩壺考（1）－東京大学本郷構内遺跡資料より－『東京の遺跡』31，東京考古談話会

　　　　　1991c　焼塩壺考（2）－東京大学本郷構内資料より－『東京の遺跡』32，東京考古談話会

　　　　　1992　焼塩壺考（3）－焼塩壺の定義Ⅰ－『東京の遺跡』37，東京考古談話会

　　　　　1996　江戸出土の塩壺『考古学による日本歴史9　交易と交通』，雄山閣刊

小川貴司　1995　土器製作技術と実験と　（1）考古学にとっての土器製作実験『江戸在地系土器研究会通信』49，江戸在地系土器研究会

　　　　　1996a　土器製作技術と実験と　（2）ロクロ製作技法とその製品の見所『江戸在地系土器研究会通信』50，江戸在地系土器研究会

　　　　　1996b　土器製作技術と実験と　（3）近世の土器製作技法の復元に対して『江戸在地系土器研究会通信』51，江戸在地系土器研究会

　　　　　1998　板造り焼塩壺の製作技法とその系譜『江戸在地系土器の研究』Ⅲ，江戸在地系土器研究会

小川　望　1987　東京大学本郷構内遺跡の発掘調査『考古学ジャーナル』282，ニュー・サイエンス社刊

　　　　　1988　焼塩壺－東京大学構内遺跡出土資料を中心に－『江戸の食文化〔江戸遺跡研究会第1回大会発表要旨〕』，江戸遺跡研究会

　　　　　1989　近世土器研究の現段階－「江戸在地系土器」について－『貝塚』43，物質文化研究会

　　　　　1990　刻印からみた焼塩壺の系統性について－東京大学構内遺跡病院地点出土資料を例に－『東京大学本郷構内の遺跡　医学部附属病院地点』，東京大学遺跡調査室

　　　　　1991a　「泉州麻生」を生み出した「花塩屋」について『江戸在地系土器研究会通信』22，江戸在地

　　　　　　　　　系土器研究会

小川　望　1991b　麻布台Ｎ２６Ｐにおける廃棄と遺構の認定について『江戸在地系土器研究会通信』24，江戸在地系土器研究会

　　　　　1991c　ロクロ成形の焼塩壺に関する一考察－法量分布と組成から見た「系統」について－『江戸在地系土器の研究』Ⅰ，江戸在地系土器研究会

　　　　　1992a　大名屋敷出土の焼塩壺『江戸の食文化』，江戸遺跡研究会，吉川弘文館刊

　　　　　1992b　有印土製円盤と有孔方板状石製品『東京考古』11，東京考古談話会

　　　　　1992c　墨書を有する明治期の焼塩壺－東京大学本郷構内遺跡御殿下記念館地点出土資料から－『江戸在地系土器研究会通信』29，江戸在地系土器研究会

　　　　　1992d　鉢形土器類『シンポジウム江戸出土陶磁器・土器の諸問題Ⅰ　発表要旨』，江戸陶磁土器研究グループ

　　　　　1993a　中盛彬『拾遺泉州志』と焼塩壺研究『江戸在地系土器研究会通信』33，江戸在地系土器研究会

　　　　　1993b　鉢形焼塩壺類と花塩屋－考古資料と文字資料の検討から－『東京考古』11，東京考古談話会

　　　　　1993c　武蔵野郷土館旧蔵の焼塩壺と『武蔵野』『武蔵野』71-2，武蔵野文化協会

　　　　　1993d　墨書を有する蓋形製品－真砂第３地点1号遺構出土資料－『江戸在地系土器研究会通信』35，江戸在地系土器研究会

　　　　　1994a　「御壺塩師/堺湊伊織」の刻印をもつ焼塩壺について『江戸在地系土器の研究』Ⅱ，江戸在地系土器研究会

　　　　　1994b　「泉州麻生」の刻印をもつ焼塩壺に関する一考察『日本考古学』1，日本考古学協会

　　　　　1995　「泉湊伊織」の刻印をもつ焼塩壺について－法量分布による若干の考察－『東京考古』13，東京考古談話会

　　　　　1996a　焼塩壺－泉州麻生・泉州磨生・泉川麻玉－『歴史の文字　記載・活字・活版』，東京大学総合博物館

　　　　　1996b　焼塩壺の"生産者"に関する一考察－「泉州磨生」の刻印をもつ焼塩壺を例として－『古代』101，早稲田大学考古学研究室

　　　　　1996c　焼塩壺の刻印による年代観について－「泉州麻生」と「御壺塩師／堺湊伊織」を中心に－『シンポジウム　江戸出土陶磁器・土器の諸問題Ⅱ』，江戸陶磁土器研究グループ

　　　　　1997a　焼塩壺の成整形技法に関する問題点（上）・（下）－討論会（その2）に向けて－『江戸在地系土器研究会通信57・58』，江戸在地系土器研究会

　　　　　1997b　近世江戸出土の土器類『江戸と周辺地域〔江戸遺跡研究会第11回大会　発表要旨〕』，江戸遺跡研究会

　　　　　1997c　江戸在地系土器型録15　ロクロ成形の焼塩壺-1『東京の遺跡』57，東京考古談話会

　　　　　1997d　江戸在地系土器型録16　ロクロ成形の焼塩壺-2『東京の遺跡』58，東京考古談話会

　　　　　1998a　江戸出土土器類の概観－上方との比較に向けて－『上方と江戸－近世考古学から見た東西文化の差異－〔第10回関西近世考古学研究会大会〕』，関西考古学研究会

　　　　　1998b　江戸における近世初頭の焼塩壺様相『江戸在地系土器の研究』Ⅲ，江戸在地系土器研究会

　　　　　1999a　『武蔵野』口絵の焼塩壺『江戸在地系土器研究会通信』68，江戸在地系土器研究会

　　　　　1999b　江戸遺跡出土土器の諸様相『関西近世考古学研究』Ⅶ，関西近世考古学研究会

　　　　　1999c　出土遺物から見た江戸在地系土器の展開『隅田川・江戸川流域のやきもの』，葛飾区郷土と天文の博物館

　　　　　2000a　「堺本湊焼/吉右衛門」の刻印を持つ焼塩壺－「御壺塩師／堺湊伊織」との系譜関係を中心に－『江戸在地系土器の研究』Ⅳ，江戸在地系土器研究会

　　　　　2000b　土器からみた江戸と国元－江戸在地系土器と焼塩壺－『江戸と国元〔江戸遺跡研究会第13

回大会 発表要旨]』,江戸遺跡研究会
- 2001a　焼塩壺『図説　江戸考古学研究事典』,江戸遺跡研究会,柏書房刊
- 2001b　焼塩壺『事典　しらべる江戸時代』,柏書房刊
- 2003　技術の系統から見た焼塩壺の生産単位－成形技法と刻印を読み解く－『メタアーケオロジー』4,メタアーケオロジー研究会
- 2004a　東京国立博物館構内出土焼塩壺の検討『(仮称)上野忍岡遺跡群　東京国立博物館構内地点』,東京国立博物館
- 2004b　中央区明石町遺跡出土の鉢形焼塩壺『江戸在地系土器研究会通信』87,江戸在地系土器研究会
- 望2005　いわゆる「大極上上吉改」の刻印をもつ焼塩壺『江戸在地系土器研究会通信』91,江戸在地系土器研究会
- 2006a　墨書を有する焼塩壺－江戸遺跡出土資料から－『メタアーケオロジー』5,メタアーケオロジー研究会
- 2006b　焼塩壺の蓋—江戸遺跡出土資料を中心に—『江戸在地系土器の研究』Ⅵ,江戸在地系土器研究会
- 2006c　「ミなと/宗兵衛」の刻印をもつ焼塩壺に関する続論『江戸在地系土器研究会通信』93,江戸在地系土器研究会
- 2006d　焼塩壺の遍在と偏在－江戸遺跡出土資料の分析－『生業の考古学』2,東京大学考古学研究室,同成社刊
- 2007a　続・焼塩壺の遍在と偏在－汎列島的様相－『國學院大學考古学資料館紀要』23,國學院大學考古学資料館
- 2007b　類例の希少な「泉州麻生」の一例『江戸在地系土器研究会通信』94,江戸在地系土器研究会

小川望・五十嵐　彰　2006　港区No.149<遺跡>（環状2号線新橋・虎ノ門地区）出土の焼塩壺2例『江戸在地系土器の研究』Ⅵ,江戸在地系土器研究会

小川　望・堀内秀樹・坂野貞子　1996　江戸遺跡における土器・陶磁器の編年『掘り出された都市－江戸・長崎・アムステルダム・ロンドン・ニューヨーク〔展示解説〕』,江戸東京博物館

小川　望・毎田佳奈子　2006　港区』107遺跡出土の「〇泉」の刻印をもつ焼塩壺『江戸在地系土器の研究』Ⅵ,江戸在地系土器研究会

小川祐司　2003　坂町遺跡4号遺構に見る廃棄のあり方『遺跡からみた江戸のゴミ〔江戸遺跡研究会第16回大会 発表要旨〕』,江戸遺跡研究会

小野谷朝生・大西長利　1980『柴田是眞の図案手本』,グラフィック社刊

貝塚市臨時貝塚市史編集部　1958　『貝塚市史』

金森安孝　2000　仙台城出土の焼塩壺『シンポジウム　焼塩壺の旅－ものの始まり堺－』,(財)小谷城郷土館,関西近世考古学研究会

川口宏海　1997　伊丹郷町遺跡出土の湊焼『藤井克己氏追悼論文集』,藤井克己氏追悼論文集刊行会

川口宏海・小山繁夫・中島健吾　1977　堺市浄光寺出土の焼塩壺について『陵』3・4,仏教大学考古学研究会

桐生直彦　1991　杉並区上井草出土の焼塩壺『江戸在地系土器研究会通信』22,江戸在地系土器研究会
- 1994　「江戸」近郊の焼塩壺『江戸在地系土器の研究』Ⅱ,江戸在地系土器研究会
- 1998　「江戸」近郊の焼塩壺Ⅱ『江戸在地系土器の研究』Ⅲ,江戸在地系土器研究会

近世史料研究会　1994　『江戸町触集成』第二巻,塙書房刊
- 1998　『江戸町触集成』第九巻,塙書房刊

日下正剛　2000　徳島城下町とその周辺地域における焼塩壺出土の様相『シンポジウム　焼塩壺の旅－ものの始まり堺－』,(財)小谷城郷土館,関西近世考古学研究会

熊取町教育委員会　1986　『熊取の歴史』

桑田忠親　　1956　天下一の号『國學院雑誌』57-7，國學院大學
小出昌洋（監修）・加賀翠渓（編集）1998　十二，勝俣銓吉郎出品　昭和十一年五月廿六日出品　焼塩壺『続日本随筆大成別冊　新耽奇会図録』，吉川弘文館刊
小谷　寛　　2000　小谷城郷土館所蔵の焼塩壺『シンポジウム　焼塩壺の旅－ものの始まり堺－』，（財）小谷城郷土館，関西近世考古学研究会
小谷　寛・森村紀代　2000　焼塩壺の誕生と発展『シンポジウム　焼塩壺の旅－ものの始まり堺－』，（財）小谷城郷土館，関西近世考古学研究会
小谷方明（校訂）1936　『和泉國村々名所旧跡附』
小林謙一　　1991　麻布台一丁目遺跡Ｎ２６号土壙の塩壺類について『江戸在地系土器研究会通信』24・25，江戸在地系土器研究会
　　　　　　1993　真砂遺跡第３地点１号遺構の土師質塩壺類『江戸在地系土器研究会通信』35，江戸在地系土器研究会
　　　　　　1996　江戸在地系土器と江戸出土土師質塩壺類の編年（要旨）『シンポジウム　江戸出土陶磁器・土器の諸問題Ⅱ　発表要旨』，江戸陶磁土器研究グループ
小林謙一・両角まり　1992　江戸における近世土師質塩壺類の研究『東京考古』10，東京考古談話会
佐々木達夫　1977　幕末・明治初頭の塩壺とその系譜『考古学ジャーナル』134，ニュー・サイエンス社
佐々木達夫・佐々木花江　1975　東京都日枝神社境内遺跡の調査『考古学ジャーナル』105，ニュー・サイエンス社
滋賀県立近江風土記の丘資料館1982　『出土品に見る江戸時代の生活－彦根城家老屋敷出土品を中心に－』
島田貞彦　　1926　考古片録『歴史と地理』18-3
清水　明　　1994　泉州麻生の塩壺『歴研通信』12，泉南市歴史研究会
菅沼圭介　　1986　塩壺類について『麻布台一丁目　郵政省飯倉分館構内遺跡』，港区麻布台一丁目遺跡調査団［港－２］
菅原　道　　1994　焼塩壺の計量分析『考古学における計量分析－計量考古学への道（Ⅳ）－』，統計数理研究所
　　　　　　1996　焼塩壺に関する統計数理的考察『汐溜遺跡』，汐留地区遺跡調査会
鈴木重治　　1985　堺の焼塩壺『日本民俗文化大系』13，小学館刊
鈴木裕子　　1990　焼塩壺『東京大学本郷構内の遺跡　山上会館・御殿下記念館地点』，東京大学埋蔵文化財調査室［文－９］
　　　　　　2006　江戸遺跡出土の型押し成形の焼塩壺『江戸在地系土器の研究』Ⅵ，江戸在地系土器研究会
積山　洋　　1984　『難波宮址の研究　第八』，大阪市文化財協会
　　　　　　1995　近世大坂出土の土師質土器編年，素描『大阪府埋蔵文化財協会　研究紀要』3，（財）大阪府埋蔵文化財協会
髙橋艸葉　　1928　堺の焼塩壺『中央史壇』14-3
田中一廣　　1991　泉州名産『焼塩壺』－京都・護王神社境内及び妙心寺塔頭出土資料の紹介をかねて－『関西近世考古学研究』Ⅱ，関西近世考古学研究会
　　　　　　1992　泉州名産『焼塩壺』の足跡『関西近世遺跡の在地土器の生産と流通〔第4回関西近世考古学研究会大会資料集〕』，関西近世考古学研究会
　　　　　　1994　京都深草の「焼塩壺」伝世品『大阪府埋蔵文化財協会　研究紀要』2，（財）大阪府埋蔵文化財協会
　　　　　　1995　京の『焼塩壺』二種－中ノ院家出土遺物補遺と妙心寺塔頭遺物その後－『花園史学』16，花園大学史学会・花園大学
　　　　　　2000　泉州名産の『焼塩壺』－ものの始まり堺「焼塩壺」特別展より－『シンポジウム　焼塩壺の旅－ものの始まり堺－』，（財）小谷城郷土館，関西近世考古学研究会
近野正幸　　1969　東京都品川区東大井出土の焼塩壺について『立正考古』29，立正大学考古学研究室

塚本　学（校注）1998　『御当代記』，東洋文庫

出口神暁（編）1968　『和泉史料叢書　農事調査書』，和泉文化研究会

土井光一郎　2000　「伊豫松山」の焼塩壷－愛媛県松山市松山城付近の遺跡出土資料紹介－『シンポジウム　焼塩壷の旅－ものの始まり堺－』，（財）小谷城郷土館，関西近世考古学研究会

中川近礼　1897　宝丹主人の薬園より掘出せし古物『考古学会雑誌』9，考古学会

長佐古真也　1994　丸の内三丁目遺跡出土焼塩壷の胎土分析『丸の内三丁目遺跡　附編』，（財）東京都教育文化財団　東京都埋蔵文化財センター［千－7］

中野三敏　1985　『江戸名物評判記案内』，岩波新書

成瀬晃司・堀内秀樹・両角まり　1994　東京大学理学部附属植物園内の遺跡研究温室地点－SK27出土の一括資料－『東京考古』12，東京考古談話会

成瀬晃司・長佐古真也　1998　江戸遺跡における17世紀代の「供膳貝」の様相『上方と江戸－近世考古学から見た東西文化の差異－〔第10回関西近世考古学研究大会〕』，関西近世考古学研究会

日本随筆大成編輯部　1975　赤穂義士随筆『日本随筆大成＜第二期＞』24，吉川弘文館刊

日本随筆大成編輯部　1977　天野政徳随筆『日本随筆大成＜第三期＞』8，吉川弘文館刊

能芝　勉　1993　焼塩壷と花焼塩『土器・瓦⑩（リーフレット）』53，京都市埋蔵文化財研究所・京都市考古資料館

　　　　　　2003　京都伏見・深草の土師質製品について『江戸遺跡研究会第16回大会発表要旨　遺跡からみた江戸のゴミ』，江戸遺跡研究会

野田芳正　1982　呼称としての湊焼・甕『堺環濠都市遺跡発掘調査報告』第10集

　　　　　1985　いわゆる湊焼甕について『堺環濠都市遺跡発掘調査報告』第20集

野間光辰（鑑修）多治比郁夫・日野龍夫（編集）1977　『校本　難波丸綱目』，中尾松泉堂書店刊

乗岡　実　2000　岡山城出土の焼塩壷『シンポジウム　焼塩壷の旅－ものの始まり堺－』，（財）小谷城郷土館，関西近世考古学研究会

浜田義一郎・佐藤要人（監修）1987『誹風柳多留』，社会思想社

パリノ・サーヴェイ株式会社　1994　瓦質土器・焼塩壷・瓦の胎土分析『南町遺跡』，新宿区南町遺跡調査団

平野文造　1966　堺湊壷塩・湊壷屋の旧宅『堺の史話』一，和泉郷土図書館

福原茂樹　1966　広島城跡出土の焼塩壷について『江戸在地系土器の研究』Ⅵ，江戸在地系土器研究会

北陸近世遺跡研究会・奥田尚　1995　北陸の焼塩壷－金沢城下出土の鉢形焼塩壷を中心に－『石川考古学研究会々誌』38，石川考古学研究会

星　梓　1996　明治期の焼塩史料に関する覚書『江戸在地系土器研究会通信』54，江戸在地系土器研究会

星野獻二　1956　京都市内出土の小壷形土師器『古代学研究』15・16，古代学協会

前川浩一　2000　焼塩壷のふるさと－大阪府貝塚市の事例－『シンポジウム　焼塩壷の旅－ものの始まり堺－』，（財）小谷城郷土館，関西近世考古学研究会

前田長三郎　1931　『堺湊の焼塩壷考（未定稿）』

　　　　　　1934　堺焼塩壷考『武蔵野』21-3，武蔵野会

増山　仁　2000　金沢城下出土の焼塩壷『シンポジウム　焼塩壷の旅－ものの始まり堺－』，（財）小谷城郷土館，関西近世考古学研究会

松田　訓　2000　愛知の焼塩壷－名古屋城三の丸地区出土資料を中心として－『シンポジウム　焼塩壷の旅－ものの始まり堺－』，（財）小谷城郷土館，関西近世考古学研究会

　　　　　2002　統計処理からみた焼塩壷－名古屋城三の丸遺跡出土資料を中心として－『摂河泉とその周辺の考古学　藤井直正氏古稀記念論文集』，藤井直正氏の古稀を祝う会

南川孝司　1974　泉州湊麻生の壷焼塩考（目次の表題「泉州湊，麻生壷焼塩考（上）」）『摂河泉文化資料』創刊号，摂河泉文化資料編集委員会，摂河泉地域史研究会

　　　　　1977　『貝塚の史跡』

南川孝司	2000	摂津国・和泉国の花塩屋と壷塩屋－文字資料の整理と検討（一）－『摂河泉』29，摂河泉地域史研究会
宮本常一	1977	消費の方法　焼塩・塩漬『日本塩業大系　特論　民俗』日本塩業大系編集委員会，日本専売公社
森田　勉	1983	焼塩壷考『開館十周年記念　大宰府古文化論叢』下，九州歴史資料館
森田克行	1987	『高槻城三の丸跡発掘調査概要報告書』，高槻城遺跡調査会
森村健一	1980	堺・浄光寺本堂跡と湊焼・甕について『摂河泉文化資料』5－1・2
	1999	堺出土の焼塩壷　出現から17世紀中葉までの編年案『江戸在地系土器研究会通信』69，江戸在地系土器研究会
森村健一	2000	16世紀中葉出現の堺焼塩壷について－堺環濠都市遺跡出土例から－『シンポジウム　焼塩壷の旅－ものの始まり堺－』，（財）小谷城郷土館，関西近世考古学研究会
両角まり	1989	土師質土器類の成形・調整痕について『江戸在地系土器研究会通信』9，江戸在地系土器研究会
	1992a	増上寺子院群出土の墨書土師質土器について『江戸在地系土器研究会通信』28，江戸在地系土器研究会
	1992b	土師質塩壷類『シンポジウム　江戸出土陶磁器・土器の諸問題Ⅰ　発表要旨』，江戸陶磁土器研究グループ
	1993	近世土師質塩壷類成形技法の復元とその意味『江戸在地系土器研究会通信』33・34，江戸在地系土器研究会
	1994	底部内面に巻簾状の圧痕を持つ土師質塩壷について－小田原城下中宿町遺跡第Ⅱ地点出土の資料－『江戸在地系土器研究会通信』43，江戸在地系土器研究会
	1996a	Ｃ１－ｄ－ホ系土師質塩壷類の型式学的検討『シンポジウム　江戸出土陶磁器・土器の諸問題Ⅱ　発表要旨』，江戸陶磁土器研究グループ
	1996b	近世における土器の型式と系統－土師質塩壷類の胎土分析－『東京考古』14，東京考古談話会
矢作健二・植木信吾他	1994	焼塩壷の研究（その１）－胎土分析による問題提起とその検討－『日本文化財科学会第１１回大会研究発表要旨集』，日本文化財科学会
山沢散木庵	1934	追記（１）芝公園の焼塩壷『武蔵野』21-3，武蔵野文化協会
山中　章	1989	焼塩を食した古代都市民～焼塩壷の流通からみた宮都の都市性～『平成8年度年報　都城』9，（財）向日市埋蔵文化財センター
	1993	古代宮都の「製塩」土器小考『杉山信三先生米寿記念論集　平安京歴史研究』，杉山信三先生米寿記念論集刊行会
山中敏彦	2001	第78回勉強会のコメントを補足して－渡辺誠氏の85年論文「焼塩」の壷焼塩の生産地，京都市伏見区深草の部分に関するノート－『江戸在地系土器研究会通信』78，江戸在地系土器研究会
	2002	宴会の膳に焼塩を置く『江戸在地系土器の研究』Ⅴ，江戸在地系土器研究会
	2003	瓦屋と焼塩，その１－第90回勉強会に参加して－『江戸在地系土器研究会通信』85，江戸在地系土器研究会
	2004	「焼塩屋権兵衛」に関するノート－『伏見人形の原型』を読んで－『東京考古』22，東京考古談話会
柳谷　博	2006a	「サカイ泉州麿生御塩所」の刻印銘を有する焼塩壷について『染井Ⅸ』，豊島区遺跡調査会
	2006b	「江戸在地系」焼塩壷の蓋－特に外面に指頭痕のある蓋について－『染井Ⅸ』，豊島区遺跡調査会
寄立美江子	1989	中里遺跡出土の泥めんこ類『江戸在地系土器勉強会通信(仮称)』7，江戸在地系土器研究会

渡辺　誠　1982　松本城二の丸出土の焼塩壺『信濃』34-1
　　　　　　1983　焼塩壺『平安京土御門烏丸内裏跡－左京一条三坊九町－〔平安京跡研究調査報告第10号〕』，（財）古代学協会
　　　　　　1984a　焼塩壺『民具研究』52，日本民具学会
　　　　　　1984b　焼塩壺について『江戸のやきものシンポジウム　発表要旨』，五島美術館
　　　　　　1985a　焼塩『講座・日本技術の社会史』2，日本評論社刊
　　　　　　1985b　物資の流れ－江戸の焼塩壺『季刊考古学』13，雄山閣
　　　　　　1987　粗塩・堅塩と焼塩のこと『考古学ジャーナル』284，ニュー・サイエンス社刊
　　　　　　1988　焼塩壺『江戸の食文化〔江戸遺跡研究会第1回大会 発表要旨〕』，江戸遺跡研究会
　　　　　　1992　焼塩壺『江戸の食文化』，江戸遺跡研究会，吉川弘文館刊
　　　　　　1993　出島・長崎市内出土の焼塩壺『長崎出島の食文化』，親和銀行

②**発掘調査報告書1　江戸地域**（行頭の○は【集成】に含めたものを示す）

○都立一橋高校内遺跡調査団　1985　『江戸－都立一橋高校地点発掘調査報告－』［千－1］
○千代田区教育委員会　1986　『平河町遺跡』［千－2］
○千代田区紀尾井町遺跡調査会　1988　『紀尾井町遺跡調査報告書』［千－3］
○東京国立近代美術館遺跡調査団　1991　『竹橋門－江戸城址北丸竹橋門地区発掘調査報告－』［千－4］
○千代田区教育委員会　1994　『一番町遺跡発掘調査報告書－（仮）一番町総合公共施設建設に伴う発掘調査－』［千－5］
○紀尾井町6-18遺跡調査会1994　『尾張藩麹町邸跡－（仮）新日鐵紀尾井町ビル建設工事に伴う遺跡発掘調査報告書－』［千－6］
○東京都埋蔵文化財センター　1994　『丸ノ内三丁目遺跡－東京国際フォーラム建設予定地の江戸遺跡の調査－』［千－7］
○地下鉄7号線溜池・駒込間遺跡調査会　1994　『和泉伯太藩上屋敷跡』［千－8］
○千代田区教育委員会　1995　『江戸城跡　和田倉遺跡』［千－9］
○地下鉄7号線溜池・駒込間遺跡調査会　1995　『江戸城外堀跡　赤坂御門・喰違土橋』［千－10］
○千代田区麹町6丁目遺跡調査会　1995　『麹町六丁目遺跡－尾張藩麹町邸の発掘調査報告書－』［千－11］
○飯田町遺跡調査団　1995　『飯田町遺跡』［千－12］
○千代田区隼町遺跡調査会　1996　『隼町遺跡－警視庁隼町宿舎建設工事に伴う調査－』［千－13］
○都内遺跡調査会永田町二丁目地内調査団　1996　『溜池遺跡－総理大臣官邸整備に伴う埋蔵文化財発掘調査報告書－』［千－14］
○地下鉄7号線溜池・駒込間遺跡調査会　1997　『溜池遺跡』［千－15］
○紀尾井町6-34遺跡調査会　1997　『尾張藩麹町邸跡Ⅱ－ハウス食品株式会社東京本社ビル新築工事に伴う遺跡発掘調査報告書－』［千－16］
○千代田区一ツ橋二丁目遺跡調査会　1998　『一ツ橋二丁目遺跡』［千－17］
○千代田区丸の内1-40遺跡調査会　1998　『丸の内一丁目遺跡』［千－18］
○千代田区教育委員会　1999　『法政大学構内遺跡』［千－19］
○千代田区外神田一丁目遺跡調査会　1999　『外神田一丁目遺跡』［千－20］
○江戸城跡北の丸公園地区遺跡調査会　1999　『江戸城跡北の丸公園地区遺跡』［千－21］
○明治大学記念館前遺跡調査団　2000　『明治大学記念館前遺跡』［千－22］
○千代田区教育委員会　2001　『江戸城の考古学－江戸城跡・江戸城外堀跡の発掘報告－』［千－23］
○千代田区四番町遺跡調査会　1999　『四番町遺跡』［千－24］
○千代田区教育委員会　2001　『岩本町二丁目遺跡』［千－25］
○千代田区飯田町遺跡調査会　2001　『飯田町遺跡－千代田区飯田橋二丁目・三丁目再開発事業に伴う発掘調

　　　　　　　　　　　査報告書－』［千－26］
○千代田区東京駅八重洲北口遺跡調査会2003　『東京駅八重洲北口遺跡』［千－27］
○東京都埋蔵文化財センター　2003　『永田町二丁目遺跡』［千－28］
○東京都埋蔵文化財センター　2004　『外神田四丁目遺跡』［千－29］
○文部科学省構内遺跡調査会　2004　『文部科学省構内遺跡』［千－30］
　千代田区九段南一丁目遺跡調査会　2005　『九段南一丁目遺跡』［千－31］
　千代田区丸の内一丁目遺跡調査会　2005　『丸の内一丁目遺跡Ⅱ』［千－32］
　文部科学省構内遺跡遺跡調査会　2005　『文部科学省構内遺跡Ⅱ－史跡江戸城外堀跡発掘調査報告書－』
　　　　［千－33］
　（株）武蔵文化財研究所　2006　『富士見二丁目遺跡－武蔵金沢藩米倉家上屋敷跡の発掘調査報告書－』
　　　　［千－34］
　（株）武蔵文化財研究所　2006　『有楽町二丁目遺跡』［千－35］
　加藤建設株式会社　2006　『尾張藩麹町邸跡Ⅲ－上智大学新6号館（仮称）建設に伴う埋蔵文化財発掘調査
　　　　報告書－』［千－36］
○浜御殿前遺跡調査会　1988　『浜御殿前遺跡』［中－1］
○東京都中央区教育委員会　1988　『八丁堀三丁目遺跡』［中－2］
○東京都中央区教育委員会　1989　『八丁堀二丁目遺跡』［中－3］
○京葉線八丁堀遺跡調査団　1990　『京葉線八丁堀遺跡』［中－4］
○日本橋二丁目遺跡調査会　2001　『日本橋二丁目遺跡　中央区日本橋二丁目7番駐車場建設に伴う緊急発掘
　　　　調査報告書』［中－5］
○明石町遺跡調査会　2003　『明石町遺跡　中央区明石町1番介護老人保健施設等複合施設（仮称）建設に伴
　　　　う緊急発掘調査報告書』［中－6］
○八丁堀三丁目遺跡（第2次）調査会　2003　『八丁堀三丁目遺跡Ⅱ－中央区八丁堀三丁目20番　宿泊施設建
　　　　設に伴う緊急発掘調査報告書－』［中－7］
○日本橋一丁目遺跡調査会　2003　『日本橋一丁目遺跡　中央区日本橋一丁目4番及び6番　土地開発事業に伴
　　　　う緊急発掘調査報告書』［中－8］
○東京都中央区教育委員会　2004　『日本橋蛎殻町一丁目遺跡Ⅱ－中央区日本橋蛎殻町一丁目36番集合住宅建
　　　　設に伴う緊急発掘調査報告書―』［中－9］
　中央区教育委員会　2005　『日本橋蛎殻町一丁目遺跡－中央区日本橋蛎殻町一丁目37番集合住宅建設に伴う
　　　　緊急発掘調査報告書－』［中－10］
　東京都埋蔵文化財センター　2005　『明石町（第2次）遺跡－警視庁単身待機宿舎築地警察署築地寮改築工
　　　　事に係る調査－』［中－11］
○港区伊皿子貝塚遺跡調査団　1981　『伊皿子貝塚遺跡』［港－1］
○港区麻布台一丁目遺跡調査団　1986　『麻布台一丁目　郵政省飯倉分館構内遺跡』［港－2］
○港区教育委員会　1986　『港区三田済海寺　長岡藩主牧野家墓所発掘調査報告書』［港－3］
○港区教育委員会　1988　『虎ノ門五丁目　芝神谷町町屋跡遺跡』［港－4］
○白金館址（特別養護老人ホーム建設用地）遺跡調査団　1988　『白金館址遺跡Ⅰ』［港－5］
○白金館址（亜東關係協會東京辦事處公舎等建設用地）遺跡調査団　1988　『白金館址遺跡Ⅱ』［港－6］
○港区芝公園一丁目遺跡調査団　1988　『芝公園一丁目増上寺子院群光学院・貞松院跡　源興院跡－港区役所
　　　　新庁舎建設に伴う発掘調査報告書－』［港－7］
○旧芝離宮庭園調査団　1988　『旧芝離宮庭園－浜松町駅高架式歩行者道架設工事に伴う発掘調査報告－』
　　　　［港－8］
○港区西新橋二丁目遺跡調査団　1989　『西新橋二丁目　港区No.19遺跡』［港－9］
○南麻布福祉施設建設用地内遺跡調査団　1991　『南麻布一丁目　港区No91遺跡　高齢者在宅サービスセンタ

　　　　　　　　　一等建設に伴う発掘調査報告書』［港－10］
○港区教育委員会　1992　『港区文化財調査集録　第1集』［港－11］
○天徳寺寺域第3遺跡調査団　1992　『天徳寺寺域第3遺跡発掘調査報告書－浄品院跡の考古学的調査－』
　　　　　　　　　［港－12］
○伊勢菰野藩土方家屋敷跡遺跡調査団　1992　『伊勢菰野藩土方家屋敷跡遺跡発掘調査概報』［港－13］
○(仮称)新スウェーデン大使館建設用地内遺跡調査団1993　『麻布市兵衛町地区の武家屋敷跡遺跡』［港－14］
○東京都港区教育委員会　1993　『播磨龍野藩脇坂家屋敷跡遺跡　新橋停車場構内跡遺跡発掘調査報告書』
　　　　　　　　　［港－15］
○(仮称)城山計画用地内遺跡調査団　1994　『西久保城山地区の武家屋敷跡遺跡』［港－16］
○港区教育委員会　1994　『筑前福岡藩黒田家屋敷跡遺跡発掘調査報告書』［港－17］
○港区教育委員会　1994　『港区文化財調査集録　第2集』［港－18］
○港区教育委員会　1995　『狸穴坂下の武家屋敷跡遺跡－東京法務局港出張所建設用地内所在遺跡の発掘調査
　　　　　　　　　概要報告－』［港－19］
○港区教育委員会　1995　『麻布竜土坂口町町屋跡遺跡発掘調査報告書』［港－21］
○港区教育委員会　1995　『三河臺町遺跡発掘調査報告書』［港－22］
○汐留地区遺跡調査会　1996　『汐留遺跡－汐留遺跡埋蔵文化財発掘調査報告書－』［港－23］
○地下鉄7号線白金台・東六本木間遺跡調査会　1996　『地下鉄7号線白金台・東六本木間遺跡発掘調査報告
　　　　　　　　　書』［港－24］
○港区遺跡調査事務局　1996　『芝田町四丁目町屋跡遺跡発掘調査報告書』［港－25］
○港区教育委員会　1996　『港区文化財調査集録　第3集』［港－26］
○港区教育委員会　1997　『雁木坂上遺跡発掘調査報告書』［港－27］
○港区No101遺跡調査団　1997　『三田臺町・三田臺裏町・芝伊皿子臺町町屋跡遺跡発掘調査報告書』［港－28］
○東京都埋蔵文化財センター　1997　『汐留遺跡Ⅰ－旧汐留貨物駅跡地内の調査－』［港－29］
○港区遺跡調査事務局　1998　『旗本田中家屋敷跡遺跡発掘調査報告書』［港－30］
○港区教育委員会　1998　『港区文化財調査集録　第4集』［港－31］
○東京都埋蔵文化財センター　2000　『汐留遺跡Ⅱ－旧汐留貨物駅跡地内の調査－』［港－32］
○港区教育委員会　1990　『赤坂7丁目　港区No92遺跡－新カナダ大使館建設用地内における埋蔵文化財発掘
　　　　　　　　　調査報告書－』［港－33］
○港区教育委員会　2000　『港区文化財調査集録　第5集』［港－34］
○港区教育委員会　2002　『港区文化財調査集録　第6集』［港－35］
○東京都埋蔵文化財センター　2003　『汐留遺跡Ⅲ－旧汐留貨物駅跡地内の調査－』［港－36］
○東京都埋蔵文化財センター　2003　『宇和島藩伊達家屋敷跡遺跡－新国立美術展示施設（ナショナルギャラ
　　　　　　　　　リー・仮称）建設に伴う調査－』［港－37］
○港区遺跡調査事務局　1999　『第1台場遺跡発掘調査報告書』［港－38］
○港区教育委員会事務局　2003　『旗本柴田家屋敷跡遺跡・勝安房邸跡発掘調査報告書』［港－39］
○東京都埋蔵文化財センター　2003　『宇和島藩伊達家屋敷跡遺跡－政策研究大学院大学建設に伴う調査－』
　　　　　　　　　［港－40］
○港区遺跡調査事務局　2002　『麻布笄橋地区武家屋敷跡遺跡発掘調査報告書』［港－41］
○港区教育委員会事務局　2003　『越後糸魚川藩松平家屋敷跡遺跡発掘調査報告書』［港－42］
○港区教育委員会事務局　2004　『承教寺跡・承教寺門前町屋跡遺跡発掘調査報告書』［港－43］
　港区教育委員会事務局　2002　『長門府中藩毛利家屋敷跡遺跡発掘調査報告書Ⅰ』［港－44］
　港区遺跡調査事務局　2003　『麻布仲ノ町地区武家屋敷遺跡発掘調査報告書』［港－45］
　国際航業株式会社　2004　『備中新見藩関家屋敷跡』［港－46］
　東京都埋蔵文化財センター　2005　『萩藩毛利家屋敷跡遺跡』［港－47］

港区遺跡調査事務局　2004　『近江山上藩稲垣家屋敷跡遺跡発掘調査報告書Ⅰ』［港－48］
港区教育委員会事務局　2005　『筑前福岡藩黒田家屋敷跡第２遺跡発掘調査報告書』［港－49］
港区教育委員会　2006　『豊後岡藩中川家屋敷跡遺跡発掘調査報告書』［港－50］
東京都埋蔵文化財センター　2006　『汐留遺跡Ⅳ－旧汐留貨物駅跡地内の調査－』［港－51］
港区教育委員会　2005　『芝田町五丁目町屋跡遺跡発掘調査報告書』［港－52］
港区教育委員会事務局　2005　『播磨赤穂藩森家屋敷跡遺跡発掘調査報告書』［港－53］
港区教育委員会　2005　『近江山上藩稲垣家屋敷跡遺跡発掘調査報告書Ⅱ』［港－54］
港区教育委員会　2006　『上野沼田藩土岐家屋敷跡遺跡発掘調査報告書』［港－55］
○妙正寺川№１遺跡調査会　1986　『妙正寺川№１遺跡－多目的遊水地事業に伴う緊急発掘調査報告書－』［新－1］
○自證院遺跡調査団　1987　『自證院遺跡－新宿区立富久小学校改築工事に伴う緊急発掘調査報告書－』［新－2］
○百人町三丁目遺跡調査会　1987　『百人町三丁目遺跡－新宿西戸山タワーホウムズ建設に伴う発掘調査報告書－』［新－3］
○西戸山住宅遺跡調査会　1987　『百人町三丁目遺跡－西戸山住宅新築工事に伴う発掘調査報告書－』［新－4］
○落合公園遺跡調査会　1988　『落合遺跡－落合調節池建設に伴う緊急発掘調査報告書－』［新－5］
○新宿区教育委員会　1988　『三栄町遺跡』［新－6-1］
○新宿区教育委員会　1991　『三栄町遺跡－骨角貝製品・動物遺存体編－』［新－6-2］
○新宿区北山伏町遺跡調査会　1989　『北山伏町遺跡－新宿区立特別養護老人ホーム建設に伴う緊急発掘調査報告書－』［新－7］
○新宿区教育委員会　1990　『紅葉堀遺跡－地下鉄有楽町線飯田橋駅出入口工事に伴う緊急発掘調査報告書－』［新－8］
○新宿区教育委員会　1990　『市谷仲之町遺跡－新宿区立牛込仲之小学校改築工事に伴う緊急発掘調査報告書－』［新－9］
○新宿区戸山遺跡調査会　1991　『戸山遺跡－厚生省戸山研究庁舎（仮称）建設に伴う緊急発掘調査報告書－』［新－10］
○新宿区四谷三丁目遺跡調査団　1991　『四谷三丁目遺跡－（仮称）東京消防庁四谷消防署合同庁舎建設事業に伴う緊急発掘調査報告書－』［新－11］
○新宿区教育委員会　1991　『市谷薬王寺町遺跡－パーク・コート市ケ谷薬王寺新築工事に伴う緊急発掘調査報告書－』［新－12］
○新宿区南元町遺跡調査会　1991　『發昌寺跡－社団法人金融財政事情研究会新館建設に伴う第２次緊急発掘調査報告書－』［新－13］
○新宿区教育委員会　1991　『自證院遺跡－日本上下水道設計（株）富久町社屋新築工事に伴う第２次緊急発掘調査報告書－』［新－14］
○新宿区發昌寺跡遺跡調査会　1991　『發昌寺跡－公明新聞新館建設に伴う緊急発掘調査報告書－』［新－15］
○新宿区厚生部遺跡調査会　1992　『細工町遺跡－（仮称）新宿区立細工町高齢者住宅サービスセンター建設に伴う緊急発掘調査報告書－』［新－16］
○新宿区市谷仲之町遺跡調査団　1992　『市谷仲之町遺跡Ⅱ－（仮称）東京生命市ヶ谷ビル建設に伴う緊急発掘調査報告書－』［新－17］
○新宿区内藤町遺跡調査会　1992　『内藤町遺跡－放射５号線整備事業に伴う緊急発掘調査報告書－』［新－18］
○新宿区修行寺跡調査団　1992　『修行寺跡－（仮称）富久町マンション新築工事に伴う緊急発掘調査報告書－』［新－19］
○東京オペラシティ建設用地内埋蔵文化財調査団　1993　『西新宿三丁目遺跡－東京オペラシティ建設に伴う

緊急発掘調査報告書－』［新－20］
○新宿区市谷本町遺跡調査団　1993　『尾張藩徳川家上屋敷跡－大蔵省印刷局市谷倉庫増築に伴う緊急発掘調査報告書－』［新－21］
○新宿区西早稲田地区遺跡調査会　1993　『下戸塚遺跡－西早稲田地区第一種市街地再開発事業に伴う埋蔵文化財発掘調査報告書－』［新－22］
○新宿区厚生部遺跡調査会　1993　『圓應寺跡－新宿区立若葉高齢者住宅サービスセンター建設に伴う緊急発掘調査報告書－』［新－23］
○新宿区福祉部遺跡調査会　1993　『北新宿三丁目遺跡－（仮称）新宿区立北新宿特別養護老人ホーム建設事業に伴う緊急発掘報告書－』［新－24］
○新宿区南町遺跡調査団　1994　『南町遺跡－兵庫県東京宿舎市ヶ谷寮改築工事に伴う緊急発掘調査報告書－』［新－25］
○荒木町遺跡調査団　1994　『荒木町遺跡発掘調査報告書』［新－26］
○新宿区三栄町遺跡調査団　1994　『三栄町遺跡Ⅵ－ライラック三栄建設工事に伴う発掘調査報告書－』［新－27］
○新宿区遺跡調査会　1994　『早稲田南町遺跡－新宿区立早稲田第四アパート改築工事に伴う緊急発掘調査報告書－』［新－28］
○新宿区遺跡調査会　1994　『矢来町遺跡－区立矢来町区民住宅建設に伴う緊急発掘調査報告書－』［新－29］
○地下鉄7号線溜池・駒込間遺跡調査会　1994　『江戸城外堀跡　牛込御門外橋詰』［新－30］
○新宿区百人町三丁目遺跡調査団　1995　『百人町三丁目遺跡Ⅳ－東日本旅客鉄道株式会社ドミトリー戸山建設事業に伴う緊急発掘報告書－』［新－31］
○新宿区遺跡調査会（市谷仲之町遺跡）　1995　『市谷仲之町遺跡Ⅲ－（仮称）新宿区防災センター建設に伴う緊急発掘調査報告書－』［新－32］
○新宿区市谷本村町遺跡調査団　1995　『市谷本村町遺跡　尾張藩徳川家上屋敷跡－（仮称）警視庁単身待機宿舎服遠寮建設に伴う緊急発掘調査報告書－』［新－33］
○新宿区教育委員会　1995　『市谷仲之町西遺跡Ⅰ－（仮称）東映市ヶ谷マンション新築工事に伴う緊急発掘調査報告書－』［新－34］
○新宿区法光寺跡調査団　1995　『法光寺跡－ＮＴＴ電話線地下埋設工事荒木線№3マンホール改修工事に伴う緊急発掘調査報告書－』［新－35］
○新宿区遺跡調査会　1996　『百人町三丁目遺跡Ⅲ－東京都清掃局新宿中継所（仮称）建設工事・東京都都市計画道路事業幹線街路補助街路７２号線整備事業に伴う緊急発掘調査報告書－』［新－36］
○新宿区遺跡調査会（住吉町遺跡）　1996　『住吉町遺跡－新宿区住吉町社会教育会館改築工事に伴う緊急発掘調査報告書－』［新－37］
○新宿区遺跡調査会（若松町遺跡）　1996　『若松町遺跡－新宿区若松町特別出張所等区民施設工事に伴う緊急発掘調査報告書－』［新－38］
○東京都埋蔵文化財センター　1996　『尾張藩上屋敷跡発掘調査報告書Ⅰ』［新－39］
○地下鉄7号線溜池・駒込間遺跡調査会　1996　『江戸城外堀跡　市谷御門外橋詰・御堀端』［新－40］
○新宿区百人町三丁目西遺跡調査団　1996　『百人町三丁目西遺跡Ⅰ－警視庁有家族待機宿舎「大久保住宅」改築工事に伴う埋蔵文化財発掘調査報告書－』［新－41］
○新宿区住吉町遺跡調査団　1996　『住吉町遺跡Ⅱ－東京都郵政局住吉町郵政宿舎建設に伴う緊急発掘調査報告書－』［新－42］
○新宿区市谷加賀町一丁目遺跡調査団　1996　『市谷加賀町一丁目遺跡Ⅰ－（仮称）日本電信電話株式会社市ヶ谷加賀町社宅の新築工事に伴う緊急発掘調査報告書－』［新－43］
○新宿区下戸塚遺跡調査団　1996　『下戸塚遺跡Ⅱ－（仮称）メゾン・エクレール西早稲田建設事業に伴う埋蔵文化財発掘調査報告書－』［新－44］

- 新宿区筑土八幡町遺跡調査団　1996　『筑土八幡町遺跡－東京消防庁牛込消防署庁舎建設工事に伴う埋蔵文化財発掘調査報告書－』［新－45］
- 地下鉄7号線溜池・駒込間遺跡調査会　1996　『江戸城外堀跡　四谷御門外橋詰・御堀端通・町屋跡』［新－46］
- 新宿区南町遺跡調査団　1996　『南町遺跡Ⅱ－（仮称）DIA.PARK市ヶ谷建設工事に伴う埋蔵文化財発掘調査報告書－』［新－47］
- 新宿区愛住町遺跡調査団　1997　『愛住町遺跡Ⅰ－（仮称）警視庁四谷警察署四谷寮建設工事に伴う緊急発掘調査報告書－』［新－48］
- 新宿消防署改築予定地遺跡調査団　1997　『百人町三丁目西遺跡Ⅱ－東京消防庁新宿消防署庁舎改築工事に伴う緊急発掘調査報告書－』［新－49］
- 新宿区西早稲田三丁目遺跡調査会　1997　『西早稲田三丁目遺跡Ⅱ－西早稲田3丁目プロジェクト新築事業に伴う埋蔵文化財発掘調査報告書－』［新－50］
- 東京都埋蔵文化財センター　1997　『尾張藩上屋敷跡遺跡Ⅱ』［新－51］
- 早稲田大学校地埋蔵文化財調査室　1997　『下戸塚遺跡の調査－第4部 中近世編－』［新－52］
- 新宿区南山伏町遺跡調査団　1997　『南山伏町遺跡－警視庁牛込警察署改築に伴う緊急発掘調査報告書－』［新－53］
- 新宿区遺跡調査会　1997　『住吉町西遺跡Ⅰ－新宿区営住吉町コーポラス等の建設に伴う緊急発掘調査報告書－』［新－54］
- 新宿区市谷加賀町二丁目遺跡調査団　1997　『市谷加賀町二丁目遺跡Ⅰ－社団法人市町村職員互助会互助会館なにわ建設工事に伴う緊急発掘調査報告書－』［新－55］
- 新宿区百人町遺跡調査会　1997　『百人町三丁目西遺跡Ⅲ－都営百人町三丁目第2団地建設に伴う埋蔵文化財発掘調査報告書－』［新－56］
- 新宿区内藤町遺跡調査団　1997　『内藤町遺跡Ⅱ－朝日建物株式会社による共同住宅建設に伴う緊急発掘調査報告書－』［新－57］
- 新宿区袋町遺跡調査団　1997　『牛込城址（江戸時代武家屋敷地の調査）－（仮称）アルファホームズ神楽坂建設に伴う緊急発掘調査報告書－』［新－58］
- 新宿区補助第72号線遺跡調査会　1998　『百人町三丁目遺跡Ⅴ－都市計画道路事業幹線街路補助第72号線第二期第2工区整備事業に伴う緊急発掘調査報告書－』［新－59］
- 新宿区市谷仲之町西遺跡調査団　1998　『市谷仲之町西遺跡Ⅱ－朝日生命保険相互会社「コロネード市ヶ谷」建設に伴う緊急発掘調査報告書－』［新－60］
- 東京都埋蔵文化財センター　1998　『尾張藩上屋敷跡遺跡Ⅲ』［新－61］
- 新宿区」102遺跡調査団　1998　『松平播津守上屋敷跡下水暗渠－新宿区荒木町付近再構築工事ＴNo3立坑施工に伴う発掘調査報告書－』［新－62］
- 新宿区四谷一丁目遺跡調査団　1998　『四谷一丁目遺跡－東京電力株式会社本村町付近管路新設工事に伴う緊急発掘調査報告書－』［新－63］
- 新宿区新司法書士会館遺跡調査団　1998　『四谷一丁目遺跡Ⅱ－新司法書士会館建設工事に伴う緊急発掘調査報告書－』［新－64］
- 新宿区荒木町遺跡調査団　1998　『荒木町遺跡Ⅱ－宗教法人解脱会本部新築工事に伴う緊急発掘調査報告書－』［新－65］
- 新宿区大日本印刷遺跡調査団　1998　『市谷左内町遺跡Ⅰ－（仮称）大日本印刷株式会社事務所ビル新築工事に伴う緊急発掘調査報告書－』［新－66］
- 新宿区市谷薬王寺町遺跡調査団　1998　『市谷薬王寺町遺跡Ⅱ－東京都住宅供給公社「トミンハイム薬王寺」建設に伴う緊急発掘調査報告書－』［新－67］
- 放射第6号線遺跡調査団　1998　『住吉町南遺跡・市谷台町遺跡・住吉町西遺跡Ⅱ－都市計画道路放射第6号線整備事業に伴う埋蔵文化財発掘調査報告書－』［新－68］

○新宿区若宮町遺跡調査団　1998　『若宮町遺跡－マートルコート若宮町新築工事に伴う緊急発掘調査報告
　　　　書－』［新－69］
○新宿区王子不動産遺跡調査団　1998　『市谷仲之町遺跡Ⅳ－（仮称）プリンスハイツ市谷新築工事に伴う緊
　　　　急発掘調査報告書－』［新－70］
○新宿区上落合二丁目西遺跡調査団　1998　『上落合二丁目西遺跡（仮称）アドリーム落合地点－（仮称）ア
　　　　ドリーム落合新築事業に伴う埋蔵文化財発掘調査報告書－』［新－71］
○新宿区筑土八幡町遺跡調査団　1998　『筑土八幡町遺跡Ⅱ（仮称）筑土八幡町計画地点－（仮称）筑土八幡
　　　　町計画新築事業に伴う埋蔵文化財発掘調査報告書－』［新－72］
○東京都埋蔵文化財センター　1999　『尾張藩上屋敷跡遺跡Ⅳ』［新－73］
○新宿区信濃町遺跡調査団　1999　『信濃町遺跡－創価学会世界女性会館新築事業に伴う埋蔵文化財発掘調査
　　　　報告書－』［新－74］
○新宿区法光寺跡遺跡調査団　1999　『法光寺跡Ⅱ－東京都下水道局による荒木町付近再構築工事に伴う緊急
　　　　発掘調査報告書－』［新－76］
○新宿区滋賀県職員寮遺跡調査団　1999　『市谷仲之町遺跡Ⅴ－滋賀県市谷職員住宅新築に伴う緊急発掘調査
　　　　報告書－』［新－77］
○No85遺跡調査団　1999　『尾張徳川家下屋敷跡Ⅲ－新宿区戸山一丁目付近幹線整備工事に伴う発掘調査報告
　　　　書－』［新－78］
○新宿区払方町遺跡調査団　1999　『払方町遺跡－警視庁払方宿舎建設事業に伴う緊急発掘調査報告書－』
　　　　［新－79］
○新宿区市谷本村町遺跡調査団　1999　『市谷本村町遺跡Ⅳ　尾張徳川家屋敷跡－大蔵省印刷局市谷倉庫改築
　　　　に伴う緊急発掘調査報告書－』［新－80］
○新宿区正定院跡調査団　1999　『正定院跡－（仮称）神楽坂マンションPJ新築工事に伴う緊急発掘調査報告
　　　　書－』［新－81］
○新宿区河田町遺跡調査団　2000　『河田町遺跡－（仮称）住宅都市整備公団による河田町市街地住宅の建築
　　　　工事に伴う緊急発掘調査報告書－』［新－82］
○早稲田大学文化財整理室　2000　『稲荷前遺跡　早稲田大学新大隈会館建設にともなう遺跡存否確認調査報
　　　　告書』［新－83］
○東京都埋蔵文化財センター　2000　『尾張藩上屋敷跡遺跡Ⅴ』［新－84］
○新宿区若宮町遺跡調査団　2000　『若宮町遺跡Ⅱ－井上貴雄氏・栄紙業株式会社「ジ・オークヒルズ」新築工事
　　　　に伴う緊急発掘調査報告』［新－87］
○（財）新宿区生涯学習財団　2000　『四谷一丁目遺跡Ⅲ－都市計画道路環状第2号線整備事業に伴う埋蔵文化
　　　　財発掘調査報告書－』［新－88］
○（財）新宿区生涯学習財団　2000　『喜久井町遺跡Ⅱ－早稲田大学喜久井町キャンパスハイテクリサーチセン
　　　　ター建設に伴う埋蔵文化財発掘調査報告書』［新－89］
○加藤建設株式会社埋蔵文化財調査部　2001　『四谷一丁目南遺跡－パークハウス四谷見附新築工事に伴う埋
　　　　蔵文化財発掘調査報告書－』［新－90］
○（財）新宿区生涯学習財団　2001　『四谷二丁目遺跡－（仮称）四谷二丁目計画工事に伴う埋蔵文化財発掘
　　　　調査報告書－』［新－91］
○（財）新宿区生涯学習財団　2001　『市谷田町一丁目遺跡－（仮称）市谷田町ビル工事事業に伴う埋蔵文化
　　　　財発掘調査報告書－』［新－92］
○（財）新宿区生涯学習財団　2000　『南山伏町遺跡Ⅲ－（仮称）南山伏町マンション新築事業に伴う埋蔵文
　　　　化財発掘調査報告書－』［新－93］
○新宿区喜久井町遺跡調査団　1998　『喜久井町遺跡　早稲田大学喜久井町キャンパス地点－文部省ハイテク
　　　　リサーチ補助事業による研究棟新築工事に伴う埋蔵文化財発掘調査報告書－』［新－94］

○(財)新宿区生涯学習財団　2000　『若葉一丁目遺跡－(仮称)若葉パークハウス建設に伴う埋蔵文化財発掘調査報告書－』［新－95］
○(財)新宿区生涯学習財団　2001　『尾張藩徳川家下屋敷跡遺跡－(仮称)F新宿戸山店新築工事に伴う緊急発掘調査報告書－』［新－96］
○東京都埋蔵文化財センター　2001　『尾張藩上屋敷跡Ⅵ』［新－97］
○東京都埋蔵文化財センター　2001　『尾張藩上屋敷跡Ⅶ』［新－98］
○東京都埋蔵文化財センター　2001　『尾張藩上屋敷跡Ⅷ』［新－99］
○加藤建設株式会社埋蔵文化財調査部　2001　『市谷加賀町二丁目遺跡Ⅱ－(仮称)市谷加賀町マンション新築工事に伴う埋蔵文化財発掘調査報告書－』［新－100］
○新宿区教育委員会　1995　『市谷本村町遺跡　尾張藩徳川家上屋敷表御門東土手地点－(仮称)防衛庁共済組合市ヶ谷結婚式場(教会式)新築工事に伴う緊急発掘調査概要報告－』［新－101］
○(財)新宿区生涯学習財団　2001　『市谷薬王寺遺跡Ⅲ－(仮称)市谷薬王寺マンション新築工事に伴う埋蔵文化財発掘調査報告書－』［新－102］
○大成エンジニアリング株式会社　2001　『牛込城址Ⅱ－「ザ・バーデン神楽坂」(仮称)建築工事に伴う埋蔵文化財発掘調査報告書－』［新－103］
○大成エンジニアリング株式会社　2001　『馬場下町遺跡－早稲田高校新2号館建築工事に伴う埋蔵文化財発掘調査報告書－』［新－104］
○(財)新宿区生涯学習財団　2001　『新宿一丁目遺跡Ⅰ(仮称)御苑タワーマンション地点－(仮称)御苑タワーマンション新築工事に伴う埋蔵文化財発掘調査報告書－』［新－105］
○リメックス株式会社　2001　『西早稲田三丁目遺跡Ⅴ－(仮称)西早稲田三丁目共同住宅建設工事に伴う埋蔵文化財発掘調査報告書－』［新－106］
○(財)新宿区生涯学習財団　2001　『南伊賀町－ブレーンドットコム株式会社本社ビル新築工事に伴う埋蔵文化財発掘調査報告書－』［新－107］
○三井建設株式会社　2002　『市谷田町二丁目遺跡－(仮称)市谷田町マンション新築工事に伴う埋蔵文化財発掘調査報告書－』［新－108］
○東京都埋蔵文化財センター　2002　『市谷本村町遺跡　尾張藩上屋敷跡－市ヶ谷北地区－』［新－109］
○東京都埋蔵文化財センター　2002　『市谷本村町遺跡　尾張藩上屋敷跡－市ヶ谷西地区－』［新－110］
○(財)新宿区生涯学習財団　2002　『市谷仲之町西遺跡Ⅲ－(仮称)仲之町賃貸住宅建設に伴う埋蔵文化財発掘調査報告書－』［新－111］
○東京都埋蔵文化財センター　2002　『尾張藩上屋敷跡Ⅸ』［新－112］
○東京都埋蔵文化財センター　2002　『尾張藩上屋敷跡Ⅹ』［新－113］
○東京都埋蔵文化財センター　2002　『内藤町遺跡　都立新宿高等学校改築工事に伴う埋蔵文化財発掘調査報告』［新－114］
○東京都埋蔵文化財センター　2002　『尾張藩上屋敷跡ⅩⅠ』［新－115］
○テイケイトレード株式会社埋蔵文化財事業部　2002　『市谷甲良町遺跡Ⅱ－(仮称)東京茶道会館新築工事に伴う埋蔵文化財発掘調査報告書－』［新－116］
○大成エンジニアリング株式会社　2002　『神楽坂四丁目遺跡－「学校法人東京理科大学森戸記念館」新築工事に伴う埋蔵文化財発掘調査報告書－』［新－117］
○テイケイトレード株式会社埋蔵文化財事業部　2002　『白銀町遺跡』［新－118］
○(財)新宿区生涯学習財団　2002　『市谷砂土原町三丁目遺跡－(仮称)市ヶ谷・砂土原3丁目マンション建設事業に伴う埋蔵文化財発掘調査報告書－』［新－119］
○(財)新宿区生涯学習財団　2002　『坂町遺跡』［新－120］
○大成エンジニアリング株式会社　2003　『信濃町南遺跡－創価学会本部新館新築工事に伴う埋蔵文化財発掘調査報告書－』［新－121］

○(財)新宿区生涯学習財団　2003　『水野原遺跡』[新−122]
○(財)新宿区生涯学習財団　2003　『行元寺跡−(仮称)藤和神楽坂5丁目プロジェクト計画用地に係る埋蔵文化財発掘調査報告書−』[新−123]
○(財)新宿区生涯学習財団　2003　『市谷甲良町遺跡−(仮称)市谷甲良町マンション建設に伴う埋蔵文化財発掘調査報告書−』[新−124]
○東京都埋蔵文化財センター　2003　『信濃町南遺跡−環状3号線（信濃町地区）整備事業に伴う調査−』[新−125]
○三井住友建設株式会社　2003　『市谷田町二丁目遺跡Ⅱ−市谷砂土原町計画ビル新築工事に伴う埋蔵文化財発掘調査報告書−』[新−126]
○新宿区戸山遺跡調査会　2003　『尾張藩徳川家下屋敷跡遺跡Ⅱ−早稲田大学新学生会館（仮称）建設に伴う埋蔵文化財発掘調査報告書−』[新−127]
○加藤建設株式会社　2003　『四谷一丁目遺跡Ⅳ−(仮称)四谷プロジェクト新築工事に伴う埋蔵文化財発掘調査報告書−』[新−128]
○(財)新宿区生涯学習財団　2004　『天龍寺跡』[新−129]
○(財)新宿区生涯学習財団　2004　『筑土八幡町遺跡Ⅲ−(仮称)新宿区白銀町2丁目マンション建設事業に伴う埋蔵文化財発掘調査報告書−』[新−130]
○共和開発株式会社　2004　『四谷四丁目遺跡−(仮称)四谷4丁目プロジェクト新築工事に伴う緊急発掘調査報告書−』[新−131]
○(財)新宿区生涯学習財団　2004　『原町二丁目遺跡Ⅰ　旧牛込原町小学校跡地地点　〜介護老人保健施設・保育園新築事業に伴う埋蔵文化財発掘調査報告書〜』[新−132]
○(財)新宿区生涯学習財団　2004　『新宿区埋蔵文化財緊急調査報告集Ⅰ　中落合二丁目遺跡・納戸町遺跡・蓮光寺跡・宝龍寺跡・牛込城跡Ⅲ・四谷三丁目遺跡Ⅱ・四谷三丁目遺跡Ⅲ・三栄町遺跡Ⅸ・百人町三丁目西遺跡Ⅶ・島田佐内墓所』[新−133]
○三井住友建設株式会社　2004　『市谷薬王寺町遺跡Ⅳ−(仮称)市谷薬王寺町計画マンション新築工事に伴う埋蔵文化財発掘調査報告書−』[新−134]
○テイケイトレード株式会社埋蔵文化財事業部　2004　『白銀町西遺跡・白銀町遺跡Ⅱ—神楽坂 WICERE パークサイドレジデンス　神楽坂 TWICERE ヒルサイドレジデンス新築工事に伴う発掘調査報告書—』[新−135]
○加藤建設株式会社　2004　『南山伏町遺跡Ⅳ−(仮称)二十騎町マンション新築工事に伴う埋蔵文化財発掘調査報告書−』[新−136]
○(財)新宿区生涯学習財団　2001　『内藤町遺跡Ⅲ−新宿御苑食堂棟その他建築工事に伴う埋蔵文化財発掘調査報告書−』[新−137]
○テイケイトレード株式会社埋蔵文化財事業部　2003　『若宮町遺跡Ⅲ−(仮称)新宿区船河原マンション計画に伴う埋蔵文化財発掘調査報告書−』[新−138]
○テイケイトレード株式会社埋蔵文化財事業部　2004　『宝泉寺跡Ⅱ−(仮称)横寺町戸建住宅A・B棟新築工事に伴う埋蔵文化財発掘調査報告書−』[新−139]
○共和開発株式会社　2001　『内藤町遺跡Ⅳ−(仮称)新宿御苑マンション新築工事に伴う緊急発掘調査報告書−』[新−140]
○大成エンジニアリング株式会社　2004　『四谷一丁目南遺跡Ⅱ−宗教法人カトリック聖パウロ修道会四谷修道院新築工事に伴う埋蔵文化財発掘調査報告書−』[新−141]
○株式会社第三開発　2004　『大京町東遺跡−(仮称)介護老人保健施設四谷建設工事に伴う埋蔵文化財発掘調査報告書−』[新−142]
　東京都埋蔵文化財センター　2005　『新宿六丁目遺跡』[新−144]
　加藤建設株式会社　2005　『信濃町南遺跡Ⅲ−(仮称)信濃町プロジェクトに伴う埋蔵文化財発掘調査報告

　　　　　書－』［新－145］
テイケイトレード株式会社埋蔵文化財事業部　2005　『若宮町遺跡Ⅳ－市谷逢坂テラス新築工事に伴う埋蔵
　　　　　文化財発掘調査報告書－』［新－146］
大成エンジニアリング株式会社　2005　『崇源寺・正見寺跡－南元町複合施設新築工事に伴う埋蔵文化財発
　　　　　掘調査報告書－』［新－147］
東京都埋蔵文化財センター　2005　『市谷加賀町二丁目遺跡Ⅲ－日本銀行本店加賀町家族寮（仮称）の建替
　　　　　えに伴う緊急発掘調査報告書－』［新－148］
加藤建設株式会社　2005　『市谷仲之町遺跡Ⅵ－（仮称）新宿区市谷仲之町－1計画に伴う埋蔵文化財発掘
　　　　　調査報告書－』［新－149］
大成エンジニアリング株式会社　2006　『市谷砂土原町三丁目遺跡Ⅱ－（仮称）市ヶ谷砂土原町計画に伴う
　　　　　埋蔵文化財発掘調査報告書－』［新－150］
加藤建設株式会社　2006　『若宮町遺跡Ⅴ－（仮称）若宮町計画に伴う埋蔵文化財発掘調査報告書－』
　　　　　［新－151］
（株）武蔵文化財研究所　2006　『舟町遺跡－（仮称）新宿区舟町計画に伴う埋蔵文化財発掘調査報告書－』
　　　　　［新－152］
東京都埋蔵文化財センター　2006　『尾張藩上屋敷跡ⅩⅡ－防衛庁新設建物建設工事に伴う調査－』［新－
　　　　　153］
国際航業株式会社　2006　『百人町三丁目遺跡Ⅵ－ＪＲ東日本戸山ヶ原社宅跡地埋蔵文化財発掘調査報告
　　　　　書－』［新－154］
加藤建設株式会社　2006　『市谷仲之町遺跡Ⅶ－（仮称）新宿区市谷仲之町工事計画に伴う埋蔵文化財発掘
　　　　　調査報告書－』［新－155］
テイケイトレード株式会社埋蔵文化財事業部　2005　『市谷田町二丁目遺跡Ⅳ－市谷砂土原町パークハウス
　　　　　新築工事に伴う埋蔵文化財発掘調査報告書－』［新－156］
新宿区教育委員会　2006　『四谷二丁目遺跡Ⅱ－新宿区立四谷小学校および幼保一元化施設建設に伴う埋蔵
　　　　　文化財発掘調査報告書－』［新－157］
テイケイトレード株式会社埋蔵文化財事業部　2006　『筑土城跡（江戸遺跡の調査）－（仮称）筑土八幡マ
　　　　　ンション新築工事に伴う埋蔵文化財発掘調査報告書－』［新－158］
岡三リビック株式会社　2007　『南町遺跡Ⅵ－ルネ神楽坂建設事業に伴う緊急発掘調査報告書－』［新－159］
東京都埋蔵文化財センター　2007　『内藤町遺跡（環状第5の1号線地区）』［新－160］
加藤建設株式会社　2007　『市谷仲之町遺跡Ⅷ－（仮称）新宿区市谷仲之町（Ⅱ）工事計画に伴う埋蔵文化
　　　　　財発掘調査報告書－』［新－161］
大成エンジニアリング株式会社　2007　『市谷砂土原町三丁目遺跡Ⅲ－集合住宅新築工事に伴う埋蔵文化財
　　　　　発掘調査報告書－』［新－162］
共和開発株式会社　2007　『水野原遺跡Ⅲ－学校法人東京女子医科大学第一病棟（仮称）新築工事に伴う埋
　　　　　蔵文化財発掘調査報告書－』［新－163］
大成エンジニアリング株式会社　2007　『法正寺遺跡－（仮）アビテ神楽坂Ⅱ建設に伴う埋蔵文化財発掘調
　　　　　査報告書－』［新－164］
○動坂貝塚調査団　1978　『動坂遺跡』［文－1］
○東京大学文学部考古学研究室　1979　『向ヶ丘貝塚－東京大学構内弥生二丁目遺跡の発掘調査報告－』
　　　　　［文－2］
○白山四丁目遺跡調査団　1981　『白山四丁目遺跡』［文－3］
○真砂遺跡調査団　1987　『真砂遺跡』［文－4］
○東京都教育委員会　1988　『都内緊急立会調査集録Ⅰ』［文－5］
○東京大学理学部遺跡調査室　1989　『東京大学本郷構内の遺跡　理学部7号館地点』［文－6］

○東京大学遺跡調査室　1990　『東京大学本郷構内の遺跡　法学部4号館・文学部3号館建設地遺跡』［文－7］
○東京大学遺跡調査室　1990　『東京大学本郷構内の遺跡　医学部附属病院地点－医学部附属病院中央診療棟・設備管理棟・給水設備棟・共同溝建設地点－』［文－8］
○東京大学埋蔵文化財調査室　1990　『東京大学本郷構内の遺跡　山上会館・御殿下記念館地点』［文－9］
○文京区真砂遺跡調査会　1990　『真砂遺跡　第3地点　(仮称) KSビル新築工事に伴う埋蔵文化財発掘調査報告書』［文－10］
○文京区遺跡調査会　1991　『真砂遺跡　第2地点　文京ふるさと歴史館建設工事に伴う発掘調査報告書』［文－11］
○文京区千川幹線遺跡調査会　1991　『春日町遺跡Ⅰ－千川幹線下水道移設工事に伴う発掘調査－』［文－12］
○文京区神田上水遺跡調査団　1991　『神田上水石垣遺構発掘調査報告書－神田川お茶の水分水路工事に伴う神田上水石垣遺構の調査－』［文－13］
○文京区遺跡調査会　1992　『本富士町遺跡－警視庁本富士警察署庁舎建て替え工事に伴う埋蔵文化財調査報告書－』［文－14］
○文京区遺跡調査会　1993　『上富士前町遺跡－(仮称)駒込中居ビル建設に伴う埋蔵文化財調査報告書－』［文－15］
○文京区遺跡調査会　1993　『新諏訪町遺跡－興和不動産ホテル棟新築工事に伴う埋蔵文化財調査報告書－』［文－16］
○文京区遺跡調査会　1993　『駕籠町遺跡－科研製薬跡地整備計画に伴う埋蔵文化財調査報告書－』［文－17］
○文京区遺跡調査会　1994　『小石川町遺跡－住宅金融公庫改築に伴う埋蔵文化財調査報告－』［文－18］
○東京大学構内雨水調整池遺跡調査会　1994　『本郷追分－東京大学構内および隣接区道における下水道工事に伴う発掘調査報告書』［文－19］
○文京区遺跡調査会　1995　『龍岡町遺跡－三菱史料館建設に伴う埋蔵文化財調査報告－』［文－20］
○都立学校遺跡調査会　1995　『本郷元町－都立工芸高等学校(先端技術教育センター)地点－』［文－21-1］
○都立学校遺跡調査会　1999　『本郷元町Ⅲ－都立工芸高等学校(先端技術教育センター)地点－』［文－21-2］
○都立学校遺跡調査会　2000　『本郷元町Ⅳ－都立工芸高等学校(先端技術教育センター)地点』［文－21-3］
○文京区遺跡調査会　1996　『原町遺跡－徳島県職員住宅建設に伴う埋蔵文化財調査報告書－』［文－22］
○文京区遺跡調査会　1996　『諏訪町遺跡－鹿島建設(株)自社ビル等建設に伴う埋蔵文化財調査報告書－』［文－23］
○文京区遺跡調査会　1996　『春日町遺跡第Ⅴ地点－東京ドームホテル棟建設に伴う埋蔵文化財調査報告書－』［文－24］
○地下鉄7号線溜池・駒込間遺跡調査会　1996　『春日町・菊坂下遺跡・駒込追分町遺跡・駒込浅嘉町遺跡・駒込富士前町遺跡』［文－25］
○文京区遺跡調査会　1996　『本郷台遺跡群－文京区役所土木部下水道施設建設事業に伴う埋蔵文化財調査報告書－』［文－26］
○文京区遺跡調査会　1996　『弥生町遺跡－王子不動産(株)マンション建設に伴う埋蔵文化財調査報告書－』［文－27］
○文京区遺跡調査会　1996　『原町遺跡第Ⅱ地点－防火水槽建設に伴う埋蔵文化財調査報告書－』［文－28］
○文京区上富士前町遺跡調査会　1997　『上富士前町遺跡第Ⅱ地点－カトリック東京大司教区によるマンション建設に伴う埋蔵文化財調査報告書－』［文－29］
○東京大学埋蔵文化財調査室　1997　『東京大学構内遺跡調査研究年報1－1996年度－』［文－30］
○都内遺跡調査会　1997　『小石川　駕籠町遺跡(都立小石川高等学校地点)Ⅰ近世・近代遺構編』［文－31-1］
○都内遺跡調査会　1998　『小石川　駕籠町遺跡(都立小石川高等学校地点)Ⅱ近世・近代遺物編』［文－31-2］
○都立学校遺跡調査団　1997　『駒込鰻縄手　御先手組屋敷－都立向丘高校地点における埋蔵文化財発掘調査報告書－』［文－32］

○文京区遺跡調査会　1998　『神明貝塚－個人住宅等建設に伴う埋蔵文化財調査報告書－』［文－33］
○文京区遺跡調査会　1998　『真砂第Ⅳ地点－個人住宅等建設に伴う埋蔵文化財調査報告書－』［文－34］
○都立学校遺跡調査会　1998　『日影町Ⅰ』［文－35－1］
○都立学校遺跡調査会　1999　『日影町Ⅱ』［文－35－2］
○都立学校遺跡調査会　2000　『日影町Ⅲ』［文－35－3］
○東京大学埋蔵文化財調査室　1999　『東京大学構内遺跡調査研究年報2　－1997年度－』［文－36］
○都立文京盲学校遺跡調査班　2000　『小石川牛天神下〔都立文京盲学校地点発掘調査報告書〕』［文－37］
○お茶の水女子大学埋蔵文化財発掘調査団　2000　『大塚町遺跡』［文－38］
○文京区遺跡調査会　2000　『駒込富士前町遺跡第Ⅱ地点－文京区駒込拠点施設建設に伴う発掘調査報告書－』［文－39］
○文京区遺跡調査会　1999　『春日町遺跡第Ⅵ地点－警視庁施設建設に伴う発掘調査報告書－』［文－40］
○文京区遺跡調査会　2000　『指ヶ谷町遺跡－文部省施設建設に伴う埋蔵文化財発掘調査－』［文－41］
○お茶の水女子大学埋蔵文化財発掘調査団　2002　『大塚町遺跡2　お茶の水女子大学総合研究棟新営に伴う埋蔵文化財発掘調査報告書』［文－42］
○東京大学埋蔵文化財調査室　2002　『東京大学構内遺跡調査研究年報3　－1998・1999年度－』［文－43］
○文京区遺跡調査会　2000　『弓町遺跡－集合住宅等建設に伴う発掘調査報告－』［文－44］
○文京区遺跡調査会　2002　『駒込西片町遺跡－東京国税局本郷税務署建設に伴う発掘調査報告書－』［文－45］
○文京区遺跡調査会　2002　『上富士前町遺跡第Ⅲ地点－店舗建設に伴なう埋蔵文化財発掘調査報告書－』［文－46］
○文京区遺跡調査会　2003　『一行院跡ほか－集合住宅建設に伴う発掘調査報告書－』［文－47］
○文京区遺跡調査会　2003　『白山御殿跡ほか－集合住宅建設に伴う発掘調査報告書－』［文－48］
○文京区遺跡調査会　2000　『春日町遺跡第Ⅲ・Ⅵ地点－文京区役所庁舎等建設に伴う発掘調査報告書－』［文－49］
○文京区遺跡調査会　2003　『真砂第Ⅴ地点－区立本郷小学校建設に伴う埋蔵文化財調査報告書－』［文－50］
○文京区遺跡調査会　2003　『大塚遺跡』［文－51］
○文京区遺跡調査会　1999　『小日向台町遺跡－集合住宅建設に伴う発掘調査報告書－』［文－52］
○学校法人東洋大学　2004　『原町東遺跡－学校法人東洋大学新校舎建築に伴う埋蔵文化財調査報告書－』［文－53］
○文京区遺跡調査会　2004　『駒込鰻縄手遺跡第Ⅱ地点－集合住宅建設に伴う発掘調査報告書－』［文－54］
○文京区遺跡調査会　2004　『春日町遺跡第Ⅶ地点－（株）東京ドーム第3遊園地再開発事業計画に伴う発掘調査報告書－』［文－55］
○東京大学埋蔵文化財調査室　2004　『東京大学構内遺跡調査研究年報4　－2001・2002・2003年度－』［文－56］
○東京都埋蔵文化財センター　2002　『お茶の水貝塚－三楽病院若葉寮地区－』［文－57］
○文京区遺跡調査会　2000　『駒込浅嘉町遺跡第Ⅱ地点－集合住宅建設に伴う発掘調査報告－』［文－58］
○東京都埋蔵文化財センター　2004　『駕籠町南遺跡－本駒込二丁目団地建替え事業に伴う調査－』［文－59］
　文京区遺跡調査会　2000　『林町遺跡第Ⅱ地点－集合住宅建設に伴う発掘調査報告書－』［文－60］
　共和開発株式会社　2005　『千駄木三丁目南遺跡－（仮称）文京区立本郷図書館等建設用地埋蔵文化財発掘調査報告書－』［文－61］
　加藤建設株式会社　2005　『大塚窪町遺跡－文京区立窪町小学校舎改築に伴う発掘調査報告書－』［文－62］
　武蔵文化財研究所　2005　『弓町遺跡第3地点－集合住宅建設に伴う埋蔵文化財発掘調査報告書－』［文－63］
　武蔵文化財研究所　2005　『弓町遺跡第4地点－集合住宅建設に伴う埋蔵文化財発掘調査報告書－』［文－64］
　岡三リビック株式会社　2005　『金富町北遺跡－マチュリティ小石川建設事業に伴う緊急発掘調査報告書－』［文－65］

加藤建設株式会社　2005　『真砂町遺跡第6地点－集合住宅建設に伴う埋蔵文化財発掘調査報告書－』［文－66］
テイケイトレード株式会社　2005　『動坂遺跡第3地点－（仮称）本駒込四丁目トランクルーム建設工事に伴う埋蔵文化財発掘調査報告書－』［文－67］
四門文化財事業部　2005　『弓町遺跡第5地点－（仮）株式会社医学書院新本社ビル建替に伴う埋蔵文化財発掘調査報告書－』［文－68］
大成エンジニアリング株式会社　2006　『三軒町遺跡－共同住宅新築工事に伴う埋蔵文化財発掘調査報告書－』［文－69］
共和開発株式会社　2006　『春日町（小石川後楽園）遺跡第9地点－（仮称）後楽1丁目マンション新築工事に伴う発掘調査報告書－』［文－70］
東京大学埋蔵文化財調査室　2005　『東京大学本郷構内の遺跡－医学部附属病院外来診療棟地点－』［文－71］
東京大学埋蔵文化財調査室　2005　『東京大学本郷構内の遺跡－工学部1号館地点－』［文－72］
加藤建設株式会社　2006　『本郷一丁目南遺跡－学校法人桜蔭学園新校舎建設に伴う埋蔵文化財発掘調査報告書－』［文－73］
大成エンジニアリング株式会社　2006　『駒込浅嘉町遺跡第3地点－集合住宅新築工事に伴う埋蔵文化財発掘調査報告書－』［文－74］
共和開発株式会社　2007　『春日町（小石川後楽園）遺跡第10地点－後楽1－3地点における開発に伴う発掘調査報告書－』［文－75］
東京大学埋蔵文化財調査室　2006　『東京大学構内遺跡調査研究年報5－2003・2004・2005年度－』［文－76］
テイケイトレード株式会社埋蔵文化財事業部　2007　『大塚二丁目遺跡－シティハウス文京護国寺新築工事に伴う埋蔵文化財発掘調査報告書－』［文－77］
共和開発株式会社　2007　『千駄木三丁目南遺跡　第2地点』［文－78］
東京学芸大学　1997　『讃岐高松藩・陸奥守山藩下屋敷跡－東京学芸大学附属竹早中学校校地内遺跡調査概報』［文－79］
○都立学校遺跡調査会　1990　『白鴎－都立白鴎高校内埋蔵文化財発掘調査報告書－』［台－1］
○都立学校遺跡調査会　1990　『東叡山寛永寺護国院Ⅰ・Ⅱ－都立上野高等学校内埋蔵文化財発掘調査報告書－』［台－2］
○台東区文化財調査会　1994　『浅草松清町遺跡調査報告書－浅草郵便局庁舎・簡易保険福祉事業団事業用ビル（仮称）新築工事に伴う事前発掘調査－』［台－3］
○国立科学博物館上野地区埋蔵文化財発掘調査団　1995　『上野忍岡遺跡（国立科学博物館たんけん館地点・屋外展示模型地点）発掘調査報告書』［台－4］
○国立西洋美術館博物館埋蔵文化財発掘調査委員会　1996　『上野忍ヶ岡遺跡　国立西洋美術館地点調査報告書－２１世紀ギャラリー（仮）新築工事に伴う事前発掘調査』［台－5］
○台東区湯島貝塚遺跡調査団　1997　『旧岩崎家住宅所在遺跡　消防施設建設工事に伴う発掘調査報告書』［台－6］
○台東区池之端七軒町遺跡調査団　1997　『池之端七軒町遺跡（慶安寺跡）　警視庁上野警察署単身待機宿舎上野寮建設工事に伴う発掘調査報告書』［台－7］
○東京芸術大学発掘調査団　1997　『上野忍岡遺跡群　東京芸術大学音楽学部付属音楽高等学校建設予定地地点　奏楽堂建設予定地地点　発掘調査報告書』［台－8］
○東京国立文化財研究所　1997　『上野忍岡遺跡群　東京国立文化財研究所新営予定地地点　発掘調査報告書』［台－9］
○台東区文化財調査会　1999　『上野忍岡遺跡群　上野駅東西自由通路建設地点－JR上野駅東西自由通路建設に関わる作業台建設工事に伴う緊急発掘調査報告書－』［台－10］
○台東区文化財調査会　1999　『上野忍岡遺跡群　国立国会図書館支部上野図書館地点－国立国会図書館支部上野図書館（国際子ども図書館）増築工事に伴う事前発掘調査報告書－』［台－11］

○台東区文化財調査会　1999　『浅草寺西遺跡－常磐新線新浅草駅建設工事に伴う緊急発掘調査報告書－』［台－12］
○台東区文化財調査会　1999　『茅町遺跡－台東地方合同庁舎建設工事に伴う緊急発掘調査報告書－』［台－13］
○台東区文化財調査会　1999　『上野忍岡遺跡群　上野動物園防火貯水槽建設地点－上野動物園防火貯水槽新設工事に伴う緊急発掘調査報告書－』［台－14］
○台東区文化財調査会　2000　『谷中三崎町遺跡（正運寺跡）－大京マンション建設工事に伴う緊急発掘調査報告書－』［台－15］
○台東区文化財調査会　2001　『上野忍岡遺跡群　国立科学博物館　おれんじ館地点－国立科学博物館おれんじ館建設に伴う事前発掘調査報告書－』［台－16］
○台東区文化財調査会　2001　『上野忍岡遺跡群　国立国会図書館支部上野図書館地点Ⅱ－国立国会図書館支部上野図書館（国際子ども図書館）増築工事に伴う事前発掘調査報告書－』［台－17］
○東京国立博物館建設工事遺跡発掘調査団　1997　『上野忍岡遺跡　東京国立博物館平成館（仮称）外構工事地点-Ⅰ－皇太子殿下御成婚記念東京国立博物館平成館（仮称）外構工事-Ⅰに伴う緊急発掘調査報告書－』［台－18］
○東京国立博物館構内発掘調査団　1997　『上野忍岡遺跡群－東京国立博物館平成館（仮称）および法隆寺宝物館建設地点発掘調査報告書－』［台－19］
○台東区文化財調査会　2001　『西町遺跡－永寿病院建設工事に伴う緊急発掘調査報告書－』［台－20］
○台東区文化財調査会　2002　『雷門遺跡　雷門二丁目18番地地点－（仮称）コスモ浅草雷門マンション建設工事に伴う緊急発掘調査報告書－』［台－21］
　東京都埋蔵文化財センター　2005　『向柳原町遺跡－東京都台東地区単位制高等学校の改築及び大規模改修工事に伴う調査－』［台－22］
　台東区文化財調査会　2002　『上車坂町遺跡　東上野四丁目9番地地点－都市基盤整備公団所有地内事前発掘調査報告書－』［台－23］
　台東区文化財調査会　2003　『上車坂町遺跡　東上野四丁目8番地地点－都市基盤整備公団所有地内事前発掘調査報告書－』［台－24］
　台東区文化財調査会　2005　『浅草寺遺跡　日本堤消防署二天門出張所地点－東京消防庁日本堤消防署二天門出張所新築工事に伴う事前発掘調査報告書－』［台－25］
　台東区文化財調査会　2006　『南元町遺跡　蔵前二丁目8番地地点』［台－26］
○普賢寺遺跡発掘調査団　1987　『普賢寺遺跡発掘調査報告書』［墨－1］
○墨田区横網一丁目埋蔵文化財調査団　1990　『横網一丁目埋蔵文化財調査報告書』［墨－2］
○墨田区錦糸町駅北口遺跡調査団　1996　『錦糸町駅北口遺跡Ⅰ－錦糸町駅北口地区開発に伴う緊急発掘調査報告書－』［墨－3］
○墨田区錦糸町駅北口遺跡調査団　1996　『錦糸町駅北口遺跡Ⅱ－錦糸町駅北口地区開発に伴う緊急発掘調査報告書－』［墨－4］
○墨田区江東橋二丁目遺跡調査団　1997　『江東橋二丁目遺跡－生涯職業能力開発促進センター建設に伴う緊急発掘調査報告書－』［墨－5］
○墨田区横川一丁目遺跡調査会　1999　『横川一丁目遺跡－墨田区横川一丁目都民住宅（仮称）建設に伴う発掘調査報告書－』［墨－6］
○墨田区横網一丁目埋蔵文化財調査会　2002　『本所御蔵跡・陸軍被服廠跡－NTT‐G墨田ビル（仮称）建設に伴う横網一丁目第二地点発掘調査報告書－』［墨－7］
○墨田区教育委員会　2002　『江東橋二丁目遺跡Ⅱ－墨田区公共職安建設・アビリティーガーデン別館（仮称）建設に伴う発掘調査報告書－』［墨－8］
○墨田区太平四丁目埋蔵文化財調査会　2003　『太平四丁目遺跡－旧精工舎跡地における埋蔵文化財発掘調査

　　　　報告書－』［墨－9］
　　東京簡裁墨田分室埋蔵文化財調査会　2007　『肥前平戸新田藩下屋敷跡－東京簡易裁判所墨田分室庁舎整備
　　　　に伴う埋蔵文化財発掘調査報告書－』［墨－10］
○江東区教育委員会　1987　『洲崎波除石垣試掘調査報告・旧八幡試掘調査報告』［江－1］
○中川船番所遺跡発掘調査団　1995　『中川船番所遺跡調査報告』［江－2］
○大井鹿島遺跡調査会　1985　『大井鹿島遺跡』［品－1］
○居木橋遺跡（A地区）調査団　1989　『居木橋遺跡（A地区）』［品－2］
○居木橋遺跡（B地区）調査団　1989　『居木橋遺跡2（D地区）』［品－3］
○品川区遺跡調査会　1990　『仙台坂遺跡－東京都都市計画道路補助第26号線（仙台坂）工事に伴う発掘調査
　　　　報告書－』［品－4］
○池田山北遺跡2調査団　1992　『池田山北遺跡2』［品－5］
○品川区遺跡調査会　1992　『仙台坂遺跡（第3次発掘調査）』［品－6］
　　大井鹿島遺跡第5次発掘調査団　2002　『大井鹿島遺跡3－大井鹿島遺跡第5次発掘調査報告書－』［品－7］
　　大成エンジニアリング株式会社　2004　『池田山北遺跡7』［品－8］
○目黒区中目黒遺跡調査団　1981　『中目黒遺跡』［目－1］
○目黒区目黒不動遺跡調査団　1983　『目黒不動遺跡』［目－2］
○目黒区中目黒4丁目遺跡調査団　1994　『中目黒遺跡B地点－東京ガス株式会社社宅建設に伴う調査－』
　　　　［目－3］
○目黒区茶屋坂遺跡調査会　1994　『茶屋坂遺跡－防衛庁目黒公務員宿舎建設に伴う調査－』［目－4］
○目黒区円融寺南遺跡調査団　1996　『円融寺南遺跡』［目－5］
○目黒区東光寺裏山遺跡調査団　1997　『東光寺裏山遺跡発掘調査報告書』［目－6］
○目黒区東山南遺跡調査団　1998　『東山南遺跡』［目－7］
○目黒区中目黒遺跡（C地点）調査会　1998　『中目黒遺跡C地点』［目－8］
○目黒区大橋遺跡調査会　1998　『大橋遺跡発掘調査報告書　上巻』［目－9-1］
○目黒区大橋遺跡調査会　1999　『大橋遺跡発掘調査報告書　下巻』［目－9-2］
○目黒区教育委員会　1999　『油面遺跡（F地点）－ワールドパレス学芸大学建設に伴う緊急発掘調査報告
　　　　書－』［目－10］
○株式会社パスコ　2000　『油面遺跡（C地点）－中町二丁目暫定庁舎（仮称）建設に伴う緊急発掘調査報告
　　　　書－』［目－11］
○土器塚遺跡調査団　2000　『土器塚遺跡（第2次調査）－NTT DATA研修センター地区埋蔵文化財発掘調査
　　　　報告書－』［目－12］
　　目黒区教育委員会　2001　『土器塚遺跡（第1次調査）－目黒区氷川荘改築工事に伴う緊急発掘調査報告
　　　　書－』［目－13］
　　目黒区教育委員会　2005　『東山貝塚遺跡5（P地点発掘調査報告）－共同住宅建設計画に伴う緊急発掘調
　　　　査報告書－』［目－14］
　　東京都埋蔵文化財センター　2007　『大橋遺跡－第4次調査－』［目－15］
○東京都渋谷区初台遺跡調査団　1993　『松平出羽守抱屋敷　出雲国松江藩抱屋敷発掘調査報告　初台遺跡』
　　　　［渋－1］
○恵比寿・三田埋蔵文化財調査団　1993　『恵比寿－旧サッポロビール恵比寿工場地区発掘調査報告書－』
　　　　［渋－2］
○青山学院構内遺跡調査室　1994　『青山学院構内遺跡（青学会館増改築地点）－伊予西条藩上屋敷の調査－』
　　　　［渋－3］
○都立学校遺跡調査団　1994　『鉢山町－都立第一商業高等学校内埋蔵文化財発掘調査報告書－』［渋－4］
○都立学校遺跡調査団　1995　『鉢山町Ⅱ－都立第一商業高等学校内埋蔵文化財発掘調査報告書－』［渋－5］

○北青山遺跡調査会　1997　『北青山遺跡（山城国淀藩稲葉家下屋敷跡）発掘調査報告書』［渋－6］
○千駄ヶ谷五丁目遺跡調査会　1997　『千駄ヶ谷五丁目遺跡 －新宿新南口ＲＣビル（高島屋タイムズスクエアほか）の建設事業に伴う緊急発掘調査報告書－ 本文編・遺構編・文献編』［渋－7-1］
○千駄ヶ谷五丁目遺跡調査会　1997　『千駄ヶ谷五丁目遺跡 －新宿新南口ＲＣビル（高島屋タイムズスクエアほか）の建設事業に伴う緊急発掘調査報告書－ 遺物編』［渋－7-2］
○千駄ヶ谷五丁目遺跡調査会　1998　『千駄ヶ谷五丁目遺跡 2次調査報告書－新宿駅貨物跡地再開発に伴う事前調査－』［渋－8］
○渋谷区教育委員会　2002　『猿楽遺跡第3地点発掘調査報告書』［渋－9］
　テイケイトレード株式会社埋蔵文化財事業部　2005　『羽沢貝塚－日本赤十字社医療センター建替え工事に伴う事前調査－』［渋－10］
　東京都埋蔵文化財センター　2006　『神宮前一丁目遺跡－神宮前都有地埋蔵文化財発掘調査報告－』［渋－11］
　共和開発株式会社　2006　『円山町遺跡（第2地点）－東京都渋谷区円山町19における円山町計画新築工事に伴う事前調査－』［渋－12］
○駒込六丁目遺跡（日本郵船地区）調査会　1990　『染井Ⅰ－東京都豊島区・染井遺跡（日本郵船地区）発掘調査の記録－』［豊－1］
○染井遺跡（丹羽家地区）調査会　1991　『染井Ⅱ－東京都豊島区・染井遺跡（丹羽家地区）発掘調査の記録－』［豊－2］
○染井遺跡（加賀美家地区）調査団　1991　『染井Ⅲ－東京都豊島区・染井遺跡（加賀美家地区）発掘調査の記録－』［豊－3］
○染井遺跡（霊園事務所地区）調査団　1991　『染井Ⅳ－東京都豊島区・染井遺跡（霊園事務所地区）発掘調査の記録－』［豊－4］
○巣鴨遺跡埋蔵文化財発掘調査団　1993　『巣鴨町Ⅰ－東京都豊島区・巣鴨遺跡（区立巣鴨つつじ苑地区）発掘調査の記録－』［豊－5］
○巣鴨遺跡中野組ビル地区埋蔵文化財発掘調査団　1994　『巣鴨Ⅰ－東京都豊島区・巣鴨遺跡（中野組ビル地区）発掘調査の記録－』［豊－6］
○駒込一丁目遺跡（樹林館地区）発掘調査団　1995　『伝中・上富士前Ⅰ－東京都豊島区・駒込一丁目遺跡（樹林館地区）の発掘調査』［豊－7］
○氷川神社裏貝塚遺跡（ライオンズマンション池袋本町地区）発掘調査団　1996　『池袋本村Ⅰ－東京都豊島区・氷川神社裏貝塚遺跡（ライオンズマンション池袋本町地区）の発掘調査』［豊－8］
○豊島区遺跡調査会　1996　『巣鴨町Ⅱ－東京都豊島区における近世町場の発掘調査－』［豊－9］
○巣鴨遺跡（警視庁巣鴨警察署巣鴨駅前派出所地区）発掘調査団　1997　『巣鴨Ⅱ－東京都豊島区・巣鴨遺跡（警視庁巣鴨警察署巣鴨駅前派出所地区）の発掘調査』［豊－10］
○駒込一丁目遺跡（日本住宅パネル工業協同組合ビル地区）調査団　1998　『伝中・上富士前Ⅱ－東京都豊島区・駒込一丁目遺跡（日本住宅パネル工業協同組合ビル地区）の発掘調査』［豊－11］
○豊島区遺跡調査会　1999　『巣鴨町Ⅲ－東京都豊島区における近世町場の発掘調査』［豊－12］
○染井遺跡（三菱養和会地区）発掘調査団　1999　『染井Ⅴ－東京都豊島区・染井遺跡（三菱養和会地区）の発掘調査』［豊－13］
○北大塚遺跡（仮称大塚台マンション地区）調査団　2000　『北大塚Ⅰ－東京都豊島区・北大塚遺跡（ヒルズ山手大塚地区）の発掘調査』［豊－14］
○豊島区遺跡調査会　2000　『東池袋Ⅰ－東京都豊島区・東池袋遺跡の発掘調査』［豊－15］
○旧感應寺境内遺跡発掘調査団〔1995〕『旧感應寺境内遺跡（徳川ドーミトリー西館部分）発掘調査報告』［豊－16］
○染井遺跡〔三菱重工業染井アパート地区〕調査団　2001　『染井Ⅵ－東京豊島区・染井遺跡〔三菱重工業染

　　　　井アパート地区〕の発掘調査』［豊－17］
○染井遺跡〔プリンスハイツ地区〕発掘調査団　2001　『染井Ⅶ－東京豊島区・染井遺跡〔プリンスハイツ地
　　　　区〕の発掘調査』［豊－18］
○長崎富士塚遺跡範囲確認調査団　2002　『長崎富士塚　国指定重要有形民俗文化財「豊島長崎の富士塚」範囲
　　　　確認調査報告書』［豊－19］
○学習院周辺遺跡（千登世橋中学校地区）発掘調査団　2002　『千登世橋Ⅰ　東京都豊島区・学習院周辺遺跡
　　　　（千登世橋中学校地区）の発掘調査』［豊－20］
○染井遺跡〔警視庁巣鴨警察署染井駐在所地区〕調査団　2002　『染井Ⅷ－東京豊島区・染井遺跡〔警視庁巣
　　　　鴨警察署染井駐在所地区〕の発掘調査』［豊－21］
○巣鴨遺跡（藤和シティーホームズ巣鴨地区）発掘調査団　2003　『巣鴨町Ⅳ－東京都豊島区・巣鴨遺跡（藤
　　　　和シティーホームズ巣鴨地区）の発掘調査－』［豊－22］
○雑司が谷遺跡（豊島区立みみずく公園地区）発掘調査団　2003　『雑司が谷Ⅰ－東京都豊島区・豊島区立み
　　　　みずく公園地区の発掘調査－』［豊－23］
○東京都埋蔵文化財センター　2004　南池袋遺跡　『日出小学校地区　環状5-1号線（雑司ヶ谷地区）建設事
　　　　業に伴う埋蔵文化財発掘調査報告書』［豊－24］
○巣鴨遺跡（都営三田線巣鴨駅エレベーター地区）調査団　2004　『巣鴨Ⅲ－東京都豊島区・巣鴨遺跡（都営
　　　　三田線巣鴨駅エレベーター地区）の発掘調査－』［豊－25］
○巣鴨遺跡（都立大塚ろう学校仮設校舎地区・新校舎建設地区）調査団　2004　『巣鴨町Ⅴ－東京都豊島区・
　　　　巣鴨遺跡（都立大塚ろう学校仮設校舎地区・新校舎建設地区）の発掘調査－』［豊－26］
○椎名町遺跡（南長崎パークハウス地区）発掘調査団　2004　『椎名町Ⅰ－東京都豊島区・椎名町遺跡（南長
　　　　崎パークハウス地区）発掘調査－』［豊－27］
　東京都埋蔵文化財センター　2005　『南池袋遺跡　南池袋2丁目地区　環状5の1号線（雑司ヶ谷地区）建設
　　　　事業その2に伴う埋蔵文化財発掘調査報告』［豊－28］
　豊島区教育委員会　2005　『伝中・上富士前Ⅲ－東京都豊島区における弥生集落及び近世上駒込村の発掘調
　　　　査－』［豊－29］
　巣鴨遺跡（都営三田線巣鴨駅エスカレーター設置地区）調査団　2005　『巣鴨町Ⅵ－東京都豊島区・巣鴨遺
　　　　跡（都営三田線巣鴨駅エスカレーター設置地区）の発掘調査－』［豊－30］
　雑司が谷遺跡（豊島区雑司が谷二丁目配水管新設工事地区）発掘調査団　2005　『雑司が谷Ⅱ－東京都豊島
　　　　区・雑司が谷遺跡（豊島区雑司が谷二丁目配水管新設工事地区）の発掘調査－』［豊－31］
　駒込一丁目遺跡（大日本木材防腐マンション地区）調査団　2006　『伝中・上富士前Ⅳ－東京都豊島区・駒
　　　　込一丁目遺跡（フォレストヒルズ駒込地区）の発掘調査－』［豊－32］
　駒込一丁目遺跡（東京都住宅供給公社住宅地区）調査団　2006　『伝中・上富士前Ⅴ－東京都豊島区・駒込
　　　　一丁目遺跡（コーシャハイム駒込地区）の発掘調査－』［豊－33］
　豊島区遺跡調査会　2006　『巣鴨Ⅴ－東京都豊島区・巣鴨遺跡における近世武家地の発掘調査－』［豊－34］
　染井遺跡〔プラウド駒込地区〕発掘調査団　2006　『染井ⅩⅠ－東京豊島区・染井遺跡〔プラウド駒込地区〕
　　　　の発掘調査』［豊－35］
　東京都埋蔵文化財センター　2006　『染井遺跡－放射第9号線（白山通り）拡幅に伴う発掘調査－』［豊－36］
　高松遺跡（豊南高等学校地区）発掘調査団　2006　『高松Ⅰ－東京都豊島区・高松遺跡（豊南高等学校地区）
　　　　の発掘調査』［豊－37］
　東京都埋蔵文化財センター　2007　『南池袋遺跡　南池袋三丁目地区　環状5の1号線（雑司ヶ谷地区）建設
　　　　事業その3に伴う埋蔵文化財発掘調査報告』［豊－38］
　豊島区遺跡調査会　2007　『巣鴨町Ⅸ－東京都豊島区・巣鴨遺跡における近世町場の発掘調査』［豊－39］
○荒川区道灌山遺跡調査団　1989　『道灌山遺跡E地点』［荒－1］
○荒川区道灌山遺跡調査団　1999　『道灌山遺跡F地点』［荒－2］

○都立学校遺跡調査会　2000　『菅谷遺跡－東京都荒川区千住製絨所跡　都立荒川工業高校地点』［荒－3］

③発掘調査報告書2　江戸以外の地域

愛知県埋蔵文化財センター　1990　　　『名古屋城三の丸遺跡（Ⅰ）』
　　　　　　　　　　　　　1990b　　『名古屋城三の丸遺跡（Ⅱ）』
　　　　　　　　　　　　　1992a　　『名古屋城三の丸遺跡（Ⅲ）』
　　　　　　　　　　　　　1992b　　『吉田城遺跡』
　　　　　　　　　　　　　1993　　　『名古屋城三の丸遺跡（Ⅳ）－愛知県警察本部地点の調査－』
　　　　　　　　　　　　　1995a　　『名古屋城三の丸遺跡（Ⅴ）－旧名古屋営林支局地点の調査－』
　　　　　　　　　　　　　1995b　　『吉田城遺跡Ⅱ－愛知県東三河事務所地点の調査－』
　　　　　　　　　　　　　2003　　　『名古屋城三の丸遺跡（Ⅵ）』
　　　　　　　　　　　　　2005　　　『名古屋城三の丸遺跡（Ⅶ）－旧国立名古屋病院地点の調査－』
伊丹市教育委員会　1988　『有岡城跡発掘調査報告書Ⅵ』
　　　　　　　　　1997　『有岡城跡・伊丹郷町Ⅴ－宮ノ前地区市街地再開発に伴う発掘調査報告書－』
いわき市教育委員会　1992　『泉城跡－近世陣屋跡の調査－』
大分県教育委員会　1993　『府内城三の丸遺跡－大分県共同庁舎（仮称）建設に伴う埋蔵文化財発掘調査報告書－』
大阪市文化財協会　1984　『難波宮址の研究』第8
　　　　　　　　　1988　『大坂城跡Ⅲ』
　　　　　　　　　1997　『大阪府北区天満本願寺跡発掘調査報告書Ⅱ』
大阪文化財センター　1992　『大坂城跡の発掘調査2』大手前女子大学史学研究所
大坂城三の丸跡調査研究会　1982　『大坂城三の丸跡Ⅰ　京橋口における発掘調査報告書』大手前女子大学史学研究所
　　　　　　　　　　　　　1988　『大坂城三の丸跡Ⅲ　大手前女子短期大学の校舎増築に伴う発掘調査報告書　その2』
小田原市教育委員会　2004　『小田原城下慈眼寺旧境内遺跡第Ⅰ地点』
香川県教育委員会　2003a　『高松城跡（西の丸町地区）Ⅱ　サンポート高松総合整備事業に伴う埋蔵文化財発掘調査報告　第4冊』
香川県教育委員会　2003b　『高松城跡（西の丸町地区）Ⅲ　サンポート高松総合整備事業に伴う埋蔵文化財発掘調査報告　第5冊』
北九州市教育文化事業団埋蔵文化財調査室　1999　『小倉城御蔵跡－小倉城跡第2地点の発掘調査報告－』
北九州市芸術文化振興財団埋蔵文化財調査室　2004　『小倉城新馬場跡　都市計画道路大門・木町線建設工事に伴う埋蔵文化財発掘調査報告書1』
北九州市教育文化事業団埋蔵文化財調査室　2005　『小倉城御花畑跡・新馬場跡　大門・木町線道路改良工事に伴う埋蔵文化財発掘調査報告書2』
京都府京都文化博物館　1991　『平安京左京五条二坊十六町　京都府下京区傘鉾町』
京都市埋蔵文化財研究所　2004a　『平安京左京北辺四坊』
京都市埋蔵文化財研究所　2004b　『平安京右京三条一坊二町跡』
国立歴史民俗博物館　2004　『佐倉城跡発掘調査報告書』
古代学協会　1983a　『三条西殿跡』
　　　　　　1983b　『平安京土御門烏丸内裏跡－左京一條三坊九町－』
　　　　　　1984a　『押小路殿跡－平安京左京三条三坊十一町－』
　　　　　　1984b　『平安京左京四条三坊十三町－長刀鉾町遺跡－』
　　　　　　1987　　『高倉宮・曇華院跡第4次調査』

堺市教育委員会　1982　『堺市埋蔵文化財調査報告　第１５集』
　　　　　　　　1984　『堺市埋蔵文化財調査報告　第２０集』
　　　　　　　　1985a　『堺市埋蔵文化財調査報告　第２１集』
　　　　　　　　1985b　『堺市埋蔵文化財調査報告　第２３集』
　　　　　　　　1986　『堺市埋蔵文化財調査報告　第３０集』
　　　　　　　　1987a　『堺市埋蔵文化財調査報告　第３５集』
　　　　　　　　1987b　『堺市埋蔵文化財調査報告　第３７集』
　　　　　　　　1988　『堺市埋蔵文化財調査報告　第３９集』
　　　　　　　　1989a　『堺市埋蔵文化財調査報告　第４１集』
　　　　　　　　1989b　『堺市埋蔵文化財調査報告　第４３集』
　　　　　　　　1989c　『堺市埋蔵文化財調査報告　第４４集』
　　　　　　　　1989d　『堺市埋蔵文化財調査報告　第４７集』
　　　　　　　　1989e　『堺市埋蔵文化財調査報告　第４９集』
　　　　　　　　1990a　『堺市埋蔵文化財調査報告　第３４集』
　　　　　　　　1990b　『堺市埋蔵文化財調査報告　第４６集』
　　　　　　　　1990c　『堺市埋蔵文化財調査報告　第５１集』
　　　　　　　　1990d　『堺市文化財調査概要報告　第２冊』
　　　　　　　　1990e　『堺市文化財調査概要報告　第４冊』
　　　　　　　　1990f　『堺市文化財調査概要報告　第６冊』
　　　　　　　　1990g　『堺市文化財調査概要報告　第７冊』
　　　　　　　　1990h　『堺市文化財調査概要報告　第９冊』
　　　　　　　　1991a　『堺市文化財調査概要報告　第１１冊』
　　　　　　　　1991b　『堺市文化財調査概要報告　第１３冊』
　　　　　　　　1991c　『堺市文化財調査概要報告　第１４冊』
　　　　　　　　1991d　『堺市文化財調査概要報告　第１５冊』
　　　　　　　　1991e　『堺市文化財調査概要報告　第１７冊』
　　　　　　　　1991f　『堺市文化財調査概要報告　第２２冊』
堺市教育委員会　1991g　『堺市文化財調査概要報告　第２３冊』
　　　　　　　　1992a　『堺市文化財調査概要報告　第２５冊』
　　　　　　　　1992b　『堺市文化財調査概要報告　第２９冊』
　　　　　　　　1992c　『堺市文化財調査概要報告　第３０冊』
　　　　　　　　1992d　『堺市文化財調査概要報告　第３３冊』
　　　　　　　　1997　『堺市文化財調査概要報告　第６６冊』
　　　　　　　　1998　『堺市文化財調査概要報告　第７１冊』
新発田市教育委員会　1997　『新発田城跡発掘調査報告書　Ⅱ（第７～10地点）』
　　　　　　　　　　2001　『新発田城跡発掘調査報告書　Ⅲ（第11・12地点）』
仙台市教育委員会　1985　『仙台城三ノ丸跡発掘調査報告書』

高崎市教育委員会　1994　『高崎城三ノ丸遺跡　高崎市役所新庁舎建築に伴う埋蔵文化財の発掘調査報告』
高槻城遺跡調査会　1987　『高槻城三の丸跡発掘調査概要報告書』
高松市教育委員会　2002　『高松城跡（松平大膳家中屋敷跡）香川県弁護士会会館建設に伴う埋蔵文化財発掘
　　　　　　　　　　　　調査報告』
　　　　　　　　　2004　『高松城跡（松平大膳家上屋敷跡）新ヨンデンビル別館建設に伴う埋蔵文化財発掘
　　　　　　　　　　　　調査報告』

同志社　1994　『京の公家屋敷と武家屋敷－同志社女子中・高校静和館地点，校友会新島会館別館地点の発掘調査－』
同志社大学校地学術調査委員会　1976　『同志社大学校地学術調査委員会調査資料　』6～』9』
　　　　　　　　　　　　　　　1983　『公家屋敷二条家北辺地点の調査－同志社女子中・高黎明館増築に伴う発掘調査－』
　　　　　　　　　　　　　　　1988a　『公家屋敷二条家東辺地点の調査－同志社同窓会館・幼稚園新築に伴う調査－』
　　　　　　　　　　　　　　　1988b　『大本山相国寺境内の発掘調査Ⅱ』
　　　　　　　　　　　　　　　1990　『同志社大学徳照館地点・新島会館地点の発掘調査』
同志社大学歴史資料館　2005　『学生会館・寒椿館地点発掘調査報告書－室町殿と近世西立売町の調査－』
東北大学埋蔵文化財調査委員会　1993　『東北大学埋蔵文化財調査年報　6』
　　　　　　　　　　　　　　1994　『東北大学埋蔵文化財調査年報　7』
　　　　　　　　　　　　　　1997　『東北大学埋蔵文化財調査年報　8－仙台城二の丸跡第9地点の調査－』
　　　　　　　　　　　　　　1998　『東北大学埋蔵文化財調査年報　9』
　　　　　　　　　　　　　　2000　『東北大学埋蔵文化財調査年報　13』
　　　　　　　　　　　　　　2005　『東北大学埋蔵文化財調査年報　18』
奈良女子大学　1989　『奈良女子大学構内遺跡発掘調査概報　Ⅳ』
兵庫県教育委員会　1992　『明石城武家屋敷跡－山陽電鉄連続立体交差事業に伴う発掘調査報告書－』
弘前市教育委員会　2002　『史跡津軽氏城跡（弘前城跡）　弘前城北の郭発掘調査報告書　北の郭整備事業に伴う発掘調査』
松本市教育委員会　1985　『松本城二の丸御殿跡発掘調査・史跡公園整備』
宮城県教育委員会　1993　『上野館跡－近世茂庭氏居館跡発掘調査報告書』
山口県埋蔵文化財センター　2002　『萩城跡（外堀地区）Ⅰ』
　　　　　　　　　　　　2004　『萩城跡（外堀地区）Ⅱ』
　　　　　　　　　　　　2006　『萩城跡（外堀地区）Ⅲ』

あとがき

　本書は、2007年3月に國學院大學より博士（歴史学）を授与された学位請求論文『近世江戸出土焼塩壺の考古学的研究』に、加除筆補綴を行って刊行するものである。学位審査の労をとっていただいた主査藤本強先生、副査根岸茂夫先生、吉田恵二先生に感謝申し上げる。

　とくに藤本先生には筆者が焼塩壺や近世考古学に触れる以前から、東京大学大学院において講義はもちろん、北海道常呂における調査実習を含め考古学全般の手ほどきをしていただいた。また、東京大学本郷構内遺跡の法学部4号館・文学部3号館地点、および筆者が担当した医学部附属病院中央診療棟地点他では、調査の陣頭指揮を執っていただくなど、同じ現場の調査に幾度となく携わらせていただいた。

　こうして拙いながらも研究のひとまずの集大成をもって学位を取得するにあたって、あらためてご指導いただく機会を得たのも、何かのめぐり合わせと感謝いたしたい。

　筆者がこの焼塩壺を筆者が初めて目にしたのも、上述の東京大学本郷構内遺跡の法学部4号館・文学部3号館地点における発掘調査に携わっていたときであった。そのときの焼塩壺は、刻印をもたないロクロ成形の製品であったためか、さほどの関心ももたず手にとって眺めた記憶がある。

　その後、同じ東京大学本郷構内の医学部附属病院地点の調査へと移ったが、そこでの焼塩壺は器形や刻印などの点できわめてヴァリエーションに富んでおり、さながら「焼塩壺博物館」のような様相であった。しかも、同じ刻印に思えるものもよく観察すると似て非なる刻印であったり、あるいは字体や枠線に微妙な差異があったり、逆にまったく同じ刻印が捺されていても内面に見られる布目に明らかな違いがあったりするなど、次第にその面白さに取り憑かれていった。今から四半世紀も前のことである。

　以来、特定の刻印ごとに、あるいは何らかのテーマに従って研究を進めてきた。その結果は、江戸在地系土器研究会を始めとするいろいろなところで発表し、あるいは論文集や雑誌等に掲載・報告してきた。その間、ようやく焼塩壺の全体が見えてきたと思ったことも幾度かあったが、そのたびに新たな資料や観点の発見から、それが誤りであったことに気づかされる、ということの繰り返しであった。

　学位を請求するにあたり、論文だけでも十数本近くに及ぶこれまでの成果をまとめさえすれば、およそ焼塩壺に関する議論はほとんど尽くされるものと、いささか楽観して取り掛かってみたが、用語一つをとっても充分な定義や検討を経ぬまま使っていたために、その時々で表現が異なっていたり微妙にニュアンスが異なっていたりし、また分析の手順や年代観などにも不統一を来たしてしまっており、これを統一するのはきわめて困難であった。そこでこれまでに行ってきた研究の結果をただ一ヵ所にまとめるのではなく、いったん初心に帰り、焼塩壺の定義など基本的な事項から整

理しなおすことにした。すると、着手するまでは当然と思っていたこともけっして簡単には論じえないことに気づかされ、ますます焼塩壺のもつ奥行きの深さを思い知らされた。

さらに、その四半世紀近くの間に江戸遺跡での調査が増加しており、新たな資料の発見・報告が続いており、焼塩壺の集成を行うにも、あるいは報告書をすべて参照して特定の資料を探すだけでも、多くの手間と時間を要するようになっていた。また一部で内容が重複している部分もある。加筆訂正の過程で補正を試みたが、説明の都合上あえてそのままにした部分もある。

もちろん筆者の非力と怠慢が最大の原因であるが、結果的に多数の紙幅を費やしながら、当初構想していたことの半分にも及ばない結果となり、はなはだ不十分な議論に終始することとなってしまった。巻末でも述べたように、まだまだ検討すべき課題が山積している。本書を到達点ではなく、一つの中継点と位置づけて研究を進めていきたい。

なお、焼塩壺をテーマに学位取得を目指すとの決心を喜び励ましてくださった加藤有次先生は、その旨をご報告した直後の平成15年11月に鬼籍に入られた。また筆者に研究者としての歩み方を身をもって示してくれた父小川信も、翌平成16年11月、筆者の大学院在学中にこの世を去った。研究の一応の完成を真っ先に報告すべき両先達を相次いで喪ったことは誠に残念である。それも筆者の怠慢のゆえと、泉下の二人の先達にまずもって心よりお詫び申し上げたい。

さらに上野佳也先生には東京大学大学院以来、坂詰秀一先生には東京考古談話会を通じて、ともに公私にわたりご指導賜っている。また江戸在地系土器研究会、江戸遺跡研究会その他を通じて、多くの先生、先輩、後輩、友人には各種ご教示・ご協力いただいている。あえてその名をあげることはしないが、皆様に感謝申し上げる。

本書の大部分をなす論考は、筆者が東京都小平市教育委員会における学芸員としての勤務の傍ら執筆したものである。また平成16年4月から平成19年3月にかけては、本書の母体となった学位請求論文をまとめるために國學院大學大学院博士後期課程に社会人入学したが、こうした時間と機会を与えていただいた小平市ならびに小平市教育委員会の上司、先輩、同僚の諸氏に深く御礼申し上げる。

また出版にあたっては、同成社の山脇洋亮氏に大変お世話になったことを感謝申し上げる。

最後になるが、研究を進める環境を整え、心身ともに支えてくれた家族や友人にも感謝の意を表したい。

平成20年7月

小川　望

索 引

<凡例>
* 項目名の「 」は刻印の印文を表している。
* 頻出語句は項目名に下線を施し、主要箇所のみを掲出した。
* その項目に関する重要な言及箇所は、頁を太字で表した。
* ひとつの章が、専らその項目について論じている場合には、章の最初の頁のみを示し、斜体数字とした。

あ 行

赤穂〈地名〉　34, 35, 237, 268, 282-284
麻生〈地名〉　27, 33, 38, 99, 101, 182, 226, 227
ア類〈蓋の分類〉　191, **192**, 194, 195, **197**, 207, 232
伊〈人名〉　24-26, 33, 49, 64, 67, 71, 75, 76, 82, 100, 126, 142, 221
「伊織」⇒「○伊織」
「泉」⇒「○泉」
「泉川麻玉」　19, 42, **57**, 65, 92, 106, 118, 122, 123, 131, 133, 138, 140-142, 148, 149, 156, 158, 160-162, 223, **225**, 226, 233, 236, 259
「泉湊伊織」　18, 19, 22, 29, 32, 33, 38, 39, 43, 53, 54, 80, 82, 83, 86, 88, 91, 99, 105, 106, 111, 118-123, *125*, 146, 148-150, 153, 155, 156, 158, 160-163, 165, 168, 170, 173, 192, 203-205, **221-225**, 233, 236, 247, 248, 259
「泉湊備後」　53, **54**, 221, 222
板作り〈成形〉　18, 21, 38, 40, **41**, **43-45**, 48, 63, 66-68, 78, 80, 84, 85, 95, 100, 117, 126, 129, 139, 141, 146, 155, 160, 165, 178, 180, 184, 188
一重枠　19, 52, 54, 57, 59-61, 67, 73, 77, 79, 179, 202, 214, 217
Ⅰ類〈身の分類〉　18, 38, **41**, 46, **48**, 52, 54, 57, 59-61, 87, 184, 188, 206, 232, 233, 236, 242, 248, 272
Ⅰ-1類〈身の分類〉　46, **48**, **187**, 235
Ⅰ-2類〈身の分類〉　46, **48**, **187**
Ⅰ-3類〈身の分類〉　19, 43, 46, **48**, **50**, 52, **54**, **66-68**, 71, 72, 77, 79, **82-84**, 86, 87, 92-94, 123, 150, 159, 176, 178, 180, 185, **222-224**, 227, 235, 242, 251, 255, 259
Ⅰ期〈時期〉　*232*, 255-257, 260, 267, 271, 273, 274, 275, 276
「い津ミ つた/花塩屋」　43, 58, **59**, 66, 101, 105-107, 176, *178*, 204, 210, 226, **227**, 229, 232
「イツミ/花焼塩/ツタ」　19, 100, 105, 106, 153, 179, 181, 182, 185, 186, 190, 192, 195, 202, 204, 206, 209, *210*, 217, 226, 227, 229
「いつみや/宗左衛門」　75, 76, 178, 179, **197**, 200, 204, 226
糸切り痕　40, 48, 79, 188

イ類〈蓋の分類〉　153, 155, 191, **192**, 194, 195, **197-199**, 205-207, 232, 236, 280
陰刻　23, 32, 50, 79, 155, 179, 189, 202, 214
印体　**13**, **50**, 60, 67, **68**, 79, 82, **84-89**, 93, 94, **102**, 103, 115, **123**, 126, **127**, 135, 159, **197-199**, 224, 285
印文　13, **29**, **30**, 49, 50, 54, **62**, **64-67**, 74, 82, **84**, 87, 116, 119, 122, **123**, 127, 145, 159, 161, 179, 208, 210, **221**, 225-227, 235, 248, 271, 278, 285, 286
ウ類〈蓋の分類〉　191, **193-195**, **201**, 204, 209, 232, 236
内側二段角(枠)　57, 59, 65, 67, **101**, 103, 107, 108, 178, 179, 180, 226, 229, 248, 260, **271**
抉り〈成形〉　48, 183, **188**, 261
エ類〈蓋の分類〉　153, 191, **193-195**, 197, **201**, 202, 203, 204, 206, 208, 211, 212, 213, 232, 236
奥田利兵衛〈人名〉⇒利兵衛
折紙状　24, 25, 221
オ類〈蓋の分類〉　153, 191, **193-195**, 197, **201**, 202, 203, 206, 209, 211, 212, 214, 227, 232, 236
「御壷塩」　58, **61**, 165, 166, 173, 271
御壷塩師/泉湊伊織〈押印〉　26, 80, 91, 126, 138, 141-143, 150, 221, 223
「御壷塩師/堺湊伊織」　19, 22, 38, 39, 53, **54**, 67, 68, *80*, 105-107, 109, 110-112, 115, 123, 124, 125, 126, 128-131, 138, 139, 141-143, 145, 149-152, **221-224**, 236, 248, 255, 259
「御壷塩師/難波浄因」　39, 58, **59**, 68, 92, 96, 105, 106, 118, 120, 122, 123, 131, 138, 139, 142, 143, 191, 195, **197**, 198, **221-225**, 236, 259

か 行

貝塚〈地名〉　27-29, 33, 34, 38, 64, 99-101, **225-229**
回転糸切り痕⇒糸切り痕
角塩　186, 281, 284
型押し〈成形〉　**48**, 188, 207
型作り〈成形〉　38, 72, 79, 190, 191
花弁状　189
かわらけ　48, 72, 176, 189, 235, 262, 271, 277-279
器形　18, 19, **33**, 37, 48, **62**, **66**, 72, 74, 77, **86**, 93, 94, **100-104**, 106, 108, **117**, 126, **128**, **135**, 148, **170**, 171, 173, 175-177, **180**, **182**, **185**, 163, 167, 201-203, **211**, **222**, 224, **227**, 231, 238, 286
器種　37, 278
岸和田〈地名〉　28-30, 35, 179, 201, 226, 227
吉右衛門〈人名〉　34, 231

332　索　引

共伴　14, 37, 67, 68, 72, 80, 83, 86, **89-93**, 107, 108, **110-112**, 115, **118-121**, 125, 126, **132-134**, 149, 150, 156, **161**, 162, 167-171, 173, 175, **177-180**, 185-189, 195, 203-205, 208, 210, 212, 226, 229, 232-236, 285, 287

近世　9, **11-14**, 17, 19-22, 34, 35, 72, 77, 158, 177, 186, 232, 235, 237, 238, 239, 252, 254, 262, 276, 279, 285-287

空間分布　*238*, *251*, 287

形式　37, 43, 44

系統　12, 13, **18**, 20-22, 37, **62-68**, 71, **77**, 87, 92, 97, 101, **106**, **107**, **110**, 111, **119-124**, 125-127, 130, **138**, 141, **149**, **150**, 152, **155**, 164, 166, 167, **170**, 171, 173, 175-177, **179**, 180, 209, 212, *221*, 232, 236, 238, **243**, **247**, 248, 250, 251, 254, **257**, 258, 260, 285-287

源兵衛〈人名〉　27, 28, 29, 30, 33, 64, 99, 182, 225, 229

刻印　13, 14, 18, **20-23**, 29, 30, 32-34, 43, *50*, **62**, **64-68**, **71**, 72, 74, 76-79, 84, **86-88**, **93**, 94, 97, **99-101**, **106-108**, 110, 115, 116, **118-120**, 123, **124**, **127**, 142, 150, 153, 155, 159, 163, **167**, 175, 187-189, **193**, 195, 197-204, **210-213**, 214, **223**, **226**, 229-231, **234**, **247**, **271**, 285-287

コップ形(焼塩壺)　13, **37**, 38, 41, 44, 48, 50, 52, 54, 57, 59-61, 153, 155, 159, 181, 182, 184, 186, **187**, 189, 203, 204, 217, 222, 226, 227, 232, 236, 248, **254**, 255, 285, 287

権兵衛〈人名〉　34, 50, 63, **64**, 152, 214, **216**, 217, **231**

権兵衛系〈壺塩屋の系統〉　64, **231**

さ　行

堺〈地名〉　18, 22, 26, 28, 30, 34, 37, 38, 50, 64, 75, 87, 92, 100, 118, 125, 126, 145, 152, 153, 197, 229

『堺鑑』〈書名〉　17, 18, 24, 36, 71, 75, 76, 221, 224

「サカイ/泉州磨生/御塩所」　23, 39, 43, 56, **59**, 65, 100, *116*, 125, 133, 134, 146, 149, 153, 156, 158, 197, **230**, **236**, 247, 248

「堺本湊焼/吉右衛門」　22, **54**, *145*, 161, 221, 222, **231**, 236

「堺湊塩濱/長左衛門」　54, 221, 222

「鷺坂」　120, 125, 195, **197**, **204**, 210

Ⅲ期〈時期〉　232, **236**, 257, 260, 267, 271, 274, 275

「三門津吉麿」⇒ミの項

Ⅲ類〈身の分類〉　41, **48**, 47, 52, 54, 57, 59-61, 188

Ⅲ-1類〈身の分類〉　41, 47, **48**, **52**, 77-79, 189, 206, 224, **232-235**, 261, 272

Ⅲ-2類〈身の分類〉　19, 22, 35, **41**, 47, **48**, **60**, **61**, 77, 98, 125, 132, 134, 159, *164*, 186, 189, 206, 232, 233, 236, 242, 251, 261, 272, 280, 283, 287

Ⅲ-3類〈身の分類〉　47, **48**, **187**, 235

Ⅲ-4類〈身の分類〉　47, **48**, 187, **188**, 235, 261

塩壺　**9-11**, 19, 33, 35, 271

塩屋源兵衛〈人名〉⇒源兵衛

塩屋治兵衛〈人名〉⇒治兵衛

字体　13, 29, **50**, 52, 54, 57, 59-61, 68, 74, 77, 78, 84, **86**, 87, **101**, **102**, **116**, **117**, 119, 120, 122, 126, **127**, 138, 198, **211**, 222, 248, 271

治兵衛〈人名〉　26, 30, 34, 100, 225

『拾遺泉州志』〈書名〉　17, 26-28, **30**, 31, 99, 100, 182, 226

正庵（＝正菴）〈人名〉　27-30, 64, 225, 227

使用形態　9, 23, 191, 235, 262, 279, *280*, 287

使用痕　10, 216, 278

商標　**13**, 50, **64-68**, 71, 119, 143, 280, 283, 286

3ピース　45, **48**, 82, 83, 85, 88, 90, 95-98, 117, 118, 122, **130**, 131, 136, 139, 143, 146, 150, 184, **225**, 259

成形技法　9, 13, 18, 21, 22, 37, **38**, 41, **43-45**, **48**, 49, 54, 62, 63, 65, 74, 77, **79**, 80, **84**, 85, 87-89, **94-97**, 99, **103**, 104, 106, 122, 125, 126, **129**, 138, 141, 142, 146, 148, 150, 155, **160**, 168, 173, **178**, **181-184**, 186, 188, 192, 207, **222**, 224, **227**, 231, 238, 242, 248, 262, 285, 286

成整形技法　62, 100, 102, 116, **117**, 127, **129**, 131, **136**, 138, 139, 187

「摂州大坂」　58, **59**, 65, 102, 105, 106, 109, 111, 118, 120, 122, 123, 138, 139, 141, 142, 150, **221-225**, 236

「泉州麻王」　56, **57**, 65, 96, 102, 105, 106, 118, 122, 123, **138-144**, 180, **223**, 225, 226

「泉州麻星」　59

「泉州麻生」　18-20, 22, 30, 32, 33, 38-40, 43, **57**, 59, **63-67**, 80, 83, 92, 93, 95, 96, *99*, 116-120, 122, 123, 125, 131, 133, 135, 138, 139, 141, 142, 153, 155, **156**, 158, 162, 170, **178-180**, 182, 184, **186**, **197**, 198, 201, **204**, 210, 223, **225-227**, 229, 233, 235, 236, 247, 248, 260, 271

泉州麻生系〈壺塩屋の系統〉　64, 80, 83, 84, 94, 97, **106**, 107, 156, 158, 178-180, **225**, 227, 229, 232, 233, 236, 243-245, 247-249, 254, 257-260, 286

「泉州岸」　199, 204

「泉州堺磨生」　57, 230, 260

「泉州堺三國」　57, 65

「泉州磨生」　19, 22, 56, **57**, 63-66, 68, 96, 106, *116*, 138, 139, 141, 142, 152, 155, 158, 180, 197, 223, 225, 226, **230**, 236, 260

泉州磨生系〈壺塩屋の系統〉　64, 97, **106**, 156, **229**, 236, 244, 245, 247-249, 254, 257-260, 286

「泉州麿生」　59, 118

組列　14, 67, 87, 212, 227

た　行

「大極上吉改」　60

「大極上上吉改」　60, 97, 148, *159*, 165, **236**

「大極上上吉次」　60

「大極上上吉政」　60

索　引　333

「大極上壺塩」　　　　　　　60, 97, 159, 165, 166, 169-173, 175
「大上々」　　　　　　　　　13, 39, 40, 50, **60**, *159*, 165
胎土　　9, 13, 21, 22, 32, 41, **48**, 62, 68, 72, 74, 78, **82**, **86**, 89, 93-96, **102**, 104, 106, **107**, 116, **118**, **125-128**, 138, 139, 141, 143, 146, 148, 150, 152, 155, 156, **160-162**, 176, **178**, 181, 182, 186, 187-189, 191, 192, 197, 203-205, 214, 216, 222, 224, 231, 235, 285
「大佛瓦師/蒔田又左衛門」　　　　　　　　　　　　　　208, 217
たたき目　　　　　　　　　　　　　　　　　188, 235, 257, 261
段階設定　　　　　14, 84, **87-89**, 96, 97, **106**, 115, 150, 286, 287
鷹司殿〈人名〉　　　　　　　　　　　　　　　　　　24, 25, 221
長方形二重枠　52, 57, 66, **67**, 73, 74, 80, **101**, **103**, 107-109, 178-180, 226, 229, 271
津田(村)〈地名〉　　　27-30, 33, 64, 99-101, 143, 179, 182, 201, 225-227
2ピース　**45**, **48**, **82**, 83, 85, 88, 95, 97, **117**, 118, 122, 126, **130**, 131, 139, 150, 225
壺塩屋　　14, 18, 19, 26, 33, 50, 62, 71, 77, **83**, **84**, **87**, 89, **92-94**, 97, **99-101**, 105, **106**, 116, 118-120, **122-124**, 125, 130, **138**, 139, 141, 142, 145, 150, 152, 163, 173, 175, **179**, 181, 186, 209, 210, 212, *221*, 235, **243**, 283, 285-287
壺屋　　14, *62*, 77, **83**, **84**, 86-89, **92-94**, 96, 97, **106**, 107, 111, 119, **122-124**, 125, 130, **138**, 141-143, **145**, 150-152, 156, 179, 186, 223-225, 231, 235, 285-287
壺焼塩　　11, 18, **24-27**, 29, 30, 34, 35, 62-65, 71, 92, 94, 99, 100, 107, 123, 125, 141, 150, 158, 176, 177, 180, 181, 186, 210, **221**, **224-227**, 229, 235, 282, 284, 286
定義　　　　　　　　　**9-11**, 43, 145, 152, 190, 191, 209, 211
手づくね(成形)　　　　　37, 38, 183, 188, 189, 207, 223, 234, 235
天下一(の号)　　13, 18, 19, **24-26**, 33, 64, 67, 80, 82, 89, **110**, 126, 221, 222, 224, 225, 234
「天下一御壺塩師/堺見なと伊織」　19, 38, 43, 51, 52, 67, 68, 72, 73, 80, 82, 84, 89, 107, 109, **110**, 159, 185, 221, 222, 224, 229, 233
「天下一堺ミなと/藤左衛門」　18, 19, 38, 43, 51, **52**, 66, 67, **71-74**, 82, 89, 109, 118, 159, 178-180, 221, 222, 224, 229, 233, 234
藤左衛門〈人名〉18, 26, 50, 63, 64, 71, 75, 76, 80, 125, 221, 222
<u>藤左衛門系</u>〈壺塩屋の系統〉　**64-68**, 71, 72, 74-76, 79, 80, **82**, 83, 87, 94, 96, 100, 101, 106, 107, 112, 118, 120, 122, 123, 126-128, 138, 141, 142, 150, 152, 156, 158, 160, 161, 178, 180, 203, **221-226**, 229-231, 232-236, 243-245, 247, 248, 251, 254, 255, 257-260, 286
藤太夫〈人名〉　　　　　　　　18, 26, 36, 64, **76**, 80, 221
藤太郎〈人名〉　　　　　　　18, 24, 26, 33, 36, **76**, 221
同文異系刻印　　　　　　　66, 68, 107, 123, 223, 286

な　行

中 盛彬〈人名〉　　　17, 18, 26, **30**, 32-34, 99, 125, 182, 227
「七度/本やき/志本」　　　　　　　　　　　　　　　　　216, 217
「七度本/屋き塩」　　　　　　　　　　　　　　　　　　216, 217
難波〈地名〉　26, 50, 80, 122, **141**, 142, 151, 158, 175, **221-224**
難波系〈壺塩屋の系統〉　　　　　　　　　　　　　　　　　　97
「浪花/桃州」　　　　　　　　　　148, 195, **202**, 204, 217
「難波浄因」　39, 58, **59**, 105, 106, 138, 139, 142, 149, 221-225
難波屋　　　　　　　　　　26, 62, 63, 221, 251, 284
「なん者ん七度/本やき志本」　　　　　　　　　　　214-217
「なん者ん/七度焼塩/権兵衛」　　　　　　　　　　*214*, 231
「なん者ん里う/七度やき志本」　　　　　　　　　　216, 217
「なん者ん里う/七度やき志本/ふか草四郎左衛門」　　214-217
Ⅱ期〈時期〉　　　　232, **236**, 248, 255-260, 267, 271, 274-276
二重枠　　　　50, 52, 57, 59, 60, 65, 67, 73, 74, 77, 79, 199
女院御所〈人名〉　　　　　　　　　　　　　　　　24-26, 221
Ⅱ類〈身の分類〉　　18, 19, 38, 41, 43, 46, **48**, 54, 57, 59, 60, 68, **82-89**, 92-98, 103, 117, 120, 123, 129, 130, 139, 146, 153, 155, 159-162, 166, 168, 170, 173, **175-177**, 178, 184, 186, 188, 197, 206, 208, 222, 223, 227, **232**, 235, 236, **242-245**, 247, 248, 255, 259, 271, 272, 287
Ⅱ-1類〈身の分類〉　　　　　　　　　　　48, 223, 225, 251
Ⅱ-2類〈身の分類〉　　　　　　　　　48, 87, 223, 225, 251
丹羽源兵衛〈人名〉⇒源兵衛
縫い目　　　40, **45**, 67, **85**, 95, 103, 106, 107, 129, **183**, 184
布目　37, 38, 41, **45**, 48, 67, **82-86**, 88, 93, 95, **103**, 106, 107, 118, 126, 127, **129**, 139, 146, 148, 150, 155, 156, 160, 162, **183**, 184, 187, 190, 222
粘土塊　21, 32, 37, 41, **45**, **48**, 63, 82, 85, 94-96, 111, 127, **129-131**, 136, 138, 139, 143, 146, 148, 155, 160, 178, 180, 184, 188, 190, 224, 227
粘土筒　　　　　　　　　　　　**45**, 95, 96, 130, 139
粘土板　　　　38, 41, 43, **45**, 85, 126, 129, 130, 143, 155, **184**
粘土紐　38, 41, 43, **45**, **48**, 72, 79, **82-85**, 87, 88, 93-97, 118, 122, 126, **130**, 131, **143**, 146, 149, 150, 224
年代　　　12, 18, 21, 22, **24-26**, 29, 33, 35, **50**, 72, 80, 83, 84, **87**, **89-92**, 101, 102, 110, 112, 115, **119**, **120**, 122, 123, 125-127, **132-136**, **138-142**, **149**, 150, **155**, 156, **161**, 170, 173, **178**, 179, **185**, 186, 187, 189, 208, **212**, 221, 222, **224**, **227**, 229, **231**, 232, 234, 238, 242, 251, 257, 262, 268, 286, 287

は　行

廃棄　12, 13, 90, 91, 143, 153, 167, 236, 237, 240, **242**, 243, 250, 278, 287
鉢形(焼塩壺)　　11, 13, 22, 35, **37**, 41, 44, 49, 50, 78, 106, 153, *181*, 190, 204, 207, 216, 217, 227, 231, 232, 236, 254, 272,

334　索　引

285, 287
花塩　27-29, 33, **35**, 63, 99, 179, 180, 181, 182, 214, **226**, 229, **282**
花形塩　34, **181**, 190, 191, 210, 231, 282
花焼塩　24, **27-30**, 33-35, 64, 99, 100, 179, 181, 182, **186**, 190, 201, 210, 213, **225-227**, 229, **282**, 284
播磨〈地名〉　38, **175**, 176, 283
「播磨大極上」　19, 39, 40, 58, **61**, 98, 159, 165-171, 173, 175, 177, 283
「播磨兵庫」　58, **61**, 165
火だすき　35, **280**, 282, 283, 285
火鉢屋吉右衛門〈人名〉⇒吉右衛門
深草〈地名〉　34, 64, 181, 231
「深草/瓦師/弥兵衛」　208, 217
「深草/かわら町/かぎや/仁兵衛」　216, 217
「深草/砂川/権兵衛」　120, 191, **202**, 204, 216, 231
蓋　9-11, 13, 19, 21, 22, 32, 35, **37**, 50, 63, 72, 76, 100, 106, 120, 125, 146, 148, 153, 155, 178, 179, 181, 182, 185, 186, **187-189**, *190, 210, 214,* **226, 227**, 231, 232, 236, 237, 251, 254, **265-267**, 271, 272, 274, 276, 277, 279, 280, 282, 285, 287
太紐　45, 85, 146, 150
分類　14, 17, **20**, 21, 35, *37,* 50, 54, 60, **62**, 66, 79, **84**, 85, 89, 94, 95, 97, 100, **101**, **103-108**, **116**, 119, 120, 122, **125-127**, 129, 131, 136, **138**, 143, 164, 170, 177, 180, **182**, **190-192**, **194**, 195, **201-203**, 205, 206, 208, **209**, **210-212**, 238, 262, 266, 274, 285, 286
編年　21, 22, 83, 153
平滑　41, 82, 83, **85**, 88, 103, 111, 139, 143, 146, 150, **223**, 224
法量　14, 37, 38, 44, 72, **79**, 86, 101, 125, 126, 128, **132**, 135, 136, 139, 141-143, 148-150, **162**, **164-167**, 170, 173, 177, 182, **185**, 195, 203, 209, 224, 280, 283
墨書　13, 23, 78, 98, 119, 146, 148, 176, 188, 236, 237, **262**, 285, 286
卜半〈家〉　28-30, 225
細紐　45, 85, 95
「本七度/焼御塩/花塩屋/権兵衛」　216, 231

ま　行

「○伊織」　203
「○泉」　60, *153*
水挽き　48, 216
「三つ津吉麿」　59
湊〈村〉〈地名〉　18, 24-26, **32-34**, 37, 38, 50, **52**, **64**, 99, 100, 118, 125, 126, 141, **151**, 158, 175, 197, 221, 223
「三なと/久左衛門」　51, **52**, 65, **77**, 79, **221**, 222
「三名戸/久兵衛」　51, **52**, 65, **77**, 79, **221**, 222
「三なと/作左衛門」　51, **52**, 65, **77**, 79, **221**, 222
「ミなと/宗兵衛」　51, **52**, **71**, **74**, 76, 77, **221**, 222, 223, 224
「ミなと/藤左衛門」　38, 43, **50-52**, 65, 67, **71-74**, 76, 77, 79, 82, 89, 93, 138, **221-224**, **232**, **234**, 235
「みなと彦衛門」　65, 76
「三なと/平左衛門」　51, **52**, 65, **77**, 79, **221**, 222
湊焼　34, 125, 145, **151**, 152, 231
「三門津吉麿」　58, **60**, 153
模倣　13, 18, 21, 43, **49**, **65**, 66, 68, 74, 76, 77, 80, 97, 100, 118, **119**, **122-124**, **142**, 158, 170, 173, 176, **178**, 180, 212, 217, 222, 223, 225, **226**, 231, 235, 285, **286**

や　行

焼塩　10, 24, 25, 34, 35, 62, 63, 268, 271, 276, 278
焼塩屋権兵衛〈人名〉⇒権兵衛
陽刻　23, 50, 59, 76, 179, 188, 191, 197, 204, 210, 211, 226
Ⅳ期〈時期〉　232, **236**, 255-257, 260, 267, 271, 273, 274
Ⅳ類〈身の分類〉　47, 48, 187, **188**
Ⅳ-1類〈身の分類〉　47, 48, 187, **188**, 223, 234, 235
Ⅳ-2類〈身の分類〉　47, 48, 187, **188**

ら　行

離型材　45, 48, 67, 82, **85**, 94, 95, 98, 106, 107, 129, 139, 143, 155, 160, 224
利兵衛〈人名〉　34, 64, 100, 119, 122, 123, 229, 230
類似刻印　65, 66, 226, 286
ロクロ〈成形〉　19, 20, 22, 38, 40, 41, **43-45**, 48, 66, 77, 79, 100, 104, 126, 143, 162, *164,* **183**, 184, 188, **189**, 192, 207, 216, 231, 235, 251, 254, 256, 257, 260, 283, 286

わ　行

枠線　50, 60, **65-67**, 74, 79, 84, 101, 102, 117, 142, 179, 202, 210, 211, 214, 248, 278
輪積み〈成形〉　18, 21, 38, 40, **42-45**, 48, 66, 67, 71, 74, 80, **84**, 100, 178, 184, **187**, 188, 231, 234
碗形　41, 49

焼塩壺と近世の考古学

■著者略歴
小川 望（おがわ のぞむ）
1957年　東京都に生まれる
1981年　埼玉大学教養学部人類学コース卒業
1984年　東京大学大学院人文科学研究科考古学専攻博士課程退学
　　　　東京大学文学部助手
1990年　東京都小平市教育委員会学芸員（至現在）
2007年　國學院大學大学院文学研究科日本史学専攻博士課程後期修了

主要著作
「大名屋敷出土の焼塩壺」（『江戸の食文化』吉川弘文館、1992年）、『図説　江戸考古学研究事典』（共著、柏書房、2001年）、「明治三年品川縣『告諭』の高札」（『物質文化』79、2005年）、「『納税／完納賞』の銘を有する碗」（『考古学が語る日本の近現代』同成社、2007年）ほか

2008年9月10日発行

著者　小川　望
発行者　山脇洋亮
印刷　㈱深高社
　　　モリモト印刷㈱

発行所　東京都千代田区飯田橋4-4-8 東京中央ビル内　㈱同成社
TEL 03-3239-1467　振替 00140-0-20618

© Ogawa Nozomu 2008. Printed in Japan
ISBN978-4-88621-438-6 C3021